JN295614

植物群落モニタリングのすすめ

自然保護に活かす『植物群落レッドデータ・ブック』

財団法人日本自然保護協会　編
大澤雅彦　監修

文一総合出版

執筆者一覧

監修　大澤 雅彦（東京大学大学院新領域創成科学研究科）
編集　財団法人 日本自然保護協会

相生 啓子（日本国際湿地保全連合顧問）
足立 高行（応用生態技術研究所）
石川 愼吾（高知大学理学部）
大窪 久美子（信州大学理学部）
大久保 達弘（宇都宮大学農学部）
開発 法子（財団法人日本自然保護協会）
樫村 利道（福島大学名誉教授）
川里 弘孝（自然公園管理財団雲仙支部）
角野 康郎（神戸大学理学部）
上條 隆志（筑波大学生命環境科学研究科）
河野 耕三（宮崎県立宮崎農業高等学校）
國井 秀伸（島根大学汽水域研究センター）
久保田 康裕（鹿児島大学教育学部）
斉藤 修（大阪大学大学院工学研究科）
佐藤 謙（北海学園大学工学部）
島野 光司（信州大学理学部）
下田 路子（富士常葉大学環境防災学部）
朱宮 丈晴（財団法人日本自然保護協会）
田川 日出夫（屋久島環境文化財団中核施設館長）

田中 信行（独立行政法人森林総合研究所）
土田 勝義（信州大学農学部）
長池 卓男（山梨県森林総合研究所）
中西 弘樹（長崎大学教育学部）
中村 俊彦（千葉県立中央博物館）
西本 孝（岡山県自然保護センター）
波田 善夫（岡山理科大学総合情報学部）
服部 保（兵庫県立大学自然・環境科学研究所）
馬場 繁幸（琉球大学農学部）
林 一六（筑波大学名誉教授）
林 浩二（千葉県立中央博物館）
原 正利（千葉県立中央博物館）
日置 佳之（鳥取大学農学部）
平吹 喜彦（東北学院大学教養学部）
星野 義延（東京農工大学農学部）
前迫 ゆり（奈良佐保短期大学生態学研究室）
矢部 和夫（札幌市立高等専門学校環境デザイン）
由良 浩（千葉県立中央博物館）

財団法人 日本自然保護協会とは

1951年設立の自然保護NGO。尾瀬の自然を守るために1949年に結成された「尾瀬保存期成同盟」を前身とする。科学的な調査研究をもとに，健全な生態系と生物多様性を保全する方法の提言や環境教育などの自然保護活動を行う。全国22,000人の会員が活動をサポートする。理事長：田畑貞寿。

はじめに

　1996年，日本自然保護協会と世界野生生物基金日本委員会は『植物群落レッドデータ・ブック　わが国における緊急な保護を必要とする植物群落の現状と対策（以下「植物群落RDB」）』（アボック社）を刊行した。作業開始後7年目に完成した，世界でも初めての，全国の植物群落の保護管理状態についての現状評価であった。その内容は，全国7,492件に及ぶ保護上重要な植物群落のリストアップがなされ，その約30％は，保護管理状態が壊滅，劣悪，不良というなんらかの対策が早急に取られるべき状態にあった。これらの植物群落の存在は，全国3,100市町村から報告されたので，平均すると各市町村に2か所の保護上重要な植物群落が存在し，その3割は危機に瀕していることになる。この概算が多いと見るか少ないと感ずるかは人によると思うが，身近な自然を知る多くの人は，自分の住んでいる市町村にはもっとたくさんの大切な植物群落があるし，それらの多くは保護対策が十分でないと感じるのではないかと思う。

　本書は，自分たちの住んでいる地域の周辺にある貴重な植物群落にもっと関心を寄せてもらい，次の「植物群落RDB」をより完全なものにし，貴重な植物群落の保護をすすめるために企画したものである。身近な生態系は，そこに生えている植物の集まり，すなわち群落を通して，具体的に目に見えるものとしてとらえることができる。植物群落は，それを構成している植物種ばかりでなく，動物や，土壌中の有機物を分解し植物の成長を支える栄養塩へと無機化し循環させる微生物など，さまざまな生物たちの働きが営まれている総体としての地球生態系の一部を可視化したものといえる。日本は南北に長く多様な気候に恵まれているだけでなく，山地が6割を占める複雑な地形があいまって，きわめて多様な植物群落が分布している。その個々の植物群落は，6,000種に近い日本の多様な植物それぞれの生育の場となり，上で述べた動物種，微生物を含む生物多様性を具体的に担っている場なのである。

　本書では，まず第1章で植物群落を保護するというのはどういうことなのかを考える。そして第2章で，身近な植物群落を保護するために編纂された「植物群落RDB」の情報が，身近な自然の変貌を知り，その保護をはかるうえでどのように役立てられるのかを具体的に示した。これは，全国の研究者から寄

せられたその後の群落に関する情報をもとに，日本列島の南から北までを概観したもので，現場からの貴重な情報である。第3章では，植物群落のモニタリングと保護を進めるうえで必要な調査の手法などについて述べたが，この内容についてはわれわれが同じ体制でまとめた「生態学からみた身近な植物群落の保護」（大澤雅彦監修・日本自然保護協会編集，講談社，2001）においても詳しく解説しているので，そちらも参照していただくと理解しやすくなると思う。さらに第4章では1996年に刊行された「植物群落RDB」の内容をわかりやすく取りまとめ，基本的な植物群落RDB取りまとめの手法・手順を解説した。また，「植物群落RDB」でも用いた群落名リストなど基礎情報を載せてあるので，分厚い本編の普及版として役に立つと思う。

　本書が，身近な植物群落の保護・保全を新しい次元へと進める上で役に立つことを心から期待したい。

大澤雅彦

植物群落モニタリングのすすめ
自然保護に活かす『植物群落レッドデータ・ブック』
目　次

第1章　植物群落RDBと身近な植物群落の保護
　　1.1　植物群落RDBと自然保護　　　　　　　　　　　　　　　　9
　　1.2　身近な植物群落の変貌と私たちの生活のかかわり　　　　　11
　　1.3　植物群落から知る身近な自然，地球環境へのつながり　　　24

第2章　植物群落の現状―「植物群落RDB」刊行10年後の変貌―
　　　　　　　　　　　各地からの報告に見る植物群落の変化
　　2.1　全体に共通する問題点　　　　　　　　　　　　　　　　　36
　　2.2　生態系ごとにみた問題点　　　　　　　　　　　　　　　　38
　　　①　西表島のマングローブ林　46　　②　日本沿岸の海草群落　51
　　　③　沖縄島与那覇岳の天然保護区域　58　　④　鹿児島県のRDB群落　64
　　　⑤　西九州のアオモジ群落　69　　⑥　久住草原の10年　75
　　　⑦　北・西九州における植物群落の消失　79　　⑧　綾の照葉樹林　83
　　　⑨　島根の汽水湖沼の湿生植物群落　87　　⑩　鳥取のRDB群落　92
　　　⑪　広島のRDB群落　97　　⑫　岡山のRDB湿地　101
　　　⑬　四国のRDB群落　106　　⑭　兵庫県東播磨地方のため池の植生　110
　　　⑮　近畿の照葉樹林　114　　⑯　春日山原始林　119
　　　⑰　新潟のブナ林　125　　⑱　信州のブナ林　129
　　　⑲　上高地の河畔植生　134　　⑳　美ヶ原の草原　139
　　　㉑　八方尾根の蛇紋岩植生　143　　㉒　菅平湿原　148
　　　㉓　小笠原南島の植生　152
　　　㉔　小笠原のアカギの侵入と森林生態系管理　157
　　　㉕　三宅島の噴火による植生変化と島生態系の保全　162
　　　㉖　千葉のオニバス群落　166　　㉗　房総半島のウバメガシ林　171
　　　㉘　下総台地の谷津田　175　　㉙　千葉県の海浜草本群落　180
　　　㉚　関東のコナラ林　185　　㉛　日光戦場ヶ原　191
　　　㉜　阿武隈山地・八溝山地のブナ林　197
　　　㉝　猪苗代・大山祇神社社叢（コナラ・ミズナラ林）　201
　　　㉞　会津・赤井谷地　206　　㉟　多雪な東北の山々を覆う巨木の森　211
　　　㊱　北海道におけるエゾマツ，トドマツ，ダケカンバ群落の現状　215

㊲ 北海道の高山植生　219　　㊳ 北海道の湿原　224
㊴ 北海道の特殊岩地　228

第3章　地域での植物群落モニタリングと保護

3.1　始めよう！身近な植物群落のモニタリング調査　　234
　森林モニタリングの調査方法　236
　草原のモニタリング　調査方法　243
　海岸植生のモニタリング調査方法　257
　湿原植生のモニタリング　268
3.2　植物群落RDB作り，モニタリング調査事例　　274

第4章　1996年版『植物群落レッドデータ・ブック』が捉えた日本の植物群落の状況

4.1　『植物群落レッドデータ・ブック』をつくるにあたって　　290
4.2　記録された植物群落のタイプ　　296
4.3　群落タイプごと，地域ごとにみた植物群落の保護・管理状態
　　　〜保護上の危機の視点から〜　　303
4.4　植物群落へのインパクト要因　　315
4.5　群落をとりまく周辺状況と法的規則　　330
4.6　生育立地の特性と保護上の問題点　　339

付録　植物群落RDB本編資料

植物群落RDB委員及び本編目次　　358
群系の保護・管理状態　　360
群落複合の保護・管理状態　　373
単一群落コード表　　380
群落複合コード表　　389
調査要項　　390
環境影響評価技術指針にもりこむべき重要な植物群落　　403
わが国において危機に瀕した植物群落（一次リスト）　　409

索　引

群系・群落・群落複合索引　414
事項索引　423
地名索引　429

第 1 章

植物群落 RDB と身近な植物群落の保護

第1章　植物群落 RDB と身近な植物群落の保護

■大澤雅彦

　さまざまな生物種について，専門家が絶滅の危険度を評価して，危険度の高いものをリストアップしたものをレッドリストという。そのリストは種にとってのレッドデータをまとめたものであるから，それを出版したものがレッドデータ・ブックである。

　日本自然保護協会では，日本で初めて植物種のレッドデータ・ブックを出版した（日本自然保護協会，1989）。その後，環境省がその仕事を引き継ぐ形で改訂しているのが，現在のレッドデータ・ブック『改訂・日本の絶滅のおそれのある野生生物8〔植物I　維管束植物〕』（環境省，2000）である。われわれは，この種についてのレッドデータ・ブックをまとめるときに，同時に植物群落レッドデータ・ブックも作ることを計画していた。ところが，種の場合は単位がはっきりしているので，その絶滅危険度を判定するのはデータさえあれば比較的容易であるが，植物群落は，本書の中でもおいおい明らかになるように，もともと変幻自在なところがある（大澤，2001a）。環境によっていくらでも変質していくのである。たとえばブナ林といってもその中身はさまざまで，樹木ではブナしかないような森林から，ブナが一番多いけれども，それ以外の種が数十種も混じっているような森林，さらにブナが混じってはいるが，それ以外の種のほうが多い森林もある。さすがにこれをブナ林とは呼ばないけれども，それも環境が変化すれば，ブナが優占してブナ林になる可能性もある。したがって，ある時点でブナ林と呼べるものがどれだけあるかということになると，判断が難しい。そんな方法上の問題もあってデータ処理に時間がかかり，出版まで7年の年月がかかってしまった。この経緯については第4章で詳しく述べる。

　幸い，こうして出版した『植物群落レッドデータ・ブック』（以下本書では「植物群落 RDB」とする）は，全国で重要な植物群落の存在を周知するのに役立って，植物群落の保護に貢献した。しかし，この1,300ページに及ぶ大部の本の，全体を読みとるのは大変である。そこでそのための普及版を作ろうということになり，企画したのが本書である。この本も当初の企画からかなり時間が経ってしまったが，それでも各地の研究者から，「植物群落 RDB」以降の各地の状

況について最新の情報を寄せてもらった．その情報は第2章にまとめてある．「植物群落RDB」刊行後，自然保護について社会の理解が増した分，自然保護については，今日的にはあまり問題がないかのように考えている人々も多いかもしれない．しかし，第2章から明らかなように，実際は相変わらず，高度経済成長期に見られたのとあまり変わらないような大規模な公共事業も行われているし，企業の経済性や効率性だけを重視した活動が結果的に自然環境を破壊している例も多い．自然環境のために多くの人が努力するようになって，身近な環境は改善された部分もあるが，「環境にやさしい」という抽象的で内容を欠く表現に代表されるように，具体的に人間のどのような活動が自然環境に対して本当によいものなのかよくわからないことも多いのではないだろうか．他の生き物に対して良かれとしたことが，かえって生物の生活にとって不都合なことになっていたのでは，人々の努力が報われない．そこで本章では，自然環境とわれわれの生活とのかかわりについて再度考えてみよう．群落の特性からどのように環境について知ることができるのか，また，その情報をもとに自然とどのように付き合っていくのがよいのかという自然保護の考え方についても検討してみた．

　なお，このような目的の一環として，これまでに日本自然保護協会編（大澤雅彦監修）『生態学からみた身近な植物群落の保護』(2001a) を講談社サイエンティフィクから出版してあるので，そちらも参照していただけるとさらに理解が深まるだろう．

1.1　植物群落 RDB と自然保護

　本書の元になった「植物群落RDB」は，上述したように，1996年に，7年間のデータ処理，取りまとめの結果出版にこぎつけた，植物群落に関するレッドデータ・ブックである．この大部の報告書は，各地の現状について当時（現在でも）望みうる，各地の植物群落を最も良く知っている植物生態学者の総力を挙げて収集した情報が詰まっている，日本の植物群落に関するデータバンクである．全国の調査担当者，検討委員から寄せられた地方ごとの情報7,000件余りから，作業委員と日本自然保護協会の事務局担当者がデータ処理を行い，7年間を要して出版に至った（わが国における保護上重要な植物種および植物群

落研究委員会植物群落委員会，1996；中井，1996）。データが過去のものとならないよう膨大なデータ処理を進めるのは大変な作業だったが，最終的に全国3,989箇所の群落について取りまとめができ，そのうち何らかの保護対策が必要とされたものがおよそ2割であった。取りまとめの過程でもデータの取りこぼしが出てきたが，何より現状で確実なものについては早く公表することのほうを先決にすべきだとの議論によって，データの欠落は次のバージョンで補充・改訂することを目指して出版した。

その後，当時調査にかかわった各地の調査者から，「植物群落RDB」に載っている群落が失われた，あるいはさらに現状が悪化したといった情報が寄せられてきている。「植物群落RDB」にリストアップされたことが破壊へのブレーキになった場合もあるが，逆に強引に破壊された例もある。

一例として，最近起こった宮崎県の例をあげる（上野，2004）。九州電力（株）は，鹿児島県川内の原子力発電所の余剰電力用のバッファとして宮崎県都農町に小丸川揚水発電所の建設を計画した。この場所には日本でも有数の大規模なコウヤマキ群落が分布することが「植物群落RDB」に記載されていた。しかし，上ダムはこれを破壊して建設され，日本で最大級のコウヤマキ群落が失われた。

この例では山を削ってその尾根筋に生育していたコウヤマキ群落を破壊したが，九州電力側の説明によると，生育していたコウヤマキは移植し，工事後，別な場所に植栽するということであった。しかし，自然群落として特殊な立地に発達するコウヤマキ群落は移植では再生できない。単にコウヤマキだけ移植しても，群落としてさまざまな種と共存しているのであって，その意味では生態系の再生ができるわけではない。その後，この揚水発電所と連動する形で，原子力発電所と結ぶ50万ボルトの高圧送電線建設となり，これについても地元の「綾の森を世界遺産にする会」や日本自然保護協会の再三にわたる抗議にもかかわらず着工に至った。この一例でもみるように，ひとたびレールに乗ってしまった開発計画は，科学的重要性といった論理では到底阻止できないことが多い。

こうした事実を踏まえると，「植物群落RDB」に掲載され，公表されてもそれだけでは保護にとって十分とはいえないし，時には開発の抑止力にならない場合もあることがわかる。それには，当初の出版でも意図したように，開発の際に，あらかじめ重要群落の存在に考慮して計画段階で対応できるように，さ

らに情報を事前に広く公にする仕組みを改善することが必要である。そこで現在，日本自然保護協会は（財）自然保護助成基金と共同で，「植物群落RDB」のGISを用いたデータベース化を進めている。

さらに重要なことは，地元の人々に自分の地域に存在する重要な植物群落についてよく知ってもらうことである。日本には，世界的に見ても多様な植物的自然がある。われわれが何気なく見ている植物が，例えばヨーロッパのような貧弱な植物相しかもたない地域からやって来る人々にとっては，一生に一度でよいから見てみたい植物であったりする。地域の自然というのは，往々にしてそこに住んでいる人にとってはなんでもない。かつてアレキサンダー・フォン・フンボルトは，「われわれが旅行する楽しみの半分は，地域の植物的自然が与えてくれるものだ」と述べた。それぞれの土地で，その環境と調和した独特の植物や植物群落を見る楽しみは何ものにも換えがたい。地元の人々がその自然に親しみ，さらにその学術的価値を知ることは，自然を保護するうえで極めて重要である。こうした視点から，人と自然のかかわりについて，再度考えてみよう。

1.2　身近な植物群落の変貌と私たちの生活のかかわり

人と自然は対比的にとらえられることが多い。しかし，人も生物であるから自然に依存しなければ生存できない。身近な植物群落に着目し，そのあり方を知り，今後の自然に対する対処の仕方を考えることは，われわれ自身を知ることでもある。

人類が自然に依存して生きていることは昔も今も変わらない。科学が進歩して，われわれは自然について，以前に比べ，より広く，詳しく知ることができるようになった。しかし，身近な生活のレベルでもそれは当てはまるだろうか。日々の生活の中では便利である半面，機械化され，制御された今日の生活環境のなかで，身近な自然とふれあい，その仕組みを知る機会は確実に減っている。それとともに，生活のどこまでを自然のメカニズムに依存し，どこからは自分たちの制御下に置くことができるのか，そうした基本的な自然と人とのかかわりのあり方すら見えなくなってはいないだろうか。その結果最近では，自然のあり方を決めるのは人間であるかのようなふるまいがないとはいえない。自然

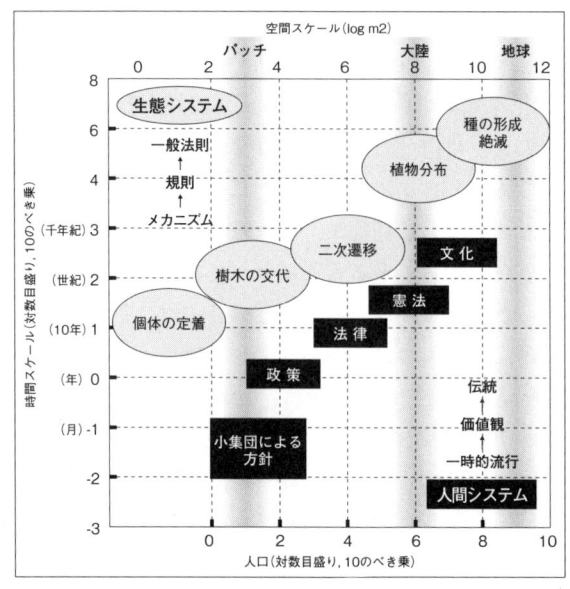

図1 人間社会と植生の時空間的変化（MA 2003を改変）

人間社会に比べて植生変化は，はるかに長い寿命をもっており，その保護・保全にはわれわれの日常的時間スケールを超えた視点が必要である。憲法といっても自然界で言えば，樹木個体が交代する程度の寿命しか持たない。文化の違いは，時に深刻だが，二次遷移の完結程度の時間スケールで変化しうる。

の保護・保全は，単に自然のためにするのではなくて，科学的アプローチに立った保護・保全を通じて自然の仕組みをより良く知り，そのことによって，変動する地球環境のもとでわれわれの生存をより確実にすることにもつながるのである。

こうした観点から，われわれの生活と自然との関係を，とくに植物群落を通してみてみよう。まず，われわれ人間の生活や意識のレベルと自然，とくに本書で扱おうとする植物的自然の時空間的関係を大掴みに見てみよう（図1）。この図から明らかなように，われわれの日常的思考の及ぶ範囲は，通常の二次遷移の過程が完結するよりもはるかに短い。そのことは自然のプロセスを研究する研究者には明白な事実であるが，多くの人はとかくそれを忘れがちで，短期的な人間的発想で結果を急いだり，自然に手を加えようとする点は反省すべきであろう。

人と自然とのかかわりは**図2**に示すように連続的に変化している。その一方の極には都市，他方の極には自然がある。そこで自然と人との関係をこの傾度に沿って，都市・居住地域，里やま・農耕地域，奥山・自然地域としてとらえてみよう。

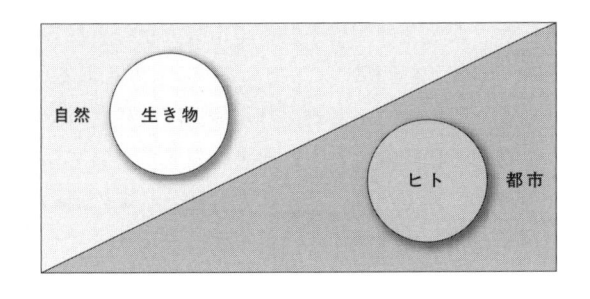

図2 人と自然の関係
人と他の生物との関係。自然界にいる生物は、多くは人間とは排他的な関係にある。

1.2.1 都市・居住地域の自然

　最近では，都市域に住む人々は，せいぜい街路樹や公園の植物に季節を感じる程度で，身近に自然を見ることは少なく，その変化に気付くこともなくなってきた。注意深い人であれば，セイヨウタンポポなどの帰化植物や，ハコベ，スズメノカタビラ，オオバコなどの，世界中どこの都市にもみられるコスモポリタンと呼ばれる路傍雑草が，敷石の間や道端の土だまりに季節感もなく咲いているのに気づくかもしれない。

　都市域の自然は，しかし，それだけではない。人間のさまざまな活動によって作り出される都市は，人間活動の多様さに匹敵するほどの自然の多様さを示している。都会にも，社寺林や，あちこちの城下町でみられる城山の森，東京では武蔵野台地の崖線や台地の辺縁部など自然林の断片が残っていることもある。また，自然教育園，植物園や公園内部の自然林など意図的に残したところもある。都市域では，残存植生以外に，人間が作り出した工場地帯，鉄道敷，道路敷，広場，公園，植えます，庭園，墓地，川，運河，池沼，貯水池，下水道などの新しい生育地に，それぞれ独特の生物相が成立する（Gilbert, 1989）。

　すなわち都市域に見られる生物相は，都市化以前から存在していた残存植物群，都市化後に形成された新しい立地を利用する帰化植物や雑草などの侵入植物群から構成されており，それ以外の緑は人間が意図的に植栽導入した人工植物群である（大沢, 1998a）。それぞれの生物群は，好適な立地が異なるので，後でも述べるように生物指標として用いることができる。都市域で「植物群落RDB」の対象となるのは，多くが残存生物群によって構成される都市域の残存林である。上述した崖線の森，社寺林などがこれにあたるが，一部には半自然林や人工林となっているものもある。武蔵野には長い間，人間が利用・管理

してきた半自然林（後述）があるが，たとえば，埼玉県新座市野火止の平林寺境内林のように国指定天然記念物（昭和43年指定）になっているものもある。もともとは農民が利用・管理してきた農用林であるが，都市域に取り残されて維持されてきたものが，そこに生育する植物種とともに保護の対象になっている。都市域に残存するこうした森林は，人工空間に浮かぶ生育地としての島のような役割があり，生物分布の飛び石として機能する。都市が巨大化するにつれて，島状の生育地を連結するコリドーをつくって気候変化にともなう生物移動をより確実にするような設計も今後必要になる。

1.2.2　里やま・農耕地域の自然

　一歩郊外に出てみれば，田や畑，沼や池，時には森や林も身近に感じられる。こうした農地とそれを取り巻く自然は，時に森や林が農地になったり，逆に今まで農地と思っていたところに雑草が茂り，いつの間にか林の様相を呈したりなどの変化がみられる。全体としては安定した里やまの景色のように見えても，人々が自然を利用しながら維持している環境なので，部分的には利用方法の変化に対応して変貌している。地域本来の自然は，神社やお寺の鎮守の森などとして残されている以外にはほとんど見られないのが普通で，そうした意味では都市域と同様である。しかし，人工的な構造物が卓越する都市に対して，里やまや農耕地域では農地や人工林などが卓越する。これらは生物にとっては移動路としての機能があるので，生物の移動を妨げる隔離の程度は緩やかである。むしろ，自然に対するさまざまな人間の利用様式に規定される農耕地域独特の動植物が生育し，地域を特徴付けている。

　首都圏でも，定期的に刈り取りされる畦畔植生，路傍植生などの中には，ホタルブクロ，ワレモコウ，ツリガネニンジン，キキョウなど美しい花を咲かせる植物が生育していて，懐かしさを感じさせてくれたが，今では農地そのものが消滅し，立地が失われて，これらも稀少種になってしまったところも多い（図3）。東京大学千葉演習林では，国有地（林地）と民有地（水田，畑）が接する境界部では，民有地の畑や水田が日陰にならないように，民有地の耕作者が隣接する国有地の森林を一定の幅で刈り取ることが許される「刈上場」と呼ぶ空間をとってある。この一種の緩衝地帯には，ワラビ，ゼンマイ，フキなどがよく生えるので，民有地の人々によく利用されたという（佐倉，2001）。雑木

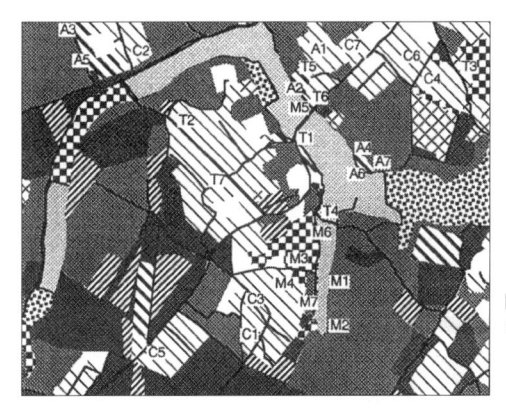

図3 里山の土地利用図の一例。植物群落の生育立地を区別したもの。
(Kitazawa & Ohsawa, 2002)

凡例: 広葉樹林／針葉樹林／竹林／ラン／水田／畑／放棄水田／放棄畑地／草地, 荒地／宅地

各土地利用型の境界部には，土地利用上は未利用荒地とされる草本群落や低木群落が成立する。こうした立地の植物が里地の多様性を全体として高めている。 200m

図4 利用されていない土地
Brachland (Jedicke, 1989)

人が利用しない，あるいは現在の農業では活かせない土地には他の生物が住みついて，多様性を高めている。

林とよばれる薪炭林や農用林として利用されてきた森林は，昭和30年代の高度経済成長期と燃料革命以降，利用されずに放置され，それまで林床に見られたカタクリ，クマガイソウなどの野草が見られなくなってしまった（千葉県立中央博物館，2003）。いずれも産業構造や地域の人口増加などの社会的変化にともなって生育地そのものが失われ，自然資源利用の停止とともに消滅してきたものである。

都市域や農耕地域では，自然地域とは違って，たとえ放棄された土地でも，自然遷移が進んで極相に達するという例は少ない。常になんらかの人為活動が加わっているため，遷移が正常に進行せず，放棄された土地に独特の生物相がみられることが多い。このプロセスを偏向遷移と呼ぶ。このような土地は日本語では一般に「荒地」と呼ぶが（中野，1955），もともとこのことばには，森

林でない土地のうち，農耕地と宅地を除くすべてが含まれる．すなわち，牧場や入会地のような利用荒地と，火山や煙害などによる未利用荒地を含む，広範な概念であり，本稿で言っているものとは異なる．それ以外の用語としては放棄地，空き地などと呼んでいる場所が対応するが，あまり的確に表現する言葉が見当たらない．沖縄で使っている村山野などが雰囲気はぴったりする（後述）．ドイツ語では Brachland (Jedicke, 1989)，英語では wasteland, neglected sites (Dowdeswell, 1987) などと呼ばれ，日本語よりはイメージがはっきりする（図4）．

　農耕地域では，使っていない農耕地や農道の境界部など半端な土地がいつもどこかにあって，そうした土地にはクコ，グミ，ニワトコ，ノイバラ，ウツギなどの低木が生い茂る藪になっていたりする．ウツギなどは何度刈り取られても再生するし，鍬で切られても生き延びるので，関東平野では畑と畑の境界部に点々と植えられて目印として使われていた．イギリスの生け垣（hedges）もサンザシ，ノイバラなどからなり，もともとはこのような意図で作られたものと考えられるが，現在では貴重な野生生物の生息地となっており，農耕地生態系を安定的に維持するうえでの必須の役割も明らかになっている (Pollard et al., 1974)．ネパール・ヒマラヤ地域のジャングルと呼ばれる集落周辺の未利用地（後述）もいわば集落の共有地であり，日常的に必要なものは誰が採りに行ってもよい空間になっている．医薬品，ビタミン類を豊富に含むグミ，キイチゴなど果実ができる植物，ミツマタなどの繊維植物，イラクサなどの山菜などさまざまな日用必需品を提供している (Daniggelis, 1997)．こうした土地が人々の生活の日常的な豊かさをもたらし，原生林とは違った生物多様性の成立立地になっているのである．

1.2.3　奥山・自然地域の自然

　奥山，奥岳などと呼ばれる地域は，里やまの奥にあるという意味で，自然林が卓越するはずの地域である．しかし日本では，昭和30年代，「林野庁は国有林を伐採しないために材木価格の高騰を招いている」という一部の世論に後押しされて，1950～1960年代にかけて林道整備を進め，奥山の天然林の開発を決断し，拡大造林政策へと突入する．拡大造林の時代には奥地林開発と称して日本中の山岳地域で，森林限界近くまで自然林を伐採して，現在では考え

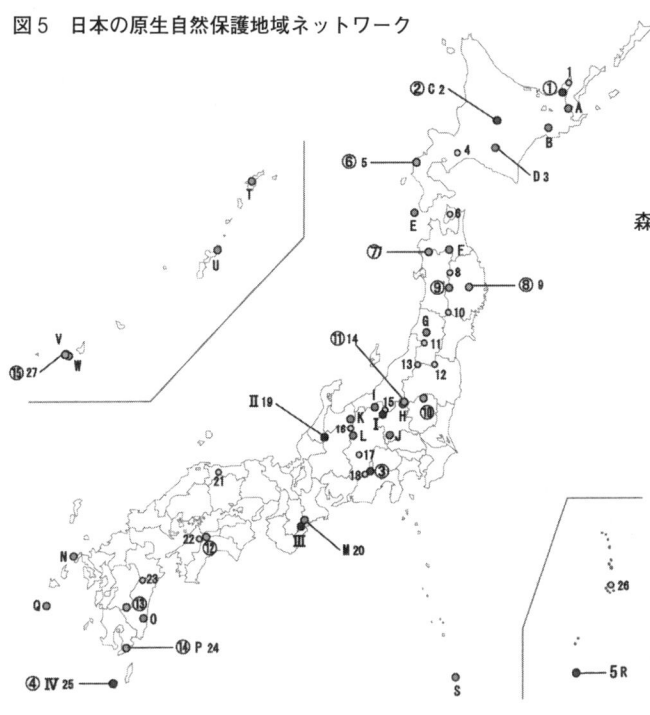

図5 日本の原生自然保護地域ネットワーク

森林生態系保護地域
（林野庁）
1. 知床
2. 大雪山
   忠別川源流部
3. 日高山脈中央部
4. 漁岳周辺
5. 狩場山地
   須築川源流部
6. 恐山山地
7. 白神山地
8. 葛根田川
   玉川源流部
9. 早池峰山周辺
10. 栗駒山
    栃ヶ森周辺
11. 朝日山地
12. 吾妻山周辺
13. 飯豊山周辺
14. 利根川源流部
    燧ヶ岳周辺
15. 佐武流山周辺
16. 北アルプス金木戸川
    高瀬川源流部
17. 中央アルプス
    木曽駒ヶ岳西麓周辺
18. 南アルプス
    南部光岳
19. 白山
20. 大杉山
21. 大山
22. 石鎚山系
23. 祖母山・傾山
    大崩山周辺
24. 稲尾岳周辺
25. 屋久島
26. 小笠原母島東岸
27. 西表島

原生自然環境保全地域
（環境省）
① 遠音別岳
② 十勝川源流部
③ 大井川源流部
④ 屋久島
⑤ 南硫黄島

自然環境保全地域
（環境省）
⑥ 大平山
⑦ 白神山地
⑧ 早池峰
⑨ 和賀山
⑩ 大佐飛山
⑪ 利根川源流部
⑫ 笹ヶ峰
⑬ 白髪岳
⑭ 稲尾岳
⑮ 崎山湾（西表島）

天然保護区域（文化庁）
A. 標津湿原
B. 釧路湿原
C. 大雪山
D. 沙流川源流原始林
E. 松前小島
F. 十和田湖
   および奥入瀬渓流
G. 月山
H. 尾瀬
I. 黒岩山
J. 上野楢原のシオジ林
K. 黒部渓谷附猿飛
   ならびに奥鐘山
L. 上高地
M. 大杉谷
N. 阿値賀島
O. 双石山
P. 稲尾岳
Q. 男女列島
R. 南硫黄島
S. 鳥島
T. 神屋・湯湾岳
U. 与那覇岳
V. 仲間川
W. 星立

ユネスコ/MAB 生物圏保存地域
I 志賀高原
II 白山
III 大台ヶ原・大峰山
IV 屋久島

られないような人工林化が進められた。ところがそれから数年もすると，レイチェル・カーソン（1962）の『生と死の妙薬』をきっかけとする公害防止から自然保護へと世論が動き始める。需要に追いつかず安価な国産材が手に入りにくくなり，それが1970年代の段階的な為替変動相場制への移行と重なって，材木業界は，より安価に手に入るようになった外材へとシフトしていく。

　それでも，林業の現場ではそれほど急旋回はできずに，その後しばらくはあちこちで自然林の伐採，人工林化が進み，林道の建設が相変わらず行われた。今でこそ自然林を新たに伐採して人工林に変えるという例は減ってはいるが，他方でむしろ当時の広大な植林地が風害で一斉倒壊したり，土砂崩壊，あるいは花粉症の原因と騒がれたり，生物多様性の劣化を招くなどして拡大造林の二次的問題が起こっている。林業以外でも，昭和30～40年代にたてられた国土計画のまま依然として建設が進む高速道路，林道の新設や拡幅工事，送電線などのリニアメントが既存の保護区や自然公園などを分断してしまい，自然保護の面だけでなく景観的にも問題になっている。

　こうした奥山の自然性の高い生態系を保護する制度には，天然記念物，自然環境保全地域，森林生態系保護地域などの保護地域，また国際的な保護地域ネットワークであるユネスコ（UNESCO：国連教育科学文化機関）の世界自然遺産，MAB（Man and the Biosphere Programme：人間と生物圏計画）の生物圏保存地域などがある（図5）。わが国の天然記念物やさまざまな保護区のシステムは，もともと対象を体系的に選定・指定してきたというよりは，そのつど個別の判断で選定されたものが多い。したがって，日本の多様な自然を全体的・体系的に保護・保全していくという観点からはバランスを欠いている。こうした制度の実効性を高めていくには，各々のシステムを見直し，目的に沿って体系的な指定を進めて，さらに開発の後追いにならないように，重要な生態系は先行的に保護の網をかぶせていくといった戦略的な保護が必要である。

　奥山の自然の多くは，直接目にふれず，役立っているようには見えなくても，水源林としての重要性や，河川を経て海まで至る生活空間を連結させて，野生生物だけでなくわれわれの生活基盤をも支えるコリドーとして，国土の自然のいわば脈流系となっている。革命的ともいえる田中角栄の日本列島改造論（1972）に始まる開発系の国土計画は，直近の利便性，経済性を追求したものであるが，四半世紀後の1996年に発表された「生物多様性国家戦略」は，利

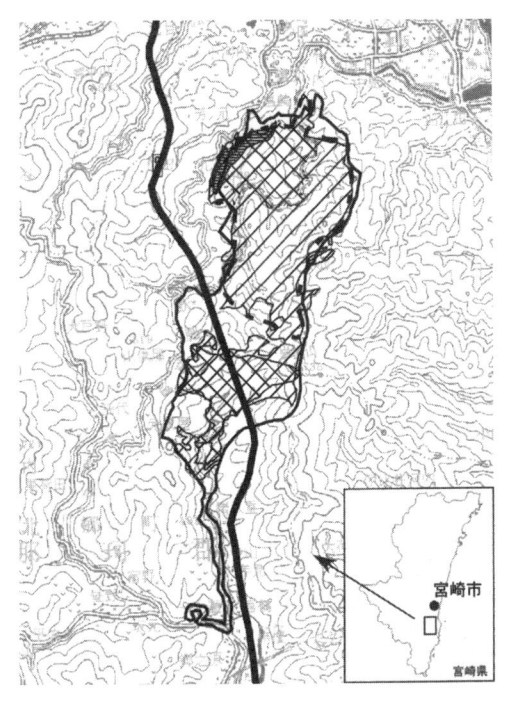

図6 東九州自動車道の計画路線（朱原図）
県立自然公園（緑），環境省特定植物群落（青），天然保護区域（空色枠）

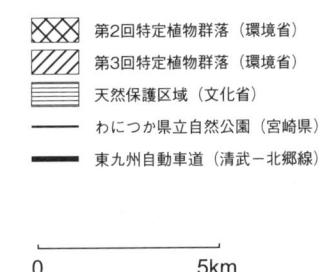

XXXX 第2回特定植物群落（環境省）
//// 第3回特定植物群落（環境省）
≡≡≡ 天然保護区域（文化省）
── わにつか県立自然公園（宮崎県）
━━ 東九州自動車道（清武－北郷線）

0   5km

用・開発を制御しつつ国土の自然保全の展望を構想するものであった．その後，2002年に「新・生物多様性国家戦略」と改訂され，沿岸，里やまから奥山とそれぞれの目標を設定し，さらに保全の具体性を増しつつある．

　こうした戦略が，世代を超えた長期的な展望のもとにたてられることは必要であるが，問題はその実効性である．せっかく保護のための指定をしていながら，開発関係の当局からは無視され，破壊的な工事が行われて消えていく例は，残念ながら枚挙に暇がない．宮崎県猪八重渓谷には，環境省が特定植物群落に指定し，宮崎県も自然公園に指定した，世界的に見ても貴重な，ハナガガシ，イチイガシなどの40 m近い巨木が林立する低地型の暖温帯多雨林が発達している．「植物群落RDB」では「猪八重暖帯植物群落」としてリストアップされ，ランク2（破壊の危惧）として警告されていた．その危惧どおり，最近，これを真二つに分断して高速道路が走ろうとしている事実（宮崎県東九州自動車道‐清武〜北郷）を知った（図6）．こうした計画が進む過程では，県や地元市町村との協議が当然行われるわけであるが，その際にこうした指定を進めてきた

1.2 身近な植物群落の変貌と私たちの生活のかかわり　19

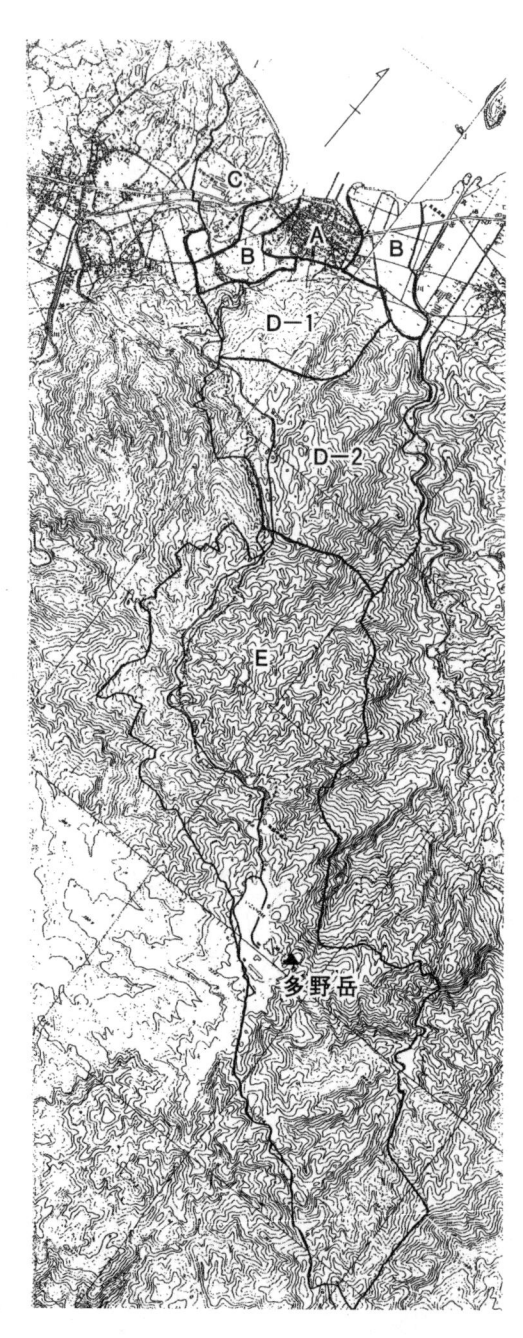

図7　やんばる型土地利用（中鉢 2001）

戦前まで続いた村の土地利用区分。羽地・中尾次村の例。
A：居住地，B：水田地帯（百姓地），C：丘陵地の畑（喰実敷），D：村山野，E：杣山

環境関係の部局ときちんと連携をとって判断をあおぎながら進めているのか，あるいはそのプロセスに地元の人々の意向が反映されていく仕組みになっているのかを検証していく必要がある。保護・保全の理念とあまりにかけ離れた計画がそのまま進められたとしたら，将来に大きな禍根を残す。環境や国土計画をになう関係機関相互の間でも，連携を密にし，保全の実効性を高め，相克する計画どうしはその目的，意義，必要性を明らかにして，きちんと国民に説明責任を果たしていくことが強く求められる。地元の住民の側も監視体制を確立し，環境の破壊を防ぐ意識を持つことが最も重要である。また，同じ宮崎県にある類似の群落の「高岡の暖帯性常緑広葉樹林域群落」1500 ha が環境省の特定植物群落に指定された（第2回調査）。1996 年当時急速に伐採が進む危険があり，「植物群落 RDB」のランク4（緊急に対策必要）としてリストアップされた。これは日本のブナ科照葉樹林樹種のほとんどすべてにあたる 11 種が生育する全国最大規模の面積を有する見事な低地型暖温帯多雨林（国有林）であるが，その後さらに伐採が急速に進んで現在では面積が 10 分の1以下の 140 ha しか残っていないことが最近明らかになった（朱宮，2005）。

このように，危機を探知してから危機にある植物群落としてリストアップしたのでは遅いし，まして危機の警告を発していたにもかかわらず，何ら対策がとられなかったため，開発計画が進んでしまうこともある。現行の監視体制は再検討する必要がある。そうした監視体制を早急に整備し，事前にこれらの世界遺産級の日本の自然を保護するしくみを確立していくことが緊急に必要である。

1.2.4　景観レベルの完結性：人と自然のかかわりをまもる

これまでみてきたように，人と自然のかかわりが連続的に変化する3つの地域，すなわち都市・居住地域，その外側に広がる里やま・農耕地域，さらに奥山・自然地域のそれぞれで保護すべき個別の対象には，独自の保護・保全の視点が必要である。しかしまた個別の保護対象には，身近な社会的問題から国際的な社会経済システムと連動しているような問題まで，さまざまなスケールでの人と自然のかかわりも大きく影響している。したがって，都市，里やま，奥山それぞれにおける保護の視点に加えて，3つの地域を全体としてとらえた広域的な視点も不可欠である。そこでは，土地利用システム，自然保護・管理

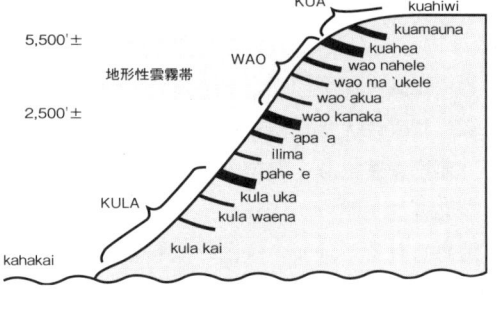

図8 アフプアア　ハワイ型土地利用（Ekern, 1993 より）

アフプアアとはブタの供物台のこと。それぞれに集落が対応し，首長が統べていた。たとえば，オアフ島は全体が86のアフプアアに区分されていたので，平均すると一つが約18km^2。WAOの雲霧林が水源となり人々の生活を支える。精霊の森ワオ・アクア（wao akua）は同時に生物たちにとっての聖域となる。KUA：脊梁山地，WAO：雲霧林，KULA：平地，KUHAKAI：海岸

　手法を確立することが必要となる。そのことは，言い換えれば，地域レベルでの自然環境の完結性，全一性という視点である。
　かつては人々の生活を支える自然資源は，集落ごとに明らかな境界で区分される領域をもっていた。こうした地域を一つの単位としてとらえる発想はかつての自然村（ムラ）がそうであるし，字や大字といった単位も自然資源に依存する生活単位に基づくものと考えることができる。例えば，沖縄のやんばる型土地利用は，海辺の居住地域，入会地として人々が共同利用してきた村山野，そしてこの里やまと自然地域の境界としての猪垣があり，それを越えると用材を目的とした杣山となり，これは年貢や王府の必要に応じて木材を提供する領域とされ，みだりに立木を切ることはできなかった（図7。中鉢，2001）。この土地利用の配列を単位として，各集落は生活を成り立たせている自然地域の空間単位をとらえていた。それぞれの空間要素は人々の持続的生活を支える環境構造を作り出し，自然と人々の生活とを両面で豊かにしてきた。同じような自然認識に基づく土地利用・環境の空間構造はハワイのアフプアアという土地利用システムにも見られる（図8。Ekern, 1993）。人々が住むのは，クハカイ（KUHAKAI）と呼ばれる海岸地域で，ここは乾燥していて農耕にも適さない。その奥はクラ（KULA）と呼ばれる，いわば里やまで，降水量によって作れる作物が異なるいくつかのゾーンに分けられる。さらに海抜750m以上になると水源となる雲霧帯の森になりワオ（山地，WAO）とよばれる。これは，さらにワオ・カナカ（人々が利用する森，wao kanaka），ワオ・アクア（精霊のための森，wao akua），ワオ・ナヘレ（原生林，wao nahele）と次第に高み

図9 ブータンの島
人が仕み着いて伐り開かれた1軒分の耕地。周辺の森にはヒマラヤグマ，イノシシなどが多いので，畑に作物が実る頃になると，小屋を建てて，夜通し見張る。

に向かって森の分類がなされている。その後ろにはクア（後背，KUA）の山地へと配列する。この様子は沖縄で見てきたやんばる型土地利用の場合と通ずる。島嶼という点で共通するカナリア諸島のテネリフェでも同様の地割がなされ，特に「緑のダム」と呼ばれる，日本の照葉樹林と類縁が近いクスノキ科の常緑樹が優占するローレル林と呼ばれる雲霧林は厳重に管理され，そこからの水は斜面下部の農耕地や住民の飲料水として公平に分配されるように精細な灌漑システムが作られている（大澤，1998b）。

筆者が調べているブータンヒマラヤの農村では，人の住む領域は広大な森林地帯の中に島のように点在する（図9）。村人は，隣の集落に行く途中でクマと格闘したというような話をいきいきと，むしろ楽しんでいるように話してくれるが，かれらの生活域は，森というふだんは利用しない野生の世界（いわば海）で隔てられているまさに島のようである。その生活サイクルの中では，焼畑耕作，家屋の建築用材，石材を集める河川敷などさまざまな場面で，周辺の森林地帯やとりまく自然に依存している。秩父でも，森が覆う急斜面に点在する集落のことを「島」と呼んでいる地域があるが（井出・南，1984），自らの生

活域と自然との関係をとらえる謙虚ともいえる視点には共通性がみえる。

　沖縄，ハワイ，テネリフェなどの島嶼では，人が住む扇の要の位置にあたる海辺の里から，水源でもある奥山分水嶺に向かって，扇型に広がる集水域が人々の生活を支える領域である。ブータンや秩父のような奥山に相当する地域では，大海のような森林に浮かぶ島としての里が，周囲の森からの恵みで生活を支えてきた。こうしてみると，自然資源に依存していたひと昔前までは，里やまの農耕地域は奥山に支えられ，里やまは都市を支える，という3つの世界の相互関係が，都市域から原生自然までの景観レベルでの完結性，全一性を作り上げて，われわれの生活を支えていたことがわかる。

　最近の里やまへの回帰は，その背景に，われわれの生活を支えてきた壊れゆく景観レベルでの完結性に対する危機意識があるとみることもできる。しかし，都市と里やまだけではわれわれの生活は完結しない。奥山の存在を設定して初めて，都市や里やまの生活も成り立つのである。単なる里やまに対するノスタルジーだけでは，結局，野外博物館的な里やまを作るだけで終わってしまう恐れもあるし，今日的な自然と人とのかかわり方の解決には結びついていかないのではないだろうか。あくまで奥山，すなわちわれわれの日常的な力が及ばない自然の存在を想定して，初めて世界は完結する。こうした景観レベルの完結性は，必ずしも集落レベルでの連続した土地としてではなくても，たとえば四国や関東地方などといった任意の空間スケールで設定し，景観レベルでの完結性を追及することも可能であろう。そうしてみると，日本を全体としてみたときに，奥山，里やま，都市地域のバランスと相互関係がどのように確立されているかが，われわれの生活と生物多様性の保全という自然保護の両面の課題を解決していく基本的な視点ではないだろうか。そのとき，限られた島嶼空間でそうした課題と取り組んできたやんばるやハワイの例が大きな示唆を与えてくれるように思う。

1.3　植物群落から知る身近な自然，地球環境へのつながり

　「植物群落RDB」は，日本の重要な植物群落の現状について知ることを目的に作成されたが，それは同時に，群落を通してわれわれの環境の現状を知ることでもある。「植物群落RDB」がもつ意味を，生態学的に検討してみよう。

植生の成立にかかわる要因は，気候要因，地形・土壌要因などの自然条件，それを変化させる人間による攪乱要因が主要なものである。自然要因に関してはすでに本書の姉妹編ともいえる『生態学から見た身近な植物群落の保護』で述べたので（大澤，2001a），ここでは人為要因とのかかわりについてさらに検討してみよう。

1.3.1　環境指標としての植物群落

　かつて全国の小学校でアサガオ調査が流行したことがある。学校で育てたアサガオの苗を鉢植えにして持ち帰り，家のベランダに置いて光化学スモッグの観測に使うという調査である。これは同じ種類の植物をいわばセンサーとして用いて学区内の環境を調べる方法で，植物を一種の測器として使うのでファイトメーター（植物計）法という。これは炭鉱夫が坑道に入るときに持っていくカナリアの鳥かごと同じで，大気汚染の指標として用いる。

　もう少し複雑な，都市化や人間による攪乱の程度の評価になると，それほど単純にはいかない。かつてタンポポ調査というものが広く行われたことがある。これは都市化によって生育立地が劣悪化すると，繁殖力の旺盛な帰化種のセイヨウタンポポは生育できるが，自生していた日本のタンポポは消えてしまうことから，両者の分布を調べることによって身近な環境の現状，とくに人為的な攪乱の程度を知るというものである。

　タンポポだけでは指標できる環境要因は偏るから，ある地域に生育する植物種全部を指標として使えば，そのほうが正確な状況を把握できる。例えば，ある地域に分布するすべての植物種を調べて，そのうち帰化種がどのくらいの割合かを調べるのが帰化率である。帰化植物は一般に，裸地への植民能力が自生種より高いので，人為的に既存の植生を破壊した跡地に侵入しやすい。この特性を利用した方法である。この方法は，すべての植物種を同定し，さらにそれが帰化種かどうか判定する必要があるので，植物についてのかなりの知識が要求され，一般的にはあまり広まってはいないが，タンポポ1種だけで判定するよりはすぐれた指標である。現在の日本では，都市域では帰化率100%近くに達することもある。住宅地では30〜40%，畑や水田では10〜20%，森林では10%以下となり，生育地の攪乱（人為改変）の程度に応じてほぼ一定の値となる（大澤，1998a）。

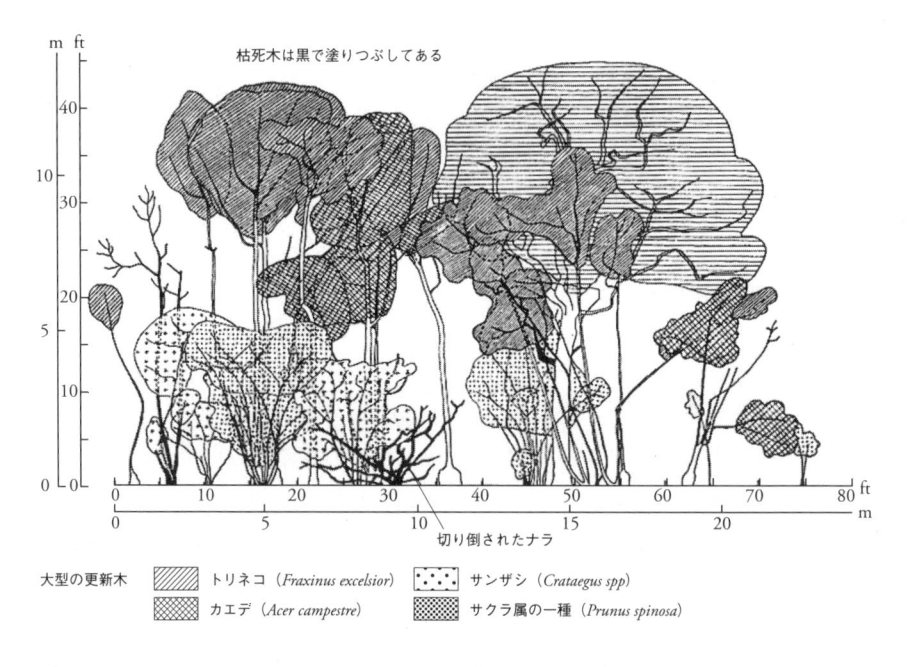

図 10　森林の歴史の復元（Rackham, 1971；大澤, 2003 から）
薪炭林施業として最後に伐採（1897）されてから70年後の森林断面図。高さ2m以上の個体だけ描いた。枯死木は幹を黒く塗りつぶしてある。断面図からは森林の過去の様子，今後の変化についての予測が可能である。

　このように，植物を通して環境を知る方法は，種々の測器が生まれる以前から，農業，林業など自然資源を利用する産業においては必須の知識であった。茶園の適地を探す際に，中国では，酸性土壌を指標するツツジの一種を探索し，その生育地を茶園に決めるという。これも野生の生物を一種の環境指標として使っていることになる。そのほか，樹木の高さは土壌中の水分量を指標することから，造林地での植林木の成長を予測するのに，一定の樹齢（40～50年）のスギなど植林木の樹高で生育立地の水分・栄養条件を評価する「地位指数」の考え方も，適地適木という造林樹種選択の指標となる。
　野外で見られる植物群落そのものがさまざまな環境要因とのかかわりのもとで成立してきたものであるから，こうした見方をさらにすすめると，ある地域に分布する植物群落を知ることは，その場の環境を知ることでもあるということが理解できると思う。現在成立している植物群落からは，その群落がどのよ

うなプロセスで成立したか復元することが可能であり，その間の人間の影響を含めた環境変遷の履歴として読み取ることができる（図10。大澤, 2003）。また，さらに遠い地質学的過去に成立していた植物群落を化石や花粉分析などの手法を用いて調べる植生史の方法がある。群落の保護・保全・管理の方法を検討する際には，現在の群落から読み解くことができる成立過程に関する情報はきわめて重要である。

1.3.2 群落モニタリングの意味

群落モニタリングは生態系の変化を上述したような指標種，指標群落の考え方をもとに時系列的に観測し，環境影響をモニターするシステムである。当面の保護・保全方策の検討に必要なだけでなく，自然のバックグラウンド変動についての基礎的知見を得ることがその重要なベースとなっている。保護区は極相林であっても，さまざまな時間・空間スケールで変化するし，ましてや二次林や半自然植生は，時間やそれにともなう人間活動の変化などにともなって当然遷移的な変化もする。自然を管理，利用し，保護，保全するためにはどうしてもこうした自然の仕組みを知らなければうまくいかない。

最近，あちこちで行われる即席の自然再生では，遷移の過程を通じて土壌中に形成される埋土種子バンクも形成されず，撹乱後の自律的再生や耐性も発揮されない恐れがある。短期的な公共事業創出という色彩が強く，長期的な視点で有効な自然保護となるか疑問がある。

生態学的観点に基づく長期的な自然利用は，自然のメカニズムを理解して初めて可能となる。自然林の自律的維持再生機構は Watt（1947）のパターンとプロセス概念（大澤, 2001a）にもとづくパッチ動態というプロセスで理解されているが，同じ考え方は日本でも古くから，国有林の研究者による地道な研究から確立され，森林管理に適用されてきた。戦前，昭和10年代に行われた松川恭佐の青森県のヒバ林の研究（日林協, 1981），1937年にまとめられた藤村重任の四国スギ天然林の維持管理（藤村, 1971）などはそれらの代表的な研究であり，世界に通用する独創的な研究であったが，戦争をはさんだこともあって，こうした研究が広く知られるきっかけを失ってしまった。

群落モニタリングは息の長い仕事であり，続けることに意味がある。現行の行政体制ではそのような予算獲得は難しいと述べた担当官がいたが，このよう

```
  裸 地        先 駆 相           途 中 相              極 相
```

■乾性遷移系列

```
┌────────┐    ┌──────────────┐   ┌────────┐   ┌──────────┐   ┌──────────┐
│ 火山活動 │    │ 一年生・多年雑草木│   │ 低木林 │   │ 高木林(陽樹)│   │ 高木林(陰樹)│
├────────┤ →  │ (ススキ,イタドリ,│ → │(ヌルデ)│ → │(コナラ,クリ,マツ)│→│(スダジイ,タブノキ)│
│ 崩壊・堆積│    │ メヒシバ,ブタクサ)│   └────────┘   └──────────┘   └──────────┘
└────────┘    └──────────────┘
                    ↑              ↑             ↑              ↑
                  表土削剥        表土攪乱       根株除去        根株残存
```

■湿性遷移系列

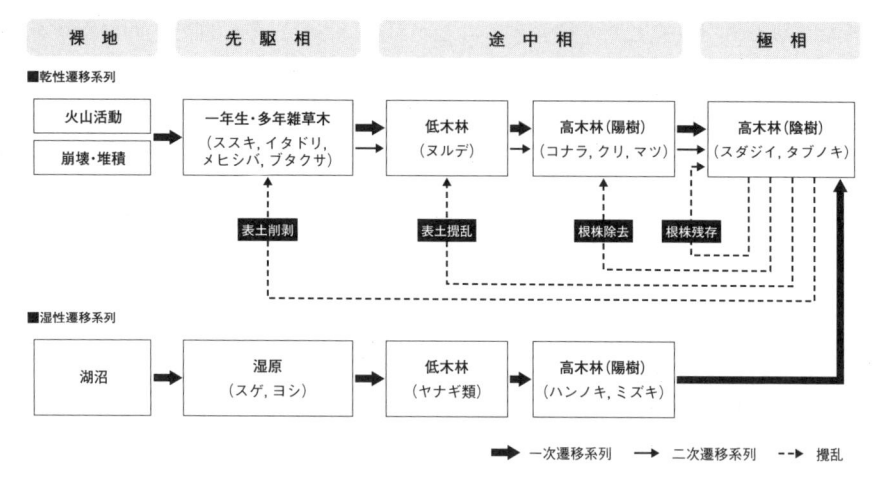

```
┌──────┐   ┌──────────┐   ┌────────┐   ┌──────────┐
│ 湖沼 │ → │   湿原    │ → │ 低木林 │ → │ 高木林(陽樹)│
└──────┘   │(スゲ,ヨシ) │   │(ヤナギ類)│   │(ハンノキ,ミズキ)│
           └──────────┘   └────────┘   └──────────┘
```

➡ 一次遷移系列　　→ 二次遷移系列　　--▶ 攪乱

図 11　遷移系列模式図
　　一次系列は乾性遷移系列と湿性遷移系列に分かれ，二次遷移系列は極相の攪乱の程度によっていろいろな回復過程をたどる

な実情では戦略的保護・保全といった対策もとりにくい。

1.3.3　植物群落の変化とは

　植物群落のあらゆる変化は遷移的であるといったのは Clements（1916）である。それは，植物群落の変化はすべて遷移説でとらえきれるという意味でもある。遷移のメカニズムをさまざまな視点から解明しようとした彼の自信の程を示しているといえよう。遷移的変化には前進的，退行的の2つがある。前者は自然条件下で起こる極相へと向かう発達過程で，普通はその地域の気候条件下で最大の生産量を発揮するように植物群落が自律的に変化していく。後者の退行遷移は人間の働きや家畜（時には野生動物）などの踏みつけ，グレージングなど，さまざまな影響で有機物量が減少していく過程であり，日本のような森林地域では，極相としての森林から低木群落，草原へと，遷移の過程をあたかも逆に辿るように現存量が低下し，最後は裸地に至るものである。近年，日本のあちこちで見られるシカのグレージングによる植生の退行は，林床の後継樹をシカが食べてしまうために，遷移が前進的には変化できず退行してしまう例である。

　こうした変化はすべて，群落が置き換わる，すなわち遷移することによって

起こる。その場合，各遷移段階は，群落を構成する植物個体が枯死し，別な種が再生することによって次へと進むことになる。進行遷移にしても退行遷移にしても，その段階が変化するためには，はじめは現在生育している植物の生理機能の低下，それがやがて個体の枯死を経て，種が局所的に絶滅し，その結果として種類組成・群落構造の変化へと顕在化していくことになる。一般的に進行遷移は，外的な環境要因が変化しなくても，群落に内在する要因（たとえば，陽樹から陰樹への交代）によって変化する自律的なものである。それに対して退行遷移は，通常の自然のメカニズムに逆行するものであるから，なんらかの営力（人間活動や動物の影響，自然環境要因の変化など）が加わって初めて起こる。その営力の強さによってどこまで遷移が逆行するかが決まる（図11）。このモデルを使えば，人間活動が自然生態系に与える影響の程度を植物群落を通して，指標種や指標群落の考えに基づいて評価できる。

1.3.4 半自然という自然

生態学では自然，半自然，人工という区別が昔からある。森林を例にとると，自然に対する人間の影響がほとんど無視できる程度の自然林，人間の影響下で自然がはっきりとわかる程度に変質させられている半自然林，人為的に作り出される人工林の3つに大別する。「半自然」という用語は「生態系」という用語を作ったのと同じ，Tansley（1923）が作った。これは「自然と人工の間で，人間の影響を受けてはいるが，自然の再生力によって形成された群落」という意味である。必要な樹木を抜き伐りした択伐林，薪を集めたり，伐採して炭を焼いた薪炭林などは，人間の影響を強く受けてはいるが，種子を播いたり，苗を植えたりは誰もしていないので，半自然である。野草地でも，定期的に放牧されていたり，刈り取られたり，火入れによって焼かれたりしている場合は半自然草地である。これも，誰も種子を播いたりはしていない。彼は，イギリスのほとんどの森林や放棄地はこのようにして形成された半自然植生であると言っている。

日本でも，屋根を葺くススキを採った茅場などは，植物は利用しているが，その後種子を播いたり苗を植えたりしてはいないので，そこに生えている植物は，加えられた人間活動のもとで自然に生育してきた植物である。言い換えれば，人間の手が加わる環境条件に適応している植物である。Tansleyは当時，

生態学は人為がまったく加わっていない自然植生を研究対象とすべきという意見もあるが，たとえ人為が加わっても，生態学的には同じ手法で研究できると強調している。すなわち，植物の反応は人為が加わっていようといまいと同じであって，単に人為が加わると植物の分布が異なり，そこに適応した植物が生育するようになるという点で違うだけなので，自然地域と同じように生態学的手法で解明できるというのである。

　人間の影響という点では，半自然林の選択的な伐採（択伐）であっても，台風など自然の攪乱要因で一部の樹木が倒れるのとなんら変わりはないし，皆伐した場合でも，時に襲う大型台風で森林が壊滅的なダメージを受ける場合とそれほど違わない。ただ，台風など自然要因によって破壊され再生してくる場合は半自然植生とは言わない。単に再生群落，二次植生などと呼んでいる。つまり，「半自然植生」というときは，あくまで人間の影響により変化した植生に限定して用いるのに対し，「二次植生」という場合はより広い概念で，植生の攪乱要因を人為と限定しない。遷移学の立場からは，半自然植生が成立する過程を「偏向遷移」という。例えば，火入れをすればカシワ林が成立する，あるいは照葉樹林域で薪炭林施業を繰り返すとクヌギ・コナラ林になるなどというように，自然条件下では出現しない群落型が特定の人為要因に反応して出現する場合である。房総半島では，100年ほど前には，海岸近くまで茅場としてのススキ草原や薪炭林が広がっていた。現在ではその多くは照葉樹林へと変化したが，遷移の進行が遅い海岸のススキ草原などには，今でもカシワ林の断片が残っている。これもかつて火入れをしていたころの名残と考えられている（大澤，2001b）。

　半自然植生でも，放置すればやがて二次遷移が進んで，自然の攪乱要因による破壊と同じように自然植生へと近づいていくが，人間の利用が長く続いた場合には自然植生への復帰に時間がかかる。半自然植生では特別な組成，構造，ひいては機能を示すようになり，人間の利用に適応的な生態系になっているためである。ここでは，利用する人間の側も，持続的に利用できなければ困るので，自然資源として再生可能なように利用してきたのであって，人為は必ずしもマイナス要因として作用するわけではない。

　里やまの植生や二次植生は，手を加え続けないと荒廃してしまうというような見方を時々見かけるが，これは「特定の価値観に基づけば」ということであっ

て，一般的に半自然植生や二次植生の変化が荒廃ととらえられるわけではない。人の影響が加わった二次的自然が，もはや元に戻れない何か別なものに変化してしまうというようなことではない。これまで人々が利用してきた半自然植生は，利用を停止すれば自然林へと変化するのだから，不要になったのであれば二次遷移に任せて自然林へと誘導し，自然の回復を促すというのも持続的な自然の利用管理ではないだろうか。

　こうした立地に生育する特定の植物種（たとえばカタクリ，クマガイソウなど）を維持するというような目的であれば，農作業，森林施業を行う人材も含めて，そのための管理システムとして再現・構築しなければ維持できないし，保全の意味はない。その意味ではこうした試みは，植生の復元，再生というよりは，人間を含めた農耕体系の再現・保存という意味のほうが強い。最近では，文化財保護の中に文化的景観の保護という概念が取り入れられたが（下村，2004），これが一部そうした概念に相当する。里やまにみられる保護対象の稀少植物とされるフジバカマ，キキョウ，オキナグサなどは，里やまに固有なわけではなく，多くの場合，本来の生育立地を自然の立地，たとえば亜高山帯の草原，火山山麓の山地高原などに有している場合が多い。こうした植物が里やまに生育している場合は，それがたまたま人間の営みによって作り出された半自然植生の生育立地が生育適地となり侵入している場合，あるいは過去にもっと広大な草原が広がっていたときに生育していた植物が遺存的に生き残っている場合なのである。半自然の保全をめざす場合は，このような背景を念頭に置いて，その植生を成立させた人為と一体的に考える必要がある。

1.3.5　自然の再生とは

　植生に対する人間の影響は多岐にわたる。人間による自然利用は時代，社会の変化にともなって量的，質的に大きく変化し，したがって人々が好ましいと感ずる自然も人種，宗教，時々の文化によって異なる。東ネパールのアルン谷で，ライ族の生活を調べたDaniggelis (1997) は，人種や営む生業によって植生に対する考え方が異なる次のような事実を紹介している。乾燥アジアからインド亜大陸に進入したインドアーリア人は基本的に放牧に依存する民族なので，ヒマラヤに侵入してくると，それまでヒマラヤ山地民が利用してきた森林植生やそこから得られる植物資源は，家畜の放牧にとってあまり好都合ではな

いこともあって，価値を見出さなかった。そのような土地を「未開で役に立たない場所」という意味のサンスクリット語で「ジャングル」と呼んだ。この言葉はかれらが家畜の放牧に使うオープンなサバンナ的景観の土地（ジャンガラ）に対する言葉であった。ジャンガラは同時に，「文明化された」，「中心の」といった含意を持ち，先住民の生活空間のジャングルは「未開の」，「辺縁の」といったニュアンスを有していた。しかし，森林を利用し，農業を営むヒマラヤ山地民にとっては，共有地として誰もが必要とし，利用できる植物資源の宝庫であるジャングルこそ重要な土地なのである。人口が増えてくると，このジャングルのような土地が真っ先に未利用地として農地化されたり，居住地域に変えられてしまい，生活の多くを自然資源に依存していたヒマラヤ山地民の生活が立ち行かなくなってしまう。

　最近のように，人間の影響が強くかつ広範になると，地球上のすべての自然には何らかの意味で人間の影響が及ぶことになり，原生自然，あるいは本来の自然と呼べるようなものはもはや存在しないといったとらえ方を最近しばしば目にする（大澤，2005）。このような見方はさらに，今日存在する自然はすべて何らかの意味で人間の影響を受けているのだから，それは管理が必要だとする論と安易に結びつきやすい。上述した半自然植生や二次的自然の管理もそうだが，最近の自然再生推進法も，本来自然が有している抵抗力や回復力を無視して，人為的，短期的に土木工事で過去のある時点の植生に戻すような形での，新たな公共工事を続けようとする思惑が見え隠れする。そこには，本来の自然のメカニズムを無視した，人間の都合だけを考えた方法論が入り込む危険がある。自然は人間が改変してきたのだから，それを元に戻すにも人間の働きが必要だとする自然再生の考え方とも結びつく。しかし，本当にそうだろうか。人間の身体と同じように，自然には再生力（回復力）もあるし，抵抗力（耐性）もある。それが今日まで自然を維持し，進化を保障してきたのであり，今後もそうした自然の生態機能を発揮させ，保全していくことが，変動する地球環境のもとで，自然が自律的に維持し，機能していく原動力である。最近の自然再生の考え方の一部には自然システムの自律的なメカニズムに対する配慮が十分でないものがある。

〔引用文献〕

カーソン, R. 1962.（青樹築一訳, 1974）生と死の妙薬 自然均衡の破壊者〈化学薬品〉. 新潮社.
千葉県立中央博物館. 2003. 野の花・今昔－平成15年度特別展. 千葉県立中央博物館.
藤村重任. 1971. 四国スギ天然生林の過去及現在. 高知営林局.
Daniggelis, E. 1997. Hidden Wealth : the survival strategy of foraging farmers in the upper Arun Valley, Eastern Nepal. Mandala Book Point.
Dowdeswell, W. H. 1987. Hedgerows and Verges. Allen & Unwin.
Ekern, P. 1993. Climate and agriculture. *In* : Sanderson, M. (ed.), Prevailing Trade Winds : weather and climate in Hawai'i. p.86-95. Univ. Hawaii Press.
Gilbert, O. L. 1989. The Ecology of Urban Habitats. Chapman and Hall.
井出孫六・南良和. 1984. 秩父－峠・村・家, 岩波書店,
Jedicke, E. 1989. Brachland als Lebensraum. Ravensburger.
松川恭佐. 1981. 森林構成群を基礎とするヒバ天然林の施業法, （日本林業技術協会編集）日本林業技術協会.
Millennium Ecosystem Assessment. 2003. Ecosystems and Human Well-being : A framework for assessment. Island Press.
中井達郎. 1996. 植物群落RDBをつくった意味. 自然保護 No.405, Apr. 1996, p.12-19.
中鉢良護. 2001. 山, 名護市史本編・9 民俗Ⅱ・自然の文化誌, 名護市,
中野尊正. 1955. 荒地と牧場. 地理調査所地図部（編）. 日本の土地利用. 古今書院.
日本自然保護協会・世界自然保護基金日本委員会・我が国における保護上重要な植物種及び植物群落の研究委員会植物種分科会. 1989. 我が国における保護上重要な植物種の現状. 日本自然保護協会.
日本自然保護協会・世界野生生物基金. 1996. 植物群落レッドデータ・ブック, アボック社.
日林協. 1981. 松川恭佐, 参照.
大澤雅彦. 1998a. 都市の生態. 吉野正敏・山下脩二（編）, 都市環境学事典, 朝倉書店,
大澤雅彦. 1998b. 起源は第三紀？霧が養う遺存型照葉樹林. *SCIaS* 1998.06.19, p.34-35.
大澤雅彦. 2001a. 植物群落の成り立ちとその保護の考え方. 大澤雅彦（監修）・日本自然保護協会（編）. 生態学からみた身近な植物群落の保護. 講談社サイエンティフィク.
大澤雅彦. 2001b. 変化する植生. 千葉県の自然誌. 本編5 千葉県の植物2－植生－, p. 525-533. 千葉県.
大澤雅彦. 2003. 人とかかわる植生史. 西田孝（編）. 自然史概説. PP.120-140. 朝倉書店.
大澤雅彦. 2005. 自然保護のゆくえ. 環境科学会誌 **18** (1): 1-2.
Pollard, E., Hooper, M. D., & Moore, N. W. 1974. Hedges. Collins.
佐倉詔夫. 2001. 清澄山の森林, 千葉県の自然誌 本編5 千葉県の植物2－植生－, p. 231-247. 千葉県.
朱宮丈晴. 2005. 報告 宮崎県の照葉樹林の現状について, 自然保護 Jan/Feb. 2005 No.483. 33.

下村彰男. 2004. 文化的景観の保護　文化庁月報 No. 435: 14-15
田中角栄. 1972. 日本列島改造論. 日刊工業新聞社.
Tansley, A. G. 1923. Practical Plant Ecology. George Allen & Unwin.
上野登. 2004. 再生・照葉樹林回廊－森と人の共生の時代を先どる－, 鉱脈社,

第 2 章

植物群落の現状
―「植物群落 RDB」刊行 10 年後の変貌―

第2章 植物群落の現状
―「植物群落RDB」刊行10年後の変貌―
各地からの報告に見る植物群落の変化

■大澤雅彦

　本章では「植物群落RDB」刊行後の各地の群落の現状について，沖縄から北海道までそれぞれの植物群落を研究している研究者からの報告により概観しよう。その内容を詳しく検討する前に全体を概観しておくと，それぞれの位置付けもはっきりすると思うので，以下簡単にまとめてみた。

　扱われた群落は，極相林，高山植生，蛇紋岩などの特殊岩地，湿原，湖沼・河川，海岸植生，海中草原などの本来自然性が高い群落から，人為の影響下にある半自然林，半自然草原と幅広く，さらに加えて稀少種，移入種，外来種などの特定種に関する問題，さらに地域全体としての景観や複合群落など，幅広く，さまざまな事例についての報告もある。以下に，主な対象群ごとに「植物群落RDB」として保護・保全・管理していく場合の問題点などをまとめてみよう。

2.1　全体に共通する問題点

　通覧すると，保護区の生態学的な保護・管理の問題と行政的な制度にかかわる問題とに分けることができる。

　保護区における生態学的問題としては，本質的に自然は常に変化しているので，保護区においても囲い込んだから変化が止まるというものではないことに起因するものが多い。囲い込むことがすでに人為的影響となるから，そのことを前提に保護・管理方法を検討する必要がある（シカの問題など）。気候変化，立地変化にともなって起こるさまざまな群落変化も含まれるが，必ずしもすべて原因が解明されているわけではない。気候変化がシカによる食害を引き起こす場合もある（暖冬で雪が少ない年にはシカの影響が強くなる）。たとえば戦場ヶ原では「59豪雪（1984）」以降シカによるグレージングが増加し，そのため防護柵（高さ2.4m，総延長14.9km）を設置した。

群落そのものが遷移途中相である湿原などでは，自然遷移とさまざまな人間活動が乾燥化を促進してしまう場合など，原因が複合しているのが普通で，どこまで人為的に管理すべきか難しい問題もある。海岸や河川敷など，もともと自然の営力が強く，絶えず変動する環境下に成立するような群落でも同じような問題があるが，とくに，それが人間の居住域にある場合は防災や安全の面での問題ともかかわる。不安定立地に適応した種（上高地梓川のケショウヤナギ）の保全と護岸や登山道の確保などについては，地域全体を視野に入れた総合的な判断が必要である。また，こうした遷移途中相の生態系では，保護のための手を入れることが逆に空いたニッチを創出し，それがきっかけとなって外来種が侵入するといった例もみられる。例えば，雑木林の林床管理で刈り取りを行った場合，そこに在来の草本ではなく，外来種が生えてくるといったことがある。

　日本の保護区の多くはバッファーゾーン（緩衝地帯）の考え方がなく，コアエリア（保護すべき区域）がむき出しになっている場合が多い。特に照葉樹林域では，その多くは小面積の社寺林などが多く，人の立ち入りや周辺からの庭園樹の侵入のほか，指定後に周辺に人家が密集するようになって，倒木や枝落ちの危険が増すといったこともみられる。

　奥山では，拡大造林など過去の人為改変の好ましくない影響をどのように除去するかも大きな問題である。逆に，農林業と結びついてこれまで維持されてきた半自然植生が，産業構造の変化によって減ってくると，そのような場所に成立する固有の生態系や生物種の稀少価値が増して，保護の必要性が出てくることもみられる。このような場合は，単純に立地を復元させるのでは不足で，そうした生態系を成り立たせていた，かつての人々の農作業などの人為を含めた管理が必要になる。

　行政的対応が問題になることとしては，保護地域指定の遅れによる保護対象の一部分，あるいはすべてが喪失してしまう場合などが最も深刻である。これは，「植物群落RDB」に挙げられる多くの例についてあてはまるが，千葉県岩井袋の北限のウバメガシ林，綾を含む宮崎県各地の照葉樹林，泡瀬など沖縄の海草群落などが代表的である。また，保護の手立てが講じられたにもかかわらず，その後の行政的対応が不十分なために，別の部局が新たな道路開発や森林伐採などを進めて保護の目的が達成できないものなどもある。

　「植物群落RDB」の活用ということを考えると，リストアップされたものに

ついては，リモートセンシングによる継続的な長期モニタリング，具体的な対策の生態学的検証を経ながら，次の対策へと進めるようなモニタリングと一体的な実験的保護策が重要となる。その際，保護すべき群落の範囲などについても地図化し，周辺地域との関係に考慮しながら，その位置付けを明確にして，人々が容易に知ることができるようなしくみが必要である。そのためには，行政側も，自然保護の問題をNPOやボランティアだけに任せるのでなく，自然保護のための専門研究・監視機関を，以下の各生態系タイプごとに設けるといった具体的な努力が求められる。

また，保護すべき群落の重要性を広く理解してもらうための解説書，案内板，半自然植生などに関しては，地域の農林業，牧畜など産業や文化とのかかわりなどについての解説を行うことや，子どもを含めた学習機会の創出なども重要である。

2.2　生態系ごとにみた問題点

2.2.1　自然林と半自然林

　日本は亜熱帯から寒温帯・亜高山帯林まで多様な森林が見られる。地域によってはまだ十分な研究が行われていないために，いまだ知られていなかった貴重な群落が発見されることもある。

　亜熱帯から暖温帯照葉樹林への移行域にあたる琉球列島から鹿児島・宮崎など九州南部にかけて，多くの貴重な群落が見出されている。亜熱帯地域の雲霧林として貴重な沖縄島の与那覇岳は，国の天然保護区域に指定後，面積は徐々に広がっているが，すぐ近くまで林道が通り，ランなどの盗掘，稀少動物の密猟，近隣の農地開発や伐採による乾燥化の影響が心配されている（③沖縄県）。鹿児島では，県版RDBが出版され，世界遺産の候補にもなっている北琉球など島嶼部から，火山，屋久島などの山岳地域まで含む多様な生態系の現状が明らかになった。そのなかに，「植物群落RDB」後に発見されたチャンチンモドキ群落（ハナガシ，イチイガシをともなう）もある（④鹿児島県）。酸性雨によって消滅寸前の大隈半島のモミ群落の例は，丹沢など関東周辺山地でも多くみられたのと同じ現象であり，人為と気候要因と両面からの研究が必要であろう。宮崎県の照葉樹林は，最近でこそ周辺の人工林化によって分断され，消失

してしまったものも多いが，それ以前には日本でも最大級の照葉樹林（亜熱帯・暖温帯常緑広葉樹林）が広がっていた。それが，今になってさまざまな開発の波にさらされ，最後に残った貴重な森林すら失われようとしている。これが恐らく日本で最後の大規模な照葉樹林原生林である。特に宮崎県綾町の照葉樹林は，原生林保全を町づくりと結びつけ新しい生活文化を構築するというユニークな町づくりで知られる。国有林の伐採計画を当時の郷田實町長が奔走して阻止，国定公園に指定させた先駆的な事例である。しかし，一部は第三種地域で，実質的に伐採の危機がなくなったわけではない。最近も，九州電力による送電線建設が，この世界的な自然の保護を困難にするとして，地元の人々を中心とする反対運動が起こり全国レベルの関心を呼んでいる（⑧宮崎県）。こうしたところでは市民によるモニタリングがきわめて重要である。

　火山噴火による森林破壊はやむを得ないが，周辺を含めた保護地域の見直しが必要になっているところもある（⑦長崎県）。南西日本では，照葉樹林の面積はきわめて小さく（ほとんどは1ha以下），種多様性の減少のほか，構成個体が大径木化することによって，台風などの倒木の際，周辺住宅を破壊するなどの問題も起こっている（⑮兵庫県）。周辺からのタケの侵入（鳥取県），庭園植物の侵入も，あちこちでみられ，都市化によって群落が変質しつつある。シュロ，ナンテン，斑入りアオキ，ヒイラギナンテンなどのほか，もともと自生種なので区別できないが，庭園樹からの侵入と思われる例も多くなっている（⑮兵庫県）。また，シカ，イノシシなど野生動物の保護区への集中化による影響，カワウ，サギ類の営巣，ツル植物（通常では害がない自生種のムベが問題を引き起こす）の異常繁茂なども起きている（⑮近畿地方）。シカ個体数の増加は，樹皮はぎ，実生，稚樹の採食，などの直接的影響から原生林の多様性低下，更新不良，非嗜好性樹種の増加など群落構造を介した変化なども起こっており（⑯奈良県），継続的なモニタリングを通じた対策が重要である。

　奥山でも，リゾート開発，道路，ダム開発，野草・山菜の大量採取，法的規制の外での原生林伐採も依然として行われている。戦前までの択伐による森林利用ではそれほど問題はなかったが，戦後の拡大造林政策以降，大規模皆伐が行われ，批判が巻き起こった。こうした批判に対して皆伐母樹保残法（30〜70％伐採）などさまざまな工夫がなされたが，ササの増大，原生林の林床種の消滅，種子落下量の不足などの変化とともに更新の技術的問題が起こってい

る(⑱長野県)。森林生態系保護地域の指定による保存もかなり進んではいるが，東北地方の森林地帯では，もともとブナ林の自然分布が限られていたうえに周辺の伐採などでさらに個体群が孤立化し，他花受粉をするブナのような樹木では結実率が低下してしまう(㉟東北地方)といったこともみられ，さらに残った林分の維持更新を困難にしている。これまで南西日本で照葉樹林が辿った経路を見るようである。

　半自然林には，薪炭林，落ち葉かき，などの人間が直接的に森林からの産物を利用する場合もあるが，社寺林などではかつては境内での祭りや遊び場として森林を利用し，林床の状態が適度に更新に向くように維持されていたような場合もある(㉝福島県)。こうした神社林をとりまく環境の変化も影響して，逆に人里近くでは，踏みつけ，植林や庭園樹などの侵入，カタクリなど特定種を保護するための下刈りなどによって森林自体の更新が難しくなるといった問題もあり，人間の都合で森林に手を入れることが森林そのものの存続を危うくする可能性もある。さまざまな要因が複合しているにしても，巨木の枯死が起きてその後の更新がうまくいかない例もある(㉝福島県)。地域に残る極相林として保護されている林分も，林床を含めた森林周辺の環境変化が直接影響して変化しつつある。小笠原では，かつて導入されたアカギの繁茂が自然林を破壊すると，林野庁がその除去に取り組むといった事態になっている(㉔東京都小笠原)。気候変化による植生帯の変化では，既存の森林の崩壊と新しい森林帯構成種の侵入によって起こる。その際，最初に侵入する先駆種の挙動が，森林変化の先駆けである。九州に分布するアオモジ群落の北限が気候変化に応じて分布拡大中とみられ，その変化について報告がなされた(⑤九州地方)。こうした先駆種を指標とするモニタリングも今後，変化が急速になるにつれて重要になるであろう。

　以上のようにさまざまな問題がある一方で，フィールドセンターなど野外施設もあちこちでつくられ，森林利用，学習の場となりつつあるという例は保護区の今後の方向を示している。

2.2.2　高山植生・特殊岩地

　踏みつけによる山頂部，登山路の裸地化などは，屋久島の山頂部，鳥取県大山，中部日本の高山から北海道などでもみられる。ここでは，鳥取県大山山頂

部の植被復元の例が紹介されている（⑩鳥取県）。特殊岩地でも石灰岩や蛇紋岩などは，固有種や稀少種が集中するという点で高山植生と共通する。

　低地の特殊岩地では，原石採掘（固有種の消滅，特殊な種組成をもつ群落の消滅－⑬四国地方）や，これまで農林業不適地とされ，使われていない土地をゴルフ場開発や生活環境保全林整備事業などとして活用しようとしたが，市民の情報提供でその場所が貴重な稀少種の生育立地であることを説明し，稀少群落の破壊を免れることができた例もある（⑬高知県）。これは，関係当局の情報不足が原因である。

　北海道のあちこちで高山植物の盗掘，エゾシカによる被食・踏みつけ，などさまざまな問題が起こっているが，基本的に対策は入山自粛，囲い込みによる保護しかない。ガイドが同行するような地域では，ガイドに対する教育なども重要である。盗掘に対しては人工繁殖による安価な苗の流通などの手法があるが，遺伝子攪乱のおそれもあり，広く行える方法ではない。温暖化，酸性雨などによる風衝草原の森林化などもみられている（㊲北海道）。

　変わったところでは火山災害による修復，土木工事にともなう外来種の侵入（三宅島の砂防ダム，道路補修。㉕東京都三宅島），緑化による外来種の侵入（導入種，付随する雑草の問題）などの問題もある。

2.2.3　半自然草原・景観・人為のかかわり

　高山帯を別にすれば，日本の草原は人為的に維持されてきた半自然草原である。大分県の久住高原，長野県の美ヶ原高原などの草原は，規模の雄大さもあって，最近では農業資源というよりは観光資源としての側面が強調されている。農業資源としては，維持管理に関して伝統的に培われた持続的利用法の文化があるが，観光資源としての草原ということになると，伝統的管理方法に基づきながらも，農業的な手法とは別の持続的利用法を創出していかなければならない。今日，あちこちの半自然草地で問題になっているのは，こうした手法を開発するより先に，観光施設，観光客の増大といった利用の側面だけが先行してしまったことによる。野焼きの障害，稀少植物の盗掘，四輪駆動車・モトクロスバイクの乗り入れ，観光道路建設，野生動物との遭遇，ゴミ，外来種の侵入，オーバーユース，景観破壊，数万人規模のジャンボリー，バーベキューによる失火，野焼きの担い手の減少とボランティアによる問題（⑥大分県）など，出

てくる問題のすべてが，その点についての当事者のつめがいまだ十分でないことに起因している。草原維持の伝統的作業（防火帯作り，輪地切り，輪地焼き）の担い手，生育期の採草が必須で，野焼きと放牧による草原維持のシステムが重要であるにもかかわらず，野焼きだけが観光資源化されているといった問題もある。牛の代わりに人力を用いることはほとんど不可能なので，牛を利用した輪地切りなどの工夫が試みられているところもある。

日本における半自然草原の喪失は，固有の植物群，動物群，草原景観，牧畜，それにともなう農業文化の喪失をも意味する。その，サテライト的な場として里やまのオキナグサ，キキョウ，ワレモコウといった稀少種の存在もあり，こうした植物群のいわば遺伝子源はこうした半自然草原と考えることができる。その里やまは，伝統的農林業にともなって維持されてきた半自然と農耕作業とが見事に融合した系である。そうした認識に欠ける行政は，圃場整備による乾田化，水路のコンクリート化を進め，その用途がなくなれば，外来種の侵入，放棄水田，産業廃棄物，残土の捨て場と無為無策の典型ともいえる事態を招来している（㉘千葉県）。これは例としてあげられた千葉県に限らず，首都圏や各地の大都市圏に見られる共通の現象であり，最近ではそれが地方に飛び火しつつある。

このような日本の農耕文化と自然保護のかかわりに関する危機的状況を打開するためには，国や県などがこうした問題をNPOやボランティア任せにせずに，専門的に扱える保全・研究センターを設立し，その行政責任を果たしていくことが急務である。

2.2.4 湿原・湖沼

身近な湿地などは，その生態学的価値についての一般への普及，啓発などが遅れているため，低層湿原が土砂捨て場，埋め立てにより消滅したり，ラン科，タヌキモ科，ホシクサ科などの豊富な中間湿原が埋め立てにより消滅している（⑦九州地方）。成立時期が古い（5万年，6000年など）湿原は，一般に，極相的で変化は大きくない。それでも周辺環境の変化で水路の下刻が始まり，乾燥化，富栄養化が進むなどの例がある。湿原によっては，干潟などと同じように集水域からの土砂供給によって維持されている場合があり，それが止まると流路の下刻が進んで乾燥化する。また，保護のための木道の設置はその直下を

日照不足にして植物生育を阻害するので，その部分が凹地となり，排水路の役割を果たし，乾燥化に向かう場合もある（⑫岡山県）。

一方，岡山や東海地方など花崗岩地帯，海岸の後背地などでは，もともと森林衰退，たたら製鉄などによる立地荒廃が出現させた湿原があったが，その後の遷移で森林回復が進んだり，周辺の土地開発で排水が進み，消滅する湿原がみられる（⑫岡山県；千葉県の天然記念物，成東・東金食虫植物群落）。日照量を増すため，周辺の森林伐採が必要になったり，湿原の維持のため土嚢による排水阻止をすると有効な場合もある。しかし，逆に湿原の乾燥化を食い止める目的で水田排水を導入し，一気に湿原の破壊につながった例もある（⑫岡山県）。農業の変化によるため池の消滅も，特殊な生育立地という点で島状に分散する生育立地の保護にかかわる。護岸工事，水質悪化（貧栄養池の富栄養化）からオニバス，ガガブタなどの消滅が起こったり，外来種（ボタンウキクサ）の繁茂による稀少種の消滅などもみられ，周辺環境との一体的保全が必要である（⑭兵庫県）。保護運動により生育立地は確保されても，生活廃水の流入，河川改修や水門，堤防の扱い方によって水位変動，塩分変動を起こし，生存に直接影響する例もある。宍道湖・中海のオオクグ，カワツルモ，海草（コアマモ），海藻（オゴノリほか）などの生育する浅海域の確保（⑨島根県）などが重要である。陸域と海域の移行帯にあたる地域は，環境変動が最も激しい地域でもあり，次の海岸植生の場合と連動する形で，専門的な監視機関がぜひとも必要であろう。

農地が過湿になるという周辺農家による排水要求によって湿原の暗渠排水を行った結果，ヨシの侵入などをともなう乾燥化が進み絶滅危惧種の喪失が起こっている（㉒長野県）。東北日本の湿原でも近隣の農地開発との関係で問題が生じている例がある。17世紀，戦後復興時の開田などの影響で水路を変更した影響による乾燥化が今でも続いている例（㉞福島県），湿原の人為による乾燥化促進（栃木県戦場ヶ原における農業用水の取水，植林木の成長促進のための排水溝設置，㉛栃木県）も同様の例である。湿原を横切る道路建設による水の強制排出（㉛栃木県）などが起こっている。乾燥化はヨシ，ササ，アカマツ，ズミなどの侵入，オオハンゴンソウなどの帰化植物の侵入を併発する。こうした湿原の乾燥化では，対策としてとられるのは川のせき止めによる水位維持である。周辺の農地との境にコンクリート擁壁を設置（㉛栃木県），鋼矢板

による物理的な緩衝地帯の造成（㉞福島県）をした上で，排水路の水止めなどが行われている。また，逆に土砂崩壊による水のせき止めによる過湿化が湿地性植物を消滅させてしまった例もあり，水位の維持には微妙な配慮が必要である。シカによる食害が起こる例もある（㉛栃木県）。最近では尾瀬ヶ原にもシカが出没しており，気候変化，人為影響，シカ自身の個体群増殖などこれも多角的な調査が必要である。

道路建設，改修整備などにおいて，湿原の存在がまったく考慮されない（⑫岡山県）などの問題は，将来的には，用途が失われつつある中国地方のため池の例などと同様，湿原環境についての一般の人々への啓蒙，位置情報公開，生態系の特性についての基礎データの収集から，保全・保護の対策・管理を進められるような専門機関の設置が必要となる。そこでは，農業景観の保全などと同様，生活と連動させた保全対策が必要である。植物生態研究園などの管理方法に関する意思疎通問題もある（⑪広島県）。

2.2.5 海岸植生

海岸から浅海域の環境は，東京湾埋め立てに代表されるように，常に都市圏に隣接した，開発のための立地として破壊されやすい環境である。沖縄振興と浅海域開発，泡瀬，辺野古の例なども同様であり，これら移行域生態系の環境影響評価体制が十分でない。

西表島には日本最大のマングローブ群落，ニッパヤシ群落が分布するが，船浦湾（天然記念物）では更新状態がよくない。内離島にも同等の群落があるので周辺地域を含めた天然記念物指定の見直しが必要である。石垣島マヤプシキ群落の場合も絶滅の危機にあり，類似の西表島東部の群落を緊急に保護する必要がある。さらに，自然への関心が高まるにつれて，観光客増加にともなう道路拡幅，港湾整備，橋梁付け替えなどの建設ラッシュとなり，それにともなう流出土砂がマングローブやサンゴ礁を破壊している。マングローブ林の遊覧船の曳き波による洗掘が倒木を増加させる。観光客の増加によるマングローブ林内への立ち入りも増加しており，カヌーなどエコツアーにともなうガイドの知識向上と養成が緊急課題である。

諫早湾埋め立てによる日本最大のシチメンソウ群落（15 ha）の消滅（⑦長崎県），塩生沼地の埋め立てによる消滅（⑦九州地方），砂浜の侵食によりオカ

ヒジキ，コウボウムギ，ハマボウフウなどの群落の消滅（⑦九州地方），沿岸部の埋め立て，海砂採りによる砂浜海岸の消滅（⑦九州地方）も報告されている。世界的なマングローブの北限域の保全（⑦鹿児島県），海岸の堤防，トイレ，ステージなどの造成による浜の消失（⑦九州地方）などの問題も起こっている。離島におけるシカ，ヤギの導入の影響も大きく，海岸のハイビャクシン（国指定天然記念物）が食害枯死し，群落構造がシカの忌避植物に変化した例がある。例えば対馬では，ツシマジカの個体数が増加し，マツカゼソウ，ナチシダが増加した（⑦九州地方）。

海岸から内陸に至る植生配置が国道により分断（⑩鳥取県）されるなど，多くの事例が，移行帯としての海岸生態系についての認識不足によって引き起されている。脆弱な生態系への立ち入りによる破壊（㉓東京都小笠原南島。ガイド付き立ち入りも行われているが，担当機関によって考え方が統一されていない），脆弱な生態系への外来種の侵入（㉓東京都小笠原南島，風散布，海鳥による種子散布など自然の要因もあり，一概に人間の影響とは言えない）など，生態系についての理解を深める必要がある。

天然記念物としての海浜植物群落（㉙千葉県）においても，波浪による侵食，海岸林の誤伐採，異なる土地利用規制の重複（天然記念物，国定公園，保安林，都市公園などが重なり合っている，富津州）など，制度上の問題から保全措置に支障が生じている。

海岸生態系の保全にあたっても，半自然草原の場合と同様，観光開発と環境保全の調和，エコミュージアムなどを通じた重要性についての普及・啓発と全国の海岸生態系を対象とした専門家によるモニタリング体制の構築が緊急の課題である。

① 西表島のマングローブ林

■馬場繁幸

〔西表島は琉球諸島で第2位の面積〕

　西表島(いりおもて)の面積は284 km^{2}で，琉球(りゅうきゅう)諸島の中で沖縄(おきなわ)島（面積1,199 km^2）に次いで第2番目の大きさの島である（図1）。気候区分では亜熱帯海洋性気候であり，年平均気温は23.4℃，年降水量は2,342.3 mm，最暖月（7月）の月平均気温は28.3℃，最寒月（1月）の月平均気温は18.0℃である。島の大部分は常緑広葉樹のスダジイ（イタジイ），オキナワウラジロガシ，イジュなどを主体とする森林で被われているが，南西諸島で最長の浦内川(うらうち)（全長約39 km）や，仲間川(なかま)（全長約18 km）の河口域にはわが国最大のマングローブ林が発達している（図2）。浦内川の河口に架かる橋の上から1995年と2003年に写真撮影したマングローブ林の発達状況の違いは図3に掲げた。

　1995年にすでに成立していた個体は2003年には明らかに樹高が高くなっており，しかも河川両岸のマングローブ林前面に堆積した土壌上へのヤエヤマヒルギ，オヒルギ等の進出も目立っている。

〔マングローブ林の主要な構成種〕

　マングローブ林の主要な構成樹種はオヒルギ，メヒルギ，ヤエヤマヒルギ，マヤプシキ，ヒルギダマシ，ヒルギモドキなどであるが，塩分濃度の低い立地環境にはサキシマスオウノキ，シマシラキ，ミズガンピ，サガリバナ，ニッパヤシ，ミミモチシダなどの群落も成立している。船浦(ふなうら)湾に流れ込むヤシ川流域のニッパヤシ群落は国指定の天然記念物であるが，近年，土壌堆積が著しく，更新個体はほとんどみられない。天然記念物には指定されていないが，内離島のニッパヤシ群落は旺盛に生育しており開花・結実も良好な状態にある（図4）。ニッパヤシ群落は，現在，国内では西表島のヤシ川と内離島の2群落だけである。

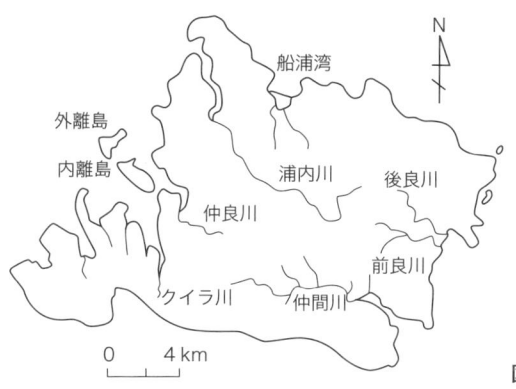

図1　西表島の主要な河川

図2　仲間川でのカヤッキング

図3　浦内川に架かる橋からの，1995年と2003年の景観の違い
　　上：1995年，下：2003年

図4　内離島のニッパヤシ

〔絶滅の危機にある石垣島のマヤプシキ〕
　マヤプシキは石垣島の名蔵川（なぐら）と伊野田（いのだ）にも分布が確認されているが，個体数は極めて少なく，絶滅の危機にある。なお，本種は西表島でも東部地域（仲間川（なかま），前良川（まいら），後良川（ゆいら），由布島周辺など）に分布し，西部地域の船浦湾岸，浦内川，仲良川，クイラ川などには分布していない。

〔人口の 180 倍以上，年間 38 万人もの観光客〕
　西表島の世帯数は 1,043 戸で，人口は 2,109 人（平成 15 年 7 月末現在）であるが，入域観光客数は平成 15 年度には人口の 180 倍を超える 38 万人に達した。観光客の約 80％ は，石垣島に宿泊し西表島への日帰りツアーである。近年は，西表島の大型観光バスも約 30 台と多く，道路も必要以上の幅に拡幅整備されたことから，年間 38 万人にも達する観光客にも対応可能となってきているが，観光客の増加に伴う港湾整備や道路の拡幅工事，河川に架かる橋の架け替え工事等によって流出した土砂が，マングローブ林，浅海の藻場やサンゴ礁に及ぼした影響は計り知れない。

〔仲間川のマングローブ林〕
　西表島の中でマングローブ林の面積が最も大きいのは仲間川流域である（平成 6 年撮影の空中写真に基づくとマングローブ林の面積は約 158 ha）。この仲間川の支流の一つである西船付川（にしふなつき）と仲間川合流点のマングローブ林の 1964 年から 1994 年までの動向は図5 に示した通りである。1964 年にはみられなかった砂州が 1977 年には形成され，そこにマングローブの中でもパイオニア的な性質をもつマヤプシキが侵入しはじめ，1994 年にはその個体数が増加しているのがはっきりと読みとれる。2002 年のマヤプシキが優占する当該砂州の様子は図6 に掲げたが，1994 年に比較してさらに成立本数も多く，マヤプシキだけではなくて，ヤエヤマヒルギやオヒルギ等の侵入もみられる。このように仲間川流域のマングローブ林は全体的にみるとマングローブの成長に伴い林冠が鬱閉し，マングローブ林の成熟度合いが増してきていると理解できる。しかしながら，部分的には河川流路の河岸侵食，観光客増加にともなう観光遊覧船の曳き波による根系の裸出等による倒伏（図7）などもみられる。なお，同様な傾向は浦内川のマングローブ林についても散見される。

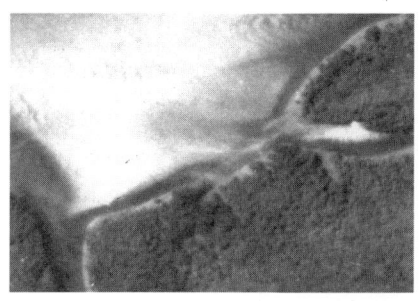

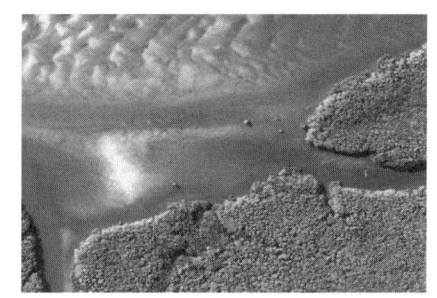

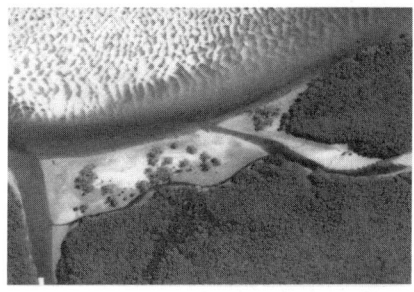

図5 西船付川と仲間川本流との合流点での砂州の形成とマングローブ林の発達
　左上：1964年の空中写真
　右上：1997年の空中写真
　左下：1994年の空中写真
　（写真提供は東北学院大学　宮城豊彦教授）

図6 西船付川と仲間川本流の合流点のマングローブの状況（2002年撮影）

図7 オヒルギの根の裸出と倒伏

西表島のマングローブ林　49

〔西表島の課題〕

　全体的には西表島のマングローブ林はその成熟度を増し，健全な状況にあるが，部分的には道路の拡幅工事や架橋工事等で被害を被っており，対応策が必要とされる。また，特別天然記念物に指定されているイリオモテヤマネコの交通事故も絶えない。浦内川河口にはウミガメの産卵場所の一つであるトゥドゥマリ浜（通称月が浜）があるが，そこには4階建て（140室以上で，約400人収容）のリゾートホテルが建設され平成16年4月から営業が開始された。このような大型のホテルの建設は，それまでの年間約38万人の入域観光客の動向を変化させ，日帰り観光客が訪れることのなかった場所，すなわちマングローブ林を含めて，林内へ入る観光客も増加させることになる。したがって，観光客の踏圧等を軽減するために林内の木道（ボードウォーク）の整備，エコツアーガイドの養成，自然に優しくカヌーを利用したエコツアーの促進，宿泊観光客の増加に伴うゴミ処理や排水処理の問題等，西表島全域にわたって，観光と環境保全をどう調和させるかが急務の課題となってきている。

② 日本沿岸の海草群落

■相生啓子

1. はじめに

　沖縄の泡瀬干潟での埋め立ての代償措置としての海草の移植問題が起こり，私のところにメールで「泡瀬の海草のことについて知りたい」という問い合わせが届いたのが1998年であった。ここ数年間の海草に対する若い人たちを中心にした市民の関心と，知識の浸透には目を見張るほどの変化が起きている。「採集と飼育」（1989年）に水草の特集が組まれ，海に進出した水草として，アマモの生態について執筆させていただいたことが，海草の保護について触れるきっかけになった（相生，1989）。当時は陸上植物への関心が中心で，ようやく水草を扱う若手研究者が活躍するようになった時期であった。日本列島の水草種の20～25％が，絶滅ないしは絶滅に瀕しているということが話題になり始めたころである。その中で海草はまだスポットライトを浴びるような状況ではなかった。むしろ高度経済成長とその後の土地資本中心のバブル経済，埋め立ては土地投機の対象になり，リゾート法の施行に呼応して，島嶼域を除く日本列島の海岸線の自然海岸は5割を切る状況になり，アマモ場のあった主要な内湾の浅海域は埋め立てられていった。

　アマモ場研究については，1990年代後半から若手研究者による活躍が見られるようになり揺籃期に入った。その成果は紙面の都合で割愛させていただくことにして，「海洋と生物」に組まれた特集・アマモ場（生物研究社，2000）を参照していただくことにする。

〔日本の浅海域の環境事情〕

　50代半ばより上の世代の人たちで，食用になるコンブやワカメが海藻であることは知っているが，海には海藻と海草が海中林や海中草原のような役割を果たしていることを知っている人は少ない。原因は教育にある。何よりも経済優先で，利潤をあげるための科学技術のみが注目された社会的背景にも原因がある。東京や大阪のような大都市周辺の内湾の浅海域は，埋め立てて利益を得

表1　日本沿岸に分布する海草種のリスト

Hydrocharitaceae	トチカガミ科	
	Enhalus acoroides	ウミショウブ
	Halophila decipiens	ヒメウミヒルモ（トゲウミヒルモ）
	Halophila sp. *	（未発表）
	Halophila ovalis	ウミヒルモ
	Thalassia hemprichii	リュウキュウスガモ
Cymodoceaceae	シオニラ（ベニアマモ）科	
	Cymodocea rotundata	ベニアマモ
	Cymodocea serrulata	リュウキュウアマモ
	Halodule pinifolia	マツバウミジグサ
	Halodule uninervis	ウミジグサ
	Syringodium isoetifolium	ボウバアマモ
Zosteraceae	アマモ科 **	
	Phyllospadix iwatensis	スガモ
	Phyllospadix japonicus	エビアマモ
	Zostera asiatica	オオアマモ
	Zostera caespitosa	スゲアマモ
	Zostera caulescens	タチアマモ
	Zostera marina	アマモ
	Zostera japonica **	コアマモ
Ruppiaceae	カワツルモ科 ***	
	Ruppia maritima	カワツルモ
	Ruppia cirrhosa	ネジリカワツルモ

* 2003年に泡瀬干潟より新記録された（未発表）。
**　系統解析により *Zostera* 属とは別の新属 *Nanozostera* が提案された（Tanaka et al., 2003; Kato et al., 2003）。
*** World Atlas of Seagrasses の中で世界の海草リストに，Ruppiaceae カワツルモ科が加えられた（Spalding et al., 2003）。『日本水草図鑑』では，Potamogetonaceae（ヒルムシロ科）に属している（角野，1994）。

ることが国策としてまかり通ってきたため，東京湾の水が汚染されて臭くなっても問題にはならなかった．有機水銀の生物濃縮による水俣病の教訓は，生かされずに現在に至ったのである．瀬戸内海や有明海に見られるような，沿岸域の環境悪化，水産資源の水揚げの減少が顕著になり，新聞に魚介類の水銀汚染やPCB汚染が取り上げられるようになって，ようやく沿岸生態系にも関心が向けられるようになった．

　沖縄の泡瀬と辺野古の問題は，道路公団問題と同じような，沖縄振興という政策上の矛盾から生じている浅海域の問題である．海域における環境影響評価が，陸上の自然環境保全に配慮した環境影響評価と同じレベルで実施されているかというと，残念ながらはなはだ怪しいものがあると言わざるを得ない．的

確な評価を得るためには，まず浅海域の生態系である干潟，海藻場，海草場の基礎的なデータの集積，すなわちそこの生物相調査に始まり，種組成，植物群集，動物群集の分布だけでなく，主要な生物種の個体数，生物量についての定量的なデータ，そして植物と動物たちが相互にどのような関係をもった生態系なのか，季節変動はどのようなものなのか，海域の物理環境，底質，水質，流入河川からの影響など総合的な評価が必要になる。

このような要求に対応できるような行政基盤の確立のためには，上記のような生態学的なフィールド調査を現場で体験し，経験を積んだ人材を養成する必要がある。全国の大学の臨海実験センターで研鑽をつんだ卒業生が輩出されることを期待したいが，臨海実験センターで学んだ学生が必ずしも生態学を専攻した人とは限らない。ここ数年で高まりつつある浅海域の自然に対する一般市民の興味を，「調査をすることにより浅海の生態系を学ぶ機会にする」という方向に向ける方が先決かもしれない。ここでは干潟から潮下帯のアマモ場を例にしたモニタリングの可能性を探ってみようと思う。

2. 日本列島の海草について

北海道から沖縄まで南北に長い日本列島周辺には，9種類の温帯種（アマモ科7種とカワツルモ科2種）および10種類の熱帯種（トチカガミ科5種とシオニラ（ベニアマモ）科5種）の海草が分布している。泡瀬干潟から採集された新記録のウミヒルモ属1種が加わる予定である（表1）。また遺伝子解析による系統関係から，コアマモは $Zostera$ 属とは別の属にするべきとの提案がなされている（Tanaka et $al.$, 2003; Kato et $al.$, 2003）。さらに昨年秋に出版されたWorld Atlas of Seagrassesには，Ruppiaceae（カワツルモ科）が海草として加えられた（Spalding et $al.$, 2003）。カワツルモ属は日本の水草の分類体系ではヒルムシロ科に属している（角野，1994）。

泡瀬干潟から新記録のウミヒルモが採集されたり，カワツルモが海草に属するかといった学術的な問題については今後の研究の進展に期待したい。これまでに得られた知見から，日本列島における海草は，環境省の「生物多様性国家戦略」においても重要な分類群であると言える。

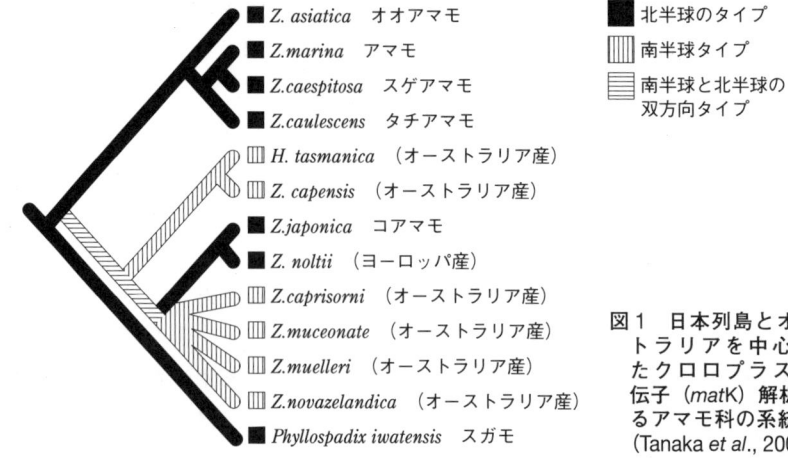

図1 日本列島とオーストラリアを中心としたクロロプラスト遺伝子（matK）解析によるアマモ科の系統関係 (Tanaka et al., 2003)

■ 北半球のタイプ
▤ 南半球タイプ
▤ 南半球と北半球の双方向タイプ

■ Z. asiatica　オオアマモ
■ Z. marina　アマモ
■ Z. caespitosa　スゲアマモ
■ Z. caulescens　タチアマモ
▤ H. tasmanica　（オーストラリア産）
▤ Z. capensis　（オーストラリア産）
■ Z. japonica　コアマモ
▤ Z. noltii　（ヨーロッパ産）
▤ Z. caprisorni　（オーストラリア産）
▤ Z. muceonate　（オーストラリア産）
▤ Z. muelleri　（オーストラリア産）
▤ Z. novazelandica　（オーストラリア産）
■ Phyllospadix iwatensis　スガモ

〔日本列島周辺はアマモ科の宝庫〕

　日本周辺域はアマモ科の種類数が多いことからも，アマモのなかまが進化を遂げるために有利な環境条件に恵まれた海域であるといえる。アマモの保護，保全を考える場合には，プレートテクトニクス活動による日本列島の形成過程，2千数百万年前からの地史的な経緯，日本海の形成と日本列島周辺をとりまく海流とアマモの進化との関連を考慮しなければならない。

　アマモ科各種の系統関係は，DNA解析により明らかになった。クロロプラスト（葉緑体）遺伝子による系統解析から，最初にオオアマモと岩礁に群落を形成するスガモが分岐し，スゲアマモとアマモは形態的には随分違うのに，一番近い関係にある（図1）(Tanaka et al., 2003)。分子進化時間をいれて推定すると，アマモ科のグループが盛んに種分化したのが3,200万年前〜3,600万年前で，アマモ（Zostera marina）とタチアマモ（Zostera caulescens）が600万年前に分化したと推定された。淡水のヒルムシロと海草のアマモの祖先が分岐したのはおよそ1億年前と推定された（Kato et al., 2003）。海に里帰りした海草は，よほどの変わり者であるように見えるが，植物にとって有利な海中の栄養塩や光条件を優位に活用できる特殊な能力を獲得した植物なのである（田中，2002）。

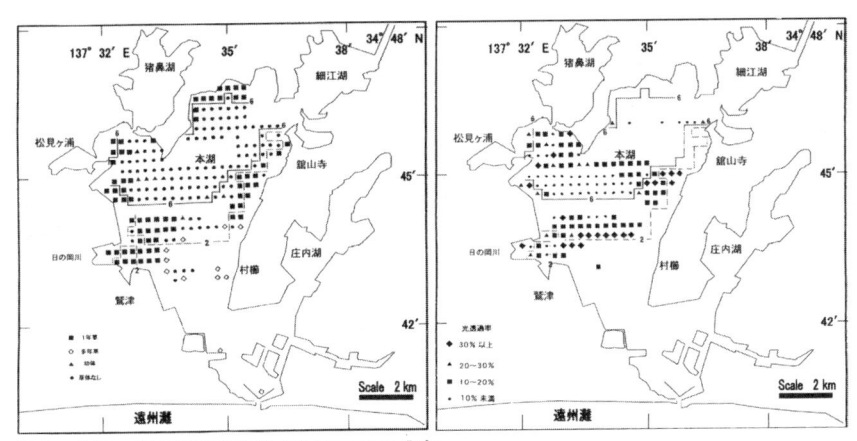

図3　左図：浜名湖の調査地点とアマモの分布
鷲津と村櫛付近を境にして，湖南側には多年生アマモ，湖北側には一年生アマモが分布している。水深が深い湖心部にはアマモは見られない。
右図：光透過率の水平分布
調査時光通過率（湖底光量／表面光量x100（%））（鷲山ほか，2002）

〔Seagrass Net とモニタリングの意義〕

　地域レベルの環境破壊と地球規模の温暖化による海草群落の消滅や減少は，日本だけの問題ではない。世界共通の問題である（Spalding et al., 2003）。世界共通種であるアマモ群落のモニタリングサイトを決めて，その変化を追いかけることにより，全世界でどのような変化が起きているのかを把握し，アマモの保護，保全に繋がる指針を手に入れることは意義がある。現在，西太平洋を中心にしたモニタリングプロジェクト Seagrass Net が稼動している。フィリピンを始め東南アジアの14カ国，25サイトで実施されている。Project Director は，World Atlas of Seagrasses の編著者の1人である Dr. F. T. Short である。科学的な知見の集積と市民への知識の頒布を基盤にした海草場の保護と保全を目的としている。残念ながら日本にはまだこのようなサイトがない。

3. 浜名湖のアマモ場から

　近年，植物園や水族館の水槽にアマモ場を再現した展示が観られるようになった。しかし，干潟のコアマモ群落やアマモ場を再現するには，汽水の物理的な環境設定，スペースの問題，維持管理にかかる費用の問題を考えると，現

存の干潟やアマモ場を，そっくりそのままエコミュージアムとして活用するのが最も有効な利用法である。

　Seagrass Net で実施されているようなモニタリングができるところは，干潟でアマモ場があるところである。浜名湖のいかり瀬のコアマモ群落とアマモ群落はその条件に適合したフィールドである。いかり瀬は，船の航路のために浜名湖の入り口である「今切れ口」の底の砂を掘って，その砂を積み上げたものである。弁天島の南側にある細長い砂の人工島がいかり瀬である。弁天島の舞阪町観光協会と潮干狩渡船場の正面に水路を挟んで鳥居が見える。鳥居のまわりの干潟状の地形にコアマモとアマモ群落が形成されている。いかり瀬の南側にはコウボウムギ，コウボウシバ，ハマゴウ，ハマボウフウ，ハマヒルガオなどの海浜植物群落が形成されている。

　浜名湖は 1950 年代まで，モク採りといってアマモを刈り取って堆肥に利用していたという歴史がある。近年は，アマモ場が減少し湾奥と湾口部にアマモのパッチ状群落がみられる。浜名湖の湾奥部のアマモは，一年生アマモで湾口に近いところのアマモは多年生アマモである（図2）（鷲山ほか，2002）。

　コアマモとアマモがいかり瀬に群落を形成するようになった正確な時期については，記録がないため不明である。しかし，コアマモとアマモにとって良好な環境条件があるからということは確かな事実である。コアマモとアマモ群落の動向を季節ごとに追跡し，周辺環境の観測を行なう事により，コアマモとアマモ群落の形成可能な環境条件についての知見を手に入れることができるであろう。

　南伊豆海洋生物研究会では，2002 年と 2003 年の 5 月にいかり瀬のアマモ場の自然観察研修会を実施した（浜名湖観察会，2003）。5 月には，コアマモとアマモの開花期であるため，花株の形態観察，糸状の花粉の観察，葉上動物のオオワレカラやヨコエビを採集し，アマモ場に生息している動物の観察も同時にできる。自然観察により，アマモ場生物群集の多様性を体験できる。

4. アマモ場保全に向けて

　Seagrass Net の活動は，自然観察にとどまらず，アマモ場のマッピングから面積の推定，アマモ群落内の株数変動，アマモの実生から栄養株，花株への成長過程を追跡することにより生活史を追跡することもできる。環境データも

同時に記録することにより，環境変動とアマモ場の変動との関連性が明らかになるであろう。将来はアマモ開花予報をしたり，浜名湖全体の自然環境の保全に寄与できるような体制ができることを期待したい。

日本列島の海岸線は，砂浜，干潟，アマモ場，岩礁といった生態系のユニットが連続する箱庭的なエコトーンが形成されている。浜名湖のいかり瀬に似た干潟とアマモ場が存在するところは他にもあるはずである。そのような地域の市民グループが各地に結成されれば，開花期にあわせた全国一斉調査も可能になるであろう。同じ手法の調査法を確立し，全国からのデータがそろえば，日本列島で何が起こっているかを推測できることになるであろう。さらに温暖化による影響を予測するためのデータになるかもしれない。

〔参考文献〕

相生啓子. 1989. 海草の生態とその保護. 採集と飼育, **51**(8): 352-356.

生物研究社. 2000. 特集・アマモ場. 海洋と生物 Vol. 22, No. 6: 516-569.

Tanaka, N., J. Kuo, Y. Omori, M. Nakaoka, K. Aioi. 2003. Phylogenetic relationships in the genera *Zostera* and *Heterozostera* (Zosteraceae) based on *matK* sequence data. *J. Plant Res*. **116**: 273-279.

Kato, Y., K. Aioi, Y. Omori, N. Takahata and Y Satta. 2003. Phylogenetic analysis of *Zostera* species based on *rbcL* and *matK* nucleotide sequences: Implications for the origin and diversification of seagrasses in Japanese waters. *Genes Genet. Syst.* **78**: 329-342.

Spalding, M., M. Tayler, C. Ravilious, F. Short and E. Green. 2003. The distribution and status of seagrasses. *In*: E. P. Green & Frederick T. Short(eds.) World Atlas of Seagrasses, University of California Press: p.5-26.

角野康郎. 1994. 日本水草図鑑. 文一総合出版.

田中法生. 2002. 海に戻った植物―海草とマングローブ―. 国立科学博物館ニュース, **398**: 12-13.

鷲山裕史, 吉川康夫, 永谷隆行, 石渡達也. 2002. 浜名湖におけるアマモの分布について. 静岡県水産試験場報告, **37**: 37-40.

浜名湖観察会. 2003. あるべおぽうら, 南伊豆海洋生物研究会会報 Vol. 39: 2-4.

③ 沖縄島与那覇岳の天然保護区域

■大澤雅彦

　与那覇岳 (503 m a.s.l., 26° 42' 47" N, 128° 13' 14" E) は沖縄島の最高峰である。1956年，山頂部をとりまく標高450 m以上の植物群落7.9 haが「国頭村与那覇岳九合目以上の植物群落」として当時の琉球政府によって天然記念物に指定された。1972年，復帰にともない文化財保護法による指定となり「与那覇岳天然保護区域」と名前が改められた。1976年，周辺の民有林を公有地化して追加指定され71.8 haとなった。さらに1994年2回目の追加指定 (94.7 ha) があり，面積166.5 haに拡張され，標高は最も低いところでほぼ300 mまで広がり，最大で標高差200 mとなった（図1）。しかし，それでもやんばる三村の全森林面積のわずか0.6%である。やんばるの名を冠した多くの貴重な生物相の生息地としてはあまりに小さい。

　天然保護区域の指定地は全域沖縄海岸国定公園（飛地）に含まれ，北東側の一部が県設鳥獣保護区と重複している。奥間川，比地川，安波川の3河川の源流部を形成し，古生代の粘板岩を基岩とする山頂付近は露頭が点在し，小規模ながら深くえぐれた谷が刻まれている。指定地の東側は急崖へと続き，強風を受けやすく，後述するように稜線に沿って倒木が多く見られる。与那覇岳の森は，琉球王府時代には国頭間切奥間に含められ首里城の用材の山とされ，大径木が生育していたという。それを何人もの人で引きずり運び出す様子から「むかで棒」と呼ばれたという話である。18世紀，杣山の時代を経て，廃藩置県以後，土地所有関係は複雑になった。

〔森林生態系の特徴〕

　森林はスダジイを主体とし，マテバシイ，カシ類などのブナ科，タブノキ，ヤブニッケイ，イヌガシなどのクスノキ科，イスノキ，エゴノキなど林冠構成種は多様で，また亜高木・低木性のハイノキ科，ツバキ科，ニシキギ科，アカネ科などを交じえ，きわめて多様性の高い群落となっている。当初指定の7.6 haの範囲だけでも380種の植物，脊椎動物74種，昆虫，クモ類，ムカデ

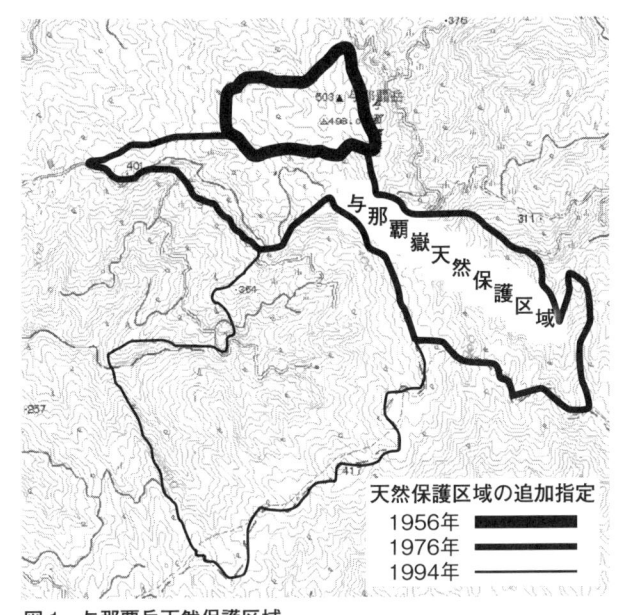

図1　与那覇岳天然保護区域
指定区域の変遷（沖縄県教育庁文化課濱口寿夫氏のご教授による）

類，ヤスデ類など合わせると3,000種以上が確認されている（沖縄県教育委員会，1996）。指定地域は標高400mを超えると突然雲霧林的になり，樹雨が頻繁に見られるようになる。葉上蘚苔類15種を含む蘚苔類（68種）が多く，シダ類（100種），ラン類（27種）なども豊富で，そのうちでも着生型の種が多いことが雲霧林の特性を示している。標高450m以上の雲霧林に発達するスダジイーヤンバルフモトシダ林では400 m^2 あたり80種以上が出現する多様性の高い群落となっており，標高とあいまって本土などの暖温帯林要素のウラジロガシ，サツマルリミノキなどが山頂近くに分布することも特徴である（宮城ら，1988）。面積が拡大し，一部に二次林的な部分も見られるが，この地域につながる比地川源流部には自然性が高く，木本層の多様性も高い林分が広がっており貴重な自然林である（大沢・大塚，1989）。林道からの登山道入口にはアムウェイの石碑があり，旧茶畑の脇から登る。尾根沿いの森林は東面の急崖に面しており，強風のせいで胸高直径のわりに樹高が低く，最大胸高直径が80 cm，樹高は最大でも12 mであった。

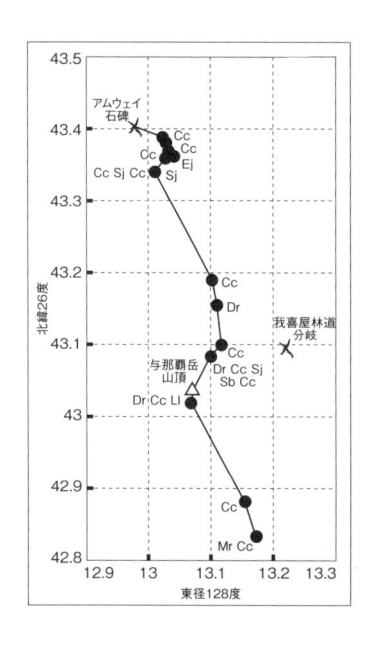

樹種	略号	倒木の方位	胸高直径 cm	樹高 m	標高 m
1 スダジイ	Cc	306	23.0	8.5	380
2 スダジイ	Cc	202	65.0	10.0	390
3 スダジイ	Cc	275	40.0	10.0	410
4 コバンモチ	Ej	272	15.0	8.0	415
5 エゴノキ	Sj	265	13.0	8.0	415
6 スダジイ	Cc	272	18.0	12.0	415
7 スダジイ	Cc	229	35.0	12.0	415
8 エゴノキ	Sj	197	12.0	10.0	415
9 スダジイ	Cc	278	15.0	9.0	455
10 スダジイ	Cc	236	26.0	10.0	455
11 イスノキ	Dr	239	34.0	7.0	475
12 イスノキ	Dr	235	22.0	7.0	480
13 スダジイ	Cc	247	28.0	8.0	480
14 エゴノキ	Sj	271	18.0	10.0	480
15 アデク	Sb	280	9.0	5.0	480
16 スダジイ	Cc	294	42.0	8.0	480
17 イスノキ	Dr	334	21.0	9.0	480
18 スダジイ	Cc	253	20.0	6.0	480
19 オキナワイボタ	Ll	253	12.0	6.0	480
20 スダジイ	Cc	277	17.5	8.0	470
21 ヤマモモ	Mr	243	18.0	6.0	470
22 スダジイ	Cc	243	12.0	6.0	470

図2 登山道に沿う倒木の位置（GPS 計測による）と各個体の属性

　与那覇岳では1979～1990年のAMEDASのデータによると3,133 mmの準平年値雨量が記録されている（沖縄気象台，1998）。山頂に続く尾根では台風による風倒木が頻繁に見られた。尾根上の倒木は，全部で22個体あったが，すべて南から北へ向かう西側半分に向いて倒れている個体なので東風が卓越することがわかる（図2, 3）。本島付近を通過する台風は島の西側を通ることが多いので，台風の東側にあたる山頂付近は北から回りこんだ東風が強い。

　尾根沿いの倒木は，すべて台風による根返り倒木である。萌芽枝が12～13年生の古いエゴノキとイスノキがみられたが，残りは当年から5～6年前位までに倒れた比較的新しい倒木であった。スダジイが12個体で最も多く，次いでエゴノキ，イスノキの各3個体，あとはコバンモチ，アデク，ヤマモモ，オキナワイボタであった。倒木からの萌芽枝以外にギャップ内にはリュウキュウイチゴ，ハシカンボク，ハクサンボク，カンコノキ，エゴノキ，アカメガシワ，ヘゴ，アオノクマタケランなどの先駆種が入り込んでいる。ある程度林冠がうっ閉してきたところではリュウキュウチクの密な群落が形成され，一時的にせよ林床が貧弱になる。森林は植物だけでなく，ケナガネズミ，ノグチゲラ，リュウキュウヤマガメ，イボイモリ，ヤンバルテナガコガネなどの固有種，準

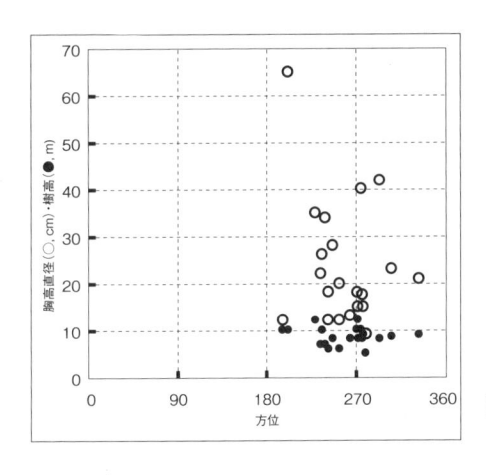

図3 風倒木の倒れている方向と胸高直径（cm）と樹高（m）

固有種などの生息も確認されており（宮城ほか，1988），やんばる地域南半部の生物多様性のホットスポットとなっている。大国林道，奥与那林道と広域基幹林道がやんばるの脊梁部を貫通してしまった今となっては現状以上に周辺が開発され，多くの稀少生物の生息地が失われてしまうことがないように緊急の対策が必要である。

〔「植物群落RDB」の記載〕

「植物群落RDB」（1996）では「与那覇岳・伊湯岳のスダジイ群落」は緊急度としては2番目にあたるランク3（対策必要）として具体的な対策を講ずるよう求めている。当時から林道建設，森林の伐採などが問題となっていたが，それが一部現実となり，さらに今後も保護・管理上心配があるので注意深く監視する必要がある。同時に，森林伐採，農地造成，林道建設などを担当する機関とも密に連絡をとり，万一計画がたてられたり，実施段階に進む可能性があるといった場合には，事前に協議を進めて影響がないようにすることが必要である。

〔保護の現状〕

天然記念物としては現地の文化財保護指導委員が年7回の巡視を行うことになっている。現状変更等の申請は多くが学術研究のための採集許可などが出されている。

現在では，宮城ら（1988）が懸念した大国林道が完成し，指定地のごく近くまで林道伝いに入りやすくなった。1988年当時，あちこちに点在していた造成地はいまだにリュウキュウマツとハンノキの疎林状態で，下層はススキ，コシダなどが密に生育している（大沢・大塚，1989）。これらを見ると表土を剥いでしまったような造成放棄地では遷移の進行が遅く，またもともとあった多様性の高い林分への回復はかなり難しいか，長期的な過程となる可能性が高い。

　未舗装の林道への車の乗り入れは禁止されているにもかかわらず一部には四輪駆動車の轍が見られ，週末などには自動車の乗り入れもされている。やんばる地域の林道ではヤンバルクイナ，リュウキュウヤマガメなどの轢断死もかなりの頻度で見られている。その他，稀少植物の盗掘や動物の捕獲なども懸念されており，実効性のある柵とゲートによる進入規制が緊急に必要である。また，周囲の森林伐採，果樹園や農耕地化などは周辺を開放地化させるので，雲霧の発生頻度が減少し，乾燥化が進む可能性が高い。直接的な破壊だけでなく林内環境の乾燥化などを通じて影響が懸念されるところである。2004年，現地に入って調査したときには，ほとんど休みなく林内でカラスの鳴き声が聞こえ，常時生息している可能性が高い。多くのやんばる固有の小動物や鳥類の天敵でもあるカラスは，最近の廃棄物処理場建設や違法なごみ投棄，林道などの開発などとも関連してやんばる地域に広がり脅威となりつつあるので，これについても専門家の診断に基づいて，餌場となるごみ処分場の管理を徹底するなどの緊急対策が必要である。

〔今後の展望と対策〕

　土地所有と保護区の設定とは常に微妙な問題をはらんでおり，難しい課題であるが，果樹園を含む農耕地と保護区とのモザイク的混在は，野生生物による農業被害，カラスやノネコなどの捕食者の進入などとも関連して全国的にさまざまな問題を引き起こしている。地元の人々による積極的な保護・保全への取り組みが必要であり，行政も将来的な展望を持って長い目で見た保全計画を立てることが必要であろう。

　沖縄島の最高峰であり，唯一雲霧林が自然に近い状態で現存しているという位置付けからすると，山頂部の天然保護区域から海岸部にいたる連続的な保護地域の設置が重要な課題である。その第一段階として保護区のネットワーク，

コリドーといった考え方を導入し，将来に向けた保全策の展開が期待される。琉球王府時代に長く続いたやんばる型土地利用は，こうした山から川，低地をへて海に至るという集水域単位を自然と生活の単位としていた。沿海部に人の居住域，その奥に，いわゆる喰実敷(くいみじき)と呼ばれる食糧生産のための百姓地と村山野が位置し，その奥は猪垣で区切られていて，杣山とは精神的にも，利用という観点からも区別されている（名護市，2000；中鉢，2001）。山が明確に用材のための杣山と入会的な村山野に区分されたのは薩摩の侵入以降であり，杣山では開墾(仕明(しあけ))による焼畑方式(明替畑(あきかえばた)，きなわ畑)は事実上禁止された（中鉢，2001）。こうしてみると山から川，海に至る自然資源の持続的利用のための地割り区分の結果，今日まで山の部分に自然が残り，それぞれを生育の場とする生物種も生き延びてきたといえよう。こうした意味で，将来に向けた海岸から山頂まで集水域を単位とした保全地域の設定へと改善していくことが強く望まれる。

　沖縄島を含む琉球列島は世界遺産候補地として環境省が選んだ3箇所に含まれており，今後の保全・管理方針が指定への重要な要件となることからも積極的な対応が求められる。

〔引用文献〕

名護市．2000．5000年の記憶．名護市民の歴史と文化．名護市．
中鉢良護．2001．名護市史・本編9　民俗Ⅱ－自然の文化誌．p.1-58．名護市．
宮城康一・新城和冶・島袋曠・日越国昭・宮城朝章・真志喜丈子・新島義龍・天願敏男・新納義馬．1988．与那覇岳天然保護区域の植生．国頭郡天然記念物緊急調査Ⅲ　沖縄県天然記念物調査シリーズ第30集．p.59-84．沖縄県教育委員会．
大澤雅彦・大塚俊之．1989．沖縄島北部比地川水系域における植物群落の構造と遷移．環境庁自然保護局，南西諸島における野生生物の種の保存に不可欠な諸条件に関する研究　昭和62年度沖縄島北部地域調査報告書．p.85-141．
沖縄気象台．1998．沖縄の気候解説．琉球列島の気候風土．日本気象協会．
沖縄県教育委員会．1996．沖縄の文化財Ⅰ　天然記念物編．沖縄県教育委員会．

④ 鹿児島県の RDB 群落

■田川日出夫

　鹿児島県の RDB は平成 15 年 3 月に出版されたが、印刷されるまでに 3 年の日数を要した。その理由は、鹿児島県は山岳の冷温帯、平地の暖温帯、奄美大島以南の亜熱帯と、3 つの気候帯を持ち、気候の移行帯では北限や南限の種数が多く、さらに島嶼(とうしょ)が多いために調査に時間がかかったためである。植物編が 657 ページ、動物編が 642 ページ、計 1,299 ページという膨大な量になった。植物群落についてはこれまでの蓄積もあり、改めて調査しなければならない対象は少なかったが、どれくらいの広さをもって群落とするかの基準がどこにも書かれていない。従って報告されている群落をそのまま引用する他なかった。

　報告された群落の数は 263 であったが、例えばスダジイ群落の中にはビロウースダジイ群落、ヤクシマアジサイースダジイ群集、ギョクシンカースダジイ群集、ケハダルリミノキースダジイ群集、アマミテンナンショウースダジイ群集、アオバナハイノキースダジイ群集、オキナワシキミースダジイ群集、ミミズバイースダジイ群集と 8 種類の群落がこれまでに識別されている。これらは生態環境や気候条件の違いによってもたらされたものであるから、スダジイ群落として一つにまとめて考えると、奄美(あまみ)諸島のスダジイ群落と九州島のスダジイ群落が同じ群落として位置づけされることになる。それでは地域の植生の特徴や特殊性を示すことができない。このような考えからこれらの群集なども群落の一つと考えた結果、記載された群落数は 394 になった。記載された群落の群系分類は、「植物群落 RDB」に従った。

　植物群落保護のランク付けは次のようなカテゴリーでまとめた。

　ランク 4　特定の 1 地域や 1 島嶼だけに限られて存在する群落、絶滅種、絶滅危惧種が優占種や標徴種などの群落の特徴を示す群落で、早急に保護対策が必要なもの、または国立公園や天然記念物に指定されて保護対象となっている群落。

　ランク 3　複数の地域や 1 島嶼に限られて存在する群落、あるいは絶滅危惧種や危急種を含む特定の群落で、保護対策をしなければ破壊が予想される

群落．
ランク2　多くの地域や複数の島嶼に存在する群落であるが，開発などによって将来破壊が予想される群落．
ランク1　多くの地域や複数の島嶼に存在する群落であるが、当面保護対策の必要性がないと考えられる群落や人為植生．

　鹿児島県では奄美諸島の海岸域から標高50mあたりまでは亜熱帯植生が見られる．マングローブ林は鹿児島県が北限になっており，オヒルギ群落は奄美大島，メヒルギ群落は鹿児島湾内の喜入町が北限（特別天然記念物），サガリバナ群落は奄美大島笠利町と住用村にあるが，単木あるいは数個体が残存する状態であり，環境の保全と増殖が必要である．ハマジンチョウ群落はメヒルギと混生するメヒルギーハマジンチョウ群集（種子島）と五島列島や天草で見られる型の群落（阿久根市）がある．トカラ列島口之島以南の海岸砂地や隆起石灰岩上にアダン群落，悪石島以南でオオハマボウ群落，宝島以南でクサトベラ群落が見られるが，クサトベラ群落はモンパノキを伴うものと欠くものとがある．モンパノキが単独で海浜砂地に群落をつくることもある．自然林ではないが，防潮林として植栽されているハスノハギリ群落やデイゴ群落，トキワギョリュウ群落が奄美以南で見られる．海岸のクロマツ林は屋久島・種子島が南限である．

　照葉樹林帯の植生は，一般的に奄美諸島から鹿児島県北に至るまで少しずつ亜熱帯種を欠きながら北上している．南の方から列挙すると，ナガミボチョウジーヤブニッケイ群落（与論），ハスノハカエデ群落（与論），ヒラミレモンを伴うハマイヌビワ群落（沖永良部，与論），アカギ群落（喜界，与論），アマミアラカシ群落，オキナワウラジロガシ群落（奄美大島，徳之島），アマミヒイラギモチーミヤマシロバイ群集（同），ガジュマル群落（沖永良部，喜界，与論にあるクロヨナを伴うガジュマルークロヨナ群集と屋久島のクロヨナを伴わない群落とがある），先述した多くの亜熱帯型スダジイ群落（5群集）と暖温帯型の群落（3群集）とに分かれる．

　暖温帯型の森林はアカガシ群落，アコウータブ群落，イスノキ群落，イチイガシ群落（1群集と2亜群集），ウラジロガシ群落，ガジュマル群落，クスノキ群落，コジイ群落，スダジイ群落，タブノキ群落（5群集のうちシマイズセンリョウータブ群集は沖永良部），ハナガガシ群落，バリバリノキ群落，モク

タチバナーヒメユズリハ群落，ビロウ群落，オオイワヒトデーフカノキ群落（口永良部），ホソバタブ群落，マテバシイ群落，モクタチバナ群落，ヤブツバキ群落，ヤマグルマ群落（屋久島では独立林を作る場合と，スギに着生，絞め殺し植物となる場合とがある），シュロチク群落（外来種の帰化群落）が記録されている。鹿児島県版RDB出版後にハナガガシやイチイガシを伴うチャンチンモドキ群落が発見された。

常緑低木林はほとんどが林冠層を欠いたもので，二次植生（シキミ群落），遷移途中相（アオキ群落，サクラツツジ群落，マルバサツキーシャシャンボ群落，ホソバワダンーマルバニッケイ群集）や人為植生（イトバショウ群落，ソテツ群落，シュロチク群落，ヒメバショウ群落）あるいは過酷な環境条件に成立する群落（海岸風衝地のアカテツ群落，ヤクシマシャクナゲ群落）が記録されている。

針葉樹林としては，ミヤマキリシマーアカマツ群落（霧島），イヌマキ群落（南種子町），クロマツ群落（海岸砂浜地の海岸林2群集と桜島の溶岩原の遷移過程の群落），ヤクタネゴヨウ群落（屋久・種子），スギ群落（6群集及び亜群集，屋久），ツガ群落（2群集1亜群集，霧島と屋久），ハリモミ群落（霧島），モミ群落（霧島，屋久，大隅半島のものは酸性雨によって消滅寸前）が知られている。リュウキュウマツは奄美諸島では萌芽スダジイ林の上層木として落下種子の発芽により再生する。照葉樹林の伐採後は植林をせず，リュウキュウマツを林冠層にもつ照葉樹萌芽林として育成するので，報告されている植林としてのリュウキュウマツ林とするよりは二次林に位置付ける方が妥当である。

夏緑樹林としてはケヤキ群落，コナラ群落，ヒメシャラ群落，ブナ群落，ミズナラ群落（2群集）が知られているのみで，紫尾山，霧島，高隈山系に限って存在する。ヒメシャラ群落は森林のギャップに限って出現する。暖地性木本群落としてはアオモジ群落，エノキ群落，アカメガシワーカラスザンショウ群落，センダン群落，ウラジロフジウツギーフヨウ群落，アブラギリ群落，ウラジロエノキ群落，リュウキュウマツ群落，（2群集），ギンネム群落，シマサルスベリ群落（2群集），サキシマフヨウ群落が知られており，極相の落葉樹林は別として，大半が照葉樹林の先駆群落として残存する姿がある。

ササ草原や竹林としては，ゴキダケ，タイミンチク，マダケ，メダケ，モウソウチク，ヤクシマダケ，リュウキュウチク（甑島まで北上），ホウライチク，

ホテイチク，トウチク（志布志湾の枇榔島）の群落があり，裸地が増えるにつれてその面積を拡大している。林床の群落を構成するササ類としては，スズタケが知られている。モウソウチクは手入れがなされていない植林地にも侵入して，森林の多様性を破壊しつつある。鹿児島では筍の味について「デミョコサンカラモソ」という摩訶不思議な言葉がある。デミョ（ダイミョウチク＝カンザンチク），コサン（コサンチク＝ホテイチク），カラ（カラタケ＝ハチク），モソ（モウソウチク）の順に食としての筍の味が落ちることを表現しているが，モウソウチクとマダケを除いて小面積の群落である。

　木生シダ群落としてはヘゴ群落（北限は甑島）と奄美大島以南のモリヘゴ（ヒカゲヘゴ）群落がある。いずれも陽樹であるため森林が破壊されたときに大きく成長する。北限地では霜害を回避するため，林床に見られる。

　海岸低木林としてはオキナワハイネズ群落（種子以南），ハイネズ群落（屋久・種子以北），ウバメガシ群落，トベラ群落，ハマゴウ群落（2群集），ハマナツメ群落（上甑），ハマビワ群落，ハマボウ群落，マルバニッケイ群落（大隅海峡以南），オオハマボウ群落（与論島が北限），キダチハマグルマ群落など島嶼が多い鹿児島では多様な群落が見られる。隆起サンゴ礁上に成立する低木林はテンノウメ群落（奄美大島以南，屋久島のものは絶滅した）とモクビャッコウ群落（屋久島以南）が知られている。林縁性の低木・つる群落ではクズ群落，ノアサガオ群落（屋久島以南），モダマ群落（屋久島以南），リュウキュウボタンズル群落（沖永良部以南），ツルコウゾ群落が記載されている。亜高山の低木林では屋久島のミヤマビャクシン群落だけである。屋久島のシャクナンガンピ群落（高山風衝低木林），ヒロハススキ群落（高山荒原），イタドリ群落（山地高茎草原）は括弧内の植生で唯一の群落である。

　高層湿原は屋久島にしかなく，イボミズゴケ群落，コモチゼキショウ群落，ヒメカリマタガヤ群落の3群落が記録されている。ヤクシマホシクサ群落は貧栄養湿原に入れたが，高層湿原との区別が難しい。低層湿原ではオギ群落（川内川流域），カサスゲ群落（藺牟田池），カンガレイ群落（同，屋久島春田浜），キシュウスズメノヒエ群落，セイコノヨシ群落，タヌキアヤメ群落，ツルヨシ群落，ノハナショウブ群落，ハス群落，ヒトモトススキ群落，フトイ群落，マコモ群落，ヨシ群落，コナギ群落，チゴザサ群落，アゼトウガラシ群落，シチトウイ群落，アキカサスゲ群落など低地から高地に至る多様な群落がある。浮

葉植物群落ではオニバス群落，ジュンサイ群落，ヒシ群落，沈水群落ではオオフサモ群落，浮水群落ではホテイアオイ群落が，塩性湿地ではアイアシ群落，シオクグ群落，ナガミノオニシバ群落，フクド群落，ソナレシバ群落が，海浜草本群落では九州地区で普通に見られるものに以外に，亜熱帯性のグンバイヒルガオ群落（薩摩川内市が北限），ツキイゲ群落（屋久・種子以南）が出現する。海岸崖の草本群落ではシマチカラシバ群落（大隅半島以南）が，隆起珊瑚礁群落ではイソフサギ群落，モクビャッコウ群落（いずれも屋久島が北限），オキナワマツバボタン群落，コウライシバ群落，ミルスベリヒユ群落，コケミズ群落が知られている。流水中の群落としてカワゴケソウ科の6種がそれぞれ単独の群落を作る6群落（ウスカワゴロモ，カワゴケソウ，カワゴロモ，トキワカワゴケソウ，マノセカワゴケソウ，ヤクシマカワゴロモ，いずれも県指定天然記念物）とチスジノリ群落（菱刈町、国指定天然記念物）がある。路傍群落としてヤクシマアザミ群落は固有種を含む。草原や二次性の群落の中ではカンツワブキ群落（屋久・種子）がランク4である。寄生植物群落としてはキイレツチトリモチ，ヤクシマツチトリモチ，ツチトリモチ，ヤッコソウの個体群がランク4になっている。人里ではススキ群落が多様な群集に適応放散している。即ち，ササガヤーススキ群集（屋久島），ホシダーススキ群集（奄美大島以南），ノボタンーススキ群集（奄美大島以南），リュウキュウイチゴーススキ群集（屋久島以南），イタドリーススキ群集（桜島），チガヤーススキ群集の7群集が記録されている。硫気孔・火山荒原ではツクシテンツキ群集が霧島硫黄山で記録されている。

　植林は全部ランク1であるが，トキワギョリュウ（防風・防潮），イジュ（建材），アカギ（並木），シャリンバイ（大島紬の媒染剤に使う），フクギ（並木，生垣），トチュウ（飲料トチュウの生産），多種のユーカリ（コアラ飼育用）など様々であり，多様な用途の植樹がなされている。

　以上がこれまでに鹿児島県内で記録された植物群落であるが，総括すると，屋久島の山岳頂上部には寒冷時代の遺存種が残っている一方で，夏緑樹林では多くの極相優占種が欠けて二次種が残っている。また，照葉樹林に亜熱帯種が入り込んで，特異な森林組成を示している。今後新しく判明する群落などについては，補遺を出すことで完成を期したいと考えている。

⑤ 西九州のアオモジ群落

■川里弘孝

〔はじめに〕

　ここ20数年間に南方系植物であるアオモジは，西九州（ここでは，鹿児島県北西部・熊本県西部・長崎県・佐賀県を指す）から北九州（福岡県）へと広がり，かつて飛地状に山口県と岡山県に生育地があったが，最近では近畿地方へと分布拡大して（中村・小林，2003），いわゆる移入種問題あるいは温暖化現象のなかでの分布モデルの可能性（橋本ほか，2003）も論議されるようになった。

　アオモジ群落はレッドデータブックに登載されていないが，西九州・西海路でしか味わえない春の風物詩として親しまれ，緑の中黄色のアクセント（花）が印象的で，見応えがある。身近な植物群落の保護・保全の観点から，特に西九州において重要と思われるので，これまでの知見をもとにまとめてみたい。

〔西九州におけるアオモジ群落の分布と生態〕

　アオモジは，3月に淡黄色の花をつけ，4月に蒼緑色の新葉，10月にはショウガのような香りを放つ果実が黒熟し，12月（晩秋〜冬）に黄葉する。長崎地方では3月中旬〜下旬，出葉に先立って花を開くので，ヒガンバナ，ソツギョウバナの異名（地方名）があり，ともに開花期をうまく表していると思う。

1) 分布

　アオモジは，沖縄県屋我地島を南限として，奄美大島を北上してトカラ列島を越え，屋久島・種子島・草垣島を経て薩摩半島に至り，鹿児島県北西部（阿久根・出水地方・上甑島）・熊本県西部（水俣・天草諸島）・長崎県・佐賀県に分布する。佐賀県内では背振山以南・以西に普通，福岡県内には分布しないとされたが，最近数多く確認されている。ただし，大隈半島から東九州にかけてはまだ記録が見当たらない。山口県（油谷）・岡山県で見つかったのは古くはないが（1972），これ以降，近畿地方にも拡大したと考えられる。

　アオモジは九州西廻り分布北上型の代表種であるが，佐賀県では北西部（加部島・呼子・玄海・唐津・山内・伊万里・多久・神六山・武雄・鹿島・太良など）に多い。

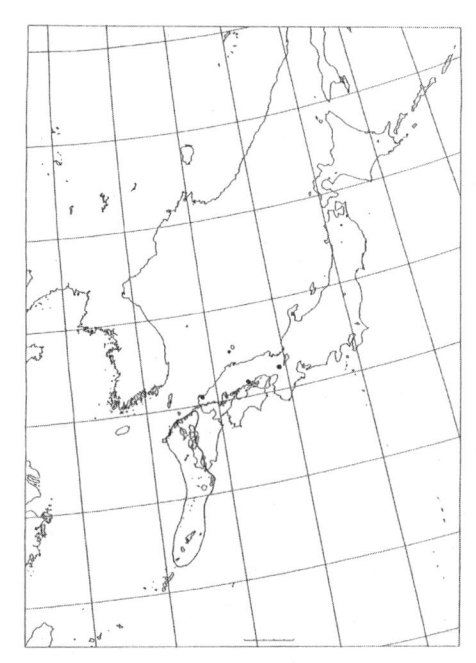

図1　わが国のアオモジの分布域

図2　唐津～呼子間の道路法肩にあるアオモジ（後川内，1986）

図3　周辺植生の発達に伴うアオモジの衰退（後川内，1993）改変が少ないと大きな変化は見られない

唐泉山でも見られる。長崎県では壱岐・対馬・男女群島を除く全県下に分布している。とくに多良山系・東彼杵地方の生育密度が極めて高く，長崎・諫早・大村・佐世保・平戸口(田平)の線と大村湾の西側(西彼杵半島)に濃密に分布している。島原半島では密度が高いとはいえないが，雲仙（広河原・原生沼・地獄・眉山）や半島南部（諏訪の池），北松浦半島や伊万里湾岸の福島・鷹島にも見られるようになったのは10～20数年前からである。五島列島の生育密度は低く（上五島～小値賀島・宇久島には見当たらない），わずかにしか分布が知られていない。龍観山（1975：若松島），桐古里（1993：若松島），今里峠（1975：中通島），青方（1979：中通島），上の濁（1993：中通島），猪掛峠（1988：福江島）である。野母半島・平戸島・生月島でも分布量が少ない。県内の無人島の生育状況は**表1**のとおりである。

2）生態

　i）性状：アオモジは，南方系のクスノキ科で，先駆性の夏緑性（落葉性）直立幹（小高木）である。雌雄異株。顕著な陽樹で嫌陰性の強い植物

表1　アオモジが存在した島の面積と最高海抜（1993, 長崎県）

島名	面積（ha）	最高海抜（m）	単木	地域	備考
黒小島	5.5	30	○	九十九島	砂岩・佐世保層群
瀬戸の島	4	41	○	大村湾	流紋岩質火山角礫岩
田の島	6.4	21	○	大村湾	黒色片岩，玄武岩質
臼島	6.3	77	○	大村湾	石英安山岩
向島	2.9	14	○	橘湾	火山角礫岩・輝石安山岩
前島	8.3	26	○	橘湾	火山角礫岩・輝石安山岩
爛場島	2.8	16	○	島原半島	岩屑，石英安山岩・デイサイト

で，周囲の樹木が生長して高くなると姿を消し，林縁に生き残る。胸高直径24cm，樹高11mに及ぶこともあるが，個体としての平均樹高は6〜7mである。雌雄比は1：2もしくは1：3だが，幹径は雄株の方が雌株より大きい。樹高と胸高直径とには雌雄にかかわらず相関がある（y; 樹高 =2.26+0.61x; 胸高直径 :r=0.87）。年平均0.4〜0.5cm成長する。

ⅱ）種子：8月半ばには径7mmの球形に近い楕円形に成長し，9月中旬頃から黒熟してゆく。中に1個の種子をもち，つぶすとショウガのような強い香りを発し，コショウのように辛い。樹林内に落ちた種子は発芽せず，伐採以前からそこに散布されていた種子は林下の土壌中に発芽力を失わないまま蓄積されて，環境変化たとえば光量の増加あるいは地温の上昇などが，一斉の発芽を促がすと考えられている。

ⅲ）立地：生育地は例外なく向陽地である。顕著なのは森林伐採跡地と林縁である。したがって二次林を伐採してつくられた道路法肩などに多く，単木もしくは個体群として生育している。

伐採前の群落はシイ萌芽林・アラカシ萌芽林・マテバシイ萌芽林・アカガシ萌芽林が多い（1970時代に多く見られた，ボタ山にも生育している）。

ⅳ）群落：スダジイ林域に生育する，向陽性落葉樹木本類からなる二次群落で，マント群落の一種と見なされている。群落の区分種はアオモジだけで，カラスザンショウ群落とは組成上の違いはないとされる。高木層にアカメガシワ・カラスザンショウ・ハゼノキ，低木層にクサギ・タラノキ・ヌルデなどが生育している。

萌芽林が復帰していくにつれて，アオモジも成長して群落の最上層に残

るが，林下にはほとんど幼植物を生じない。このことはアオモジの極めて弱い耐陰性を示している。林縁での平均群落高は 7～8 m であるが，分布密度の高い地域では平均高 9.3 m，平均直径 10.1 cm の群落もある（大村市野岳）。

海抜高度及び伐採前の群落の異同は見出されていない。萌芽幹の年成長率はほぼ 0.5 cm で，5 幹性で最大樹高 10 m 最大直径 10 cm の雄木もある。

ⅴ）鳥散布と拡大要因：たとえば長崎県五島の場合，それぞれの生育地間には 3～5 km の距離があり，活着後 20 年間の時間的経過から見ても，果実を食べる鳥による散布として間違いないが，詳しいことはわかっていない。最近，近畿地方でヒヨドリとメジロがアオモジの実を食べた記録とともに 10 月初めにヒヨドリの渡り個体が通過することから，長距離の種子散布が行われる可能性があるとの報告がある。また，生け花などの栽培個体の逸出によっていくつかの地域で野生化しているとも考えられている。

3）文化

ⅰ）由来：枝と葉が蒼緑色（青みがかった緑）を帯びることから，「青文字」の名がでたらしい。

ⅱ）俗称：ヒガンバナ＜長崎県＞：ホトケバナ＜佐賀県＞
　　　　　ソツギョウバナ＜長崎県＞
　　　　　ショウガノキ＜長崎県＞：ショウガバナ＜佐賀県＞
　　　　　ツブゴショウ（西海）
　　　　　ヤマゴショウ（世知原）
　　　　　トウゴショウ（西彼杵）：トウゴショウ＜佐賀県＞
　　　　　コショウノキ・オオムラゴショウ（大村）
　　　　　クロモジ（長崎・大村・福島）：ソロバンノキ＜佐賀県＞

ⅲ）生活：佐賀県（伊万里）では正月，神棚に供える。長崎県では生け花にもよく利用される。

〔自然保護のためのアオモジ群落〕

　西九州の，向陽地でのアオモジ群落の生育密度は，方位はさほど関係せず緩傾斜地で高いことが知られている。海抜高度はやや関係しているように見える（表 2）。

アオモジ群落が，シイ林域（長崎県では対馬を除く海抜400～450m以下）にあって，先駆植生あるいはマント群落として成立することは，そこに埋土種子が存在していることで，その土地の潜在力を示すものと理解される。分布が九州西部の東（東シナ海）側に偏ることは，温暖な気候とは別の要因があるのではとも考えられている。

また南方に自生する種であり，気候変動（温暖化）への植物応答モデルの指標植物になりうる可能性も論議されている。精度の高い埋土種子発芽や萌芽特性の解明を欠かせないが，森林復元の指標植物（群落）になりうるのではないか。

たとえば周囲の植生を見極めながら二次林の老熟化・原植生への誘導が可能となるだろう。話は飛躍するが，大村湾東岸を中心に海抜200～300m地にイチイガシ林のベルト地帯をつくることも考えられ，あるいはアオモジ前線（林縁部）までは開発行為を認めないという考えも成り立つ。

アオモジ（群落）を西九州だけにしか味わえない風景としての価値はもちろん，西九州の自然の潜在力を示す指標植物（群落）として重要視したい。

[おわりに]

日本のアオモジは *Lindera citiriodora* とされることもあるが，東アジア（東

表2 国立公園道路沿線（県道雲仙神代線：長崎県）に見るアオモジの分布例（2003）

雌雄（本数）	海抜(m)	群落内本数	
♂1 : ♀1	880	・	法肩
♂0 : ♀1	850	・	法肩
♂1 : ♀0	760	・	法肩
♂1 : ♀1	750	・	法肩
♂2 : ♀1	700	・	国見町境
♂2 : ♀14	690	・	法肩
♂6 : ♀12	680	・	植林地
・	670	♂7 : ♀3	植林地
・	650	♂7 : ♀14	植林地
・	630	♂9 : ♀15	林縁
・	600	♂7 : ♀5	林縁
・		♂4 : ♀3	林縁
・		♂7 : ♀3	林縁
♂1 : ♀1	580		
♂1 : ♀3	570		
♂1 : ♀2	560		
♂0 : ♀1	530		
♂0 : ♀2	500		
♂2 : ♀5	470		
♂1 : ♀14	460		
♂1 : ♀0	440		
♂1 : ♀3	310		
♂0 : ♀4	290		
♂1 : ♀1	230		
♂0 : ♀1	130		
♂23 : ♀70	計	♂41 : ♀43	
a		b	

a + b ♂64 : ♀113（≒1 : 2）

部ヒマラヤ・台湾・ジャワ）の Litsea cubela と同一種とされておりアジア大陸とつながる。

一方，最近の研究では，鳥散布の状況をメジロ・ヒヨドリによるものが大きく，加えてカラスによる可能性も示されている。南方系植物の伝播がどのように行われたか解明されるのも興味深い。

山口県と岡山県それに紀伊半島と伊豆半島にもごくわずかに分布するといわれた，西九州特有のアオモジが，およそ40数年かけて近畿地方以南に分布を拡大したようである。群落として関東以南に普遍的に見られるようになるのもそう遠くはないであろう。今後も郷土の群落の行く末を見守っていきたい。

〔参考文献〕

橋本啓史・小林望美・村上健太郎・中村彰宏・森本幸裕．2003．近畿地方における逸出種アオモジの種子散布者は誰か？　第50回日本生態学会大会講演要旨集p.271．日本生態学会第50回大会実行委員会．

Horikawa, Y. 1972. Atlas of the Japanese Flora introduction to plant sociology of East Asia. Gakken co, Ltd.

伊藤秀三．1977．長崎県の植生．147pp．長崎県．

伊藤秀三・川里弘孝．1992．平戸の森林植生．（伊藤秀三編），平戸の植物と植生．p.17-37．平戸市文化協会．

川里弘孝．1979．アオモジの生態についての補遺．長崎県生物学会誌 **18**: 17-20.

川里弘孝・伊藤秀三．1990．平戸島〜佐賀県北西部におけるアオモジの分布について．長崎県生物学会誌 **37**: 21-26.

川里弘孝　1993．五島列島におけるアオモジの分布と生態．長崎県生物学会誌 **42**: 16-18.

熊本記念植物採集会．1969．熊本県植物誌．熊本県生物学会．

岡　国夫ほか．1972．山口県植物誌．山口県植物誌刊行会．

宮脇　昭（編著）．1987．日本植生誌（九州）p.208-209．至文堂．東京．

中村彰宏・小林望美．2003．近畿地方におけるアオモジの分布拡大過程．第50回日本生態学会大会講演要旨集p.186．日本生態学会第50回大会実行委員会．

佐賀植物友の会（編）．1987．佐賀の自然と植物．225pp．佐賀．

外山三郎．1973．多良岳のフロラ．多良岳自然公園候補地学術調査報告書．p.126-165．財団法人国立公園協会．

外山三郎．1976．草木歳時記．326pp．八坂書房．東京．

外山三郎・伊藤秀三・川里弘孝．1978．西九州におけるアオモジの分布と生態．北陸の植物 **25-4**：111-119.

外山三郎．1980．長崎県植物誌．長崎県生物学会・長崎県理科教育協会．

⑥ 久住草原の10年 －草原の維持を困難とする内因と外因－

■足立高行

〔マイナスインパクトの洪水〕

　リゾートブームに翻弄された地域はどこでもそうであろうが，ここ久住高原も例外ではない。観光施設ができ，観光客の流入が増えると，当初想定していなかったような問題がでてくる。久住高原は草原景観が売り物であるにもかかわらず，①施設の存在が野焼きの邪魔をする，②草原植物の盗掘，③草原内への4輪駆動車やモトクロスバイクの進入，④草原内への新たな観光道路の建設，⑤食べ物屋さんやおみやげ屋さんの景観阻害，⑥野生動物との直接的遭遇（イノシシとの衝突，ロードキルなど），⑦ゴミの問題，⑧連休時の交通渋滞，⑨人為による外来路傍種の持ち込み，⑩観光施設の野生動物種の攪乱（誘因と忌避），⑪その他様々なオーバーユース問題など，草原への負荷は枚挙に暇がないほどである。

〔何が変わったか〕

　九州では，10年ほど前にバブルやリゾートブームなどがほぼ終結した。このとき自然環境に対する影響も終結していたら問題はなかったのだが，久住では，こうした経済活動の影響を将来にわたって引き継ぐことになった。

　観光施設と観光道路の整備は，九州横断道路の無料化とも相まって，その後のモータリゼーションや自然志向ブームを背景に都市部からの観光客の増加を促した。数万人規模のジャンボリー，バーベキューによる草原火災，後を絶たない盗掘など直接的なマイナスインパクトが次々に起こった。盗掘は現在も進行中である。

　一方，久住の草原環境を保全してきた牧畜・農業環境も変動した。記憶に新しい口蹄疫やBSE騒動，市場競争などの外因，これらに，過疎化，高齢化，後継者の欠如，離村などの内因が次々と追い打ちをかける。

　1995年，久住のある地区の牧野組合の方から野焼き（火入れ）を手伝って欲しいとの連絡が入る。この組合が管理する草原（牧野）は久住地域の中では

図1 牛の放牧と採草が行われていた草原（1991年11月）
フロラは多様

図2 1994年以来，年1回の野焼きのみ（2001年9月）
ススキが大きくなり他のフロラを被圧

図3 野焼き（200年3月）

めずらしく山岳地形を有する場所である。おまけに一部で樹林地と接しているため類焼を回避するにも野焼きには人手を必要とする牧野である。この時，地元の農家10戸。すでに高齢化などから，組合員だけで野焼きをするのは厳しかった。ところが，2000年には地元農家は4戸に減った。もう自分たちだけの力で野焼きを維持することは不可能である。

久住草原の景観は，一見何事もないかのように，私たちの目には見える。しかし，半自然草地の放棄，人工草地への転用が全体的に進行している。実情は見た目以上に深刻さを増しているのである。

〔ボランティアの問題〕

久住の草原景観は，主に秋の輪地切りと輪地焼き（防火帯づくり），次年度早春の野焼き（火入れ）作業で維持されている。しかし，これらの作業は人手を要し，きつくて，危険な作業である。過疎と高齢化を抱えた地域では放棄せざるを得ない状況が慢性的に継続している。それでも，何とか継続しているの

は，地元の方々の願いにも似た思いだけであろう。

　そして，それをバックアップするのがボランティアの協力である。熊本県側も含めて行政単位で経済的支援や人的支援，情報支援などを実施している自治体もある。

　野焼きのための人集めやそのための連絡が最大の問題となる。少し説明すると，天候などの理由で野焼きを中止する場合，次回の予定を含めた連絡が，最も厄介である。必ずしも，1週間後の日曜日とはいかないのである。

　その他，ボランティアにはいくつか問題があるが，最大の問題は人身事故。もし怪我人でもでれば，翌年から中止になる可能性が高い。そして，最大の危険は，皆が集合した時点で「この天候…，普通なら止めるんだが，次回の予定が立たないし，人手の確保も難しいし…」という悩みが発生したときである。無理をしてでも実行する危険性が高くなっているのである。

　「おもしろそう！」と物見遊山や写真を撮ることが目的で野焼きに参加する人など，作業の危険性への理解の浅さも片方で温存されている。

〔草原の維持〕

　野焼きによって，エヒメアヤメ，キスミレ，オキナグサ，ヒゴタイなどの久住高原に特有な植物種の個体群は維持できるが，野焼きだけではススキ草原は年を経るごとに草丈が高くなり，他の植物種を被圧。草原の質的変化（組成の単純化）をきたすことになる。

　これを防ぐには，生育期の採草が必要となる。この問題の解決は簡単で，牛を放牧すれば良い。昔からそうやってきた。しかし，今ここが上手くいかない。牛を放牧する農家においても，前出の様々な理由をもって困難さが進行しているのである。また，畑作農家の人が作物のマルチング材料としてススキを刈って行くこともあるが，近年はめっきり減ってきている。

〔人為管理の困難さ〕

　これまでの牧野としての草原管理は，歴史的にみても，結果的に優れた草原維持の手法である。しかし，逆に草原を維持する人為的な管理手法を持ち込むとなると，容易ではない。牛の代わりを人力でやるには多大な労力が必要となるし，やりすぎれば草原の質が低下する。放牧作業に代わる具体的な手法と作

業時期，頻度などは簡単にはマニュアル化できないのである。

　野焼きの継続と放牧の組み合わせは，半自然草原を維持する最良の農作業である。しかし，現在は農作業としての位置づけが希薄になりつつある。農業を切り離した草原景観の維持を真剣に考えなければならない時期に来ているのかもしれない。

〔生物多様性の意義と観光資源〕
　野焼きや放牧が放棄されればやがては久住高原から草原が消え，樹林に遷移していくことが予想される。草原に固有な植物種群，バッタ類やハタネズミなどの草原の動物種群，九州の中央火山草原帯の草原環境そのもの，同じく景観としての久住草原，久住草原の牧畜とその歴史，久住の野焼き文化とその歴史，そして久住の牧畜農家と，あまりに大きなものを失うことになる。

　しかし，基盤である農業が将来ともに疲弊する方向しか見えないのならば，草原が内包する多様な価値を保全するために，農業以外のバックボーンを持たざるを得ないのではないか。そのひとつとして観光資源としての草原の再評価が考えられる。そのためにはこれまでのような資源消費型の観光地ではなく，草原環境を将来にわたって保全することを中心に据えた観光を考える必要がある。

　あるいは，草原維持のための財源（例えば，観光利益者負担税のような環境税を課す）を確保し，それを基金として農業の継続を図るといった道も考えていかねばならないだろう。このまま何の策も打たなければ確実に草原はなくなるであろう。

⑦ 北・西九州における植物群落の消失

■中西弘樹

　バブル崩壊以後，ゴルフ場やリゾート開発など大規模な山地の開発は行われなくなったため，森林群落の消失は少なくなったが，局所的に生育している水辺群落を中心とした草本群落は依然として減少し続けている。九州におけるRDB群落の消失の顕著な例は，1997年4月に行われた長崎県諫早湾干拓事業にかかわる湾の締め切りによって，約15 haの日本最大の面積を占めていたシチメンソウ群集（図1）が消失したことである。北海道のアッケシソウ群集に相当する群落で，晩秋には赤く紅葉し，国の天然記念物の指定に十分価値のある群落であっただけに，残念なことである。

　九州は火山が多く，その噴火活動が植生に与える影響も少なくない。1989年から噴火活動を開始した雲仙普賢岳は，度重なる火砕流と火山ガスの影響で，多良岳とともに分布の西限にあたるブナ林であるシラキーブナ群集をはじめ，コハウチワカエデーケクロモジ群落，シキミーモミ群集などに大きな被害を与えた（図2）。高木層構成種の多くが枯れたが，現在は植生が回復しつつある。しかし，かつての状態よりもそれらの群集，群落の面積は縮小した。

　低層湿原は，古くから水田や居住地となっており，現在見られるものは主要道路から離れていたり，水田として適さない土地であったりする。しかし，これらの土地も土砂捨て場となったり，埋め立てによって少なくなっている。ふつうヨシが優占した群落であるが，中にはタコノアシ群落やスイラン群落が見られるところもあったり，沿岸部ではテツホシダ群落や，ウラギク群落，シバナ群落などの塩生植生が混じっているところもあり，十分な記録がなされないうちに少なくなっている。

　中間湿原の多くは丘陵地に見られる小面積の湿地で，道路工事や小規模な開発などによる埋め立てによって，相変わらず消失は進行している。これらの工事はアセスメントの対象にはならないので，気づかれないうちに消失している場合が多い。これらの湿地は天然記念物に指定するなど，何らかの法的な指定がなされていない限り，消失は避けられない。このような湿地はミズゴケ類や

図1 絶滅した諫早湾のシチメンソウ群集　図2 雲仙普賢岳の噴火活動によって被害を受けたシキミーモミ群集

　サギソウ，カキランなどのラン科植物，ミミカキグサ，ムラサキミミカキグサなどのタヌキモ科植物，ホシクサ科植物，イヌノハナヒゲ類など，多くの絶滅危惧種の生育地となっており，九州では南限自生地となっているものも少なくない。ムラサキミミカキグサーシロイヌノヒゲ群集や，それ以外の群落もあり，植物社会学的な研究は十分行われてはいない。
　沿岸部の塩生沼地の群落であるカワツルモ群集，リュウノヒゲモ群集，チャボイ群落は，本土ではすでになくなった生育地が多いが，離島部では最近まで残されていた。
　しかし，それらの沼地も埋め立てが急速な勢いで進んでいる。塩生湿地に生育する低木群落であるハマボウ群集も減少しており，福岡県では北九州市の各地に産地が知られていたが，現在は八幡区のみとなっている。佐賀県では唐津市松浦川河口付近に約30株が群生していたが，河川改修によって消失した。大分県では別府市の産地が海岸遊歩道建設によってなくなっている。長崎県では対馬の上県町佐護川下流部には約60株からなる群落があったが，護岸工事によって絶滅した。ここの生育地は本種の分布の北限として重要であった。
　海浜植生は主に砂浜の侵食によって消失している地区が多い。最前線に発達するオカヒジキ群落やそれに続くコウボウムギ群落やハマボウフウ群落の減少が著しく，特に狭い砂浜海岸では絶滅した地方もある。砂浜の侵食の原因は，沿岸部の埋め立てによる沿岸流の変化，沖の海砂採りなど，そのほとんどは人為の間接的な影響である。海岸の多くは護岸がなされているところが多いが，最近は「防災」ばかりでなく，「利用」や「環境」も考えられるようになった。「利用」を考えた親水海岸づくりが行われるようになり，従来の護岸を改修し，

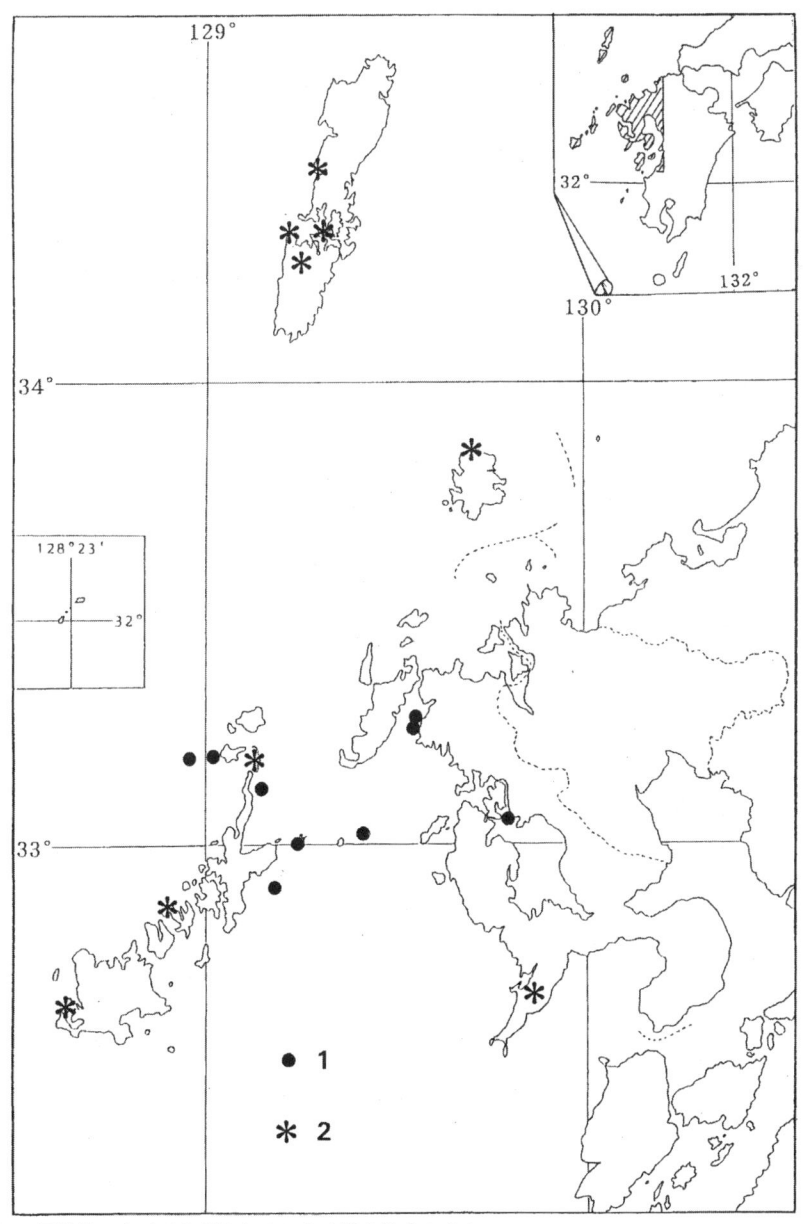

図3 長崎県におけるヤギとシカによる植生被害の分布
1：ヤギ，2：シカ

図4 移入されたシカの食害によって枯死したハイビャクシン

　海側を階段状に緩傾斜にするところが多くなったが，その分浜が狭くなっているし，砂浜の部分にコンクリートのトイレやステージなど，必要以上に建造物を造っている場合も見られる。それらの工事によって海浜植生は生育地を奪われている。長崎県上対馬町の砂浜に生育している分布南西限のハマニンニク群落は親水海岸づくりのための公共工事によって面積は激減した。

　シカやヤギなどの動物の繁殖によって，植生が破壊される現象が離島を中心に最近になって目立ってきた。離島の多い長崎県（図3）や鹿児島県では，その被害を受けているところは多く，島によっては従来の植生がまったく破壊されてしまった場合もあり，早急な対策が必要である。長崎県壱岐の辰の島には「辰の島海浜植物群落」として国の天然記念物に指定されているハイビャクシン群落があるが，移入されたシカの繁殖によってハイビャクシンが食害を受け，枯死してしまったものが多い（図4）。隣接した若宮島ではシイーカシ林の林床や林縁部の植生がシカの食べないホウロクイチゴ，タマサンゴばかり目立つようになり，種組成が変わってしまった。これらのシカは外部から持ち込まれたものである。対馬の白岳付近もツシマジカの個体数が増え過ぎ，林床は乏しくなり，シカの不嗜好植物であるマツカゼソウやナチシダが増えている。さらに深刻なことは，固有種であるシマトウヒレン群落が激減したことである。ヤギの繁殖によって植生が被害を受けているところは，無人島が多く，分布の限界にある植物や固有種が被害を受けている場合も少なくない。ヤギのようにもともとその島にはいなかったことが明らかな動物は，すべて排除すべきであるし，在来の動物であっても増えすぎて植生に影響を与えている場合には，人為的に個体数をコントロールする必要がある。

⑧ 綾の照葉樹林

■河野耕三

　1996年発行の「植物群落RDB」にまとめられている綾の照葉樹林に関する群落（3ブロックに区分）は、1983年宮崎県発行の「県中地域植生調査」、1988年環境庁（当時）発行の「第3回自然環境保全基礎調査－特定植物群落調査報告書－」を元に現地調査を加えて書かれたものである。3ブロックとは九州中央山地国定公園外で須木村中心のランク4「綾北ダム東側山地の照葉樹林（曽見（相見）谷源流域のモミ・ツガ林を含む）」（約830ha）、国定公園内で綾町中心に一部須木村にまたがるランク2「大森岳南東稜の照葉樹林」（約725ha）、ほとんど国定公園内で、綾町中心に見られるランク2「綾南川の川中周辺の照葉樹林」（約193ha）である。

　宮崎県内の各地に残っていた数百ha規模の各種の原生的照葉樹林は、1980年代までに集中的に皆伐されてきた。幸い、綾町内の照葉樹林は1966年に綾町長に就任した郷田前町長の積極的な保護対応によってかろうじて皆伐を免れてきた。そうした綾町の努力は、1982年に中尾国有林一帯の約3000haが九州中央山地国定公園指定という形で結実する。また、その後1980年代になると、綾町外からの保護運動のサポートも加わり、少なくとも綾町内から遠景できる照葉樹林についての新たな伐採は事実上できない状況となった。

　一方、綾町の西側に隣接する須木村は、営林局の施行計画に対して森林保護の立場から異議をはさむ考えなどまったく見られない状況であった。その結果、須木村内に分布していた原生的照葉樹林のほとんどが施業(伐採)計画の対象となり伐採された。当然のことながらイチイガシやウラジロガシ、アカガシ、コジイ、イスノキの照葉樹の巨木の他、モミやツガの巨木が生い茂る原生的天然林は、独立採算性無投資型経営の中にあっては垂涎の的であった。残念なことに「綾の照葉樹林」の西側一帯に広がり、特定植物群落にもリストされた照葉樹林の「綾北ダム東側山地の照葉樹林」や「西俣山周辺の照葉樹林」「七熊山系の照葉樹林」「曽見（相見）谷源流域のモミ・ツガ林」は須木村内に位置する。

　綾北ダム東側山地一帯の原生的天然林の伐採施業計画は1970年代頃から既

図1 大森岳南東稜綾北川右岸に広がるイスノキ―ウラジロガシ群集

図2 綾南川の川中付近に見られるルリミノキ―イチイガシ群集

図3 パッチ上に切り刻まれた綾北ダム北側斜面の照葉樹林

図4 大森岳南東稜カシ林伐採跡地の若齢再生林

に始まっており，毎年林道の延長工事が進行していた。林道の延長に伴い照葉樹林の伐採植林化も進み，現在では綾北川山地の約3分の2，相見谷源流域のすべてが消失するに至っている。まとまった原生的天然林のほとんどを切り尽くした現在，伐採の動きは一応止まっている状態である。

里山の天然林の伐採はほとんど二次林の伐採と言って良いが，綾の森の天然林伐採と言えば原生的天然林の伐採を意味する。それだけに，伐採の森林生態系に及ぼす影響は大きい。

綾北川右岸一帯に広がる大森岳南東稜の照葉樹林の須木村内の林分についても，同じような状況が言える。1970年頃までは綾北ダム西側一帯の須木村内には約500ha程の原生的天然林が存在していた。しかし九州中央山地を南北に走る国道265号線の輝嶺峠から東に延びる大森岳林道の延長とともに，森林は伐採植林化されてきた。伐採の動きが止まるのは，綾町での伐採反対運動が活発になり，国定公園に指定される1982年過ぎである。伐採は大森岳まで

図5 照葉樹林を保護し観察・観光に重要な役割を果たす吊り橋

あと一谷残す国定公園ギリギリの所でようやく止まっている。現在須木村内には約150haが残されている。大森岳北斜面から鷲巣(わしす)に至る綾北川斜面は国定公園内に含まれていることもあって，まとまった自然林の伐採はその後見られない。しかし，一部地域においての択伐施業は実施されているし，国定公園エリアの中に含まれる60〜80年生のヒノキやスギの植林地，及びそれと隣接する照葉樹林おおよそ220haが伐採されている。伐採跡地には現在のところヒノキやスギの植林はなされていない。植林跡地にはススキ優占植分が，カシ林伐採後にはユズリハ・イヌガシ等の優占する若齢再生低木林や，凹状地にはクマノミズキ・イイギリ・リュウキュウマメガキ等を含むパイオニア性夏緑広葉樹林等が広がっている。一部にはセンダンやイチョウなどの夏緑広葉樹が植林されているが，その面積は限られている。このエリアは国定公園内と言ってもほとんどが第三種地域となっているため，森林施業が行われているのである。

綾南川左岸の「綾南川の川中周辺の照葉樹林」のほとんどは国定公園内に含まれること，綾の森観光スポットにもなっている「照葉大吊り橋」があること，自然を楽しむ川中キャンプ場などが整備されていることもあり，1996年当時からの変化はほとんど見られない。

拡大造林の動きは全国から原生的自然林を減少させてきたことは言うまでもない。その中でどうして綾の照葉樹林が残されたのか。その背景の主なものをあげると，次のようなことが考えられる。まずは山容が険しく，人が定住できる所も大変少なく，特別の人以外入山できない山域がまとまって広がっていた。当然入山するアクセスルートはほとんどなく，入山するには時間が必要であった。近世になり，入山ルートが各方面から建設され始めるが，面積は広く，利用しやすい所から優先利用され，険阻地斜面は後回しにされたのである。その

後ダムや県道ができると管理上必要な各種保安林等々の規制が出てくる。更に最も大きな影響力を発揮していたと考えられるのは，郷田前綾町長の長年にわたっての果敢でユニークな保護活動等があったことである。そうした諸々の条件が背景となって，奇跡的とも言える残り方をしたのが綾の照葉樹林である。

綾町は自然を残すために「自然・本物の文化論を持った町づくり」「自然の生態系に驚異と畏怖を感じ，文明社会・高度工業社会追随ではなく，その町の個性を生かす町づくり」を柱に，自然と人との関係を問い直しながらの町づくりに力を入れてきた。つまり，自分たちの町，自然に誇りと自信が育つ町づくりに力を注ぎ込んできた。具体的には「有機農業の町」「一坪菜園運動」「生活文化の町・綾」「照葉樹林都市」等々。こうした取り組みの結果，「失われた日本文化の基層－照葉樹林－が残る綾」「自然と生活文化が融合し息づく町綾」のイメージが全国に広がり始めた。

現在，人口約7,500人の綾町には，綾の照葉樹林を見たり，照葉樹林の恵みを背景にした各種産業を利用するために，町外から年間150万人以上の訪問者がある。かつては森に依存し，切る木がなくなると夜逃げの町と言われた時期もあった綾町である。その綾町は今，1人1人の町民がふるさとに誇りを持ち，生活文化を楽しむ町へと変貌した。かつては経済価値のない雑木が広がる「雑山」が，今や全国の人を引きつける「宝の山」になった。町民は初めて森を守ることの意味や，自然を残すことの意味を生活の中で，実感として，全身で理解でき始めたと言って良い。こうした綾町の事例は，自然保護のあり方を考える上で示唆に富んだものと言える。

2003年夏，綾町を横切る九州電力の巨大鉄塔建設が具体化する中，綾の森は「世界自然遺産」や「生物圏保存地域」の指定を目指した動きが活発化した。しかし，残念なことに2004年度には綾の照葉樹林の中核部分をはずした形で巨大鉄塔が完成した。これからの保護と保全の取り組みに大きな障害が出来たことになった。しかしながら，2004年12月，地元の取り組みを評価した九州森林管理局から「綾川流域照葉樹林帯保護・復元計画」が提案される。提案は3ブロックを含むおよそ9500haを対象に数10年かけて復元し，将来は照葉樹林の回廊を造るものである。2005年3月現在，3回目の準備会を持ち，2005年度からの具体的活動に向け動いている。この取り組みが，世界最北端のまとまった照葉樹林の保護と保全，復元に大きく寄与することを願いたい。

⑨ 島根の汽水湖沼の湿生植物群落

■國井秀伸

　わが国有数の汽水湖である宍道湖・中海には，環境庁のレッドデータブック記載種である湿生植物のオオクグと，リュウノヒゲモ，ツツイトモ，カワツルモ，イトクズモ，フシナシシャジクモ，コアマモなどの汽水域を主な生育場所とする6種の沈水植物が見られる（國井，2001）。これら植物のうち，湖内でまとまった群落を形成しているものが，オオクグ群落，カワツルモ群落そしてコアマモ群落である。両湖の干拓・淡水化事業は2002年に中止され，両湖の環境修復に向けての事業が始まる一方，これら絶滅危惧種や植物群落の存続を脅かす大規模な事業計画も立てられている。

〔オオクグ群落〕
　カヤツリグサ科の多年生植物オオクグ（*Carex rugulosa* Kükenth）は（図1），淡水と海水の入り混じる汽水域の湿地を生育場所とし，環境庁のレッドデータブック（2000）では絶滅危惧II類に，『改訂しまねレッドデータブック』（2004）では準絶滅危惧にランクされている。朝鮮半島，中国東北部，ロシアの環日本海地域に分布し，わが国では各地の沿岸域で希に見られる。
　「植物群落RDB」においては，島根県では中海北岸の松江市新庄町，美保関町万原，南岸の安来地内，そして大橋川沿いにおける小群落の点在が報告されている。群落に対するインパクトとしては，①過去から将来にわたっての生活排水の流入，②現在から未来にかけてのゴミ・廃棄物の投棄，③過去の堰堤建設・河川底改修及び護岸工事，そして④未来の埋め立てなどが挙げられ，新たな保護対策の必要な群落であるとされている。また，宍道湖・中海の干拓淡水化は一時中断されているが，将来再開の可能性もあり，海岸に人手が入らないとも限らないので，優良な群生地を指定して保護する必要があるとの提言がなされている。
　その後の調査（島根県，1997；國井，2001）により，オオクグは宍道湖南岸の宍道町来待から鳥取県側の中海東岸に至るまで，大小様々な群落が存在することが明らかとなった。大橋川左岸河口部（松江市福富町）に発達するオオクグ

図1　オオクグ

図2　大橋川左岸河口部のオオクグ群落
中海大橋より上流部に向かって撮影

群落は（図2），長さ約500 m，最大幅およそ30 mという広さで，わが国でも有数のオオクグ群落と考えられる。さらに，この大橋川の群落においては，オオクグは汀線側のヨシと陸側のセイタカアワダチソウという2種の高茎草本に挟まれる形で群落を形成し（時に混在），水位を介しての微妙なバランスの上に群落を形成していることも明らかにされた。これは，水平的には一見大きな群落に見えても，垂直的な断面で見た場合にはオオクグは非常に狭い範囲にしか分布していないことを示す。何らかの作用によって水位のバランスが崩れるようなことがあれば，この河口域の大群落のみならず，宍道湖・中海一帯の大小様々なオオクグ群落が一挙に消失する可能性がある。

　宍道湖・中海においては，10年前の植物群落調査時からこれまでに，最後の干拓予定地であった本庄水域の干拓が2000年に中止され，その後淡水化についても正式に中止され，2003年7月には島根県知事が宍道湖・中海をラムサール条約の登録湿地にすることを表明するなど，湖を取り巻く社会情勢が大きく変化した。オオクグ群落が干拓・淡水化事業によって消失する可能性はなくなったのである。そればかりでなく，宍道湖・中海では，コンクリート堤防を覆砂して緩傾斜の護岸とし，ヨシ原を再生する事業が2000年から国交省と地元NPOの協働によって開始され，オオクグ群落の新たな立地についても確保されるのではないかと期待されている。今後は，既存のオオクグ群落の消長だけでなく，覆砂した場所に新たなオオクグ群落が形成されるかどうかについてもモニタリングする必要があろう。このような喜ばしい面とは反対に，窒素やリン，あるいはCODといった水質項目に関しては，両湖とも横這いの状態が続いており，干拓淡水化事業中止後の水門や堤防の取り扱い，あるいは洪水

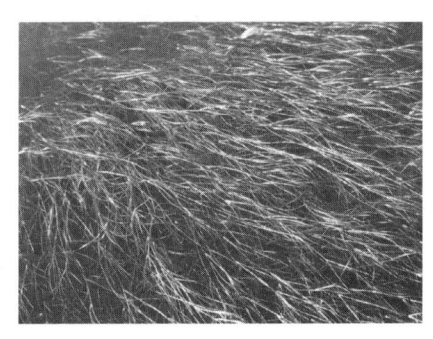

図3 カワツルモ

図4 カワツルモ群落
中海本庄水域弁慶島付近で撮影

調節のための大橋川拡幅計画など，その動向如何によってはオオクグ群落に影響を与える様々な課題が未解決のまま残されているのも事実である。2004年12月に，国交省中国地方整備局，島根県そして松江市は，洪水対策を目的とした大橋川改修の具体的な内容を明らかにした。それによると，ここに紹介した大橋川左岸河口部のオオクグ群落は拡幅の対象場所となっており，改修の影響をまともに受けることは間違いない。今後，地域住民等の意見を踏まえて具体的計画を策定することとしているので，多方面からの保全策の積極的な提案が望まれる。

　最近の研究（國井・今田，2001）により，オオクグは地上部・地下部ともに塩分の影響を受け，淡水条件下で最も活発な成長を示し，海水の75％以上の塩分では成長が維持できないことが示唆されている。オオクグ群落の保全には，前述した微妙な水位のバランスと同時に，塩分環境にも十分注意を払うことが必要である。

〔カワツルモ群落〕

　島根県からは，オオクグ群落のほか，中海の
が海草群落として「植物群落RDB」に載せられている。カワツルモ (*Ruppia maritima* L.) はヒルムシロ科の沈水植物で，オオクグ同様汽水域を生育場所としている（図3）。環境庁のレッドデータブックでは絶滅危惧IB類に，改訂しまねレッドデータブック（2004）では絶滅危惧II類にランクされている。減少の主要因は，池沼の開発，土地造成，水質汚濁とされている。

　「植物群落RDB」において，島根県ではカワツルモ群落は松江市新庄町から

野原町にかけての中海沿岸の船溜りなどに形成され，住居からの排水，汚物の投棄などによる水質や底質の悪化と中海の干拓淡水化事業による影響のため，新たな保護対策が必要な群落であるとしている（図4）。

その後の調査（島根県，1997；國井，2001）により，カワツルモは中海の西部及び北部承水路，そして本庄水域のほぼ全域にわたって点々と分布していることや，中海以外でも，島根半島の加賀の海岸そばにある池での生育が確認されている。中海におけるカワツルモの記録は比較的新しく，その分布域の拡大は最近のことであるらしい。

1989年3月に完成した揖屋干拓地と安来干拓地の排水路，あるいは1995年に開設された彦名干拓地内の米子水鳥公園にあるつばさ池やそれに隣接する彦名処理地内の池では，カワツルモ以外に，リュウノヒゲモ，イトクズモ，ツツイトモ，イバラモ，シャジクモのなかまといった，汽水性の水生植物の生育が報告されている。これらの植物は，本来ヨシ帯の発達するような緩傾斜の前面や流入河川のワンドがその生育場所であると考えられるが，現在の宍道湖・中海の湖岸の90％近くはコンクリートで覆われ，これらの植物の生育に適した場所がほとんどない。このような状況下で，干拓地内の浅い排水路や池が各種水生植物の避難場所として機能していると考えられる（國井，2003）。これらの水域では，しかしながら，時間の経過とともに水中や間隙水中の塩分が徐々に低下し，汽水性の水生植物から淡水性の水生植物へと植物相が変化することが予想される。

カワツルモ群落の今後については，オオクグ群落同様，干拓・淡水化事業による心配はなくなったものの，今後の水門や堤防の取り扱い等によって塩分や水位，あるいは透明度が変化すると予想されるので，各自生地での消長を注意深くモニタリングする必要がある。

保護を必要とする植物群落ではないが，中海では現在，砂泥底の場所で海草のコアマモと紅藻類のオゴノリが，そして干拓堤防の石積み護岸や岩場では褐藻類のウミトラノオや緑藻類のアオサやアオノリが藻場群落を形成していることを付記しておきたい。これら海藻類は，多くの仔稚魚や貝類，甲殻類あるいは動物プランクトンに餌場やすみか，あるいは産卵場を提供するとともに，昭和30年代以前には，オゴノリは寒天藻として，そしてコアマモは当時中海で

多産していたアマモとともに肥料藻として大量に採集され，直接的・間接的に湖沼の水質を維持していたと言われる（平塚，2004）。これら植物は光要求性が強く，現在の深度分布の限界はわずか2mから3mである。浅場を再生し，かつてのような海草藻場を復活させることは，生物多様性の保全のみならず，水産資源の賢明な利用という点からも大きな意義がある。宍道湖・中海のように古くから人間の営みが行われてきた水域では，オオクグやカワツルモといった稀少な植物群落の保全はもちろんのこと，コアマモやウミトラノオといった典型的な植物群落の保全にも努力すべきである。

〔参考文献〕

環境庁（編）．2000．改訂・日本の絶滅のおそれのある野生生物．植物Ⅰ（維管束植物）．
島根県．1997．しまねレッドデータブック．植物編．266p.
島根県．2004．改訂しまねレッドデータブック．415+20p.
國井秀伸．2001．宍道湖・中海における水生絶滅危惧植物の分布．*Laguna*（汽水域研究）**8**: 95-100．
國井秀伸・今田直人．2001．汽水域の湿生植物オオクグの保全生態学的研究．第9回世界湖沼会議発表文集（第4分科会），p.260-263.
國井秀伸．2003．閉鎖性沿岸域の生態系と物質循環．（4）中海とそれに隣接する水域の水生大型植物の分布．海洋と生物 **25**: 116-122．
平塚純一．2004．1960年以前の中海における肥料藻採集業の実態．エコソフィア **13**: 97-112．

⑩ 鳥取の RDB 群落

■日置佳之

〔概要〕

　鳥取県は，県の面積が 47 都道府県中 41 番目と小さい県ではあるが，海岸から海抜 1729 m の大山（だいせん）までの標高差があり，比較的変化に富んだ自然環境を有している。

　植生帯は，海岸からおおむね海抜 600 m までが暖温帯常緑広葉樹林帯，それより高い場所が冷温帯落葉広葉樹林帯にあたる。しかし，日本海側で多雪であるため，ブナが海抜 300 m 程度まで下降するなど，垂直分布は太平洋側とは大きく異なっている。個々の種や植物群落の垂直分布とその要因については，今後解明すべき点も少なくない。

　県内では，「植物群落 RDB」に 58 の単一群落と，27 の群落複合が記載されている。その内訳は次のようである。常緑広葉高木林＋暖温帯森林植生は 22 件あり，そのほとんどが社寺林である。温帯針葉高木林＋冷・暖温帯移行部森林植生は 16 件である。鳥取県では冷温帯と暖温帯の移行部は地形的に急峻なところが多く，土地的極相と考えられる針葉樹林が多く記載されている。冷温帯落葉広葉高木林＋冷温帯森林植生は 19 件あり，ブナ林が主であるがスギの自然林も含まれている。海浜草本群落＋砂丘植生は 7 件あり，そのすべてが鳥取砂丘のものである。低層湿原・挺水植物群落＋中間・低層湿原植生＋貧栄養湿原＋沼沢林は 8 件であり，いずれも小面積ながら稀少種の生育地となっている。岩角地・風衝低木林＋高山・亜高山低木林＋風衝植生は 8 件あり，大山や氷ノ山（ひょうせん）などの山稜部の偽高山帯の群落である。そのほかの 6 件には，渓流辺低木林や沈水植物群落などが含まれる。

〔法的保護の現況〕

　実際には保護上の価値があるのに，法的な保護措置がとられていない場所を検出する分析を GAP 分析という。GAP 分析の考え方を適用して，2004 年時点における鳥取県内の RDB 群落の法的保護の有無調べたところ，次のようで

表1 鳥取県におけるRDB記載群落の法的保護の現状

保護制度のカテゴリー	単一群落	群落複合
国指定天然記念物	4	2
県指定天然記念物・県自然環境保全地域	7	2
県指定天然記念物	5	3
県自然環境保全地域	1	
国立公園	17	4
国定公園	2	5
国定公園(一部に含まれるもの)		2
県立自然公園	4	1
市立公園	4	
国指定史跡名勝		2
県指定名勝		1
国指定名水	1	
県指定名水	1	
指定なし	10	4
不明	2	1
規制の強さ		
規制強い	36	16
規制はあるが問題あり	10	6
規制なし	12	5

注
2004年1月現在の状況。
単一群落に関する規制の強さについては，以下のように考えて集計した。
規制強い：国天然記念物，県天然記念物，県自然環境保全地域，国立公園，国定公園のいずれかに指定されているもの
規制はあるが問題あり：県立自然公園，市立公園，国指定名水，県指定名水のいずれかに指定されているもの
規制なし：上記以外のもの
群落複合に関する規制の強さについては，以下のように考えて集計した
規制強い：国天然記念物，県天然記念物，県自然環境保全地域，国立公園(群落の全域が含まれる場合)，国定公園(同左)のいずれかに指定されているもの
規制はあるが問題あり：国指定史跡名勝，県指定名勝，県立自然公園，国定公園(群落の一部が含まれる場合)のいずれかに指定されているもの
規制なし：上記以外のもの

あった(表1)。

　58件の単一群落のうち，何らかの法的な担保があるものは，国指定天然記念物4件，県指定天然記念物と県自然環境保全地域の重複指定7件，県指定天然記念物(単独指定)5件，県自然環境保全地域(単独指定)1件，国立公園17件，国定公園2件，県立自然公園4件，市立公園(都市公園)4件であった。このうち，国・県天然記念物，県自然環境保全地域若しくは国立・国定公園の特別保護地区または特別地域に指定されたものは，法的規制という点で特に担保性が高い。これらの合計は，36件で全体の62％にあたる。規制の比較的弱い公園に含まれる群落は，10件(17％)あった。これらの中では，施設の整備がかえって植生を破壊していた例もあり，規制の強化や公園事業における植生保護への配慮が必要である。単一群落のうち，法的規制が何もないものと不明なものの合計は，12件(20％)にのぼり，開発等による植生の改変に対して無防備である。一方，27件の群落複合の内訳は，法的担保が強いもの16

図1　大山頂上付近に立つ一木一石運動のサイン
上は昭和62年（1987年），下は平成11年（1999年）の写真。10年余りで，植生が大幅に回復したことが示されている。

図2　大山頂上付近における群落復元対策
登山者の立ち入りが制限され，伏工・土留柵が施された場所。表面侵食を防止しながら，周辺植生の種子が播種されている（2002年8月撮影）

件（59％），規制はあるが十分ではないもの6件（22％），規制がないもの5件（18％）であった。

法的な担保がない群落については早急に，適切な保護制度の適用を進める必要がある。

〔修復しつつある大山頂上の植物群落〕

人々の努力によって植生が回復した好例として，大山頂上付近の植物群落がある。大山山頂部では，昭和40年代から登山者が増加し，その踏圧が原因で，昭和60（1985）年ごろには，頂上がほぼ裸地となった。植生の衰退とともに，土壌侵食も進行し，植生の成立基盤そのものが失われるという深刻な事態に至った。当時の写真を見ると，頂上では裸地の中に，大勢の登山者が島のように浮かんでいるように見える。

こうした事態を憂慮した地元の有志が，1985年に「大山の頂上を保護する会」を結成し，「一木一石運動」として全国に知られるようになる植生復元運動を展開した（図1）。植生復元は，①裸地部分への立入禁止措置，②丸太柵による侵食の拡大防止，③コモ伏せのうえヒゲノガリヤスなどを株分け植栽と施肥（図2），④木道の設置，といった手法で行われた。ヒゲノガリヤスは順調に被度を拡大し，ホソバノヤマハハコも旺盛に繁茂したが，施肥の中止（1995年）後は，むしろスナゴケが優占するようになり今日に至っている。2002年の調査では69種が植生復元区域で確認され，山頂付近の草原やレキ地に自生する

図3　群落が回復した頂上
1980年代前半にはほとんど裸地化した避難小屋と頂上の間であるが，現在はほぼ群落が回復している（2002年8月撮影）。

図4　金山神社社叢に侵入する竹林
急斜面の常緑広葉樹林に竹林が侵入しつつある。放置すると拡大する危険性がある（2003年7月撮影）。

植物がほぼ網羅されている。付近と同様な種組成で多様性に富んだ群落が復元しつつある（図3）と言える。

〔海陸の植生のゾーネーションが分断されている海岸植生〕

鳥取県の海岸は，鳥取市以西の兵庫県境までがほぼ磯浜であり，鳥取市から島根半島までの長大な海岸は，大半が砂浜である。前者は，山陰海岸国立公園に指定され，一定の保護がなされているが，後者は鳥取砂丘を除いてとくに保護措置のとられていない場所がほとんどである。また，砂浜にほぼ並行して国道9号線が走っており，海岸から内陸への植生のゾーネーションが破壊，分断されている場所が多い。

〔社寺林に侵入する竹林〕

西南日本では，竹林の拡大が懸念されているが，鳥取県でも一部の社寺林に，隣接地からの竹林の侵入が見られる。竹林の侵入に対する対策は特に講じられていないので，今後，社寺林を被圧するなどの影響が出ることが懸念される。そのような例として，鳥取市の倉田八幡宮社叢，西伯町の長田神社社叢，佐治村の金山神社社叢（図4）があげられる。竹林が隣接しているRDB群落では，今後，監視と管理作業が必要である。

〔群落RDBとその保護管理に関する課題〕

今回，群落RDBについて記述していて気がついた問題点がいくつかあるの

で述べておきたい。

　第一は，RDB記載群落に関する地理情報が不十分なことである。社寺林のような孤立したパッチ状の群落であれば，その範囲は比較的明瞭であるが，連続した山林の一部がRDBに記載されている場合，そのどこまでが該当部分なのかはよく分からない。RDB群落の地理的範囲が不明瞭であることは，その保護管理上も支障となる。この問題を解決するには，近年精度の向上が著しいGPSを用いて，群落の外周線を引くなどの方法が考えられる。また，群落調査を行った位置も合わせて精確に記録しておくべきだろう。

　第二は，記載すべき群落であるのに未記載なものが数多く存在することである。保護すべき群落として網羅されていれば，モニタリングによる保護管理状況の監視が大きな意味をもつことになる。未記載群落は，当然ながら平地では少なく山地に多い。全国の2万5000分の1現存植生図が整備されれば，それを用いてほぼもれなく記載することが可能になるであろうが，まだしばらく時間がかかるので，追加記載のための作業を早急に開始すべきであると考える。

　以上は，とくに鳥取県に固有の課題ではない。全国に共通な問題点として，今後検討していく必要があるだろう。

〔参考文献〕

大山の頂上を保護する会. 2002. 一木一石運動 もどってきた植物たち－大山頂上復元運動今日までの成果－. 28pp. 大山の頂上を保護する会.
清水寛厚（編）. 1993. 鳥取県のすぐれた自然植物編. 275pp. 鳥取県.

⑪ 広島のRDB群落 —湿地植生の変遷と保全—

■下田路子

〔広島県の RDB 群落の特徴〕

「植物群落 RDB」に掲載された広島県の植物群落は，単一群落が 103 件，群落複合が 21 件である。これらの群落は，環境庁の「特定植物群落調査」(1978)で特定植物群落として選定されたものである。その後の追加・追跡調査（1984～86）で消滅が確認され，特定植物群落から削除された 2 群落も，「植物群落 RDB」には掲載されている。

掲載群落のうちの約 80％は木本群落であり，山林・社寺林・渓谷林などが選定されている。湿生草本群落では「貧栄養湿原」が 1 件，「低層湿原・挺水植物群落」が 2 件，「中間・低層湿原植生」が 7 件ある。また，ため池の水草群落 2 件も選定されている。これらの数値は，特定植物群落調査が実施された当時の，自然性の高い群落，特に自然林を重視する価値観を反映している。また，ため池のような人とのかかわりが大きい植物群落のデータが乏しかったことや，二次植生の評価が低かったことも示していると言えるだろう。

「植物群落 RDB」に掲載されている御園宇大池湿原（東広島市）は，ため池と耕作放棄湿田を含み，広島県の RDB 群落では数少ない「人の影響のある湿地植生」である。また当地は，1980 年代より環境にも植生にも大きな変化があった。そこで，RDB 群落の変遷の例として，環境や植生の変化を紹介し，群落の保全について考察したい。

〔御園宇大池湿原の変遷〕

「特定植物群落調査」(1978) では，御園宇大池湿原は大形スゲを主体とした湿原であるとし，カサスゲが優占する 1975 年の植生調査表が添えられている。またこの湿原の一部に古い放棄水田があるが，周辺にはハンノキも散生して，西条盆地の原植生の面影を伝えていること，広島大学の移転や都市公園の整備による環境悪化のおそれがあることなどが記載されている。

筆者は，御園宇大池湿原とその下流にある口の池の植生を 1975〜1979 年

図1 口の池と「御園宇大池湿原」の変遷。
　1980年9月：鏡山公園の整備が始まり，土手の改修工事中であるが，池の周囲はまだ変化していない。「御園宇大池湿原」は水辺のヨシ群落の背後にある。
　1988年8月：池や湿原の周囲の山林は樹園地になり，湿原内には木道ができた。放棄水田にはサクラバハンノキが生育し，池にはジュンサイが繁茂している。
　1991年9月：池でヒメガマが目立つようになったが，開水面ではジュンサイが繁茂している。公園整備で生じた法面を草が被っている。
　2003年9月：池にはヒメガマとヨシが繁茂するようになった。湿原と放棄水田の刈り取りが終わったばかりで，芝地状になっている。

に調査して水生・湿生植物群落を明らかにするとともに，1979年の群落の分布を示す植生図を作成した（Shimoda, 1984）。調査当時は，口の池にはヒツジグサ群落やヨシ群落，水が退いた岸にはニッポンイヌノヒゲ群落，池の上流にはカサスゲ群落があった。また小面積ながら，アゼスゲ群落，湧水湿地のイトイヌノハナヒゲ群落，ハンノキ林もあった。これらの水生・湿生群落の構成種には，現在では国や県の絶滅危惧種に選定されているサギソウ・タチモ・ヒナノカンザシ・ヒメタヌキモ・ヤマトホシクサ・オオミズゴケが含まれていた。また「ハンノキ」と報告したものは，絶滅危惧種のサクラバハンノキであることを後に確認した。カサスゲ群落の背後は，1970年に耕作を停止した棚田状の放棄湿田である。筆者は，この放棄水田の1970年代の植生変化とハッチョウトンボの消長を報告している（下田，2003）。放棄水田の上流には，さらに

2か所のため池があり，池や湿地が連なる谷をアカマツ林が取り巻いていた。また口の池の下流にも3か所のため池が連なり，県内でも有数のため池密集地帯である西条盆地の典型的な農村景観を見ることができた。

1980年に口の池とその下流の奥田大池の周辺で，広島県立鏡山公園の整備が始まった。図1に口の池と周辺部の，1980年以降の変化を示した。1980年に堤防の改修工事が始まったが，植生の大きな変化はまだ認められなかった。やがて山林は伐採され，整地後に花木が植栽された。口の池の上流にあるカサスゲ群落と放棄水田を合わせた湿地は「植物生態研究園」になり，カサスゲ群落内に木道がついた。

口の池が灌漑に利用されていた当時には，水位が下がる時期にニッポンイヌノヒゲ群落が発達していたが，公園整備後は池の水位が一定となり，この群落は見られなくなった。また工事の影響で湧水湿地への水の供給が途絶え，ミミカキグサやモウセンゴケなどの湧水湿地に特有な種が消滅・減少した。

1990年代の前半まで，口の池ではジュンサイが繁茂し，絶滅危惧種のマルバオモダカ・イトモの生育が整備後に新たに確認された。また整備後に生育を始めたヒメガマは次第に生育範囲を広げ，1990年代の後半には池一面に繁茂するようになった。2003年9月には，ヒシとスイレン（園芸品種）の生育を確認した。

池の背後のカサスゲ群落では，木道の設置の他には整備直後に大きな変化は認められなかった。放棄水田ではサクラバハンノキが樹高を伸ばしていた。しかし，1992年にサクラバハンノキが伐採され，また1999年11月には湿原から放棄水田にかけての刈り取りと火入れが行われたのを確認した。その後も「植物生態研究園」では刈り取りが続き，草本植生が維持されている。

〔御園宇大池湿原の保全と問題点〕

近年はため池の価値が高く評価されるようになり，東広島市を含む「賀茂台地の湧水湿地・ため池群」も「日本の重要湿地500」（環境省，2002）に選定された。しかし「特定植物群落調査」(1978)では「御園宇大池湿原」を「大型スゲを主体とした湿原」と明記しているため，公園整備当時の関係者は「カサスゲ群落」のみを貴重な存在と考えたことであろう。カサスゲ群落を損なわないように工事が進められ，また「植物生態研究園」が設置されたが，湧水湿

地や水草群落の保全対策はとられなかった。

　現在，鏡山公園を訪れる人は多く，草刈りや剪定などの管理作業が行き届いている。「植物生態研究園」では強度の刈り取りが行われ，刈り取り後は芝地状になっている。もし「植物生態研究園」が人手を加えないまま放置されるならサクラバハンノキ林となる可能性が高いため，カサスゲ群落を保全するには刈り取りを行って群落を維持する必要がある。しかし「植物生態研究園」がカサスゲ群落だけで占められている現状は，本来の「植物生態研究園」の設置の目的とは異なるのではないかと筆者は思う。口の池とその背後の湿地には，多様な水生・湿生植物群落がかつては存在していたのであるから。公園管理者と生物の専門家が保全の目的や目標，あるいは適切な植生管理方法を再検討する時期にきているのではないだろうか。

〔人とのかかわりが大きい湿地植生の現状と保全－今後の課題－〕
　広島県のため池や池の周囲の湿地は，多様な水生・湿生植物の生育地である。しかし，耕作田の減少，過疎や都市化による農業の衰退などにより，ため池の重要性が低下したり維持管理が困難になっている所も多く見られる。また土地開発の影響で，植生の変化や水草の消滅も確認されている（下田，2003）。農業に必要なために維持されてきた環境の植物群落を，生産活動と切り離して保護しようとするなら，その目的や体制が大きな課題となる。

　新しい調査データが増えるにつれ，群落の評価や価値観は変遷していくであろう。また従来はありふれた存在であったものが，環境の変化により危険な状況となるものもあるだろう。このため，継続的な群落RDBの見直し作業により，新しい情報や価値観を取り入れることが必要と考えられる。

〔参考文献〕

環境省自然環境局（編）．2002．日本の重要湿地500．国際湿地保全連合日本委員会，東京．
Shimoda, M. 1984. Macrophytic communities and their significance as indicators of water quality in two ponds in the Saijo basin, Hiroshima Prefecture, Japan. *Hikobia* **9**: 1-14.
下田路子．2003．水田の生物をよみがえらせる．岩波書店．

⑫ 岡山のRDB湿地

■波田善夫・西本 孝

〔全体の傾向〕

指定当時からの維持・変化の状況

　湿原の発生・成立には森林の衰退が関与している場合があり，深山の少ない岡山県では，森林伐採やたたら製鉄などの人為的影響を受けて成立したものも多い。このような要因のもとに成立した湿原では，森林の発達にともなって面積が縮小し，湿原そのものの遷移が進行した結果，存続の危機に直面している例もある。遷移が進行して表水域が減少し，モウセンゴケやサギソウなどの小型草本の生育地が減少したり，乾燥化にともなってササ類やススキなどの草丈の高い草本やイヌツゲ・ミヤコイバラ・ヤナギ類などの樹木が生育地を拡大させている例がある。細長い谷湿原では，周辺樹林の成長に伴う照度低下の影響も大きい。温暖少雨である県南部の湿原では，森林植生の回復が遅いために良好な状態に維持されている例や，山火事の発生により湿原が復活した例もわずかだが見られる。

群落と人間活動との関わりやインパクト要因

　湿原群落の変化には，湿原域と集水域での直接・間接的な影響が関係している。湿原域では流入土砂量の減少にともなう湿原内水路の下刻や，側溝・排水路の建設による相対的な地下水位の低下が，湿原面積の縮小と乾燥化を発生させている。集水域では植林の拡大や成長，放置された森林の遷移にともなう蒸発散量の増大，腐植の増加による間接的な影響等が懸念される。盗掘などによる稀少な植物への影響も大きいが，近年，外国産のモウセンゴケ類が植栽されるなど，湿原においても外来種による攪乱が懸念される事態も発生している。

群落保護のための提言

　湿原を維持し復元するためには，地下水位の維持・回復が不可欠である。深くなった流路には，土砂を導入したり，適当な間隔で土嚢を積むなどの対策が有効である。道路工事などにともなう側溝整備などによって乾燥化した場合には，湿原の出口に土嚢を積んだり，堤防を築くなどの回復工事が必要である。

図1 岡山県真庭郡八束村東湿原（1982年5月）
背丈の低い湿原植生が前面に広がっており，湿原内には低木はわずかに生育している程度。

図2 ほぼ同じ地点から撮影した2002年6月の様子
湿原内にはミヤコイバラなどが繁茂し，歩けない状態へと変化した。周辺の樹木も大きく成長している。ミツガシワ群落は確認できない。

同時に，湿原域に侵入した樹木やススキなどは除去するとともに，湿原周辺の日照を遮る樹木は伐採し，集水域の森林では樹木を適宜間伐するなど，かつての里山管理を実施することが望まれる。

〔「群落RDB」リスト選定当時からの維持・変化の状況〕
　岡山県北部の湿原
　　岡山県北部の脊梁地域は比較的自然が残っている地域ではあるが，海抜が1,000mを超える程度であり，たたら製鉄や製紙用材の伐採，植林，牧野としての利用など，人為の影響を強く受けている。このような状況の中，多くの湿原は失われたものと思われるが，いくつかの歴史ある湿原が残っている。一方，明らかにたたら製鉄による大量の土砂によって埋没した谷に湿原が発生している例もある。
　　5万年の歴史を持つ細池湿原では，集水域の外側が農耕地に改変されたものの，植林された樹木が大きくなった程度で，植生そのものには大きな変化が観察されなかった。立ち入りが制限されており，ミズゴケ採取なども行われなくなった結果，大きな変化がなかったものと思われる。6000年の歴史を持つ蛇ヶ乢湿原では，湿原内の水路が深くなり，夏期の渇水期には池溏の水位が大きく低下し，水に浸かって生育するコアナミズゴケの生育量が大きく減少していることが観察された。過去の航空写真との比較から，この10年間に低木群落の面積が増大していることが判明した。周辺域は牧野として利用された時代

もあり，その後植林され，現在は樹林として成長しつつある。植生衰退の原因としては，このような周辺域の変化や気候変動などが考えられる。

　土砂で埋没した谷に形成された谷湿原では，場所によって大きく変質した湿原もあるし，ほぼ選定時の植生が維持されているものもある。森林公園内の六本杉(ろくぼんすぎ)湿原では，水路の深掘れが発生せず，湿原は大きな変化のない状態が続いている。一方，多様な群落が発達していた東湿原では，ヤナギ類やミヤコイバラなどのつる植物が侵入して成長し，ミツガシワ群落は確認できず，シモツケソウなどの高茎草本群落は大きく面積を減少している。

岡山県中部の湿原

　岡山県中部は吉備(きび)高原と呼ばれる海抜600m前後の低い丘陵が連なる準平原であり，集落が点在するために人為の影響が大きい地域である。このような中，開墾されなかった湿原がいくつか残っている。

　国指定天然記念物の鯉ヶ窪(こいがくぼ)湿原は，県内では最も面積が広く，貴重な植生が発達している湿原である。天然記念物として集水域内は厳重に保護されてきたが，この湿原においてもこの10年間，湿原植生の一部には大きな変化が観察された。最も大きな変化は，リュウキンカが群生するハンノキ林林床におけるミゾソバ・アキノウナギツカミ・クマイチゴなどの繁茂であった。これは群落内水路の下刻によって水位が低下し，林床が乾燥したために土壌が分解し，富栄養になったためと考えている。このほか，周辺森林の成長による被陰も大きな影響を与えている。同様な例はいくつかの湿原で観察されている。

　人為的影響の大きいものとしては，湿原の乾燥化を感じた管理者が水田からの排水を湿原中部のハンノキ林に導水した結果，ハンノキ林が崩壊した例がある。影響のあった範囲では，アメリカセンダングサが繁茂し，カサスゲは巨大に成長して倒伏し，ツル植物が旺盛に繁茂してハンノキを引き倒してしまった。湿原の本質が理解されていなかった例である。

沿岸部の湿原

　岡山県の沿岸部は，温暖少雨を特徴とする瀬戸内海気候に位置しているが，小さな湿原の数は意外に多い。温暖であるために泥炭は形成されず，湧水によって無機質土壌上に成立している。これらの湿原の存続は，それぞれが小面積であり，傾斜地に発達しているために，周辺森林の発達に大きく依存している。森林が発達すると森林の水分消費が増大し，湧水量も減少するようで，周辺か

らススキ・ササ類・低木類が侵入して面積が狭まりつつある。一方で，山火事の発生にともなって湧水が復活し，湿原が回復する例も見られる。稀少種であるトキソウやサギソウは花期には盗掘が絶えない。同時に，外国産のモウセンゴケ類などの移入種が発見されるなど，湿原の生態系が攪乱されるおそれも懸念される。

〔群落と人間活動との関わりやインパクト要因〕

盗掘や外国産植物の移植などは論外であるが，水田からの導水や湿原源頭部を横切る道路建設が行われた場所もある。人里に近い湿原では，林道等の整備による側溝の建設によって流入水が減少し，地下水位が低下するなどの直接的なインパクトも観察された。行為者が行政であり，残念ながら湿原そのものへの理解・認識が不足している実態が明らかとなった。

鯉ヶ窪湿原における水路の下刻は，下流側のため池の水位変動の影響が大きい。特に渇水年ではため池の水位が大きく低下し，無植生の湖岸が深く侵食される。降水量の年変動は自然的なものであるが，ため池の構築と水位変動は人為的なインパクトである。

このような明瞭な原因が把握できるもの以外では，周辺環境が牧野から植林地へ，あるいは二次林の成長などの過去の人間による土地利用の変化が湿原植生の変化をもたらしている可能性がある。多くの湿原において湿原内流路の深掘れによって，相対的に地下水位が低下して乾燥化している状況が観察される。流入土砂と流出土砂量の変化や水分供給量のゆるやかな変化が長い年月の後，急激な植生変化として現れているのではないかと考えられる。このような周辺地域の人間活動の変化による湿原植生の変化は，成立そのものに人為が関与している場合があり，保全目標をどの時点の状態とするのかに関する設定が困難である場合もある。

〔群落保護のための提言〕

湿原の破壊・変質に行政が直接関わっている場合がある。これに関しては，湿原への理解・認識への啓蒙の必要性を感じるとともに，位置情報などの基礎的データの整備が行われる必要を感じる。多くの場合，道路建設や改修整備などは湿原の存在をまったく考慮せずに計画され，実施されている。

泥炭が形成されにくい温暖な地域に発達する谷湿原の多くは，周囲から流入する土砂によって基盤地形が形成され，発生する。したがって，周辺地域に植生が発達して土砂流入量が減少すると水路は深くなり，地下水位が低下して乾燥化し，樹木が侵入して面積も減少することになる。このような湿原を回復させるためには，湿原最下流部に堰堤（えんてい）などを構築し，ダムアップすることが最も効果的である。軽微な場合には，土嚢を数個投入することで十分な効果が発揮できる場合もある。水の出口のみの対策では，湿原全体に効果が行き渡るためにはかなりの年月が必要であるので，何地点かにわたっての投入は，より早い効果が期待できる。景観的には問題があるが，泥を被せておけば植物が繁茂して数ヶ月で見えなくなる。何より部材を現地で作成することができる点で簡単である。

　自然観察のために木道が設置されている湿原も多いが，木道の直下は日照不足のために湿原植物が生育できず，裸地となって侵食され，導排水路となってしまうことが多い。湿原を横切る木道を設置した場合には，木道の下を埋め戻すなどの継続的な管理が必要である。

　周辺森林の発達は，湿原植生への日照を減少させる。この影響は細長い谷湿原で大きい。樹種としては，常緑広葉樹が最も日照を遮る。したがって，面積の狭い湿原では，周辺の樹木を伐採することが望まれる。

⑬ 四国の RDB 群落

■石川愼吾

　四国において消失してしまう危険性が最も高い植物群落の一つに，超塩基性岩地帯に成立している群落が挙げられる。その中でも低地にある蛇紋岩地帯に発達する植生のいくつかは，原石の採掘やゴルフ場の建設などによってすでに失われてしまった。その具体的な例は後で紹介することとして，なぜ蛇紋岩地帯の植物群落を保護する必要があるのか，まずその理由を述べてみたい。

　橄欖岩や蛇紋岩に代表される超塩基性岩を母岩とする地帯には，発達の悪い特殊な植生が成立することや，多くの遺存種・固有種が生育していることが知られている (Yamanaka, 1959)。蛇紋岩には一般にマグネシウムが多く，クロムやニッケル，コバルトなども含まれ，風化すると可塑性と粘着力に乏しくなり，その土壌は崩れやすくなる。いずれにしても植物にとっては乾きやすく貧栄養な立地となり，高知県の低地の蛇紋岩ではアカマツの疎林が成立している場所が多い。それらの下層には低木や半地中植物の割合が多く，ドウダンツツジを含むヒロハドウダンツツジやトサミズキなどの低木，トサオトギリ，トサトウヒレン，ヤナギノギクなど多くの稀少種や固有・準固有種が生育している。このような特殊な植生や植物相が残されてきた要因の一つとして，上述のような蛇紋岩地の特殊な土地的条件が，その地方の優勢な植物の侵入を阻んできたことが考えられる。高知県の低地では，本来ならシイ類やカシ類，タブノキなどが優占する照葉樹林が気候的極相林として成立する。また，過去に幾度となく訪れた氷河時代に，地球の気候が広範囲にわたって温暖化と寒冷化を繰り返したが，その気候変化に伴ってそれぞれの地域の植生が大きく変化したことが知られている。最終氷期であるウルム氷期の最盛期には，高知平野周辺では，モミ・ツガなどの針葉樹に，ブナやミズナラなどの落葉広葉樹，さらにはカシ類などの照葉樹が混ざり合った温帯混交林が成立していたと言われている（中村, 1965）。現在では，このような種組成をもった森林は，標高 1,000 m ほどの山に登らないと見ることはできない。しかし，蛇紋岩地帯の植物たちには，このような過去の気候の変動にも耐えて生き残ってきた種が多い。例えば，高

図1　高知市円行寺の蛇紋岩採掘現場

図2　ゴルフ場建設前の日高村槇山地区
山腹の白色の部分はすべてヒロハドウダンツツジの花である。

図3　春のヒロハドウダンツツジ群落（ドウダンツツジを含む）

図4　ゴルフ場建設後の槇山地区
周囲の尾根沿いとゴルフ場内部にわずかに蛇紋岩地植生が残存する。

標高域に多いマツムシソウやシュロソウが生育する一方で，ウバメガシ，ヒメユズリハ，カンコノキ，ハマエノコロ，ケカモノハシなど海岸近くに生育する種が混じるなど，蛇紋岩地帯以外ではみられない種組成を示すことも珍しくない。圧倒的な競争力を有する気候的極相林が成立できない土地的な特殊性が，競争力の弱い種の生存を許してきたといえる。その結果として，多くの固有種が生き残り，それらの中には分布の南限・北限となっている種も多い。このような蛇紋岩地帯の植生は，その稀少性だけでなく地域の生物多様性を高めていることは確かである。

　しかし一方で，農用地や林地としても生産性のあがらない蛇紋岩地は，その地域にすむ人にとっては，価値の低い土地とみなされてきた。肥料や装飾石材

などの原料として利用されるために採掘されるところも多く，高知県では高知市大坂山，円行寺（図1）などの蛇紋岩地帯はその典型的な例である。これらの地域はトサオトギリなどの高知県の固有種をはじめ，多くの稀少種が生育する絶滅危惧種の宝庫としても知られていたが，すでにそのほとんどは絶滅に追いやられてしまった。

　また，1970年代から90年代の初めにかけて全国的に進行していたゴルフ場建設ラッシュの流れの中で，高知県でも多くのゴルフ場が造成された。土佐山田町の油石と日高村の横山がその例である。特に，横山地区は隣接する錦山とともに全国で唯一のドウダンツツジの自生地として知られており，蛇紋岩地植生が極めて良好な状態で残されていた（図2, 3）。ところが，1990年にこの地域にゴルフ場を建設する計画が持ち上がった。土佐植物研究会の会員を中心として建設反対運動が起き，(財)日本自然保護協会の横山隆一保護部長（当時）に現地を視察してもらい，県やマスコミに保護の必要性を説いていただいた。私も日本生態学会に当地の蛇紋岩植生を保護する必要性を訴え，中・四国支部会として，高知県にゴルフ場建設を撤回するように要望書を提出した。このような反対運動やその主張が新聞紙上やテレビで大きく取り扱われたものの，すでに用地のほとんどが買収済みであり，建設を阻止することはできなかった。しかし，その反対運動の中で蛇紋岩地植生の重要性がある程度理解され，ゴルフ場内部と周辺の一部ではあるものの，破壊されずに残された部分があったことはせめてもの救いであった（図4）。

　これとは別に，行政主導の保全事業にもかかわらず，蛇紋岩地帯の植生への認識不足のために，あわや貴重な植物群落や稀少種が失われそうになったことがある。高知市の北隣の鏡村大利にある蛇紋岩地帯において，1995年から4年計画で，県の「生活環境保全林整備事業」が実施されたときのことである（高知新聞，1999）。蛇紋岩はもともと崩れやすい性質をもっているので，森林の荒廃を防ぐとともに，住民の憩いの場となるような公園整備をする目的で行われた工事であった。しかし，工事担当者はアカマツの疎林の下にヤナギノギク，マツムシソウ，ムラサキセンブリなどをはじめ多くの稀少種が生育していることを認識していなかった。この蛇紋岩地でも特に多くの稀少種が生育している中央部の崩れかかった山肌に客土をして段差をつけ，間伐材で囲って他の場所から持って来た植物を移植する計画を立てていた。植物を良く知る市民からの

連絡を受けて，県の自然保護課がストップをかけて事なきを得たが，気づくのがもう少し遅れていれば取り返しのつかないことになっていた。しかし，小さな自然公園として注目されていたことによる負の効果もまた見逃すことはできない。この地域の植生はアカマツの疎林で明るく，もともと公園的な雰囲気をもった典型的な蛇紋岩植生の相観を呈している。そのため，散策に訪れる人も多く，マツムシソウやムラサキセンブリなどの美しい花を咲かせる植物は園芸目的の採取のために激減してしまった。

このように，低地の蛇紋岩植生は様々な人為的影響を受けやすい場所にあり，今後もその危険性が減少することはないであろう。このような破壊されやすい植生を保護していくためには，その貴重性を住民に認識してもらうことが重要であり，行政的にもなんらかの配慮が必要になる。特に貴重な植生や稀少種の分布地は，買収をするなどして植物園や博物館など公的機関の管理のもとに保護することが理想である。しかし，地方公共団体の予算は限られているので，行政に多くを期待することは困難であろう。土地の所有者を含め，地域の住民が，自分たちの貴重な植生や植物を守ろうという意識をもって地域起こしにも役立てながら，この素晴らしい自然を残していくための地道な活動を行っていくことが残された道であると考えられる。

〔参考文献〕

中村純. 1965. 高知県低地部における晩氷期以降の植生変遷. 第四紀研究 **4**: 200-207.

Yamanaka, T. 1959. A phytosociological study of serpentine areas in Shikoku, Japan. *Research Reports of the Kochi University* **8**(10): 1-47.

高知新聞. 1999. レッドリスト624種 －土佐の植物の憂い5－. 4月18日付け朝刊.

⑭ 兵庫県東播磨地方のため池の植生

■角野康郎

　ため池は農業用の灌漑用水を貯水するために築造された人工的な水域であるが，水生植物や昆虫など多様な生きものたちにとって貴重な生活場所となっている。植生に限定しても，水質や水深などの環境条件に応じて立地ごとにさまざまな植物群落をみることができる。

　兵庫県は，全国で最も多くのため池を有する県であるが，東播磨地方は淡路島と並んでため池の集中する地域である。1万か所あまりのため池が存在し，「植物群落RDB」（1996）に掲載された群落が各所に分布している。主なものを挙げれば，浮葉植物群落では，オニバス，ガガブタ，ジュンサイ，ヒツジグサ，フトヒルムシロ，マルバオモダカなどの群落，沈水植物群落では，オグラノフサモ，クロモ，シャジクモ，セキショウモ，ミズオオバコなどの群落，浮水（浮遊）植物群落ではサンショウモやノタヌキモの群落が各所に見られる。ため池に付随する湿地にはトキソウ群落，スイラン群落，ミミカキグサ群落，ヌマガヤ群落などが成立し，当地方に関する限りこれらの植生は決してまれなものではなかった。多様な環境に立地する数多くのため池が，これらの植物群落を支えてきたのである。

　しかし，近年，ため池をめぐる状況は厳しさを増している。都市化の進行や水田面積の減少により不用になり埋め立てられるため池が相次いでいる。1980年代には5万5000か所あったため池が1990年代に入ると4万4000か所に減少している。約20％のため池が消滅したことになる。また現在も利用されているため池では，護岸の改修工事が行われ，多くのため池では水質の悪化も進んでいる。また十分な管理をされないまま放置されるため池も増加している。このような状況の中で，水生植物群落が衰退あるいは消滅する例が後を絶たない。

　ここでは過去10〜20年間に著しい減少をみせている代表的な群落の例をいくつか取りあげ，ため池の植生の危機的状況を紹介しよう。

図1 オニバス群落が消滅したため池（神戸市西区）．
（左）1990年9月，池の全域をオニバス群落が覆っている．（右）2003年9月，ため池の約1/3が埋め立てられ，オニバス群落も姿を消した．

[オニバス群落]

　東播磨地方南部に位置する神戸市西部から明石市，加古川市にかけての一帯は全国有数のオニバス多産地であり，多くのため池でオニバス群落を見ることができた．オニバスの生育していたため池は，記録があるだけでも50か所を超える．成長がよい場所では直径1.5〜2mもあるオニバスの浮葉がため池の水面を覆う壮観が，今から10〜20年前までは，私の知る限りでも10数か所で見られた．その後の変化を象徴するのが図1である．このため池は神戸市内でもよく知られたオニバス群生地であったが，ここ数年オニバスがまったく姿を現さなくなった．水田面積の減少が著しい都市近郊ではため池が従来のように灌漑用水として利用されなくなり，管理の粗放化が進んでいる．冬には水を抜いて池底を干すという伝統的な管理が行われなくなったため池では，水底にヘドロの堆積が進行する．このような池ではヒシやハスなど一部の種を除いて水生植物は生育できない．オニバスが生育しなくなった理由の一つは，このような底質環境の悪化にあると推測している．

　富栄養化が進行してアオコが発生すると，それまで成長していたオニバスが枯れていく様子を観察することができる．ため池の埋め立てによって失われたオニバス群落も少なくないが，水質の過栄養化がオニバスを消滅に追い込んでいる一因であることがわかる．このような生育環境の悪化によって，急激にオニバス群落が衰退しているのが現状である．ちなみに2003年夏の調査では，冷夏が一因であるかも知れないが，オニバスの生育を確認できたため池はこの地域で4か所．いずれも少数の個体が散在し，とても群落と言えるほどのも

のではなかった。このようなオニバス群落の衰退は全国的に見ても同様に進んでいる。しかし，希望がないわけではない。オニバスの種子は数十年間は埋土種子として生きている。比較的最近まで数多くのオニバス群落が見られた東播磨地方は，本格的な保全対策によってオニバス群落復活の先例を示すことのできる数少ない地域に違いない。

〔ガガブタ群落〕

　ガガブタ群落は東播磨地方に多産する浮葉植物群落の一つで，花の満開時には水面が白く染まる光景が随所で見られた。しかし，石井・角野（2003）によれば，1980年前後から現在に至る約20年間にガガブタの生育するため池は約4割減少した。実数にすると約760か所のため池からガガブタが消滅したと推定される（角野，2000）。この数字はまだ多くの池にガガブタ群落が残っているとも言えるが，消滅の速度に注目して欲しい。20年間で40％減少し続けるとすれば，状況のよほどの好転がない限り将来の予測は悲観的なものにならざるをえないだろう。

　ガガブタ群落の場合は，もう一つ生態学的に深刻な問題に直面している。ガガブタの花には雌しべが長く雄しべの短い長花柱花と，雌しべが短く雄しべの長い短花柱花の二型があり，両者間の相互受粉によってのみ結実する。したがって，二型の花がバランス良く共存しないと十分な種子生産は行われない。さらに最近の調査でガガブタの種子発芽は水辺の湿地帯に限定されることが明らかになった（柴山・角野，未発表）。ところが，最近のため池の改修工事によって，種子の発芽に適した水辺の移行帯はどんどん失われている。その結果，種子はできても発芽・定着できないため池が増えている。このような状態が続くとガガブタの花型比は一方に偏ることが理論的に証明され，種子生産そのものが行われなくなることが最近の研究によって明らかにされている。そして栄養繁殖だけで群落が維持され，少数のクローンからなる群落が増えつつあるのである。このような群落の長期的存続が難しいことは，最近の保全生態学が教えるところである。これは群落の質的な劣化がおこっていると言えるかも知れない。このような現実を知れば，まだ各所にガガブタ群落が残っているからといって安心してはおれないのである。ガガブタの健全な群落が維持される生態的条件が明らかになってきた今，それに沿った有効な保全の取り組みが求められる。

〔貧栄養のため池〕

　東播磨地方の丘陵～山間部にある貧栄養のため池を特徴づけるのはジュンサイ，ヒツジグサ，フトヒルムシロなどの群落である。若芽を食用にするためのジュンサイ採りが行われるジュンサイ群落は，当地方では今まではごく普通の存在だった。しかし，最近はジュンサイ採りがむずかしくなったと業者は嘆くほどに，ジュンサイ群落は急減している。最近20年間のジュンサイの消滅率80％（石井・角野，2003）という数字がそれを物語っているだろう。水質の悪化によって消滅したり，富栄養化に強いヒシ群落に置き換わっているのである。ジュンサイ以上に水質の変化に敏感なヒツジグサやフトヒルムシロ群落の消滅の速度はジュンサイ群落以上である。

〔沈水植物群落〕

　浮葉植物以上に環境の変化を真っ先に受けたのは沈水植物である。その多様性は減少し，セキショウモやミズオオバコの群落が見られる場所は激減した。浮水（浮遊）植物群落のサンショウモも，多産する群落が何カ所か存在したが，除草剤などの有害物質の流入が原因であろうか，忽然と全滅したり，外来植物のボタンウキクサに追いやられて消滅の縁に追いやられている場所ばかりである。

〔ため池の生態系保全のために〕

　ここで紹介したのは，東播磨地方のため池で近年生じている植生の変化のほんの一部の例である。最近になって，ため池の存在を見直そうという動きが地元ではようやく始まり，生態系の保全も目標の一つとして掲げられるようになった。しかし，周囲の開発や環境変化が進む中で，ため池の生態系だけを保全するということは不可能である。ため池の植物群落を支えてきた生態的条件を明らかにするとともに，より広い視野で植生の保全・復元に取り組む必要があろう。

〔参考文献〕

石井禎基・角野康郎. 2003, 兵庫県東播磨地方のため池における過去約20年間の水生植物相の変化. 保全生態学研究 **8**: 25-32.

角野康郎. 2000, ため池における生物多様性の保全－植物を中心に－. 宇田川武俊（編），農山漁村と生物多様性. pp. 206-222. 家の光協会，東京.

⑮ 近畿の照葉樹林

■服部　保

〔自然性と区分〕

　照葉樹林は，樹林のもつ自然性によって，照葉原生林，照葉自然林，照葉二次林（照葉萌芽林），照葉人工林に大別される（服部・浅見，1998）。照葉原生林とは原生状態にある照葉樹林を指し，照葉自然林とは原生ではないが自然性の高い樹林を示す。また照葉二次林は薪炭生産のための樹林である。正確な意味での照葉原生林は国内には分布しないが，それに近い状態の樹林は西表島，奄美大島，徳之島，屋久島，鹿児島県栗野岳，宮崎県綾南川，熊本県市房山などに分布している。照葉原生林に近い樹林は近畿地方の低地部にはまったく残存せず，わずかに山地部の和歌山県の大杉大小屋国有林，黒蔵谷国有林（「植物群落RDB」に記載）などに残存している。「植物群落RDB」に記載されている近畿地方の照葉樹林のほとんどすべてが社寺林として保全されているものであり，これらの樹林は照葉自然林に該当している。社寺林としての照葉自然林は照葉二次林と比較して自然性の高い樹林ではあるが，まったく人手が加わらなかったわけではなく，その種組成や階層構造には人為による影響が認められる。

　九州以北の照葉樹林は植物社会学的にみるとヤブツバキクラス，スダジイーヤブコウジオーダーに位置づけられる。スダジイーヤブコウジオーダーは，スダジイ群団（シイータブ林）とウラジロガシーサカキ群団（カシ林）に区分される。近畿地方の低地部の照葉樹林はスダジイ群団に位置づけられ，和歌山県，三重県の太平洋沿岸に分布するスダジイーミミズバイ群集，瀬戸内沿岸のコジイーカナメモチ群集，日本海沿岸のスダジイートキワイカリソウ群集および冬季季節風や台風の影響を強く受ける沿岸の立地に達するタブーイノデ群集に区分される。山地部の照葉樹林はウラジロガシーサカキ群団にまとめられ，瀬戸内一太平洋側のウラジロガシーサカキ群集と日本海側の多雪地に成立するウラジロガシーヒメアオキ群集に区分される。

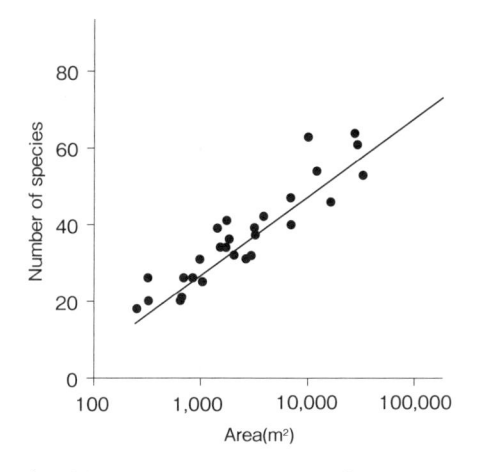

図1 照葉樹林の面積と照葉樹林構成種数の関係（兵庫県南部の社寺林）

[照葉樹林の小面積性と孤立性]

　近畿地方RDBに記載されている照葉樹林の面積は，最大でも春日山の100 ha程度であり，広くても数ha，多くの場合1 ha以下である。このように照葉樹林は，小面積であるだけではなく，その周囲を薪炭林，植林，農耕地，さらには近年では住宅地に囲まれて孤立化している。小面積で孤立化している状態で持続している照葉樹林は，原生状態の種多様性を維持することは困難であり，本来有していた植物相より多くの種が欠落した種組成をもつ。石田ら（1998）は，兵庫県の社寺林の調査から照葉樹林構成種の種多様性とその樹林面積には相関関係があることを認め（図1），原生状態に近い種多様性の高い樹林を維持するためには100 ha程度の面積が必要だとしている。近隣の社寺林を比較すると優占種（特にカシ類）や種組成が大きく異なっているのはこのことによっている。大規模な樹林では樹冠構成種が多く，種多様性が高くなり，小規模な樹林ではその逆となる。大規模な照葉樹林が存在しない近畿地方では小規模であっても多数の照葉樹林を保全することで，照葉樹林植物相の種多様性維持を図る必要がある。

[近畿地方の照葉樹林の現状と保護への課題]

(1) 概要

　「植物群落RDB」に記載されている近畿地方の照葉樹林は，天然記念物や自然環境保全地域などの各種指定を受けたり，各都府県の神社庁の社叢保全への

取り組みや社叢保全を目的とした社叢学会の活動などによっておおむね保全されている状況にある。しかし，林冠木が大径木化することによって生じる倒木，シカ，イノシシ，カワウ，サギ類による樹林への加害，ツル植物の異常な増殖による樹林の崩壊，台風や少雨による樹林の破壊，住宅地に取り囲まれることによって生じる様々な植物の侵入，ダム建設による樹林の破壊などの問題が生じている。

(2) 大径木化

　社寺林の多くは，明治期に入って積極的に保全された可能性が高いとされている（吉良，1972）。明治初期に保全され始めた林冠木の多くが，現在大径木・老木となって枯死や倒木の危険性が高まっている。大面積で保全された樹林では，倒木によるギャップが生じても，更新が始まり，照葉樹林の維持にはまったく問題はないが，周囲を人家等で囲まれた小さな孤立林では，倒木は人家へも被害を与え，また小面積のため更新がうまくゆかない場合がある。兵庫県福崎町福田大歳神社では，イチイガシの大木が倒れたが，イチイガシの更新がうまくいっていない。このような例は多数あると考えられるが，よく調査されていない。調査された例として奈良県吉野町妹山樹叢では，台風によってイチイガシ等の大径木が倒れ，周辺の建築物にも大きな被害を与え，樹林の景観も著しく失われた。周囲を人家で囲まれた社寺林は稀ではなく，今後も大径木化は進むので，境界付近の大径木の管理（枝打ち，腐朽対策，倒木防止の支柱など）が望まれる。また倒木後は，更新がすみやかに進むように林冠木の幼木の植栽も含めた管理が必要となろう。

(3) 動物の影響

　近年シカの増加による食害によって，国内の植生は危機的な状況に向かっているが，近畿地方の照葉樹林も例外ではなく，さらにシカだけでなく鳥類，イノシシなどによっても大きな被害を受けている。山地に続く照葉樹林はほとんどシカの食害を受けており，前述の妹山樹叢もその例に含まれる。兵庫県竜野市新町鶏篭山には，兵庫県第2位の面積を有する照葉樹林が分布しているが，林床の植物はほとんど食害を受けており，かつて分布していたルリミノキも絶滅したと考えられている。兵庫県神戸市の六甲山系ではイノシシによる林床破壊が著しく，太龍寺の照葉樹林の土壌はイノシシによって掘り返され，かつて優勢な生育をしていたベニシダなどもほとんど消失している。林冠部への動

物の影響としては，カワウやサギ類などの鳥類の糞や巣によって林冠部が破壊されている。滋賀県竹生島では，それらの鳥によって林冠木であるタブノキの枯死が続き，現在では林冠は壊滅的な状態となっている。兵庫県南淡町淳仁天皇陵の他，水野泰邦氏によると和歌山県南部町鹿島，同田辺市神島などの照葉樹林も同様の被害を受けているようである。

(4) ツル植物の影響

燃料革命以降里山林は放置されたため，フジ，アケビ，クズなどのツル植物が繁茂し，林冠を破壊し，枯死させている例が少なくない。樹林の高さが高く林内が暗い照葉樹林ではツル植物の繁茂も少なく，致命的な被害例は少ないが，林縁部にクズやフジ等が繁茂し，マント群落としての保全機能よりも被覆することによる加害が大きい例（兵庫県神戸市太山寺）も認められる。

ツル植物が照葉樹林の林冠を破壊し，多大な被害を与えた例として兵庫県赤穂市生島の照葉樹林（国指定天然記念物生島樹林）が挙げられる。当地では1970年代よりムベの繁茂が確認され，1980年代には樹林の被害が予測されていたが（服部，1983），ムベは本来照葉樹林の構成種であり，樹林には被害を与えないという理由で伐採等の許可が得られなかった。2001年に調査を行った結果，伐採を行わないと林冠の崩壊は樹林全体に及ぶことが明らかとなり，文化庁の許可を受けてムベの伐採作業を行うこととなった。2002年2月16日にムベ1万5000本の伐採を市民250名と共に行い（服部ら，2002），2003年には林冠部の復元がかなり進んでいることが確認できた。

小規模な樹林では，ある特定種が繁茂すると，その影響は樹林全体に及ぶ場合が少なくない。ムベの繁茂はその一例であり，孤立林では今後も，特定種の繁茂による稀少種の消滅ということが考えられる。前述したように，大面積で保全されている照葉樹林では，人の手を加える必要はない。しかし，原生状態にはない孤立照葉樹林では，その樹林の種多様性，階層構造，景観を維持するためには，時には照葉樹林構成種の伐採等の管理が今後必要となろう。

(5) 庭園植物の侵入

照葉樹林の周囲が住宅地で囲まれると，庭園に植栽されていた植物の種子が鳥によって林内へと運ばれ，それが発芽し定着することになる。都市部の照葉樹林では20年以上前よりシュロ，ナンテン，斑入りアオキなどの侵入が普通に見られたが，近年兵庫県では稀少種のセンリョウ，ノシランや外来種のトウ

ネズミモチ，ヒイラギナンテンなどの侵入・定着が生じている。実際にはマンリョウ，カラタチバナ，クロガネモチ，モチノキ，ヒイラギ，ネズミモチなど庭木として普通に植栽されている植物も多数侵入していると考えられるが，自生個体と区別できないためにそれらの種の侵入状況は不明であり，自生個体のない稀少種と外来種の侵入のみが確認されることになる。在来種であっても庭園に由来する個体と自生個体は遺伝的にも違いがあり，両者の交雑による遺伝子多様性の攪乱が問題となろう。外来種については，それらの種の繁茂によって在来種の生育空間が奪われることになり，種多様性の低下をもたらすことになる。

〔参考文献〕

服部保．1983．生島樹林．兵庫県大百科事典上巻．p.182-183．神戸新聞社．
服部保・小舘誓治・石田弘明・永吉照人・南山典子．2002．兵庫県赤穂市生島における照葉樹林の植生管理．人と自然 **13**: 37-46.
石田弘明・服部保・武田義明・小舘誓治．1998．兵庫県南東部における照葉樹林の樹林面積と種多様性，種組成の関係．日本生態学会誌 **37**: 1-10.
吉良竜夫．1972．社寺林の保護．滋賀県の自然保護に関する調査報告．p.37-46．滋賀県．
服部保・浅見佳世．1998．照葉樹林の自然保護．自然保護ハンドブック．p.37-382．朝倉書店．

⑯ 春日山原始林 −照葉樹林とシカと人との共生をめざして−

■前迫ゆり

　特別天然記念物春日山原始林は世界文化遺産としても登録され，学術的・生態学的のみならず，文化的にも貴重な照葉樹林である。しかしその一方，局所的に増加した天然記念物ニホンジカによる植物の採食や移入植物の侵入などさまざまなインパクトを受けている。森と野生動物と人の共生をめざした森林保全の道を早急に探る必要がある。

〔春日山原始林の背景〕

　春日山原始林（標高 34°41'N, 135°51'E）（図1）は，春日大社（創立 768 年）の神域として 841 年に狩猟や伐採を禁止されて以来，人の手を加えることなしに，長い間，自然状態におかれた。原生的状態を維持する貴重な照葉樹林として 1924 年に天然記念物，1956 年に特別天然記念物に指定され（指定面積 298.63 ha），都市域に隣接しながらも春日山原始林は多様な生物相を育んできた。1998 年にはユネスコ世界文化遺産に登録され（奈良市，1999），その学術的・生態学的および文化的価値は世界的に認められている。しかしその一方，春日山原始林は，コジイ群落，アカガシ群落，イヌガシ群落およびモミ群落などを含む群落複合として「植物群落 RDB」（1996）に記載され，対策必要（ランク3）な森林とされている。

　1957 年に天然記念物に指定された「奈良のシカ」（ニホンジカ，以下シカと略称）は，1964 年から 1989 年まで，奈良公園平坦域において約 1000 頭を維持してきた。しかし 1990 年以降漸増しており（奈良の鹿愛護会 2002 年配布資料より），シカ個体数と餌資源のバランスからみた場合，シカの密度（夏期 961.1 頭／km^2，秋期 907.7 頭／km^2）は適正個体数を超えている（立澤ほか，2002）。本来，森林や草地は野生動物の重要な生息地だが，生態系の許容範囲を超えたシカの個体数増大は春日山原始林の維持・更新に大きな負荷を与えている可能性が高い（前迫，2001a; Maesako, 2002a; 立澤ほか，2001; 山倉ほか，2001）。

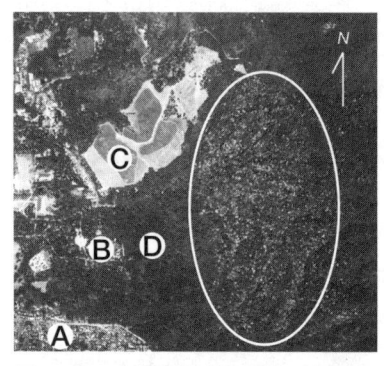

図1　春日山原始林（楕円内）とその周辺域。
A: 奈良市街，B: 春日大社，C: 若草山（シバ群落），D: 御蓋山（ナギ群落）。国土地理院発行の空中写真（1999年撮影）に加筆。

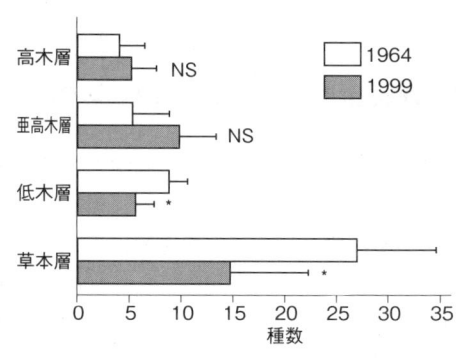

図2　1964年と1999年におけるコジイ群落の種数比較。
＊有意差（$p<0.001$）を，NSは有意差がないことを示す。

〔フロラと種多様性〕

　春日山原始林のフロラとして維管束植物191科1277種が記載されている（小清水・菅沼, 1971）が，近年，フロラ調査は行われていないため，これらすべての種が現存するかどうか不明である。2003年に絶滅危惧種であるホンゴウソウの生育が確認されており（前迫, 2004a），春日山原始林が今なお多様なフロラを擁している可能性は高い。しかし絶滅危惧種のフウランをはじめマツラン，クモラン，カヤランなどの着生植物は近年確認されていない。

　1964年に植物社会学的調査が行われたコジイ群落（小清水・菅沼, 1971）とほぼ同様の地点で1999年に調査を行った結果，低木層と草本層の種数が著しく低下していた（図2）。シカによる被食の影響はシカの口が届く下層植生にまず生じることから，シカの影響により森林の種多様性が著しく低下していると考えられる。

〔種組成と林分構造〕

　春日山原始林の種組成および林分構造の近年の変遷を知る資料はきわめて少ない。ここでは1986年に春日山原始林に設定された特定植物群落の生育状況調査（環境庁, 1988; 1998）に2003年の現地調査資料を追加し，1986年から2003年までの森林の動向をみることにしたい。永久コドラート（400 m^2）に

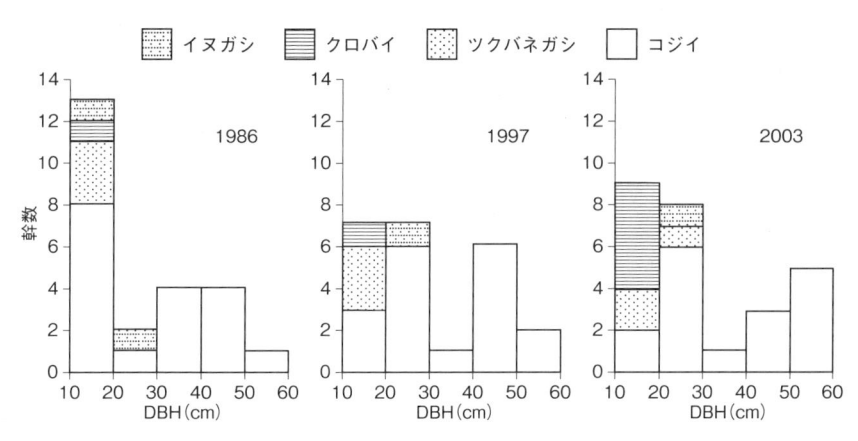

図3 1986年，1997年および2003年における春日山原始林内特定植物群落（コジイ群落）の直径階分布。
対象樹木：DBH≧10 cm（枯死木は含まれていない）。

出現した胸高直径10 cm以上の樹木を対象に，各調査年の直径階分布を比較した（図3）。また1986年と2003年の樹冠投影図を図4に示した。

1986年に実施された植物社会学的調査によると，20 m×20 mに出現する全出現種数は18種，低木層にはコジイ，ツクバネガシ，ヒサカキ，ヤブツバキなど15種が，草本層にはコジイ，アセビ，ベニシダ，ツクバネガシ，クロバイなど12種が記録されている（環境庁，1988）。2003年には亜高木層で4種増加したが，低木層で7種，草本層で2種減少し，全出現種数は15種，とくに下層植生が貧化する傾向が見られた（前迫，2004b）。

1986年の直径階分布をみると（図3），いずれの直径階でもコジイの幹数は多いが，とくに10 cm以上20 cm未満の直径階では多くなっている。およそ10年後の1997年には，大径木のコジイの幹数が増加し，森林が順調に発達していることを示す一方，10〜20 cmの直径階に属するコジイは減少している。その傾向は2003年でさらに顕著になっており，10〜20 cmの直径階に属するコジイは減少し，代わってクロバイが新規加入している。

1997年までに2個体（コジイ，イヌガシ），2003年までにさらに1個体（コジイ）が枯死し，大径木のコジイが枯死したことにより，2003年にはギャップが形成されている（図4）。枯死した林冠木の下にツクバネガシとコジイがそれぞれ亜高木として生育していることから，今後，両種による林冠形成が期

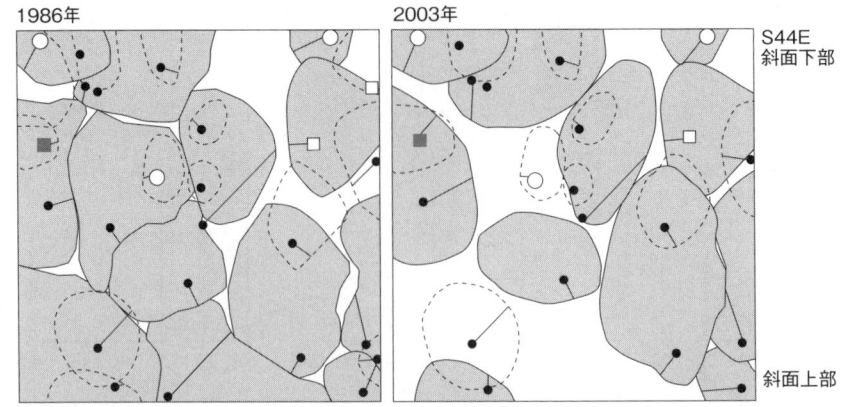

図4 1986年と2003年におけるコジイ群落の樹幹投影図（20 m × 20 m）。
図3と同様のコドラート

待できる。しかし，小径木のコジイが減少し，シカの採食や樹皮剥ぎを受けにくいパイオニア的なクロバイの小径木が増加する傾向は，次世代の照葉樹林の衰退を示唆する。春日山原始林において，ブナ科常緑広葉樹をはじめ多くの当年生木本実生の発生が確認されている（Maesako, 2002b）が，照葉樹林の後継樹となる稚樹がきわめて少ないことから，コジイやツクバネガシなどの実生や稚樹に対するシカの採食を排除するなど，積極的な保全対策が必要とされる。

〔シカによる樹木の採食および樹皮剥ぎ〕

シカは樹木に対して採食，樹皮剥ぎおよび角とぎなどを行うが，春日山原始林では，シキミ，イヌガシおよびアセビなど枝葉を採食しない一部の植物を除いて，多くの植物がシカの採食を受けており，すでにディアラインが形成されている。またかつて不嗜好植物とされていたイズセンリョウにおいても，近年強度の採食が確認されるなど（前迫，2000），シカの食性は多様化している。

1999年から2000年の調査においてカナメモチ，シキミ，クロガネモチおよびコジイなどに対する樹皮剥ぎが多数確認され，樹皮剥ぎ率は10.7％，角とぎ率は2.8％を示した（前迫・鳥居，2000; 前迫，2001b）。樹皮剥ぎは樹林が枯死に至ることもあり，森林動態に与える影響は大きいと考えられる。

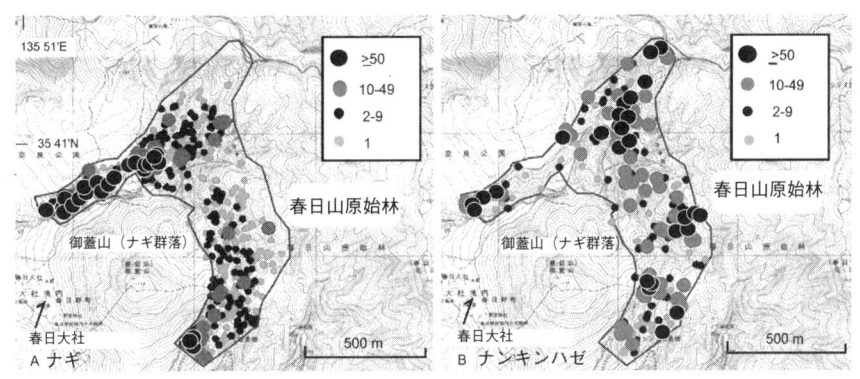

図5 移入種ナギ（A）とナンキンハゼ（B）の個体群分布。
春日山原始林内の45 ha（太枠内）で調査。凡例中の数字は個体数。Maesako et al.（2003）に加筆

〔移入植物〕

　春日山原始林に隣接する天然記念物ナギ群落と奈良公園に植栽されたナンキンハゼをそれぞれシードソース（種子供給源）として，春日山原始林に移入種が侵入・拡大している（図5）。両種の分布を，春日山原始林内の45 haで2000年に調査した結果，当年生実生以上の個体が，それぞれ6147個体および4499個体確認された。胸高直径10.0 cm以上の個体はナギで7.9％，ナンキンハゼで1.4％を占め，照葉樹林において耐陰性の高いナギが林冠木として，またナンキンハゼは林冠ギャップなどの生育適地で拡大しつつある（Maesako et al., 2003）。両種の生態的特性は異なるが，シカにより採食されないことが分布拡大の大きな要因となっている。

〔春日山原始林の保全に向けて〕

　特別天然記念物春日山原始林の保全において，天然記念物「奈良のシカ」の適正個体数の管理は緊急課題と考えられる。しかしシカの個体数増加および移入植物の侵入など，春日山原始林に対するインパクトは人間活動が引き起こした問題でもある。森林と野生動物のバランスがとれた生態系は，多様な生物を育む。それは人間にとっても最適な環境といえるだろう。

〔参考文献〕

環境庁. 1988. 第3回自然環境保全基礎調査 特定植物群落調査報告書 追加調査・追跡調査（奈良県）. 環境庁.

環境庁. 1998. 第5回自然環境保全基礎調査 特定植物群落調査報告書 追加調査・追跡調査（奈良県）. 環境庁.

小清水卓二・菅沼孝之. 1971. 奈良市史「自然編」. 奈良市.

前迫ゆり. 2000. 奈良公園および春日山原始林におけるシカの採食に対する変化. 奈良植物研究 **23**: 21-25.

前迫ゆり. 2001a. 春日山原始林における「シカと植物」の現状と問題点. 関西自然保護機構会誌 **23**: 171-197.

前迫ゆり. 2001b. 春日山照葉樹林におけるシカの角研ぎと樹種選択. 奈良佐保短期大学研究紀要 **9**: 9-15.

Maesako, Y. 2002a. Current-year tree seedlings in a warm-temperate evergreen forest on Mt. Kasugayama, a World Heritage Site in Nara, Japan. *Bulletin of Studies of Nara Saho College* **10**: 29-36.

前迫ゆり. 2002b. 保護獣ニホンジカと世界遺産春日山原始林の共存を探る. 日本植生学会誌 **19**: 61-67.

Maesako, Y. S. Namami, & M. Kanzaki. 2003. Invasion and spreading of two alien species, *Pococarpus nagi* and *Sapium sebiferum*, in a warm-temperate evergreen forest of Kasugayama, a World Heritage of Ancient Nara. *In*: Global Environment and Forest management (ed. Furukawa, A.), KYOUSEI Science Center for Life and Nature, Nara Women's University 1-9.

前迫ゆり. 2004a. 春日山原始林のホンゴウソウ春日山原始林のホンゴウソウ *Andruris japonica* (Makino) Giesen. 関西自然保護機構会誌 **26**: 63-66

前迫ゆり. 2004b. 春日山原始林の特定植物群落（コジイ林）における17年間の動態. 奈良佐保短期大学研究紀要 **11**:37-43.

前迫ゆり・鳥居春己. 2000. 特別天然記念物春日山原始林におけるニホンジカ *Cervus nippon* の樹皮剥ぎ. 関西自然保護機構会誌 **22**: 13-15.

奈良市（編）1999. 世界遺産 古都奈良の文化財（文化庁 監修）. 奈良市, 奈良.

立澤史郎・藤田和. 2001. シカはどうしてここにいる？ －市民調査を通してみた「奈良のシカ」保全上の課題－, 関西自然保護機構会誌 **23**：127-140.

立澤四郎・藤田和・伊藤真子. 2002. 奈良公園平地部におけるニホンジカの個体数変動, 関西自然保護機構会誌 **24**: 3-14.

山倉拓夫・川﨑稔子・藤井範次・水野貴司・平山大輔・野口英之・名波哲・伊東明・下田勝久・神崎護. 2001. 春日山照葉樹林の未来. 関西自然保護機構会誌 **23**: 157-167.

⑰ 新潟のブナ林

■長池卓男

〔はじめに〕

　日本海側多雪地帯に成立するブナ林は，ブナの優占度が非常に高いことが特徴的だ。高木性で，豊作年にはたくさんの堅果（ドングリ）を生産するブナが，動植物にとって生息・生育場所や餌資源として重要な意味を持っていることは間違いない。以前は純林状のブナ林が原生状態で広く分布していたが，森林伐採，スキー場開発などを中心とする人間活動により，現在の原生的な森林は限られた面積となっている。

　新潟県の「植物群落RDB」には，単一群落のブナ群落で16件リストアップされ，そのうちランク4「緊急に対策必要」は「ブナ群落（東蒲原郡上川村*）」「鳴海山のブナ林（岩船郡朝日村）」の2件がリストアップされている。ここでは，上川村のブナ林を対象に，主に森林施業によってどのような影響を受けてきたかを解説する。（*：上川村は2005年4月1日に合併，現在は阿賀町）

〔ブナ林の伐採〕

　原生状態のブナ林がどのように自律的に維持され，世代交代を行っているかは，ほぼ明らかになりつつある。端的な例をごく簡単に記せば，林冠を形成する大木の死亡により林床がパッチ状に明るくなり，そこに落下した種子が芽生え，成長して，大木になるということである（しかし，多くのブナ林では林床にササが生育しており，それが光環境の低下や堅果を食べる野ネズミの生息場所を供給しているなど，このような端的な例はめずらしい）。原生林でパッチ状に明るくなった部分（ギャップ）は，$100 m^2$ に満たない小さな面積のものが多く，林内に占める面積は10～20%であることが多いと報告されている（中静，1991）。

　奥山のブナ林での伐採は，古くは木地師による必要な木のみを伐採する単木的なものであった（太田，1994）。しかしながら，特に第二次世界大戦後の木材需要急増に対応するために多くの原生林は伐採され，スギを主とする針葉樹

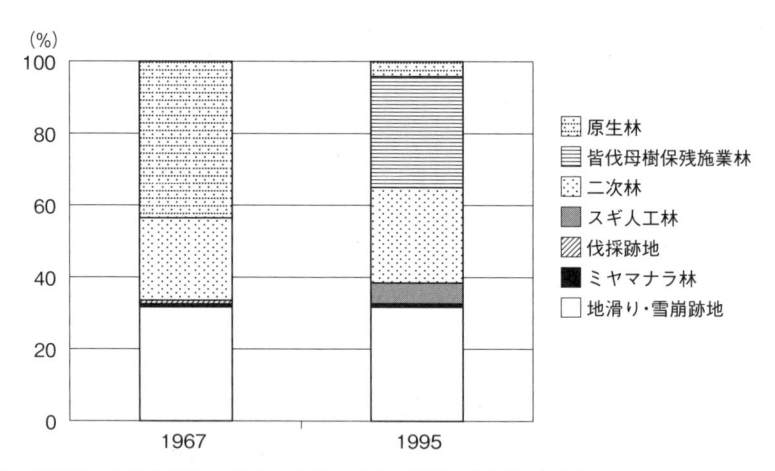

図1 新潟県上川村日尊倉山周辺の森林の変化（長池，2000を改変）

人工林へと転換された（豪雪地帯林業技術開発協議会，2000）。これは，拡大造林とも呼ばれる。この施業は，原生林を皆伐して，これまでとは異なる樹種を植栽することから，地域の生態系に大きな影響を及ぼしてきた。その結果，世論の大きな反発を呼ぶこととなり，「皆伐と樹種転換」による大きな影響を緩和するための新たな施業方法が開発された。それは，皆伐母樹保残法と呼ばれ，この方法によりブナ林は広く伐採されてきた。この方法は，伐採後のブナの更新を確保するために堅果を供給する木（母樹）を残して，それ以外の樹木を伐採することによって，自然状態でのブナの世代交代を人為的に創出しようとしたものである。この方法では林分材積の30～70％を伐採するため，皆伐よりは伐採強度が軽減されているものの，原生林でのギャップ面積比率と比較すれば非常に大きな割合で伐採される。また，ブナの更新が完了した後は，この施業法の名前の通り，母樹として残存された個体も伐採され，結果として皆伐状態となる。

〔上川村日尊倉山周辺のブナ林〕

リストアップされたブナ群落は森林施業によってどのように変化してきたのだろうか？ まず，上川村日尊倉山(ひそのくら)周辺の2171 haを対象にして，1967年と1995年に撮影された空中写真を比較することによって約30年間のブナ群落の変化をみてみよう（図1）。原生林は急激に減少しており，皆伐母樹保残施

表1 原生林と皆伐母樹保残施業林の林分構造の比較（長池，2000 を改変）

	原生林（5 林分）		皆伐母樹保残施業林（17 林分）	
	平均	標準偏差	平均	標準偏差
平均胸高直径（cm）[*1]	29.5	13.9	15.7	5.2
胸高直径 30 cm 以上の立木密度（/ha）[*2]	105.3	6.1	86.7	12.1
ササの相対出現頻度（%）[*3]	43.7	5.9	58.8	3.7

*1：胸高直径 5 cm 以上の全樹種の幹を対象にして調査。
*2：全樹種を対象にして調査。
*3：1林分あたり 1 m^2 の調査区を 60 個設置して調査

業林の顕著な増加，およびスギ人工林の増加がみられた。この約 30 年間には，新潟・福島県境の峰越林道が開設されており，それを契機に森林伐採・施業が進んだものと考えられる。

では，このように急激に増加した皆伐母樹保残施業林では，原生林と比較してどのような変化が生じているのだろうか？　まず林分構造では，平均胸高直径や胸高直径 30 cm 以上の立木密度は，原生林の方が皆伐母樹保残施業林よりも統計的に有意に大きく，高かった（表1）。これは，原生林では大木が多く存在しており，皆伐母樹保残法によって大木が伐採されたことを意味する。また，林床に生育するササ（チシマザサ，クマイザサ）の出現頻度は，皆伐母樹保残施業林の方が原生林よりも有意に高く，皆伐母樹保残法はササを増加させていたことが示された。それは伐採後に林床が明るくなったことと伐採に対して耐性をもつことが一因と考えられる。林床に生育する植物への影響についてみると，原生林に本来出現する植物種は，ササが多くなると出現頻度が低くなっていた。すなわち，皆伐母樹保残法はササを増加させるため，原生林に本来出現する植物種に負の影響を及ぼすことが明らかとなった。

つぎに，ブナの更新を考えるうえで必要不可欠であると同時に，動物への餌資源としても重要である堅果の落下量について，皆伐母樹保残法の影響を見てみよう。林分材積の 30 % を伐採した皆伐母樹保残施業林では，母樹の残存密度が局所的に大きくかたよっており，母樹の少ない林分では堅果落下量も非常に少なく，翌年発生した芽生えも更新に必要な量に達していなかった（弘田・紙谷，1993）。皆伐母樹保残法によって施業されたブナ林は広く分布するが，当初の目的通りにブナの更新が成功した林分は非常に少ないことも広く指摘さ

れている。

〔ブナ林の将来〕
　上川村日尊倉山周辺は, 平成9年3月に,「越後山脈森林生物遺伝資源保存林」に設定された。また, この地域には「大久蔵トチノキ林木遺伝資源保存林」も設定されている。現在残存している原生林を伐採することは, この地域の原植生と生物相, そこに培われている生態的なプロセスの保全・保存の観点から厳に慎まなければならない。一方で, 皆伐母樹保残施業後放置されているブナ林を今後どのように取り扱って行くのかについての議論はほとんどない。施業された森林の回復を自然の推移にゆだね, 数百年経てば元の原生林に近い状態に戻るのだろうか？　このような疑問に対して, 現在は答えを持ち合わせていない。限られた面積の原生林と広大な面積の皆伐母樹保残施業林。私たちは子孫にどのようなブナ林を渡すことになるのであろうか。

〔参考文献〕
豪雪地帯林業技術開発協議会. 2000. 雪国の森林づくり－スギ造林の現状と広葉樹の活用－. 日本林業調査会.
弘田　潤・紙谷智彦. 1993. 天然下種更新施業後のブナ林における結実と堅果散布に与える母樹密度の影響. 日本林学会誌 **75**: 313-320.
長池卓男. 2000. ブナ林における森林景観の構造と植物種の多様性に及ぼす人為攪乱の影響. 山梨県森林総合研究所研究報告 **21**: 29-85.
中静　透. 1991. ブナ林の動態と林冠ギャップ. 村井宏・片岡寛純・由井正敏（編）, ブナ林の自然環境と保全. ソフトサイエンス社.
太田 威. 1994. ブナ林に生きる－山人の四季－. 平凡社.

⑱ 信州のブナ林

■島野光司

〔2タイプのブナ林〕

　信州は海を持たないものの，北部（北信）に多雪の日本海型気候，南部（南信）に寡雪の太平洋型気候，さらに中央部（中信，東信）に年間を通じて降水量の少ない内陸性の気候を持ち，他県に類を見ない気候条件を備えている。ブナ林内の種類組成，ブナの優占度，更新動態などには，こうした気候条件，特に雪の多寡が大きな影響を与えていることが知られている（島野, 1998）。そのため，こうした気候条件に応じて，信州にはタイプの異なるブナ林が存在する。

〔北信の日本海型ブナ林〕

　北信では，日本海型ブナ林が分布する（図1，2）。ここでは，ブナの優占度が高く，ブナは大木ばかりでなく，後継樹となる幼木や実生もみられ，林冠ギャップの形成やササの一斉枯死などを契機に，ある程度定常的な更新が期待される。この地域でブナが純林状になるのは，ブナ以外の樹種が雪圧に弱いためと考えられる。例えば寡雪地では直立するハウチワカエデやウリハダカエデなどは，多雪地では雪圧のため匍匐に近い樹型をとる。こうして，高木層で優占できる樹種は限られてしまい，優占樹種でみるとブナの純林となる。

　ここでは，林床に雪の保温作用を受けて常緑低木がみられることも大きな特徴である。一般にブナ林が分布する標高700 mから1,500 m程度の標高では，ササや針葉樹などを除けば冬期の寒さにより常緑樹の分布は困難である。しかし，多雪環境下では冬期の積雪が断熱材の役割を果たし，外気が氷点下であっても地表面の温度は0度を下回りにくい（原, 1996）。このため，一般に低温に弱い常緑広葉樹が雪に守られる形で生育している。

〔南信の太平洋型ブナ林〕

　一方，寡雪の中信・南信には，太平洋型ブナ林がみられる（図1，3）。ブナは優占するものの，他の高木製樹種の割合も高く，また，ウラジロモミなど針

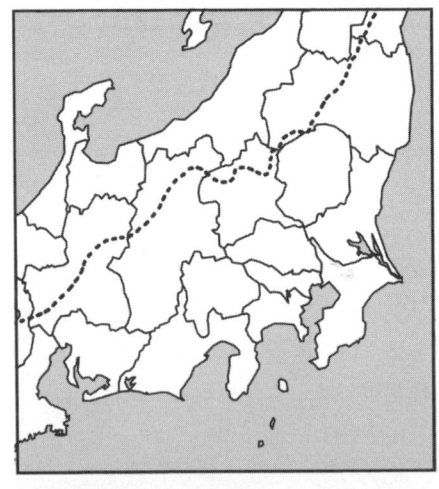

図1 長野県周辺における日本海型・太平洋型ブナ林の境界。
点線の北西側が日本海型ブナ林，南東側が太平洋型ブナ林の分布域。中信地方でも雪の多い北西部は日本海型ブナ林の分布域となる。

図2 雪の残る春先の日本海型ブナ林（雨飾山）。
実生をみることも多い（右上，木島平村カヤノ平）

葉樹が混成することなど，樹木の多様性が高いことが特徴である。また，森林構造のうえでは，ブナは大径木は多いが小径木や実生など後継樹が少ないこと，ブナ以外の高木性樹種は樹種を問わなければ十分な後継樹があり，定常的に更新していることがいえる。

〔ブナ林と雪のかかわり〕

積雪は林床植生への保温作用だけでなく，ブナ自体の更新にプラスの影響を

図3 南信の太平洋型のブナ林。
ここでは尾根沿いにわずかに残る（飯田市大平山）

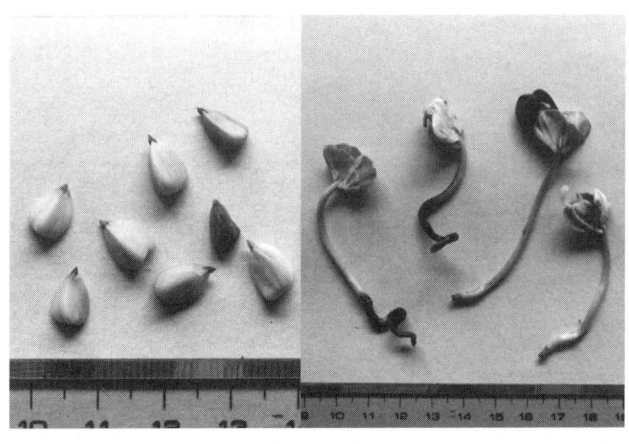

図4 太平洋型ブナ林と日本海型ブナ林に一冬設置したブナの堅果.
左は太平洋型ブナ林三頭山（東京都檜原村）においた堅果の果皮をむいたもの。ほとんどは動物に持ち去られるが，持ち去られないようにしたものは幼根の部分が乾燥してしなびている。右は日本海型ブナ林のブナ平（福島県檜枝岐村）に設置したもの．持ち去りも少なく発芽している。

もつ。カエデやシデ類に比べ大きなタネであるブナの大きな堅果は，タンニンなどのアクが少ないこともあり，小形哺乳類のエサとして好まれることがヨーロッパで知られており，これは日本でも同様であろう。このように，ブナは高い摂食圧にさらされるが，積雪はこうした動物の摂食活動を妨げ，さらには凍結や乾燥などにさらされる可能性を低減する可能性も指摘されている（Shimano & Masuzawa, 1995; 1998; Homma *et al.* 1999。乾燥には異論もあり）（図4）。雪が樹木の種子の保存に有利に働くことは，ブナ以外の樹種にとっても同様だが，他の高木性樹種はその後の成長で雪圧によるダメージを受けるので，

雪を恩恵としてとらえることができるのは主にブナと言うことになる。
　雪の存在は，春先の水分供給の役割も果たす。ブナはミズナラやコナラに比べ，乾燥に弱いことが知られているが（Maruyama & Toyama, 1987），展葉期の水分が必要な春先に，雪解け水として十分な水分を供給する雪は，ブナ林にとって重要な役割を果たしている。中信，東信の内陸性気候下においては，雪だけでなく，年間降水量が少ないことが環境条件として大きな特徴といえる。こうした雪による保護や水の供給がないことは，ブナにとって厳しい環境といえる。実際，こうした地域では，ブナの優占性が低い落葉広葉樹林が冷温帯を被っている。

〔ブナの優占度が低下すると〕
　北信のブナ林は，ブナ林として見た目も美しく，保護などを考えたとき注目されやすい。しかし，南信では多くが植林などですでに消滅しており，ブナの生育地とされているところも，山崩れを守るためか尾根上にわずかに残されただけと言うことも多い。
　ブナは風媒花であり，ある程度まとまって生育していないと受粉がうまくいかず「しいな」が多くなるという報告もある。そのため，中・南信では，雪が少ないために堅果の保存などが困難であるよりも前に，堅果の生産自体が，今後より困難になっていくことが懸念される。また，ブナは，豊作年と呼ばれる年以外は種子の生産量が低く，平年の摂食者（食害虫や哺乳類）の密度を下げておき，5～7年に一度の大豊作年を迎えることで，動物が食べきれないほど種子を生産し，翌年の実生を多く発生させるメカニズムを持っているとされる。しかし，堅果を生産するブナの親木自身が少なくなればこうしたメカニズムも働かず，食害が多くなろう。

〔信州のブナ林の今後・温暖化の影響など〕
　このように，ブナ林として注目されることが多いのは北信の純林状のブナ林であるが，森林の今後を考えるとき，むしろ注目していかなければならないのは中・東信や南信のブナ林といえよう。見栄えのする大木の有無よりも，後継樹となる幼木や実生に注目していく必要があろう。
　温暖化との関連で言えば，たとえ冬期降水量が変わらないとしても，これま

で雪だったものが雨になるのでは，ブナ堅果の保護作用が弱くなる。また，根雪の期間が短くなることは，堅果の保護期間が短くなることである。10月中下旬に落ちた堅果が11月に入り根雪で守られるのと，12月，1月になってから根雪で覆われるのでは大きな違いがあろう。そのため，これまで雪の恩恵を受けてきた北信のブナ，林床の常緑低木にとっても温暖化の影響は無視できる問題ではない。温度そのものではなく，それを通して雪の少なさや，期間の短縮が問題となるだろう。現在残っている群落をきちんと把握して（小山・岡田，2002巻末参照），それらをなるべく孤立させないこと，また，堅果の生産量やしいな率，摂食率，発芽・定着率の観測など長期にわたり，きめ細かくモニタリングしていく（井田，2003）必要がある。こうしたことを通して，信州のブナ林の今後を見守りたい。

〔参考文献〕

島野光司．1998．何が太平洋型ブナ林におけるブナの更新をさまたげるのか？植物地理・分類研究 **46**: 1-21.

原 正利（編）．1996．ブナ林の自然誌．平凡社．

福島 司ほか．1995．日本のブナ林群落の植物社会学的新体系．日本生態学会誌 **45**:79-98.

Shimano, K. & Masuzawa, T. 1995. Comparison of preservation of Fagus crenata Blume under different snow condition. *Journal of Japanese Forestry Society* **77**: 79-82.

Shimano, K. and Masuzawa, T. 1998. Effects of snow accumulation on survival of beech (*Fagus crenata*) seed. *Plant Ecol.* **134**: 235-242.

Homma, K. *et al.* 1999. Geographical variation in the early regeneration process of Siebold's beech (*Fagus crenata* Blume) in Japan. *Plant Ecol.* **140**:129-138.

Maruyama, K. and Toyama, Y. 1987. Effect of water stress on photosynthesis and transpiration in three tall deciduous trees. *Journal of Japanese Forestry Society* **69**: 165-170.

小山泰弘・岡田充弘．2002．ブナを主体とした広葉樹人工林の初期管理技術の開発．—冷温帯地域における広葉樹林施業技術の確立—．長野県林業総合センター研究報告 **16**: 1-22.

井田秀行ほか．2002．新たな地域資源としての里山ブナ林の適切な保全および活用法の創出に向けた協働プロジェクト．信州大学環境科学論集 **24**:19-22.

⑲ 上高地の河畔植生

■石川愼吾

　上高地の梓川(かみこうち あずさがわ)は上流部に位置しながらも，そこには広大な氾濫原が広がっている。焼岳(やけ)から噴出した物質によって梓川がせき止められた結果，砂礫が堆積して河床が上昇したためである。大正(たいしょう)池から横尾(よこお)までの平均河床勾配は9.6‰と比較的緩やかであり，網状流路が発達する平均幅約300 mの河畔林が連続して分布する。河床に形成された流路や砂礫堆は，年ごと季節ごとに急激あるいは徐々に場所と形を変える。つまり，河畔に生育する植物にとって，土壌・水分条件が多様なだけでなく，安定性の異なる生育地，すなわち攪乱の頻度・強度や質の異なる生育地が複雑に配置されている。そのため，上高地梓川の河畔には生態学的特性の異なる様々な樹種が生育し，しかも，発達段階の異なる群落がモザイク状に発達している。

　河畔林を構成する樹種の中で特筆に価するのがケショウヤナギである。本邦では，ケショウヤナギは主に北海道に分布し，それ以外では梓川流域のみに知られている。エゾヤナギも同様の隔離分布をしている。他のヤナギ科植物としては，ドロノキ，オオバヤナギ，オノエヤナギが多くみられ，カラマツやカバノキ科のダケカンバ，シラカンバ，タニガワハンノキとともに河床砂礫部（恒常的に流水のある網状流路が発達し，河川による攪乱頻度が高くて植被が少ない場所をここでは河床砂礫部と表現する）の裸地に先駆的な群落を形成する。これらの先駆樹種は混生することも多いが，優占種の明瞭な群落パッチが多く，しかも場所によって優占種が異なることが多い。各樹種の侵入・定着にかかわる生態学的特性が異なることがその大きな要因である。例えば，ヤナギ類の種子の寿命は短く，多くの種で約1か月である。種子散布の時期もそれぞれ異なり，ケショウヤナギは6月，ドロノキは7月から8月，オオバヤナギはドロノキと重複するものの，より遅い時期まで散布する。河床における種子の発芽・定着に適した水分条件を備えた場所は，河道や水位の変動によって季節的に変化する。しかも，種によって定着に適した堆積物の粒度組成が異なる。例えば，ケショウヤナギは通気性の悪い細粒な土壌では根腐れを起こしてすぐに枯死し

図1 上高地梓川の景観の変遷
明神から徳沢へ向かう途中のワサビ沢沖積錐から上流川を撮影したものである。
撮影年月日は1995年10月3日（左上），1997年5月30日（右上）及び2003年10月11日（左下）である。沖積錐の一部が崩壊したため，若干異なる場所から撮影しているが，網状流路の位置が大きく変化しているのが分かる。最も手前の河床に生育する高木はオオバヤナギであり，その周辺や背後のケショウヤナギ群落が大きく成長しているのが

てしまう。一方，主根の初期成長が極めて速いので，河床の高燥立地（地下水位の低い乾燥しやすい立地）に侵入して定着することが可能である（Ishikawa, 1994）。エゾヤナギは比較的細粒土壌の湿性な場所でも生育可能である。このような様々な要因が複合された結果，現在の河床砂礫部には優占種の異なる先駆樹種の群落パッチが形成されたのである。

　この河床砂礫部における群落は，毎年破壊と生成を繰り返す変動の大きな動態を示す。1994年と1999年（一部1998年）および2003年に明神と徳沢の間の河床に成立している先駆樹種パッチの面積と毎木調査を行った結果（石川ほか，1999；一部未発表）から，その動態を具体的な数値で紹介する。

　調査対象とした河床砂礫部全体の面積は約17 haであった。全調査地域に占める先駆樹種パッチ全体の面積は，1994年で約21％（3.58 ha），1999年で約17％（2.84 ha）であり，5年間で約4％（0.74 ha）の面積が減少した。ただし，パッチ面積には裸地部分も含んでおり，植被率は平均すると2割弱であった。植被面積の約半分はケショウヤナギで占められており，その占有面積はほとんど変化していなかった。しかし，この結果は減少面積（1,575 m^2）と増加面積（1,520 m^2）がたまたま同程度であったためであり，全体の面積と比

較すると約60％が破壊され、それに見合う面積が拡大していた。パッチが消失した主な原因は、網状流路の移動による立地の破壊であった。増加面積には植被率の増加が大きく寄与していたが、新規パッチの形成もみられた。1999年から2003年にかけては新たに形成されたパッチが多く、全パッチ面積が約1.1ha拡大した。そのうちの約半分がまったくの裸地に形成されたケショウヤナギの稚樹群落であった。一方、0.3haの群落面積が消失した。以上の結果から、低木林だけに限るならば、ケショウヤナギは極めて激しい変動をしている個体群であることがわかる。また、ケショウヤナギ群落の高さは、9年間で約6.5m増加した（1994年に5m以下であった群落の平均値）であった。中には10m近く成長した群落もみられ、ケショウヤナギ群落の伸長成長速度は極めて速い（図1）。

　ところで、ケショウヤナギやオオバヤナギは深根性が強く、河床の礫層深くまで根を張り巡らせている。したがって、洪水に対する抵抗力も大きく、孤立した大径木も多く生育している（図1）。その大径木がきっかけとなってその下流側に形成される砂礫堆は、ケショウヤナギのみならずその他の先駆性樹種に新たな生育立地を提供している（石川・川西，2002）。ケショウヤナギ大径木の下流に形成されたパッチは比較的安定して存続しており、大きく成長した個体の種子生産量も多い。河床砂礫部内にあるパッチに生育する個体から散布される種子は、周辺の裸地へ実生が侵入・定着する機会を大きく高めていることは確かであり、それらの個体が河床砂礫部の先駆性樹種の群落形成に果たす役割は極めて重要である。

　一方、徳沢と明神の間の左岸側には、極めてよく発達し、林冠が連続した河畔林が形成されている。しかし、その組成と構造は複雑であり、遷移段階の異なる群落のモザイクによって形成されている（進ほか，1999）。その中で一番広い面積を占めていたのが、高木層をケショウヤナギ、オオバヤナギ、ドロノキなどの先駆樹種の大径木が占め、下層にハルニレやウラジロモミの中径木・小径木が侵入している林分であった。先駆樹種の樹齢は100年前後、下層のハルニレの樹齢は約50年前後であり、ヤナギ類群落からハルニレやウラジロモミに遷移が進行している林分であった。高木層のヤナギ類は、1994年当時には一部に枯死寸前の個体が認められたものの、全体的には活力度はそれほど低くはなかった。しかし、この1，2年のうちに目立って枯死個体や枯死寸前

の個体が増加してきた。ヤナギ類の寿命は短く，数十年の種が多い。ケショウヤナギやオオバヤナギの寿命は比較的長いと言われているが，100年を過ぎてそろそろ寿命に達しようとする個体が増加してきた結果であると思われる。

　さて，このまま遷移が進行すると上高地梓川の河畔林はどのようになっていくのであろうか。河床における先駆樹種群落の割合がどんどん低下していき，ハルニレやウラジロモミ，ヤチダモなどの群落が圧倒的に卓越し，様々な遷移段階の群落で構成される河畔林の多様性が失われる結果となる。河畔林の構成樹種の樹齢や河床及び河床につながる沖積錐の地形を検討してみると，約100年前には，現在発達した河畔林が成立している左岸側が河床砂礫部であり，恒常的な水流のある網状流路が発達していたと推察できる。おそらく沖積錐の発達と衰退によって河道の位置が変化したと思われるが，大きな洪水などがきっかけとなって，河床砂礫部の位置が大きく変化することが繰り返されてきたのが，本来の梓川の姿であったと推察できる。

　したがって，ケショウヤナギなどの貴重な樹種を含む梓川の河畔林の多様性を保全するためには，自由な川の動き，つまり本来の河川の動態そのものを保全していく必要がある。そのためには，登山道の保護や護岸を目的とした堤防の建設は中止すべきであり，既設の堤防を撤去して川が本来の動きを取り戻せるように手助けをすべきである。それによって洪水による強度の破壊作用が河床の一部に集中することが緩和され，林内への砂礫の堆積が促進されるので，河童橋周辺で問題になっている河床の上昇を緩和することになるし，河床砂礫部の先駆樹種群落が一掃されてしまうような極度な破壊から守ることにもつながる。もちろん，登山道は洪水の影響の少ない山腹斜面に移す必要がある。また，徳沢の仮設橋の上下流は河床地形が大きく改変され，河床の生態系を大きく乱している。軽自動車が渡ることのできる恒久橋の設置が望まれる。さらに，明神付近で建設されてきた帯工（床固工の一種）は流路を固定し，河川本来の流れを阻害する。山小屋などの施設の集中している場所での工事は認めるとしても，これ以上の建設は中止すべきである。

〔参考文献〕

Ishikawa, S. 1994. Seedling growth traits of three salicaceous species under different conditions of soil and water level. *Ecological Review* **23**: 1-6.

進 望・石川愼吾・岩田修二．1999．上高地・梓川における河畔林のモザイク構造とその形成過程．日本生態学会誌 **49**: 71-81.

石川愼吾・川西基博・山本信雄．1999．上高地梓川の河床砂礫部における先駆樹種群落の動態．上高地自然史研究会編,上高地における地形形成と地下水流動,植生動態に関する研究．pp.51-55.

石川愼吾・川西基博．2002．上高地梓川の河床砂礫部における先駆樹種パッチの形成過程－特にケショウヤナギの大径孤立木が果たす役割－．上高地自然史研究会編，上高地梓川における流域生態系の構造と変動に関する研究．pp.26-29.

⑳ 美ヶ原の草原

■土田勝義

〔美ヶ原の草原の特徴〕

　美ヶ原高原は長野県松本市の東部山地にあり，山頂は平坦で標高2,000m級の台地状地形を示している。最高標高地は王ヶ頭（2,034m）で，山頂台地は東西6km，南北3kmという広々とした景観を呈している。亜高山帯に属し，本来はシラビソ林に覆われていたが，現在は草原となっており，山腹斜面にのみ亜高山帯針葉樹林のシラビソ・コメツガ林が残存している。平安時代にはすでに草原となっていたという記録があるが，断続的に放牧地や採草地として利用されてきており，また断続的に山火事が発生して森林が焼失し，草原景観が保たれてきていた。本格的に放牧地として利用されたのは，明治末期とされており，昭和30年代まで野草地であったが，その後草地の生産力向上のため大部分は人工草地に改良され施肥牧野となっている。美ヶ原で保全の対象となるのは，残された小面積の野草放牧地と採草地の草原である。

　野草放牧地は現在では大部分が人工草地化（オーチャードグラス，ケンタッキーブルーグラス，クローバーなど）された美ヶ原においては，辺縁部の牛伏山周辺，茶臼山周辺など小地域でしかない。しかし亜高山帯という高標高地にあるため，特異な放牧地植生がみられる。すなわちウシノケグサが優占するウシノケグサ草原である。これは山地帯以下の放牧地で一般的なシバ草原と同位なものであり，高標高地のためシバの生育が不適で，その代わりより寒冷，乾燥に耐えるウシノケグサが優占する

図1　美ヶ原の放牧地

美ヶ原の草原　139

のである。もちろん他の構成種ヒメスゲ，ハクサンフウロ，シロバナヘビイチゴ，ヤマヌカボなどもシバ草地の組成と異なる。我が国では亜高山帯で放牧される例は少ないこともあり，ウシノケグサ草原は特異な植生として維持されねばならない。

　野草採草地も近年少なくなってきていて，牧場周辺部にわずかに残されているが，ここ数年，採草も行われなくなってきている。この採草地はヒゲノガリヤスを優占とするヒゲノガリヤス草原である。ヒゲノガリヤス草原は山地帯以下の採草地が一般にススキ草原であるに対して，亜高山帯の草原として同位に位置しており，またササ草原の持続的な刈り取りによる成立とされる。ヒゲノガリヤス草原はススキが生育しないだけで山地帯のススキ草原と種類組成は類似しており，他にマツムシソウ，ノアザミ，アキノキリンソウ，ヤマハハコなどを混生する。この草原も我が国では亜高山帯で採草地が少なくそういう意味でも特異な植生といえる。

〔**植生の変化**〕

　美ヶ原で保全の対象となる草原植生は，ウシノケグサ草原とヒゲノガリヤス草原であるが，先述したように，野草放牧地や採草地が少なくなり，その維持，存続に大きな課題がある。

　ウシノケグサ草原は，人工草地と隣接しており，常時放牧牛が採食しているため，糞や風などで牧草の種子が混入されており，また糞尿により土壌が富栄養化しているため，牧草類の繁殖が容易で，種組成的には野草と牧草が混生する草原となっていて，純粋な野草草原とは言い難い。ほとんど牧草の混入がない草原は，牧場周辺の一部しかない。しかし近年，放牧牛の頭数が減少し，放牧圧が低下してきたこと，また施肥も経済的理由で中心部に限られてきていることなどで，牧草の生育が衰え，貧養地に耐える野草類の生育が復活してきている場所もある。これが継続あるいはさらに放牧圧が減少していけば野草によるウシノケグサ草原の拡大もありうるだろう。一方，観光的な面で，亜高山帯の草原に生育する様々な草花，マツムシソウ，アキノキリンソウ，ハクサンフウロ，ノアザミ，スズラン，コオニユリ，ヤマハハコ，コバギボウシなどの咲く草原を求める人々も増加し，単調で単純な牧草草原に対する不満も増加している。そのため歩道沿いの牧草地の植生を改良して，様々草花の咲く野草草原

を復元するために，長野県が「美ヶ原の自然再生事業」として2004年度から，野草草原再生のための実験を始めており，来年度はそれに基づく作業をボランティアとともに進めることになっている。

ヒゲノガリヤス草原は，採草によって成り立っているが，近年は地元による採草も行われなくなっている。これは需要や人手がなくなってしまったためである。かつてはかなり広範囲に採草が行われていたが，採草の縮小とともに大部分が放置された。採草地はヒゲノガリヤスのほか，美ヶ原を代表する様々な美麗な野草類が群落を形成していたが，放置の結果，シナノザサが次第に生育を広げ，現在大部分はササ草原となってきて，ほとんどササが優占し，他の草本類が消失して単調な景観となってしまった。これに対しても，最近の観光客のニーズにより，かつての美しい草花の咲き乱れる野草草原の復活を求める声が高まってきている。そのため現在のササ草原を多様な草花が咲き，またそれを求めて集まる蝶類や昆虫類が豊かな野草草原に復元するために，刈り取り実験が始まっており，その成果に基づいて美しい草原を維持管理するための事業をおこそうとしている。それは結果としてヒゲノガリヤス草原を復元しようとするものであり，この事業が半永久的に継続すれば，ヒゲノガリヤス草原の復元と持続は可能となるだろう。また現在，ササ草原にはズミやダケカンバなどの木本類や，周囲に植林されたカラマツの種子散布によりカラマツが繁殖し始めており，将来，草原が樹林化（特にカラマツ林化）する可能性が出てきている。これにどのように対処するか，まだ検討はされていない。

このように美ヶ原の野草草原は，放牧地では人工草地化による植生の変化や消失，また近年の放牧減少による植生の変化，自然再生事業による野草群落の復元といった流動的な状況にある。また採草地は放置された結果，ササ草原と

図2　美ヶ原のヒゲノガリヤス草原

なってしまったが，かつての美しい草原景観や多様な草原植物を復元しようという動きがある。これらは時代が求めるものであるが結果として，特異な野草草原の復活となればいいのではないかと思われる。

〔美ヶ原の観光と草原の維持・管理〕

　美ヶ原は大部分は放牧地として古くから利用されているが，観光は昭和30年代に山頂付近まで車道が通じて飛躍的に増大し野草放牧地は踏み荒らされた。しかもそれ以後，昭和50年代に霧ヶ峰高原から続く観光道路ビーナスラインが建設されさらに観光客が増大した。これに対応して観光客の踏み荒らしから守るため放牧地は柵で囲まれ，観光客は歩道のみを歩くこととなった。また放牧地は人工草地化され単調な景観を呈するようになった。しかしビーナスラインが25年の償還期限を経て平成14年に無料化され，さらに観光客が増大し，美ヶ原の自然に大きなインパクトが加わることが予想された。そのため長野県は，「ビーナスライン沿線の保護と利用に関するあり方研究会」を組織して，地元，自然保護団体，専門家，行政などにより美ヶ原や霧ヶ峰のあり方を検討した。その結果，美ヶ原は美しい草原景観を維持し，観光，放牧が両立する地域として対処することになった。観光としては具体的には観光客のニーズが強い，美しい草原景観や草原植物の復元である。そこで現放牧地の一部を牧野組合から開放してもらって，野草群落を造成することを目指している。これは牧場側も最近の放牧需要の減少と，自然志向の強い観光ニーズの高まりという時代の変化を受けているためである。

　一方，ササが生い茂った放置草原も同様に草花を観賞したいという観光ニーズが高まり，手入れをしてササを絶やし，他の野草植物の生育をはかろうとするものである。しかしその手法は確立しても，最大のネックは，ササ刈り取りの人手をどうするかという問題がある。かつては刈り取った草を利用する経済的なルートがあったが，現在はただ無償の労力に頼るしかない。それをいかに確保するか，地域の人々に対する関心を高めていかねばならない。

〔参考文献〕

ビーナスライン沿線の保護と利用に関するあり方研究会編．2004．ビーナスライン沿線の保護と利用に関するあり方研究会報告書．長野県．

㉑ 八方尾根の蛇紋岩植生

■土田勝義

〔八方尾根の特徴〕

八方尾根は長野県白馬村地籍にあり，白馬連峰唐松岳（標高2,696m）から東に延びる。

植生景観的には草原または低木林となっており樹林は少ない。草原，低木林が多いのは，当地がスキー場や放牧地として利用，管理されているためもあるが，もともと八方尾根は樹林が少なく，自然的に草原，低木林であったためでもある。八方尾根は標高的には山地帯から亜高山帯下部にあるので，一般的には落葉広葉樹林や亜高山帯針葉樹林が発達するのであるが，その発達が少ないのは特殊な事情がある。すなわち，八方尾根は標高800mから2,000mの八方池上部まで，蛇紋岩ないしは橄欖岩という超塩基性の岩石ならなっており，これらの岩石の持つ特殊な成分や性質，その風化による特異な土壌によって樹林が発達できず低木林や草原となり，また特異な植物の生育が見られるからである。主な植生は以下の通りである。

①落葉広葉樹林：標高1,400mの兎平あたりまでは樹林（ミズナラ林，ブナ林など）がみられる。蛇紋岩地域であるが森林を維持できる土壌の風化や発達が進んでいる。なおすでに過去から様々な人手が入っている。

②湿原：池塘がみられる湿原としては，標高1,680mの黒菱平にある鎌池湿原のほか，湿地帯が各所にある。鎌池湿原は，大きさは100m四方程度であるがミズゴケからなる高層湿原がみられ，モウセンゴケ，イワイチョウ，ワタスゲなどの湿生植物等が生育している。

③草原および低木林：本来は樹林が発達する地域であるが地質が蛇紋岩のため草原や低木林が発達しており，高山植物もみられる。標高1,680mの鎌池より標高2,000m付近の八方池あたりの地域で蛇紋岩が発達している。それより標高が高くなると地質が花崗岩となり再び森林（ダケカンバ林）が発達し，標高2,400m以上は高山植生となる。この蛇紋岩地域はまた特殊な植物の生育地となっている。

図1　八方尾根の蛇紋岩地最高地にある八方池。池の周辺は荒廃しているが修復されつつある。

〔蛇紋岩植物と植生〕

　標高1,680 m以上の蛇紋岩地は草原・低木林の景観をなすが，これらの植生景観そのものが特異であることと，また特殊な蛇紋岩植物の生育がみられる貴重な植生であり，特に保全の対象となる地域である。先述したように地質，土壌的に樹林が発達出来ず，亜高山帯にもかかわらずあたかも高山帯的景観を示す。すなわち高山植物であるハイマツの生育や，クロベ，コメツガなどが矮性化して低木林を形成している部分と，それらが欠けて，草本群落となっている部分があり，両者がモザイク状に発達しているためである。低木林が発達している地域は，比較的土壌が安定し，またその発達がみられる地域であり，草原地域は，蛇紋岩の崩壊地，土壌の薄い礫地，風衝地，雪田，湿原などである。蛇紋岩植物ないしその影響を受けたと思われる固有の変異種，および本来は高山帯に生育している高山植物が生育しているのは，主として低木林の林縁，草原地域でこれらは以下のような種である。

固有種：ハッポウワレモコウ，ハッポウアザミ，ハッポウタカネセンブリ，ハッポウスユキソウ

高山性植物:クモマミミナグサ,ユキワリソウ,コバノツメクサ,ウメハタザオ,カライトソウ,ハクサンサイコ,ミヤマムラサキ,ミヤマアズマギクなど

蛇紋岩植生:当地域の植生としては,大別して低木群落,草本群落,湿性植物群落からなる。低木群落は,クロベ群落,ハイマツ群落,ミヤマナラ群落などであるが,これらの優占種は混生していることも多い。草本群落としてはチマキザサ群落,カリヤス群落が低木群落に接して発達している。蛇紋岩の露出した場所や礫地には,クモマミミナグサーコバノツメクサ群落,乾燥性の斜面ではヒゲノガリヤス群落がみられる。またミズゴケ類を含む多様な湿性群落も各所に発達している。このうち種組成的に蛇紋岩植生といわれるのは,クモマミミナグサーコバノツメクサ群落であり,その構成種として上記にあげた固有種や高山性植物が生育している。

〔植生の変化〕

この10年で自然保護上大きな話題となったのは,1998年に当地で開催された長野冬期オリンピックである。すなわち八方尾根の標高約1,800m付近をスタート地点とする男子滑降競技が予定されたが,この地点は中部山岳国立公園の第1種特別地域にあたり,そのような地域をスキーコースとして利用することの是非,またスタート地域やコースにおける土地改変,競技にともなうコース造成による積雪環境への影響(ひいては植生への影響),重機などの雪固めによる低木の損傷,雪の凍結剤の使用などが話題となった。このことを契機として,八方尾根の登山道やその周辺がすでに登山者の踏み込みや,土壌流出で広範囲に荒廃していることが明らかとなり,蛇紋岩地帯での利用はさらに大きな自然破壊を招くとして滑降コースの設定に対する反対の声が高まった。長野オリンピックは「自然との共存」という理念が建てられ,それに基づいて各競技場建設・設定にあたり,事前に環境アセスメントが行われ,八方尾根もその自然の姿がかなり明らかにされた。またそれに基づいた滑降コース利用にともなう自然への配慮,さらにその後のモニタリングが行われたことなど得ることも多かった。これらに対しては長野冬期オリンピックを契機として設立された長野県自然保護研究所の果たした役割は非常に大きい。

冬期オリンピックの開催以前に建設されたスキー用のリフトの一つである通称クワッドリフトは,八方尾根の最高標高地域にあり,鎌池から標高1,840m

図2 登山道沿いの荒廃植生のジュートネットによる復元。

の八方池山荘まで続くが，現在リフトはほぼ終年運行されるようになり，多くの観光客が四季を通じて容易にその主たる目的地である八方池（標高2,000 m）に行けるようになった。リフト終点から八方池にかけては，2本の登山道があり，一つは古くからある登山道でほぼ直登するルートである。もう一つは長野県が造成したルートで山腹を巻く八方尾根自然研究路と呼んでいるものである。両者は標高1,950 m付近で合流し一本道となる。リフトを利用して多くの観光客しかも修学旅行を含め団体観光客が，雪解けから紅葉の季節まで来訪する。また12月からスキーシーズンが始まり，5～6月の初夏までスキーに利用されている。

　このような影響のもとに，登山道の荒廃や植生の踏み荒らし，集合地域における裸地の拡大，それにともなう土壌流失や植生荒廃などが各所で起こった。またとくに春スキー時における植物への損傷も目立ち，低木類の枝折れ，枯死なども顕著であった。地元や長野県は，登山道沿いに立ち入り禁止のロープを張り，立ち入りを防いだり，看板などを立てて注意を与えたが，一つは出遅れて荒廃が進んだこと，また来訪者のマナーや意識が低く，植生地域への立ち入りや高山植物の採取が頻繁に行われた。これは当地が登山地域というより観光地として意識されているため，来訪者の意識が低いことも関係する。

〔提言〕
　八方尾根のある地元では，冬期オリンピックを契機に，八方尾根の自然環境を保全することが，観光資源としてもまた永続的な利用をするにしても重要であることに関心を持つようになり，地元に「八方尾根自然環境保全協議会」が作られ，八方尾根の適正な利用をはかるための調査，研究，活動する場が設けられた。その主なものは，荒廃地の実態調査，荒廃地の復元作業，高山植物等の保護，監視活動，自然保護ガイドブックの発刊と活用，八方尾根に関する勉強会，教育活動など様々である。これに関して信州大学，長野県環境保全研究所，白馬村などがアドバイスや支援をするといった体制がつくられ活動が活発に行われてきている。実際のオーバーユースに対する物理的な規制は，経済活動を妨げるということをもとにそれに変わる活動，ソフト的な対応でオーバーユースを低め，また今後の開発行為などは行わないということで，意見は一致している。しかし当初建設が予定された，自然保護センターは建設されず，所期の目的は果たされていない面もある。一方で，八方尾根各所の荒廃地は，各所からも資金を受け，広い範囲で復元施工がなされつつある。このように地元の意識が高いので，適正な指導，支援のもとにやっていけば，八方尾根の自然保護はかなり果たされていくものと思われる。

〔参考文献〕
八方尾根の自然と利用に関する協議会. 1999. 八方尾根の自然の保護と利用に関する協議会報告書. 長野県.
富樫 均ほか. 2001. 八方尾根の環境保全と望ましい利用のあり方. 冬期オリンピック関連事業の自然環境への影響と対応に関する調査研究. 長野県自然保護研究所紀要 **4** (3): 81-97.

㉒ 菅平湿原

■林　一六

〔30年前の菅平湿原〕

　長野県真田町にある菅平湿原は，本州中央部，北緯36度30分，東経127度で標高約1300mに位置する（図1）。この湿原は菅平の東側にある根子岳，四阿山と西側の大松山山塊の斜面が接する谷部にあり，中央部分に神川の源流部となる川が流れていて水源涵養林となっている。今からおよそ30年前には周りは農地だけに囲まれていて，中央部に小さな川が蛇行しながら流れていたので，全体の水位が高く湿原となっていた。川は湧き水が源流で，周りから流れ込む小さな川によって涵養されていた。流れの方向は南から北で，湿原は上流部で水位が高く，カサスゲ，オニナルコスゲ，ヨシの優占する湿性の草原となっていた（図2）。中流部になると，ハンノキが侵入しハンノキ林を形成していた。下流部は上流からの土壌の堆積で水位が下がり，ハルニレ，ヤチダモ林が発達していた。1967年当時の群落組成を表1に示した。表からわかるように湿性林の優占種はハンノキ，ヤチダモ，ハルニレ，カラコギカエデであり，構成種としてクロビイタヤ，を含んでいた。低木層にはカラコギカエデ，ノリウツギなどとともにハナヒョウタンボク，オニヒョウタンボク，ヤマハマナスなどの稀少な植物が生育していた。草本層はカサスゲ，オニナルコスゲが優占する草原で少し乾燥したところはヨシが優占していた。またこの湿原においてヤチアザミが報告されていて，この種類の基準標本産地となっている。

〔湿原の変容〕

　ところが，その後，湿原の近くに農地を持つ農家が周囲の農地が湿るという理由でその湿原の乾燥化を求めた。そこで，真田町はこの湿原の中央部に暗渠を掘り，湿原の乾燥化を図った。暗渠は幅3m，深さ2mほどで湿原の中央をまっすぐに貫く形となった（図3）。暗渠を掘る際に掘りあげた土壌はそのまま暗渠のふちにおいたので，その部分が乾燥し，そこに周囲の雑草が繁茂した。その種類はオオブタクサ，アメリカセンダングサ，コンフリー，ヨモギな

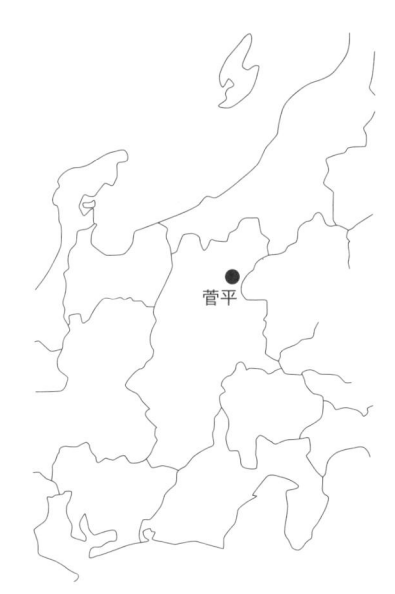

図1 長野県菅平湿原の位置

図2 カサスゲ，オニナルコスゲなどの優占する湿性草原。

図3 湿原の中央部分に掘られた暗渠。その周りにはオオブタクサ，アメリカセンダングサ，ヨモギなどが繁茂している。2003年11月撮影

図4 暗渠の掘削によって枯れたヤチダモなど樹木

図5 湿原の乾燥化によって拡大したヨシ群落。2003年11月撮影

表1　長野県菅平湿原の群落種類組成表（1967年9月15日調査）

種類名	合計本数	平均DBH	出現頻度%
ハンノキ	292	18.6	100.0
カラコギカエデ	223	2.4	66.7
ヤチダモ	51	10.9	61.1
ノリウツギ	44	2.8	33.3
ズミ	38	5.2	44.4
ハルニレ	19	2.0	16.7
タンナサワフタギ	17	1.6	27.8
カントウマユミ	13	5.9	16.7
クロビイタヤ	11	2.6	22.2
シラカバ	9	4.0	11.1
ウコギ	7	1.2	11.1
ハナヒョウタンボク	3	4.1	5.6
ミヤマイボタ	2	1.0	5.6
ノイバラ	2	2.0	5.6
コブシ	2	6.0	11.1
カンボク	2	3.5	11.1
エゾザンザシ	2	6.3	5.6
ウワミズザクラ	2	1.0	11.1

草木層被度（%）	被度%	出現頻度%	積算優占度
カサスゲ	100	41.2	70.6
ミゾソバ	70	70.6	70.4
ツリフネソウ	35	70.6	52.8
タニヘゴ	33	47.1	40.0
ミズ	26	41.2	33.4
オオミゾソバ	26	23.5	24.5
オニナルスゴケ	23	23.5	23.5
チチブシロガネソウ	17	0.1	8.5
ホソバヨツバムグラ	15	47.1	31.0
ネコノメソウ	13	17.6	15.2
ノイバラ	12	58.8	35.3
ダイコンソウ	10	52.9	31.3
ニッコウシダ	9	47.1	27.8
オニシモツケ	7	23.5	15.5
ヤマドリゼンマイ	7	23.5	15.5
シキンカラマツ	6	35.3	20.8
アキノウナギツカミ	6	29.4	17.9
カラコギカエデ	6	29.4	17.9
アオミズ	6	17.6	12.0
アズマヤマアザミ	5	29.4	17.4
オオタチツボスミレ	5	29.4	17.4
サラシナショウマ	5	29.4	17.4
コシノネズミガヤ	5	23.5	14.4
ヤマイボタ	5	23.5	14.4
ノウルシ	4	23.5	13.9
コウヤワラビ	4	17.6	11.0
アカバナ	3	17.6	10.4
コマミミ	3	17.6	10.4
サトメシダ	3	17.6	10.4
ズミ	3	17.6	10.4
チダケサシ	3	17.6	10.4
ツルネコノメソウ	3	17.6	10.4
ツルマサキ	3	17.6	10.4
ノダケ	3	17.6	10.4
スゲ属 sp.	21	23.5	22.4
シダ類 sp.	17	11.8	14.4

種類名	被度平均	出現頻度%	積算優占度
ヒメザゼンソウ	3	17.6	10.4
ヒメナミキ	3	17.6	10.4
ヤマコギ	3	17.6	10.4
ヤマハナワラビ	3	17.6	10.4
ヨシ	3	17.6	10.4
アケボノソウ	2	11.8	6.9
ウチワドコロ	2	11.8	6.9
カンボク	2	11.8	6.9
キオン	2	11.8	6.9
ツリフネソウ	2	11.8	6.9
シロネ	2	11.8	6.9
スズラン	2	11.8	6.9
タチシオデ	2	11.8	6.9
タニソバ	2	11.8	6.9
ナルコユリ	2	11.8	6.9
ノダイオウ	2	11.8	6.9
ミヤマトウバナ	2	11.8	6.9
ヤマウルシ	2	11.8	6.9
ヤマトウバナ	2	11.8	6.9
ヤマトリカブト	2	11.8	6.9
ヒメシダ	2	5.9	4.0
アオノカンスゲ？	1	5.9	3.5
アキノキリンソウ	1	5.9	3.5
イ	1	5.9	3.5
イタドリ	1	5.9	3.5
イヌエンジュ	1	5.9	3.5
イヌツゲ	1	5.9	3.5
ウバユリ	1	5.9	3.5
ウメガサソウ	1	5.9	3.5
エゾサンザシ	1	5.9	3.5
エゾアブラガヤ	1	5.9	3.5
エゾシロネ	1	5.9	3.5
オオヤマフスマ	1	5.9	3.5
オシダ	1	5.9	3.5
キタコブシ	1	5.9	3.5
キンミズヒキ	1	5.9	3.5
クロビイタヤ	1	5.9	3.5
シロバナヘビイチゴ	1	5.9	3.5
タチツボスミレ	1	5.9	3.5
チョウセンゴミシ	1	5.9	3.5
ツボスミレ	1	5.9	3.5
ツユクサ	1	5.9	3.5
テンナンショウ	1	5.9	3.5
ナガミツルキケマン	1	5.9	3.5
ノハラアザミ	1	5.9	3.5
ハルニレ	1	5.9	3.5
ハンノキ	1	5.9	3.5
ヒカゲスゲ	1	5.9	3.5
ヒメジョオン	1	5.9	3.5
ママコノシリヌグイ	1	5.9	3.5
ミズオトギリ	1	5.9	3.5
メギ	1	5.9	3.5
メタカラコウ	1	5.9	3.5
ヤチダモ	1	5.9	3.5
イネ科 sp.	2	11.8	6.9
シダ類 sp.2	1	5.9	3.5

どであった。これにより乾燥が進み以前はカサスゲ, オニナルコスゲに被われていた部分もヨシが優占するようになった。同時にハナヒョウタンボク, ヤマハマナスなどの植物も消滅しつつある。

また, 暗渠を掘る前は川岸に生育していたヤチダモやハンノキが枯死した(図4)。暗渠の掘削によって湿原全体が乾燥化しヨシが優占する面積が増加している。

その後湿原の周囲には保育園や運動場などの施設もでき, 面積も縮小した。

〔湿原の今後の変化予測と対策〕

菅平湿原はこのまま推移すると乾燥化し, やがて消滅するであろう。そのことによってこの湿原に特異的に生育していたハナヒョウタンボク, オニヒョウタンボク, クロビイタヤ, ヤマハマナスなどがこの場所から消滅すると考えられる。これらの種類は稀少な植物で, 長野県における絶滅が危惧される植物である。

この湿原を保護するために次の措置を講ずる必要がある。

1. 現在, 湿原の中央を流れる川をその出口でせきとめ, 水位を以前の高さに戻す。そうすると, 現在の川は自然に埋められ, 自然に蛇行する川が復元される。水位があがると現在生育している中生的立地の野草は自然に枯れ, 水生の植物が復活してくるであろう。その上でハナヒョウタンボク, クロビイタヤ, ヤマハマナスなどを植えて自然の植生を回復を促進させる。
2. そのことによる周囲の農地への影響は湿原の縁と農地の間にコンクリートの障壁をつくり両者を遮断する。

以上の対策を講ずることによって湿原の回復と保全は可能となるであろう。

〔参考文献〕

浅野一男・林一六・平林国男・伊藤静夫・中山洌・清水建美・土田勝義. 1969. 菅平湿原の植物生態I. 植物社会. 東京教育大学菅平高原生物実験所研究報告 **3**: 11-18

2002. 長野県菅平湿原の植物生態2 群落構造. 長野県植物研究会誌 **35**: 25-29

㉓ 小笠原南島の植生

■朱宮丈晴

〔地域の概要〕

　小笠原諸島父島列島の南島は，沈水カルスト地形をもつ隆起サンゴ礁の島として独特の自然環境をもち，全島が国有地で小笠原国立公園特別保護地区にも指定されている。また，その美しく特異な景観により，小笠原村にとって重要な観光資源として位置づけられており，通常保護区に指定されることが多い海鳥の主要な繁殖地の無人島としては例外的な存在となっている。

　しかし，戦後間もない頃から昭和40年代末まで行われていたヤギの放牧により植生がヤギの食圧を受け，完全に駆除された1971（昭和46）年には，ヤギが食べないコハマジンチョウ，ハマゴウの他わずかに残存したイヌホオズキ，ケカタバミなど数種の草本類がドリーネ内部で見られるだけだった（沼田・大沢，1970；豊田ら，1993）。豊田ら（1993）によるほぼ5年ごとの観察によれば，南島の植生は自然の遷移に沿って順調に回復してしていき，植物相も1969（昭和44）年には16種しか観察されなかったが，1993（平成5）年には65種が観察されており，種数そのものは20年間で約4倍まで回復した。

　また南島はその景観の美しさだけではなく，海鳥の生態，ラピエや沈水ドリーネなどの特異な地形が比較的容易に観察できることから，多くの観光客が訪れるために，人の踏圧による植生の破壊，土壌侵食，赤土の流出，外来種の侵入など自然環境への影響が懸念されている。

〔10年前の南島の植生〕

　1969年以降の植生回復過程の中で，10年前（1993年）の南島の植生はそれまでの個体群のパッチが散見されるだけだった状態から，クサトベラ群落が尾根，ハマゴウ群落がドリーネ内部というように，群落としてのまとまりが見られるほどに回復していた。植物相もそれにともなって種数的にかなり回復していたが，構成種に注目してみると80年代までは在来種（アツバクコ，シマザクラなど）の回復が見られたが，80年代以降の種数増加は主に帰化植物（ク

図1 鮫池側荒廃地と自然観察路（鮫池〜鞍部）遠望経過（東尾根から撮影）

リノイガ，スベリヒユ，タツノツメガヤなど小笠原に持ち込まれ野生化した種）によることが明らかになっている（豊田ら，1993; 日本自然保護協会，2003）。そのため10年前（1993年）の南島の植物相に占める帰化植物の割合はそれまでで最大である全種数の18.5％（12種）となっていた。

また，この時に「植物群落RDB」に記載された単一群落は，アツバクコ群落，コハマジンチョウ群落，オガサワラアザミ群落，イソマツ群落，コウライシバ群落，ハマスベリヒユ群落であり，保護・管理状態はいずれも「やや良」で，全体的によく保護されているが，一部よくないところがあるとの評価だった。また保護対策の必要・緊急性に関しては「対策必要」で，対策を講じなければ，群落の状態が徐々に悪化するという評価であった。また群落複合に関しては「南島の隆起サンゴ礁植生」として記載されており，小笠原最大の隆起サンゴ礁植生の広がりで，隆起サンゴ礁植生の配分が典型的に現れているという理由で選定されている。保護・管理状態は「やや良」で，保護対策の必要・緊急性は「対策必要」であった。

いずれも「対策必要」である理由は，先にも述べたように人の立ち入りにともなうコウライシバなどへの踏圧の影響，ハイニシキソウ，クリノイガなどの帰化植物の侵入である。またその対策として立入禁止区域の設定や帰化植物の

拡大を防止するための駆除，種子を持ち込まないための方策（靴底の土の除去など）が提案されていた。

〔現在の南島の植生〕
　現在の南島の植生はカルスト地形，土壌の発達，風衝の影響など立地環境の違いに応じて群落が分化し，はっきりとした植生パターンの違いが見られる。南島の地形は，主に扇池と陰陽池がある凹地，鮫池の凹地，北部半島部3カ所の凹地というようにいくつかの凹地が認められ，鮫池と北部半島部の4カ所は凹地の底部が海面化に沈んだ，いわゆる沈水ドリーネを形成している。扇池と陰陽池の凹地の底部は砂で覆われた立地，斜面下部は赤土からなる立地，斜面上部は尾根部からの風化した石灰岩の転石が見られる不安定な立地，尾根部はラピエが見られ土壌は発達していない立地というように異なる立地環境が形成されている。このドリーネ地形に沿って植生パターンを見てみると，ドリーネ内側と外側では風衝や潮風の影響で種組成が異なる。すなわち，ドリーネ内側の底部から尾根までは，ソナレシバ群落，コウライシバ群落，ハマゴウ群落，コハマジンチョウ群落，クサトベラ群落が順にみられ，外側の海岸部から尾根まではイソマツ群落，コウライシバ群落，コハマジンチョウ群落，クサトベラ群落となっていた。
　ところが，人の立ち入りが認められ，いわば人為的に攪乱された鮫池から扇池に至る自然観察路や東尾根に至る自然観察路沿いは，踏圧によりコウライシバの植被が消失しており，この自然観察路に沿って多くの帰化植物が侵入していることが観察された。種数比較では攪乱を受けていない群落と比較して同質の立地内の種数が2～10倍にもなっており，いわば多様性の高い群落が形成されていた。自然観察路以外でも，斜面上部など不安定な立地にはシマニシキソウ，タバコなどの帰化植物が侵入しており，南島全体に帰化植物の侵入が確認できる。これらは主に，過去の自由な入島による人為散布，また海鳥による散布，風散布などによると考えられる。
　一方，単一群落で記載されたコウライシバ群落を除く，コハマジンチョウ群落，アツバクコ群落，オガサワラアザミ群落，ハマスベリヒユ群落，イソマツ群落を構成するこれらの優占種は，「植物群落RDB」の報告の中でも，父島本島での個体数が減少しており，保全の必要性が高い小笠原固有種の群落として

記載されている。これらの群落は，遷移の進行にともなって消滅する可能性なども指摘され，危惧されていたが，筆者ら（日本自然保護協会，2003）は，海岸部（アツバクコ群落，ハマスベリヒユ群落，イソマツ群落）や斜面上部など不安定な立地（コハマジンチョウ群落，オガサワラアザミ群落）において個体群もしくは群落の存在を確認しており，クサトベラなど低木種の侵入が妨げられる不安定な立地で生き残る可能性を指摘した。むしろこうした不安定な立地に侵入する競争力の強い外来種が観光客の増加とともに種数，個体数共に拡大傾向にあり，小笠原固有種の生育地の占有，送粉者競合，遺伝子汚染などが危惧される。

〔群落保護への提言〕

　現在では小笠原をとりまく社会環境も大きく変わりつつある。2001（平成12）年に小笠原村が南島の保全と活用のための自主ルールを制定し，立入禁止区域の設定，適正入島者数の設定（1日100人，1回15人），ガイド付き入島，入島の際に衣服や靴についた種子・泥を落とすなどの指導，入島禁止期間の設定などが実施されている。また人の入り込みに伴う自然観察路へのインパクトや土壌侵食部への対策として，林野庁や東京都は自然環境モニタリング調査や鮫池〜扇池間の大きな土壌侵食部に関して植生回復事業を行った。2002年7月には東京都と小笠原村が「小笠原諸島における自然環境保全促進地域の適正な利用に関する協定書」を締結し，東京都認定ガイド同行の下に南島と母島石門で小笠原村の自主ルールを発展させた「適正な利用のルール」に基づいたツアーを2003年4月より実施している。このように南島の自然保護と適正な利用に関して関係行政機関，研究機関，地元のNPO，専門家などが協力して取り組もうとしている。

　しかし，各主体がいろいろな取り組みを実施してはいるが，それぞれを統合する保全目標や管理計画が存在しない，管理計画に基づき各取り組みを調整する場がない，十分な合意形成・協力体制作りができていない，関係者の意志の疎通や突発的な問題に対応できるコーディネーターが不在など，体制づくりに向けた課題も多い。今後も，観光利用を続けながら，南島の植物群落だけではなくその自然環境を保護していくためには，南島の自然環境の特異性，固有性，脆弱性を十分に認識しつつ利用に当たっては十分に配慮することが必要不可欠

である。安易に島外から苗や土壌などを持ち込めば，外来種により大きな影響を受ける可能性がある。また人々が何の制限もなしに南島に入島すれば，オーバーユースによる裸地化，土壌侵食，外来種の侵入などを引き起こす可能性がある。最近の調査から，父島でほとんどみられなくなった昆虫類（オガサワラトラカミキリなど）のレフュージア（避難所）として，南島が重要であることが明らかになりつつあり，保全上の重要性が指摘されている。したがって適正に利用していくためには，保全目標の設定と関係機関の協力体制だけでなく，生態学的な根拠に立ったモニタリング調査の結果に基づく，順応的な管理体制の設定が求められている。

〔参考文献〕

日本自然保護協会. 2003. 平成14年度小笠原村南島自然環境モニタリング調査報告書. 東京都環境局.

沼田真・大沢雅彦. 1970. 小笠原父島の植生と遷移. 小笠原の自然－小笠原諸島の学術・天然記念物調査報告書－ p.159-197. 文部省・文化庁.

豊田武司・清水嘉和・安井隆弥. 1993. 小笠原諸島父島列島南島における野生化ヤギ駆除後25年間の植生回復. 小笠原研究年報 **17**: 1-24.

㉔ 小笠原のアカギの侵入と森林生態系管理

■田中信行

〔はじめに〕

　外来樹種の増殖により天然林に生育する在来植物が駆逐される現象が小笠原で起こっている。小笠原に帰化した外来樹種には，リュウキュウマツ，ギンネム，モクマオウ，アカギなどがあるが，近年，アカギの増殖が最も著しい。アカギは，天然林内へ侵入し在来種を駆逐しながら増殖するため，生物多様性保全上大きな問題となっている。アカギの増殖は，①在来の高木樹種の生育地を奪い，②在来の林床植物の生育地を奪い，③在来植物を利用する動物の生息環境を破壊する。小笠原本来の自然を維持するためには，アカギを駆除し，在来樹種を再生させなければならない状況にある。小笠原の森林のモニタリングでは，在来種とともに外来種の変化を把握する必要がある。とくに，アカギの分布や森林の構成状態の変化を把握することが重要である。

　原産地のアカギは天然林の中の多様な林冠構成種の一つに過ぎないが，小笠原ではアカギが他の高木種を排除して優占林を形成する。小笠原でアカギが増殖することは，無機的環境と生物的環境がともにアカギの生活史の各段階を制限していないことを示している。小笠原の自然環境は，アカギにとっては原産地よりも増殖に適しているともいえる。

〔アカギの分布拡大〕

　アカギは薪炭用樹種の一つとして小笠原に持ち込まれ，1928年から小面積の植栽が行われた。返還後の1977年の母島の調査によると，長浜，石門，桑ノ木山の旧植栽地周辺に分布が拡大したが，全体としてみると分布は狭い範囲に限られていた。アカギの森林内への侵入・定着には，台風など攪乱により林内が明るくなることが必要である。1983年11月台風17号が母島各地で倒木被害を起こし，多数の林冠ギャップが形成された。この台風以降，アカギが急速に分布域を拡大した。その後，1997年にも強力な台風が来襲している。

　1997年の父島と母島におけるアカギが林冠に侵入した林分を図1に示す。

父島　　　　　　　　　　　　　母島

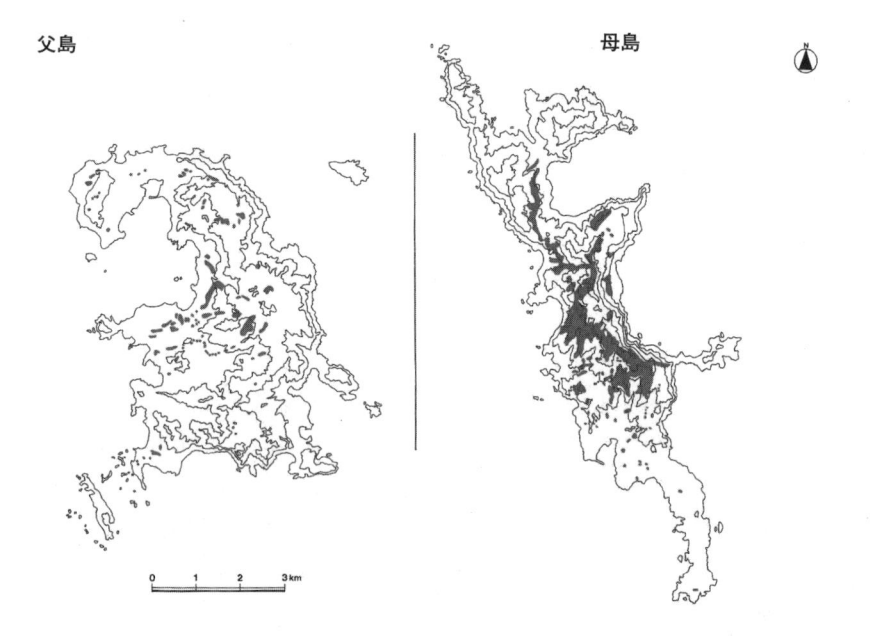

図1　父島と母島におけるアカギが林冠に侵入した森林の分布

　この分布図は，現地での観察により作成したもので，アカギが林冠に混生する林分の広がり示すとともに，単木で分布するアカギの樹冠を示している。アカギが林冠に侵入した森林面積は，父島で2.7％，母島で11.1％である。アカギ侵入林の分布が母島では父島より面積で3.5倍，面積率で4.1倍の広がりがある。

〔森林管理の目的〕

　小笠原における森林管理の第一の目的は，これまで人為や外来生物によって破壊された生態系を復元し，小笠原固有の生物多様性を保全することにあると考える。したがって，アカギの増殖する森林においては，アカギの繁殖を抑制し，在来樹種から構成される原植生に近い森林（在来林）を復元することが目標となる。アカギが優占あるいは混生する森林を在来林に誘導するためには，伐採や巻き枯らしによるアカギ高木の枯殺の後に在来樹種を再生させる必要がある。在来林の復元においては，生物多様性保全のために在来樹種の天然更新

を基本とすべきである。在来林再生事業は，原生状態の維持が求められる国立公園特別保護地区・生態系保護地域や植物群落保護林などが対象地として優先されるべきである。

〔小笠原国有林におけるアカギ駆除事業〕
1. 事業の開始
　母島におけるアカギの分布域拡大や優占度の増加は，森林生態系保全の観点から，もはや見過ごすことができないという判断から，関東森林管理局旧東京分局はアカギを駆除し在来林を再生することを目標とする事業を2002年度から開始した。この事業で採用した作業マニュアルは，順応的管理の考え方にたち，作業の対象となる林分（単位林分）ごとに標準地を設定して森林変化のモニタリングを行い，処理後5年間の森林変化を評価して，必要に応じて処理法を改良するとしている。2002～2003年度にはアカギの巻き枯らしと伐倒を対象地（30単位林分，合計面積21.5 ha）で実行し，2003年度以降，アカギ再生抑制と在来樹種再生促進の処理段階に入る。

2. アカギ駆除作業マニュアル
(1) 区画設定
　　　林小班内を事前に踏査し，アカギの分布や固有種の実態等によって同一の取扱いを行えると見なされる林分を基本単位（「単位林分」と呼び，標準的面積を約1 ha とする)」として区分する。単位林分内にモニタリング用の調査区として「標準地」を設定する。標準地の面積は，単位林分の最大樹高が 20 m 以上, 10～20 m, 10 m 以下の場合，それぞれ 0.10, 0.05, 0.02 ha とする。
(2) 調査
　①単位林分
　　　周囲測量を行い，地図を作成し，面積計算を行う。現地の側点は半永久杭で表示する。胸高直径（DBH）20 cm 以上の全立木の樹種名，DBH を調査する。環境省レッドデータブック記載植物について種名と出現本数（10^n 本かつ約）を調査する。
　②標準地

半永久杭で区画を設定し，標準地内の胸高直径5cm以上の全立木の樹種名，DBH，樹高を調査し，記録写真を撮影する。
(3) 作業

単位林分の調査に基づき次の作業を実施する。アカギの再生を抑制する作業（③，④）は，在来樹種の再生により形成される樹冠がアカギ稚樹・萌芽を被圧するまで続ける。

① アカギの巻き枯らし作業

原則として，林冠を形成すると考えられるDBH 20 cm以上のアカギについて，巻き枯らし本数を決める。20 cm以上の全立木本数に対するアカギの本数割合が30％未満の場合はすべてのアカギに巻き枯らしを行い，アカギの本数割合が30％以上の場合は30％まで雌木を優先して巻き枯らしを行う。

② アカギの伐倒作業

原則として，DBH 20 cm未満の下層を形成するアカギはすべて伐倒する。

③ アカギの萌芽除伐作業

④ アカギの稚幼樹の抜き取り作業（30 cm以上の稚幼樹を対象）

⑤ 更新困難な在来樹種の植付

(4) モニタリング結果の反映

巻き枯らし等作業の実施後，数年経過した時点で，当初設定した標準地で同様の調査を行い，森林再生状況のデータを収集する。標準地調査結果にもとづき作業のマニュアルやスケジュールを再検討する。

〔モニタリングと順応的管理〕

アカギ上層木の巻き枯らしや天然更新困難樹種の植栽を実施しても，その後放置してしまうと，アカギの稚樹や萌芽の再生により再びアカギが優占してしまうことが予想される。在来林の再生のためには，アカギの稚樹や萌芽の駆除を中心とした保育が長期間にわたって実施されなければならない。森林の変化に応じて適宜適切な順応的管理をするために，更新状況を示す林分構成のモニタリングが対象林分（関東森林管理局の単位林分）ごとに行われることも重要である。

一方，島全域のアカギ分布域の変化を明らかにする，広域のモニタリングが重要である。現地観察により分布域を地図化する方法は広域の調査には適さないし，調査者による調査精度のばらつきも大きい。より客観的に分布域を把握するには，アカギの識別可能な開花・新緑の時期（3月頃）の空中写真や衛星写真を利用した広域のモニタリング手法の開発が必要である。

　アカギを制御する森林管理の指針や作業は，このモニタリング結果により有効性が評価され，適宜，改善していく必要がある。

〔参考文献〕

清水善和．1988．小笠原諸島母島桑ノ木山の植生とアカギの侵入．地域学研究 **1**: 31-46.

清水善和．1989．小笠原諸島に見る大洋島森林植生の生態的特徴．日本植生誌：沖縄・小笠原．p.159-203．至文堂．

清水善和．2002．小笠原の外来樹木：回復不能なダメージ．外来種ハンドブック．p.242-243．地人書館．

田中信行・桜井尚武．1996．アカギ（*Bischofia javanica* Bl.）．熱帯樹種の造林特性　第1巻．p.126-131．国際緑化推進センター．

田中信行．2002．小笠原における森林生態系保全の現状と提言．森林科学 **34**: 40-46.

谷本丈夫・豊田武司．1996．樹冠下と異なった温度条件下におけるアカギ稚樹の生残と成長．森林総研研報 **370**: 1-19.

内田敏博．2002．小笠原の国有林の保全対策について．森林科学 **34**: 35-39.

山下直子．2002．アカギ：小笠原で在来樹種に置き換わり，猛威を振るう．外来種ハンドブック．p.205．地人書館．

山下直子．2002．アカギ．森林科学 **34**: 9-13.

㉕ 三宅島の噴火による植生変化と島生態系の保全

■上條隆志

〔噴火による火山草原群落の消失とフロラへの影響〕

相模湾南方に位置する三宅島（面積5,514 ha）は，2000年7～8月に大噴火し，直径約800 mの新カルデラを形成した。噴煙高度は15 kmにも達し，大量の火山灰を放出した。9月には全島民避難が実施され，島の人々は不自由な避難生活を余儀なくされている（2005年2月に避難命令は解除された）。三宅島は過去にも噴火しているが，いずれも溶岩の流出を伴う割れ目噴火であり，2000年噴火は，これまでとは噴火様式がまったく異なるものであった。

噴火前の三宅島山頂部（雄山）には，過去の噴火と強風などの山頂効果により成立した，特殊な火山草原群落と低木林が分布していた。これらは伊豆諸島の固有種や固有変種を多く含むとともに，特殊な群落複合を形成していたことから，「植物群落RDB」と環境省の「日本の重要な植物群落」に指定されていた。しかし，カルデラ形成により，わずか1ヶ月足らずで，これらの群落はその立地ごと消滅した（図1）。2000年大噴火の火山灰により，島の中腹以上の植生全体が大打撃を受けた（上條，2001）。そのため，山頂部周辺に分布が限られている種は，島内で絶滅した可能性がある（たとえば，イズノシマコメツツジ）。また，継続的な火山ガスによる影響も大きく，大噴火時に生き残った種についても，ガスに弱いものは絶滅する可能性がある。しかし，いくつかの種が三宅島で絶滅した可能性がある一方で，三宅島のみの固有分類群というものは元々存在せず，他の伊豆諸島のいずれかの島に分布している。上述のイズノシマコメツツジも，御蔵島と神津島の山頂部には現在も生育している。

〔遷移の教科書としての三宅島〕

三宅島では，噴火年代の異なる溶岩流が，島中腹から低地部にかけて分布している。従って年代の異なる溶岩上の植物群落を比較することによって，長期的な遷移を観察することが可能であり，一次遷移に関する自然の教科書といえる。これらの溶岩流全体は「植物群落RDB」にリストアップされていないが，

図1 三宅島山頂部の (A) 噴火前 (1988年撮影) と (B) 噴火後 (2001年撮影) の変化。
カルデラの形成により火山草原群落が立地ごとなくなった。

図2 泥流防止のために作られた1962年溶岩上の砂防ダム (2003年撮影)。

図3 東京都多摩地区で育成されている三宅島産のオオバヤシャブシやスダジイの苗木 (2002年撮影)。

1962年溶岩流の一部や社寺林などに残されたスダジイ,タブノキの自然林は「日本の重要な植物群落」や東京都の天然記念物の指定を受けている。

2000年噴火による被害は島の中腹以上で著しいが,低地部についてみてみると比較的被害は少なく,現在でも溶岩上の一次遷移を観察することができる(後述するように一部は土木工事による改変を受けている)。また,今回の噴火によりできた裸地や植生被害地についても,植生の回復プロセスを観察することができる場となった。

〔土木工事・緑化による群落改変の問題〕

火山灰降灰地域は泥流の発生原因となり,下流の人家にも甚大な被害をもたらした。そのため,三宅島では泥流などに対する安全対策ための土木工事が行われている。しかし,このような工事は植物群落に直接的な影響を与えることにもなる。1983年,1962年,1874年の溶岩流は,地形,地質,植生が一体となっ

て時間変化を観察することができる場であったが，泥流対策のために立地そのものも改変を受けている（図2）。このような改変は，遷移の教科書としての価値を低下させる。

　一方，山腹緑化は泥流の原因となる地表流の発生を防ぐことができる有効な対策である。しかし，緑化による外来種（国内産も含む）の導入が三宅島独自の生態系を変化させる危険性がある。小笠原諸島では，移入植物のアカギやギンネムが繁茂し，小笠原の自生植物に影響を及ぼしている（清水，1989；吉田・岡，2000）。外来の植物と島の植物が交雑することによって，島独自の系統が失われること場合もある。大島では伊豆諸島の固有変種であるオオシマツツジと園芸ツツジとの交雑により，オオシマツツジの純系の絶滅が危惧されている（倉本，1986）。2000年噴火後の三宅島についても，すでに砂防ダムや道路補修後の緑化に外来種の導入が一部なされており，緊急な対策が必要となっている。

〔自生種緑化の試み〕

　三宅島では，これらの問題を踏まえ，自生種による緑化の試みが開始されている。その一つは，三宅島で植物の種子を採取し，緑化材料とする試みであり，採取された種子の一部は，東京都の多摩地区で苗木として生産されている（図3）。本土での苗木生産には，混入する雑草の埋土種子などの問題もあるが，これまでの無秩序な外来種の利用を改める上で，画期的な試みである。もう一つは，緑化が行われた場合に，遺伝子汚染を最小限にするための研究であり，オオバヤシャブシなどの自生種に関して，他の伊豆諸島などとの間で集団間の遺伝的な比較を行った上で，産地の選定を行う研究が開始されている（津村・岩田，2002）。しかし，これらの試みを有効な形で実現するには，(1) 土木工事や緑化の適正規模の検討，(2) ゾーニングや保護すべき群落の指定，(3) 緑化ガイドラインの設置，(4) 三宅島内での苗木生産などが必要である。特に，緑化ガイドライン＊については，外来種の利用制限や遺伝的相違の許容範囲について明確にしてゆく必要性がある。

＊2004年1月に三宅島の緑化の目的に生物多様性の保全をもりこんだ緑化ガイドラインが作成された（三宅島災害対策技術会議緑化関係調整部会，2004）

〔火山島における植生のプロセス保存〕

　1980年に噴火した北アメリカのセントヘレンズ火山では，一切の人為を加えず，自然の回復プロセスそのものを保全するという保護地域が設定されており，これを自然の教科書としてエコツーリズムや環境教育に利用している（伊藤，2000）。三宅島においても，計画的に保護地域を設定し，このような環境教育の場，あるいは植生回復の長期モニタリングの場として，噴火跡地を保全することが必要と考えられる。一方，セントヘレンズにおける人為の排除には，保護地域に侵入した外来植物を除去しないということも含まれている。島のような外来植物に対して脆弱な生態系では，この点に関して十分な検討が必要である。すなわち，プロセス保存と島の生態系の固有性の保全は必ずしも一致しない面がある。

　三宅島が抱える，安全確保のための土木工事と島固有の植物群落の保護という問題は，決して簡単に解決するものではない。しかし，このような問題は三宅島のみに存在するのではなく，日本各地で起きているのである。困難な問題であるからこそ，現在，三宅島で行われている取り組みが先駆的なモデルとなることが重要である。

〔参考文献〕

伊藤太一．2000．アメリカの国立公園システムから探る保護地域のあり方 (I) プロセスを保全するセントヘレンズ山．国立公園 **586**: 2-6.

上條隆志．2001．三宅島噴火と植生．生物科学 **53**: 82-87.

倉本 宣．1986．伊豆大島におけるオオシマツツジの保全．人間と環境 **12**: 16-23.

三宅島災害対策技術会議緑化関係調整部会．2004．三宅島緑化ガイドライン．三宅島災害対策技術会議緑化関係調整部会．

清水善和．1989．小笠原諸島にみる大洋島森林植生の生態学的特徴．日本植生誌 沖縄・小笠原（宮脇 昭編著）至文堂，東京．

津村義彦・岩田洋佳．2002．遺伝子汚染に配慮した緑化．遺伝 **56**: 51-52.

吉田圭一・岡 秀一．2000．小笠原諸島母島においてギンネムの生物学的侵入が二次植生の遷移と種多様性に与える影響．日本生態学会誌 **50**: 111-119.

㉖ 千葉のオニバス群落

■林　浩二

〔はじめに〕

　千葉県ではこれまでにオニバスの生育地2か所が県指定の天然記念物とされてきたが、現在それらの場所ではオニバスは見ることができない。その一方で、県内の別の場所で偶発的に発芽した個体から種子が確保され、その後は人為管理下ではあるが継続的に生育させることに成功している。現地での自然な生育は今なお困難であるが、その後も各所で、休眠種子からの偶発的な発生は起きている。地域の系統の分析・保存のためには、それら偶発発生したオニバス個体の保護と種子の採取に務めることが有効であり、このことは各地のオニバス生育地にも必要なことと考える。

〔県による天然記念物指定〕

　千葉県でのオニバス保護については、県教育委員会による報告書に詳しい（生嶋、1973～1977）。それらによると、印旛郡印旛村萩原のオニバス群落は、1967年に千葉県から天然記念物に指定された後、1969年には繁茂が記録されたが、1970年に数株が周辺で見られたのを最後に観察されていない。数年の保護事業にもかかわらず復活しなかったことから、1977年3月8日付けで記念物指定が解除され、代わって、当時オニバスが繁茂していた印旛郡本埜村太佐衛門堀の群落が「将監のオニバス発生地」として新たに指定され、現在に至っている。

〔本埜村・太佐衛門堀〕

　太佐衛門堀では、1973年の報告で「約10年前からオニバスが生え」ていたとされているので、1960年代前半ころから観察されていたと推測される。1968年までは「池全体をおおっていた」こと、1969年の「冬に池の水を汲みあげ底をかきまわしてしまったため、その後生育しなくなっていた」こと、1972年には「100株近くが池の3分の1ほどを占め」たことが報告されている。

その太左衛門堀でも，1979年まではよく生育していたが，1982年に数葉が観察されたのを最後に，まったく見られなくなり，その後も同様である。

　1992（平成4）年度～1993（平成5）年度の2か年にわたっては，本埜村教育委員会によりオニバス保護事業が実施され，当地におけるオニバスの復元の可能性を探る調査を行った（山崎・林，2003）。この中では，これまでの報告を参考に，第一に底水・底泥の還元化による生育不良，第二に農薬散布によりアメリカザリガニが堀に移動したことよる食害，第三に農薬そのもの，特に除草剤の影響を調査した。

　通年にわたる環境調査から，次のように考えられる。太左衛門堀の環境条件は富栄養化に関しては劣悪なものではなく，底泥まで酸素が存在しており，還元状態が生育を妨げているとは考えにくい。また，太左衛門堀の底泥をコンテナに移した中で生育させたオニバス個体が十分な生育をしたことから，堀の底泥そのもの（あるいは底泥中に長期残留しているかもしれない農薬）がオニバスの生育を直接妨げているとも考えにくい。

　一方，現場での生育実験では，塩ビ管とサランネットで被う処理をした鉢に植えた実生個体は生存したのに対し，被わなかったコントロールの鉢では実生の速やかな消失が見られたことで，従来から指摘されてきたアメリカザリガニやカエル幼生等の小動物による食害がオニバス実生の致死的な要因になることが示された。また，処理鉢で健全に生育していた個体が8月初旬のきわめて短い期間内で消失してしまい，その直後の調査で底泥から農薬が検出されたことから，確証は得られていないものの，これら農薬の直接の影響による枯死が示唆された。太左衛門堀では，オニバスだけでなく，他の沈水・浮葉植物群もすべて1970年代に相前後して消滅していることからも，水生植物全体に影響を及ぼす要因が想定できる。

　この調査で得られた結果からは，たとえ堀の底泥に眠っている種子を発芽させることに成功したとしても，現場に放置したままでは実生への小動物の食害のために消滅することはほぼ確実であることがわかる。さらに（今のところ推測の域を越えるものではないが）周囲の田畑や線路管理で使用される農薬の影響もあり得るために，直ちに群落の復元に結びつく可能性はきわめて低いと結論される。なお，1982年に生育していた当時の，いわば最後のオニバスの写真が千葉県史・自然誌編に採録されている（林，1996）。

図1 神崎町の水路工事現場に38年ぶりに発生したオニバス（1994年）

〔神崎町・天の川公園〕

　このように，現存する個体は記録されることがなかったのだが，1994年になって香取郡神崎町(こうざき)で公園を造るために，過去の埋立地を掘削して設けた水路にオニバスが1個体だけ発生した（図1）。発見の経緯については斎木（2003）に記述されている。町当局が保護しているとの新聞報道で情報を得て，現地で調査を行った。

　この水路は利根川本流のすぐ南に位置しており，1956年10月〜1957年3月の工事で埋め立てられた場所で，以前はオニバスが生育していたという。ハスと同様，オニバス種子も長命とされているが，このケースでは，他からの種子散布の可能性はほとんど考えられず，少なくとも38年間の眠りから醒めて発芽・生育したことになる。

　9月に初めて現地を訪れた際には，葉の直径は1m近くと巨大になっており，ふくらんでいる果実も多数見られ，順調に生育していた。これら果実の中にある種子は，この水系（利根川水系）のオニバス種子として，きわめて貴重と考えられたので，神崎町役場の同意を得てすべての種子を採取することにした。方法は，網戸用のメッシュで果実一つずつに袋かけをしてステープラーで綴じ，それらの袋には，いわゆる水糸（ナイロン製）をつけ，それらをフィルムビンの浮きや杭にとりつけて散逸を防ぐというものである。一部は10月に，最終的には11月上旬に果実にかけておいた袋を回収した。種子の直径が5mm程度を超えて，種衣（aril）を付けているものを成熟種子として数えたが，32以上の果実から2,300個余りを数えることができた。

図2 神崎町天の川公園における栽培状況（2003年）
個体が間隔をあけて配置されているため，「オニバス群落らしさ」はないが，それぞれの個体は巨大に成長している。

「こうざき天の川公園」では，その後，これらの種子を元に，町から委嘱された坂本徳夫さんらによってオニバスの保護・栽培が行われ，毎年，多数の個体を開花・結実させることに成功している（図2）。栽培には工夫が必要で，水槽などで発芽させたオニバスの実生を池にいれてもすぐにアメリカザリガニに食害されてしまうので，網でザリガニを防いでいるという。ある程度大きくなり，ザリガニには加害されなくなった個体であっても大型のコイにより食害されるケースもあり，水路とは別に専用の池で栽培しているとのこと。人為管理下とはいえ，県内に継続的に「自生」するオニバスはここ1か所だけである。なお，天の川公園では密度を制御して植えつけているらしく，別個体との間で浮葉同士が重なりあうことはほとんど見られていない。オニバスの群落では密度の調整は自然に起こり，生育初期には多数の個体があっても生育が進むにつれ大型になれた個体だけが生き残るので，密に栽培しても問題はない。

〔まとめと展望〕

埋土種子からのオニバスの偶発的な発芽・生育は，千葉県内でも珍しいことではないようである。実際，松戸市の江戸川河川敷に作られた流水保全水路（愛称「ふれあい松戸川」，通水は1998年）では，2001年夏に1個体が出現したが，その後は確認されていない。また，こうざき天の川公園では2003年にも，新たに掘削した水路からオニバスの発生が観察されている。発生が観察・確認されるには，ある程度以上に大きく生育することが必要になることから考えると，発芽そのものは，はるかに高い頻度で起きているだろう。

いずれにせよ，こうして発芽・生育が確認された場合には，可能な限り個体を保護し，前述の方法などによって種子を確保することが望ましい。種子は水に浸けた状態で冷暗所に置けば長期の保存が可能であるし，都合のよい時に発芽・生育させれば，新鮮なサンプルとして様々な分析に供することができる。種子の採取ができない場合には，少なくとも葉の一部を採取し，記録・証拠として押し葉標本にするとともに，DNA分析のためのサンプルとして，葉の新鮮な部分を速やかに乾燥させ，シリカゲルとともに冷暗所に保存することが必要である。

　これら一連の調査は和洋女子大学の山崎（名取）史織教授との共同研究によるものである。記して感謝申し上げる。

〔参考文献〕

生嶋 功．1973, 1975, 1976, 1977. 千葉県指定天然記念物萩原のオニバス発生地におけるオニバス保護増殖事業報告書．千葉県教育委員会．

斎木健一．2003. 神崎町のオニバスと検見川の大賀ハス．千葉県立中央博物館（監修），野の花・今昔．p.148-151．うらべ書房．

林 浩二．1996. 将監のオニバス発生地．千葉県史料研究財団（編），千葉県の自然誌 本編1　千葉県の自然．p.660．千葉県．

山崎史織・林 浩二．2003. 千葉県本埜村におけるオニバス消失の原因について．水草研究会誌 (77)：1-10．

㉗ 房総半島のウバメガシ林

■原　正利

　ウバメガシは中国本土に広く内陸部まで分布するほか，我が国では本州・四国・九州から琉球にかけての主に海岸近くに分布するブナ科コナラ属の常緑樹である。材は硬く，備長炭の原料として有名である。近年までその分布北東限は神奈川県の三浦半島であるとされ，房総半島では確実な自生は確認されていなかった。最近になって勝浦市八幡岬（大野，1998）と鋸南町岩井袋（山井ほか，1998）で確実な自生と考えられるものが相次いで発見された。特に岩井袋のものは，種の分布限界付近に位置するにもかかわらず個体数が多く，また立地や群落状態の点からもウバメガシ林としての特徴をよく備えた貴重な群落である。

　この群落の発見は，大場達之を中心とする千葉県植物誌作成のための調査の一環として成された。山井ほか（1998）の報告の一部をそのまま引用すると，「山井は20年ほど以前に鋸南町岩井袋の浅間神社の山にウバメガシがあることを見ていたが，植栽の疑いを捨て切れずにいた．しかし1997年12月に同所を調査したところ，極めて個体数が多く自生と考えてもおかしくないとの結論に達した」。その後，千葉県植物誌作成のための県内各地の調査を進めていた大場らと現地調査を行い上記の報告となった。原もその後，現地を訪れて自然性の高い群落であることを確認し，翌年に調査を行い，大場の調査結果と合わせて報告した（原ほか，2000）。

　このウバメガシ林は鋸南町岩井袋の浅間神社裏手の岩稜および西向きの急斜面上に成立している。斜面の南西側は海に開いており，海からの強風が吹きつける風衝斜面である。房総半島南部では冬季，西〜南西からの季節風が卓越することが知られており，この季節風が群落の成立におそらく関係している。種組成的にはテイカカズラ，イヌマキ，ヒメユズリハなど照葉樹林の要素を多く含みトベラーウバメガシ群集に同定された。ただし，コナラ，オケラ，ヒカゲスゲなどコナラ林と共通する要素が見られる点が特徴的である。またイブキが多く混生するほか，周辺にはカシワ（カシワとコナラの雑種であるコガシワと

考えられる）も見られる。ウバメガシは胸高断面積合計の50％以上を占めて優占している。風衝条件のため，群落高は5mに満たない。しかし，階層構造は明瞭で，最上層をウバメガシとイブキの樹冠が占め，その直下にトベラの樹冠があり，さらにその下に草本層が見られる。

　この群落は種組成や立地条件，群落構造の点から見ても自然性の高い極めて貴重なものであることが明らかとなったので，何らかの保護の網をかける必要性を感じていたところ，その一部が工事によって伐採される事態が生じた。たまたま，海岸植生の調査のため現地を訪れた同僚が発見し教えてくれた。現地が急傾斜地崩壊危険区域に指定されているため，その防護ネットを張り替えるための工事のためであった。幸い，工事によって伐採されたのは群落の一部に留まった。しかし，貴重な群落が損なわれてしまう危険性が存在することを明瞭に突きつけられた形となった。そこで，県や町の関係者と協議しつつ天然記念物指定への努力をした。しかし，残念ながら功を奏さず現在に至っている。この事例から，神社の山といえども，保護上安全とは必ずしも言えないこと，急傾斜地に残された森林の保全には，防災工事との調整が必要になる場合があることを実際に体験する形となった。

　その後，伊豆半島のウバメガシ林について調査をしている磯谷達宏に同行してもらって現地調査を行う機会があった。その結果，岩井袋の地質的な特長が群落の成立に関係していること，ウバメガシは神社の山だけではなく周辺のさらに広い範囲に分布していることなどが明らかとなってきた。

　房総半島南部の清澄山系およびその周辺は，地質的には第三系の安房層群（三浦層群に対比される）の上部の地層が分布している。この地層は砂岩や泥岩を主体とするが，多種多様な凝灰岩を多数，挟み込んでいるのが特徴である。凝灰質の多い部分はまわりの部分よりも硬く浸食されにくいので，急峻な岩山となって残ることが多い。鋸南町北部の鋸山（のこぎり）が代表的なものである。また"房州石"に代表されるように石材としても有用で開発の対象になりやすい。5万分の1地質図（鈴木ほか，1990）によれば，岩井袋のウバメガシ自生地周辺だけがスポット的に泥岩凝灰質砂岩互層に区分されており，凝灰質が多く周辺部に比べて岩が硬いと推定される。また地形的にはリアス式の海岸地形となっており，南側はほとんど垂直に近い急峻な海食崖が海に落ち込んでいる。

　その後の調査によってウバメガシは浅間神社の山だけではなく，その北側や

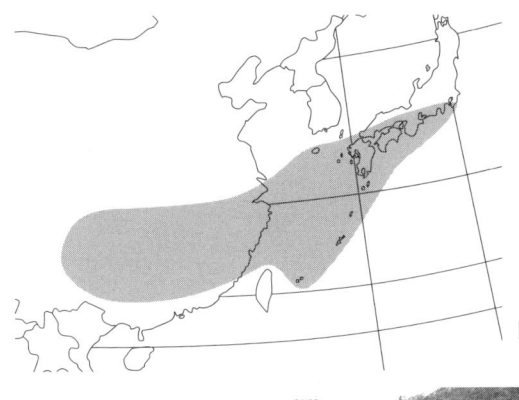

図1 ウバメガシの分布域
房総半島が分布域の北東限である。

図2 岩井袋のウバメガシ林
針葉樹のイブキが混じる。

西側の小山の稜線部や，上記の南向きの海食崖上縁部にも点々と生育していることが確認された。イブキは，同様の環境下にさらに広範囲に分布している。相当数のウバメガシがあるにもかかわらず，発見が遅れたのは，上述のようにウバメガシは植栽されることも多いので自生と見なされなかったことに加え，陸側からは急峻な海食崖上部の植生を十分に観察することが困難なことも一因であったと思われる。

　古い地図を見ると浅間神社の山の北側（内陸側）にも急峻な稜線があり，崖のマークが記載されている。鋸山の稜線部を小型化したような，凝灰岩質の岩山があったらしい。国土地理院発行の2万5000分の1の地図を古い方からたどって行くと，昭和37年修正昭和40年発行の地図には，それ以前の地図とほとんど変わりなく，この"岩山"が記されているが，昭和45年改測昭和47年発行の地図ではすでに削られて大半が消失し，昭和55年修正測量昭和56

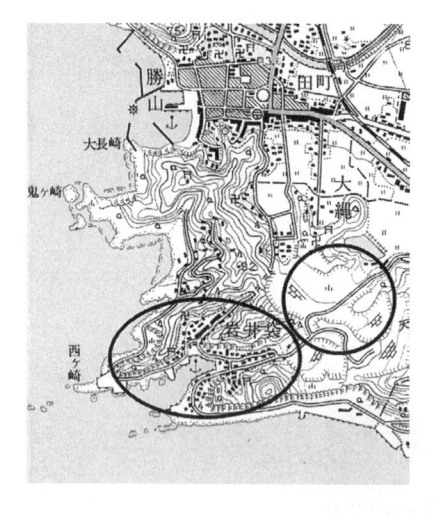

図3 ウバメガシ林の位置と地形
　　左側の円内が現在のウバメガシ自生地．右側の円内にあった"岩山"は削られて消滅した．

年発行の地図では，さらに削られて現状と大差なくなっている．すなわち，この山はまさに昭和30年代後半から40年代にかけての高度経済成長期に砕石採取のために削られて消失してしまったのである．この削られてしまった山にもウバメガシが自生していた可能性が高く，実際，町の方にもそのように伺った．したがって本来は，分布限界付近であるにもかかわらず，さらに広範囲にウバメガシ群落が存在したと推定される．

　このように，岩井袋のウバメガシ林は，発見が遅れたことや，これに起因する保護対策の遅れ，監視体制の不備などが重なってすでに失われた部分も多いと考えられる．しかし，もともとの分布範囲が比較的，広かったので現在，残された群落だけでも手厚い保護に値する貴重な群落である．保護対策がなされるよう，今後も関係者への働きかけを継続していきたい．

〔参考文献〕

大野啓一．1998．ウバメガシの東限．千葉県植物誌資料 **13**：90-91．
山井廣・木村陽子・大場達之．1998．千葉県のイブキとウバメガシ．千葉県植物誌資料 **13**：91-92．
原正利・尾崎煙雄・大場達之．2000．分布北東限のウバメガシ林の種組成と構造．千葉中央博自然誌研究報告 **6**（1）：47-52．
鈴木尉元・小玉喜三郎・三梨昴．1990．那古地域の地質．地質調査所．

㉘ 下総台地の谷津田

■中村俊彦

　房総半島の北部，下総台地には，谷が樹枝状に入り込む独特の地形がみられる。この谷は谷津とよばれ，低地部は主に水田，すなわち谷津田として利用されて来た。この谷津田両わきの斜面は，落葉樹の多い雑木林や針葉樹の植林に覆われ，谷津田を中心とする一帯は，四季の変化に富む野生動植物の豊かな自然が残されている（図1）。

　谷津田自然は人々の伝統的農林業に育まれ，ここに暮らす人々に対し様々な恵みをもたらした。そしてこの自然は，人々の生活・生業の場にとどまらず，その原風景・自然体験の場としても親しまれてきた美しく豊かな空間である（Nakamura & Short, 2001）。

〔谷津田とは〕

　「谷津」は，一般には台地に入り込んだ小河川によってつくられる細い長い谷地形を示す。国語の辞書で「やつ」は「特に低湿地。やち。やと」とされ，関東地方では，谷津は主に洪積台地の谷に沖積低地が入り込む状態の地形を示すことが多い。

　今から数万年前のウルム氷期，今の谷津田は河川の上流部に位置していた。しかし，温暖化した縄文時代中期には，谷津田部分は海進によって入り江となり，その周辺には，魚介類など豊かな海産物を糧に人々が暮らし，多くの貝塚がつくられた。この地に稲作が始まったのは今から約2,000年前の弥生時代からである。弥生時代にはほぼ現在に近い気候，地形になり，それまでハンノキ林や湿原の広がっていた低地は，しだいに水田化された。このように昔から米づくりの場であった谷津田は，湧水が多く年間通して水量に恵まれた条件である反面，泥田とも言われる湿田であり，農作業には苦労の多い水田でもある。

　関東地方の東京都や神奈川県では，「谷戸」「谷戸田」とよばれるところがある。これらは，やはり小さな谷地形とその谷の中につくられた水田を示す言葉であるが，「谷津」「谷津田」とはその成因及び人々とのかかわりは異なっている。

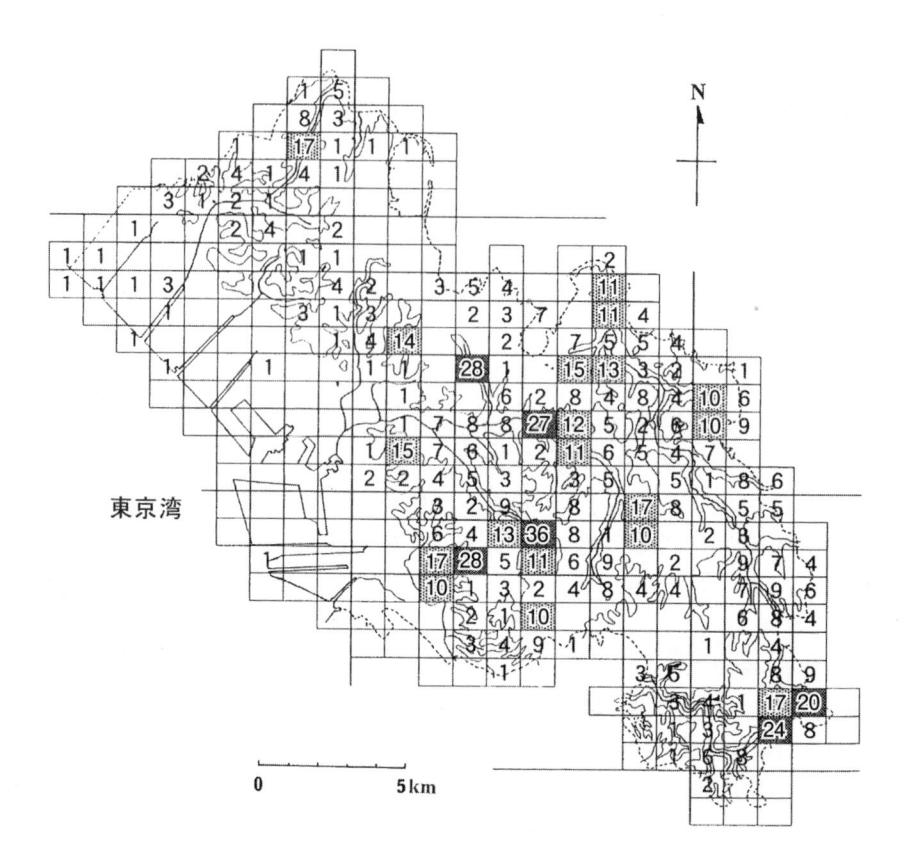

図1　千葉市における貴重動植物の分布
　数字は各メッシュ内で記録された市の絶滅危惧種及び危急種の種数。

　谷戸は「谷」の「戸」すなわち「谷の入り口」という意味と解釈されるが,「谷戸田」は丘陵や山地の裾の比較的小さな谷の中につくられた水田をさす場合が多い。したがって,谷戸田は谷の奥にいくにしたがって棚田状に少しずつ高くなる。これに対し,谷津田タイプの水田は谷の奥への標高の高まりは極めて小さく,田の面は低地の中央付近を流れる排水路から両脇へ高まる状態になっている。谷津田両脇の急傾斜の斜面は,ほとんどが林地で保たれ,その上は畑作に適した平らな台地面が広がっている(中村,2001)。

〔谷津田の生物多様性〕

　農耕は自然破壊と見る向きもあるが，谷津田のほか森林や畑，集落を含む土地利用と人々の生活は，その原生自然の種構成を大きく変えてしまうようなことはなく，むしろ地域の自然本来の潜在力を最大限に引き出すものであったといえる。そして，この土地利用と人々の生活のセットは景相単位として認識され，ゴミやし尿までも肥料等として生産に活かしつつ，自然と調和し，同一の場所で人々が恒久的に暮らす自立した生態系を備えていた。

　稲作のためにつくられた水田や畦，水路，溜池，また畑地や林木生産と結びついて創出・管理された落葉広葉樹の雑木林や針葉樹の植栽林など，このような様々なタイプの水環境及び植物群落とそのモザイク的配置は，群落遷移と野生の動植物の生息・生育環境の多様性及び連続性を高め，その中に多くの種の存続を担いうる結果となっている（図1）。

　春の七草や秋の七草で代表される。草原生の植物の多くは，群落遷移の初期相または途中相の種であり，その生育は農業生産のための管理でつくられる立地に依存する。一方，動物においても伝統的農業と深いかかわりをもつ種が多い。ヒキガエル等の両生類の多くは，春の卵から幼体（オタマジャクシ）の時期を水田や水路で生活するが，成体になれば水辺や周辺の雑木林に移動し，その生活史は農作業と調和したものである。日本人なら誰でも親しんできたカブトムシであるが，その幼虫世代の生活はほとんど農家の堆肥場に依存しており，また日本では絶滅してしまった国の特別天然記念物トキの生活環境は，ドジョウやタニシなどの小動物が豊富な水田環境と子育ての為の森林環境とのセットに生息していた。いずれにしても伝統的農業管理の環境で個体群維持及び種の存続がはかられてきた動物である。

〔谷津田の変貌と保全〕

　洪積台地に囲まれた谷津田は，地形改変しやすく，都市化の影響も受けやすい。谷津地形の多い千葉市であるが，それでも明治期から現在までに約半数は宅地開発等によって埋立・造成された。また，残された谷津田も大きく変貌しつつある（沼田，1997）。

　谷津田の自然環境を変えてしまった最も大きな要因は，農業の近代化である。近代農業では谷津田は米づくりの生産性向上のため，農薬・肥料の大量使用，

1993年4月 　　　　　　　　1996年4月

1999年8月 　　　　　　　　2003年10月

図2　休耕による谷津田の自然環境の変化（千葉市大草）

また圃場整備による乾田化と水路等のコンクリート化を進めた。農薬・肥料は水質及び土壌を汚染し、圃場整備は年間を通して確保されていた水辺環境を消失させ、水田の水条件の多様性および連続性を激減させた。乾田化された水田には帰化植物が多く、コンクリート水路にはブルーギルやブラックバス等の外来種も増加傾向にある。

こうして近代化した農業であるが、農産物輸入の増大等によって経営的には困難を極め、休耕田が広がってしまっている。休耕後1、2年は動植物も豊富であるが、やがてセイタカアワダチソウやヨシが田を覆い尽くし、開放的水辺環境は消えてしまう。一見、これは緑濃い植物群落であるが、その中は暗く陽当たりの悪い条件になり、そこで生息・生育する種は限定され、全体的に生物多様性は減少する（図2）。さらに最近では、そのような状態の休耕田では、産廃・残土の捨て場として埋立の進むケースも多くなっている（中村，2004）。

谷津田とこれを取り巻く伝統的農村自然の生態系は、人間にとって単に食糧生産の場として機能するだけではなく、水資源の確保や土壌、地形の侵食防止

等の国土保全機能，野生動植物の生活環境や大気・水質の浄化等の自然保護機能，さらに地域の歴史や伝統文化，美しい景観を育み人々の自然教育・環境教育の場からレクリエーションの場までと幅広い機能を有し，エネルギーを大量消費する都市の生態系を様々に補完してくれる空間である。このような谷津田とその周辺域は，人々の自然・文化の貴重な財産として位置づけるとともに，これを永久的に守りつづける管理及びその有効活用の体制づくりが求められている。

〔参考文献〕

中村俊彦. 2001. 谷津田の自然. 財団法人千葉県史料研究財団（編），千葉県の自然誌本編5 千葉県の植物2（植生）. 千葉県.

中村俊彦. 2004. 里やま自然誌. マルモ出版.

Nakamura, T. and K. Short. 2001. Land-use planning and distribution of threatened wildlife in a city of Japan. *Landscape and Urban Planning* **53**: 1-15.

沼田眞（監）. 1997. 湾岸都市の生態系と自然保護. 信山社サイテック.

㉙ 千葉県の海浜草本群落
―太東海浜植物群落および富津州海浜植物群落―

■由良　浩

　海岸植生に比較的恵まれている千葉県にあって，太東海浜植物群落および富津州海浜植物群落は特筆すべき群落である。なぜなら太東海浜植物群落は国指定の，富津州海浜植物群落は県指定の天然記念物だからである。天然記念物に指定されているから，さぞかしすばらしい群落が見られるのだろうと期待して現地に行くと失望する。県内の他の海岸植生と比較して質的にも量的にも特に自然性が高いようには見えないからである。

　双方の群落とも，指定当時は「学術上貴重」で地域の「自然を記念するもの」であったはずである。それがどのような変遷を経て現在の状態に至ったのかを述べ，群落を天然記念物として保護する場合の留意点を述べたい。

〔国指定天然記念物「太東海浜植物群落地」〕

　当群落地は，太平洋に面する，太東崎と夷隅川河口とに挟まれた比較的平坦な海岸にある。「本邦中土に於ける海浜植物群落の一の代表として」，50,600 m² の範囲にわたり 1920 年（大正 9 年）に天然記念物に指定された。この年は日本で初めて 9 件の天然記念物が指定された年であることから天然記念物史上においても当群落地は記念物的な存在である。

　指定当時の資料によると，前面は岩盤の混じる砂浜，陸に向かって低い崖もしくは緩い丘（おそらく砂丘）があり，丘の斜面および上部は砂地の草地もしくはクロマツと低木の混じる林であったようである。砂浜にはコウボウムギ，コウボウシバ，ケカモノハシなどが，斜面からその上部にかけてはハマニガナ，ハマハタザオ，ハマヒルガオ，チガヤなどが生育し，林を構成していた樹種はクロマツの他にトベラ，マルバグミ，ツバキ，ヤブニッケイなどであった。この低木林は天然の防風林として，「枯れ枝一本折取りても区民より叱責を受くる程」地元では大切にされていたと資料に述べられている。

　ただ当時から侵食が問題になっていて，指定当時の写真にも木製の防波堤が

図1　1955年頃の天然記念物太東海浜植物群落地。
　すでに天然記念物指定地を分断するように堤防が造られている。

図2　現在の天然記念物太東海浜植物群落地。
　指定当時は堤防の海側も指定地に含まれていたが，1985年に部分的に指定解除され現在は右の柵の内側のみが指定地。

写っている。1950年代までにはこの防波堤が，指定地域の真中を縦断するようなコンクリート製のものに変わっている（図1）。堤防の前面には砂浜が見られ，堤防の後ろにも草地が見られる。1960年代になると，その堤防の前面に波消しブロックが並べられ，堤防の陸側には車が通れるほどの舗装道が現れる。そして1985年には「この地域一帯で海食が進み，植物の生育が認められなくなったため，この地域を一部解除する」ことに至り，その指定面積は約9分の1の6,526 m^2 にまで縮小した。

　現在でも堤防の前面の砂浜は頻繁に波に洗われるために植生はない。残っている植生も，海とは堤防と波消しブロックでさえぎられているために，「天然」の海浜植生とは言いがたい状態になっている（図2）。堤防の陸側にある高さ2〜3mの砂丘の海側の斜面およびその上部は，イソギクやスカシユリなどの海岸植物が混じるチガヤの草地になっている。砂の移動がなくなったことが原

図3　天然記念物太東海浜植物群落地（1999）
手前の草原のほうまで続いていた林と砂丘が無断で造成されたために，林の断面が露出している。

因と思われるが，コウボウムギやハマヒルガオといった砂浜特有の植生は少ない。チガヤに混じる海浜植物も地元の町によって行われているチガヤ草地の刈り取りによって維持されているようである。群落地内の林には指定当時にあったクロマツはまったく見当たらないが，トベラ，ヤブニッケイ，マルバグミなどからなる低木林が成立している。県内でも平地の海岸林は，ほぼすべてクロマツの植林である。このような広葉樹の林は非常に珍しい。現在でも天然記念物として価値があるのはこの低木林くらいであろうか。

　この10年の間には植生の大きな変化は見られないが，1999年に指定地の南端の一部が一個人により無許可で造成され，その部分にあった林と砂丘が消滅してしまった（図3）。残った林の断面が露出していて，露出した木の枯死が憂慮されている。

〔県指定天然記念物「富津州海浜植物群落地」〕
　富津州は房総半島から東京湾に突き出た砂洲である。富津州の先端部1,487,000 m^{2}が当群落の指定地である。1975年に天然記念物の指定が告示されたが，公的な資料のなかには指定年が1954年と記載されているものがある。この1954年は千葉県の教育委員会で指定が決定された年のようである。なぜ，指定の決定から告示まで20年もかかったのか今となっては不明であるが，当群落地を巡る問題はこれだけではない。

　富津州は終戦の年まで軍の施設として立ち入りが制限されていた。そのことが幸いして，砂洲の自然景観が保存されていて，砂丘や海浜植物がよく発達し

図4　州の先端にある展望台から撮影した現在の天然記念物富津州海浜植物群落地
大部分が松林や舗装道等に占められ，海浜植物が見られるのは汀線付近のみ。

ていた。1949年に沼田眞が詳細に調査し，州の南岸では，オニシバ，ケカモノハシ，ハマヒルガオ，コウボウムギなどの外洋性の植物が優占し，北岸ではギョウギシバ，チガヤ，スナビキソウなど内湾性の植物が優占していることを報告している。また，州の中ほどには現在も存在している1,500 m^{2}ほどの池があり，その周辺には湿地性の植生が優占していた。海浜の植生がよく発達しているうえに，狭い砂洲に多様な植生が存在しているのは，学術的にも景観的にも貴重であるということで天然記念物に指定された。

　ところが，富津州を天然記念物に指定することが検討されていた時期と相前後して富津州という一地域が，都市公園，保安林，国定公園に指定されていった。当然のことながら，都市公園や保安林に指定されるとそれ相応の整備が進められることになる。その結果，現在では州の大部分はマツの保安林に占められ，州の先端には展望台や駐車場などが建設され，そこに導く舗装道も敷かれている（図4）。海浜植物の生育地としては，中心部の池の周辺および保安林の外側の汀線付近のみ残された。ただ，その池周辺の生育地も，保安林に囲まれたために風が弱まり，かつてあった砂浜特有の植生は消滅し，今ではチガヤの草原に変化している。海岸沿いにおいても，州の先端付近は護岸と波消しブロックにより砂浜そのものが消滅している。現在残っている海浜植生は汀線と保安林に挟まれた狭い範囲のみであるが，その植生も車の進入や多量のゴミにより現在では断片化している。

〔天然記念物と自然保護〕

　天然記念物に対する現状変更は法的に規制されていることから，確かに天然記念物の指定は自然保護を進める上で強力な手段となりえる。ただ，一旦指定されればあとは無条件に保護されるかというとどうもそうは簡単にいかないようである。

　太東にしても富津にしても，群落が天然記念物の対象ではあるものの，実際に指定されているのはその群落のあった地域である。したがって群落が移動した際は，その指定地域との間にずれが生じることになる。特に海岸のように比較的不安的な立地にある群落であると，汀線が移動すると，それとともに年々その位置がずれていく可能性がある。太東の群落のように汀線の移動を人為的に固定しようとすると，中途半端な群落が残ってしまうことになる。汀線が移動した場合はまずその原因を突き止め，もしその原因が人為的なものであればその原因を排除する手立てを講じ，自然のものであれば放置し，記念物の指定地を群落にあわせてずらす必要がある。

　特殊な事例だと思われるが富津の群落のように，同一の地域が相反するような規制地域に指定される場合がある。海岸の場合，国土保全や飛砂防止等の名のもとに行われる護岸工事や植林により天然記念物に指定されている植生が破壊される可能性がある。一見相反するような目的であっても両立させる方法をまずは探るべきであって，安易に天然記念物の現状変更を認めたり解除するべきではない。

㉚ 関東のコナラ林

■星野義延・斉藤　修

　コナラ林は関東地方において最も重要な二次林であり，沿岸部を除いた大半がコナラークヌギ群集とコナラークリ群集に分類されている。主に台地・低地に分布するコナラークヌギ群集はかつてこの地方の代表的な農用林であったが，都市化，燃料革命，農業の衰退，化学肥料の普及などに伴って減少した。この群落は，栃木，埼玉，千葉，東京で保護を必要とする群落としてあげられ，特に東京では多くの地点が重要とされている（奥富，1996）。また，主に丘陵地から山地下部にかけて分布するコナラークリ群集は，かつては主に薪炭林として利用されてきた林であり，埼玉，千葉，東京，神奈川の丘陵上部から低山地に分布する群落が保護上重要な群落とされている（奥富，1996）。これら関東のコナラ林の1970年半ば以降の変化について，斉藤ほか（2003）の研究などに基づいて述べることにする。

〔コナラ林の残存状況〕

　1970年半ばに植生調査が実施された113カ所のコナラ林で種組成の変化をモニタリングした。1970年半ばから現在までに調査したコナラ林の34％が改変されていた（表1）。都県別では東京都での改変率が54％と半分以上が改変されており，コナラ林の縮小，分断化がより一段と進んでいた。コナラークヌギ群集の改変率は40％であり，最も多い改変要因は宅地開発であり，次いで学校・病院建設，公園整備，スギ・ヒノキ人工林への樹種転換であった。コナラークリ群集の改変率は25％で，人工林への林種転換が主な改変要因であった。

〔種数と種組成の変化〕

　20数年前と現在の調査区あたりの出現種数を比較すると，現在でも下刈り，落ち葉かきなどの管理の継続している林分では種数がやや増加する傾向がみられたが，管理が停止し，放置された林では減少していた。特にコナラークヌギ

表1 1974-80年調査〜2000-01年調査での関東のコナラ林の改変状況

		調査地点数	改変地点数(%)	改変要因						
				宅地開発	道路・駐車場化	学校・病院建設	公園・運動場整備	ゴルフ場・牧草地	スギ・ヒノキ植林	その他
都県別	茨城	34	10 (29)	1			1		5	2
	栃木	18	4 (22)	1	1			1	1	
	埼玉	28	8 (29)	1	1	3	1	1		1
	千葉	5	1 (20)	1						
	東京	28	15 (54)	4	1	4	5			1
群落タイプ別										
	コナラークヌギ群集	65	26 (40)	6	1	7	7	1	0	4
	コナラークリ群集	48	12 (25)	2	3	0	0	1	6	0
計 (%)		113	38 (34)	8	4	7	7	2	6	4

群集でその傾向が顕著であった（図1(a)）。多くの放置林でアズマネザサや常緑木本の被度が増加していた。林床の光環境の変化が，林床に成育している陽地生の草本植物の減少をもたらしたと考えられる。

　Sørensenの共通係数を用いて，20数年前と現在のコナラ林の種組成の変化を比較してみると，コナラークヌギ群集の方がコナラークリ群集よりも共通係数の値が低く，組成変化が進んでいた（図1(b)）。また，両群集ともに，管理が行われている林分の方が種組成の変化が小さい傾向があった。

　20数年前と現在とで常在度の変化が顕著であった種を表2に示した。コナラークヌギ群集とコナラークリ群集で共に増加した種は，ムラサキシキブ，イヌツゲ，キヅタ，アオキなどの木本種であった。コナラークヌギ群集ではシュロ，トウネズミモチ，ヤマノイモ，ヤマグワ，ヤツデなどが，コナラークリ群集ではミズキ，ミツバアケビ，テイカカズラなどの増加が顕著であった。一方，共通して減少していたのは，アキノキリンソウ，イチヤクソウ，アカマツ，ススキ，ニガナなどで，アカマツ以外は草本植物であった。コナラークヌギ群集ではナワシロイチゴ，クリ，シラヤマギク，カマツカ，ホソバヒカゲスゲ，ミツバツチグリなどが，コナラークリ群集ではサルトリイバラ，オケラ，オカトラノオ，センブリなどが減少していた。

　構成種の増減の傾向を管理の有無との関係でみると，コナラークヌギ群集で顕著な違いがみられ，増加種群の多くが管理林で増加し，減少種群の多くが放

(a) 出現種数の変化

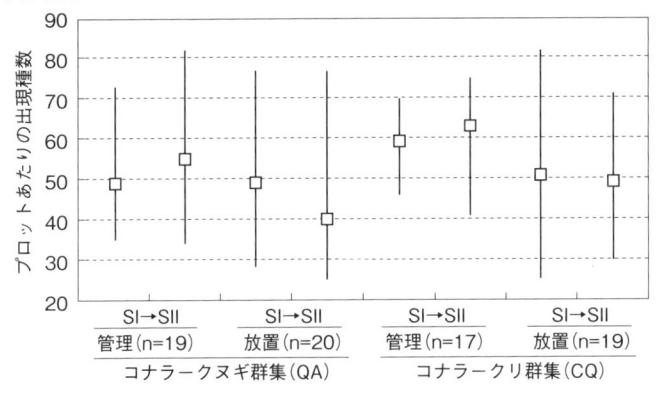

(b) Sørensenの共通係数

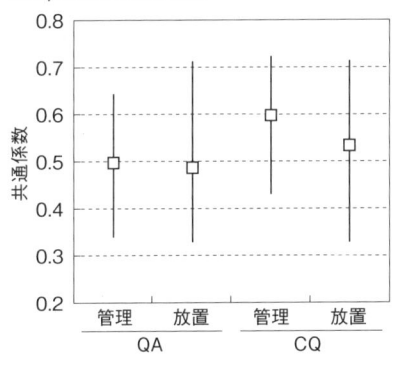

図1 関東のコナラ林の出現種数と種組成（共通係数）の変化
　　SⅠ：1974-1980年調査，SⅡ：2000-2001年調査，Sørensenの共通係数（CC = 2c/（a+b），ここでaとbはそれぞれSⅠとSⅡでの出現種数，cはSⅠとSⅡでの共通種数），(a)，(b) ともに□が平均値，縦棒の上端が最大値，下端が最小値を示す。斉藤ほか（2003）に基づきグラフ化した。

置林で減少していた（表2）。コナラークヌギ群集では管理の有無が，出現種数の変化と同様，種組成変化の重要な要因となっていた。また，管理が行われているコナラークヌギ群集では，トウネズミモチ，ネズミモチ，イヌツゲ，マンリョウなどの緑化・園芸種（街路樹，庭木などとして植栽されている植物）の新規加入が顕著であった。この緑化・園芸種数は地域の人口密度が増加している場所にある林分ほど，多くなる傾向があった。人口密度の増加は，一般住宅地の庭，公園や街路樹などの人工的な緑化空間の増加を指標していると考え

表2 関東のコナラ林追跡調査で常在度の変化が顕著であった種のリスト

	コナラークヌギ群集 (n=39) 管理	コナラークヌギ群集 (n=39) 放置	コナラークリ群集 (n=36) 管理	コナラークリ群集 (n=36) 放置	LF[2)]	DT[3)]
n=	19	20	17	19		
増加種群[1)]						
コナラークヌギ群集とコナラークリ群集で増加						
ムラサキシキブ	○	○			M	D2
イヌツゲ	○				N	D2
キヅタ		○			MM	D2
アオキ		○	○		N	D2
ウワミズザクラ	○				MM	D2
シロダモ		○			MM	D2
ウメモドキ	○				N	D2
コナラークヌギ群集で増加						
シュロ	○	○			M	D2
トウネズミモチ	○	○			M	D2
ヤマノイモ	○	○			G	D1
ヤマグワ	○	○			M	D2
ヤツデ	○	○			M	D2
ムクノキ	○				MM	D2
コブシ	○				MM	D2
シオデ	○				G	D2
ツタ	○				M	D2
マンリョウ	○				N	D2
ヒサカキ	○				M	D2
クスノキ	○				MM	D2
ヒイラギナンテン	○				N	D2
イヌシデ	○				MM	D1
ネズミモチ					N	D2
ナンテン	○				N	D2
リョウブ	○				M	D1
ギンラン					G	D4
トボシガラ					H	D4
コナラークリ群集で増加						
ミズキ	○	○	○		MM	D2
ミツバアケビ			○		M	D2
ノガリヤス			○		H	D4
ノササゲ			○		H	D2,4
ヤクシソウ			○		Th	D1
テイカカズラ				○	MM	D1
スギ				○	MM	D1
ツルウメモドキ					M	D2
ジャノヒゲ					H	D2,5
ヘクソカズラ					N	D4
ヤブコウジ					Ch	D2
アズマネザサ					N	D5
ヒノキ					MM	D1
モミジイチゴ					N	D2
ケヤキ					MM	D1
減少種群[1)]						
コナラークヌギ群集とコナラークリ群集で減少						
アキノキリンソウ	○	○		○	H	D1
イチヤクソウ	○			○	H	D4,5
アカマツ	○			○	MM	D1
ススキ		○			H	D1
ニガナ	○		○	○	H	D1
ワラビ			○	○	G	
ノダケ			○		G	D1
コナラークヌギ群集で減少						
ナワシロイチゴ	○	○			N	D2
クリ	○				MM	D2,4
シラヤマギク		○			H	D1
カマツカ		○			N	D2
ホソバヒカゲスゲ		○			H	D4
ミツバチグリ		○			H	D4,5
アカネ		○			G	D2
ヤマハッカ		○			H	D4
ノハラアザミ		○			H	D1
ガマズミ		○			N	D2
ヤマウコギ		○			N	D2
キジムシロ		○			H	D2
ネムノキ		○			M	D4
アキノタムラソウ		○			H	D4
コバノカモメヅル		○			G	D1
ヤマハンノキ		○			MM	D1
ワレモコウ		○			H	D4
コナラークリ群集で減少						
サルトリイバラ			○	○	N	D2
オケラ			○		H	D1
オカトラノオ			○		H	D4
センブリ			○		Th	D4
ナガバノコウヤボウキ				○	N	D1
ナツハゼ					N	D2
オオモミジ					MM	D1

られ，それらが散布可能な範囲内にあるコナラ林へ緑化・園芸種の加入を促していると推察される。

一方，コナラークリ群集の種組成変化には，斜面傾斜角，林床の落ち葉（リター）の被覆率，常緑木本被度の変化が影響していた。なかでも林床のリター被覆が重要であり，リター被覆が少ないほど，時間経過に伴う種組成変化が小さい傾向があった。林床に堆積したリターは，小さな種子をつける植物の発芽・定着を妨げ，植物によってリターへの反応は異なるものの，全体としてはリター量が少ないほど，林床植物が多くなることが知られている（Sydes & Grime, 1981a, b）。リター被覆には，斜面傾斜角度など地形要因と落ち葉採取などの管理が関与しているため，コナラークリ群集では，地形要因や管理の有無によって，リターの堆積が少ないところほど林床植物の減少が少なく，以前の種組成が保たれる傾向があると考えられる。

〔今後の保全に向けて〕

関東のコナラ林は，過去20数年間で，低地から丘陵地にかけては市街地化などによって，山地下部では主に人工林への林種転換によって改変が進んだ。特に，東京ではすでにコナラ林保護の重要性が指摘されているにもかかわらず，公園や保全指定地域を除いて，開発によって消えつつある。また，1970年代以降のコナラ林の主要な用途であった原木シイタケ生産が急速に衰退したこともあり，萌芽更新や下刈りなどの施業が行われなくなった放置林が拡大している。そして，放置林では構成種数の減少，種組成の変化が進むとともに，伐期の遅れ（高齢林化）によって相観や林分構造の異なるコナラ林が増えてきている。このようなコナラ林の保全には，保全指定地域の拡大などの面的確保と，萌芽更新の維持，ササ類や常緑木本の選択的除去などの管理が必要である。ト

表2脚注
1) 1974-1980年調査と2000-2001年調査での各種の出現頻度の増減が有意（フィッシャーの正確確率検定で有意水準5%未満）であった種を，常在度の増減幅（SⅠとSⅡの差の絶対値）が大きい順に列挙した。さらに，各群集の管理林と放置林に区分した場合にそれぞれで増減が有意であった種に○印を記した。
2) LF（生活形）－ MM: 大形地上植物（8m以上），M: 小形地上植物（2〜8m），N: 微小地上植物（0.25〜2m），H: 半地中植物，G: 地中植物，Ch: 地表植物，Th: 1・2年植物
3) DT（散布様式）－ D1: 風散布植物，D2: 動物散布植物（被食動物散布または付着散布），D3: 自動散布，D4: 重力散布，D5: 栄養繁殖（地下器官型）斉藤ほか（2003）より作成

ウネズミモチなどの緑化・園芸種の新規加入にみられるように，周辺地域の状況によっては雑木林管理がさらなる組成変化を引き起こすおそれがある。このため今後は，保全地域周辺にはコナラ林に侵入しやすい外来種や緑化・園芸種を植栽しないなど，景観レベルでの保全対策も同時に実施することが望まれる。

〔引用文献〕

奥富清・辻誠治・小平哲夫．1976．南関東の二次林植生－コナラ林を中心として－．東京農工大学農学部演習林報告 **13**: 55-65.

斉藤修・星野義延・辻誠治・菅野昭．2004．関東地方におけるコナラ二次林の20年以上経過後の種多様性及び種組成の変化．植生学会誌 **20**(2): 83-96.

Sydes, C. & Grime, J.P. 1981a. Effects of the leaf litter on herbaceous vegetation in deciduous woodland Ⅰ. Field investigations. Journal of Ecology **69**: 237-248.

Sydes, C. & Grime, J.P. 1981b. Effects of the leaf litter on herbaceous vegetation in deciduous woodland Ⅱ. An experimental investigation. Journal of Ecology **69**: 249-262.

辻誠治．2001．日本のコナラ二次林の植生学的研究．東京植生研究会．

㉛ 日光戦場ヶ原 —乾燥化促進とシカ食害の影響—

■大久保達弘

〔湿原および周辺植物群落の特徴〕

戦場ヶ原は，栃木県日光市の標高1400 mに位置し，湿原部（246 ha）とその周辺緩斜面を含めて面積約400 haの大きさを有する。戦場ヶ原西部および南部は湿原部（北戦場ヶ原，南戦場ヶ原），北東部は扇状地（東戦場ヶ原）であり，その北側に逆川が流れ，男体山，大真名子山，小真名子山，太郎山，山王帽子山などの2,300 m級の周辺の水源山地へ続く。気候は年降水量約1,600 mm，暖かさの指数48.7，また付近は日光国立公園特別保護地区に指定されている。

周辺植生は主に山地帯落葉広葉樹林のミズナラ林であり，ブナ，ウラジロモミ，カラマツ（一部植林含む）を部分的に混交する。逆川沿いの氾濫原にはハルニレ林が分布する。戦場ヶ原内の植生は，ズミ低木林，カラマツ林，ササ草原，イヌコリヤナギ低木林，ホザキシモツケ群落，ヨシ群落，草本群落（イネ科，高茎草本），湿原植物群落が分布する。湿原植物群落は中間湿原（ヨシ－オオアゼスゲ－ヒメミズゴケ群落，オオアゼスゲ－ヌマガヤ群落など）が最も広く，高層湿原（ヌマガヤ－イボミズゴケ群集など），低層湿原（ヨシ－オオアゼスゲ群落など）は面積的にはより狭い（久保田ほか，1978）。

〔植物群落に及ぼすインパクト要因〕

湿原の乾燥化促進，シカ食害の影響の2点にまとめられる。また帰化植物オオハンゴンソウの繁茂が顕在化しているが，現在は人為的な除去により少なくなっている。いずれも程度の差はあるものの，人間活動とのかかわりの中で生じたインパクトであるが，湿原の乾燥化促進，帰化植物種の侵入は以前からたびたび問題視され環境省，栃木県が中心になって調査・対策事業が行われてきた。1990年代後半以降に急激に生じたインパクトではシカ食害の影響が最も大きい。

① 乾燥化促進

戦場ヶ原は男体火山の1万3,000年前の噴火活動による軽石流の堆積によ

り古戦場が原湖が埋まり，その後御沢などからの土砂供給により湿原が陸化しつつあるもので，長い時間スケールでは湿性遷移系列の途上にあると理解できる。しかし，近年の「乾燥化」は人為的に引き起こされた要因を含んでおり，「乾燥化促進」として前者と区別されている。乾燥化促進に関しては以下の①～③の要因が考えられている。

①河川から湿原への土砂の流入・堆積　戦場ヶ原北東部の逆川から湿原へ土砂が流入堆積し，湿原の陸化を促進している。また土砂の堆積程度に応じた植生の帯状構造（ズミ，イヌコリヤナギ，ヨシの各群落）の形成がみとめられる（Hukushima et al., 1986; 1997）。

②湿原への流入河川からの農業用水の取水　湿原の涵養水源である逆川から戦後になって戦場ヶ原東側開拓地（約 77 ha）への農業用水の引き込みが行われ，一部は防火用水路として湿原内に再び戻されているものの多くは戦場ヶ原を迂回し湯川へ排水されている。1990 年の調査によれば，戦場ヶ原東側開拓地への唯一の水供給源である逆川の流量（$0.201\ m^3/s$）の約 40 % が農業用水として引き込まれ，その内の約 60 %（逆川の流量の 25 %）が戦場ヶ原に戻されず農業排水路を通じて湯川に排出されている（国立公園協会，1991）。

③湿原内の人工溝の設置による排水　戦場ヶ原湿原南部の赤沼茶屋から湯川沿いにかけての湿原に昭和初期から 10 年代にかけてカラマツ植林が行われた際に掘られた排水溝により湿原から湯川へ水が排水されたことによる（長谷川，1982）。実際は，溝周辺では地下水位が低下しズミの成長促進に影響していたが（福嶋・風間，1985; 福嶋，1988），それ以外の湿原内部ではカラマツの成長は悪く，排水溝設置が特に乾燥化に及ぼした影響は見られない（長谷川，1982）。その後，1974 年に湯川に流入する 5 つの溝に排水調節堰が設置された（長谷川，1982）。

また，戦場ヶ原縦断道路（国道 120 号線）の設置と道路沿い側溝からの水の排出が挙げられる。大正から昭和にかけてカラマツ植林が行われた際に掘られた溝によるもので，ここは地形的には逆川の扇状地の末端部に位置し，②の場所と異なり現在は砂礫の多い乾燥地となっておりカラマツの成長は極めてよい。また近年の衛星画像（1985～2000）の解析から，国道 120 号線西側の三本松の近辺で湿潤化が認められた（松英，未発表資料）。台風後の男体山斜面

からの出水が国道により遮断され湿原東側の三本松周辺で一時的に水分過剰になることが原因の一つと考えられる。

② シカ食害の影響

戦場ヶ原を含む奥日光，白根山地域の自然植生へのシカ食害の影響は1992年以降顕著になった。シカ食害の影響は以下の点にまとめられる。1）嗜好性植物の消失，草本はアヤメ，ノハナショウブ，コオニユリ，コバノギボウシ，イブキトラノオ，カラマツソウ，ハクサンフウロ，チダケサシ，木本はレンゲツツジ，ウラジロモミ，キハダ，マユミ（長谷川1994, 1996），ササ類は戦場ヶ原より千手原および中禅寺湖南岸で顕著である。選択的な食害が認められ，ミヤコザサーチマキザサ複合体，オクヤマザサ，ミヤコザサは顕著な食害を受けているが，クマイザサ，ナンブスズ，スズタケはほとんど食害を受けていないが（小林・濱道, 2001）（図1参照），シカの越冬地に近く，積雪の少ない場所に生育するスズタケはほとんど消滅した。また，食害影響の少ない種はホザキシモツケ，一部のアザミ類などがある，また2）不嗜好性植物の増加（ハンゴンソウ，マルバダケブキ，シロヨメナ，バイケイソウ，イケマ）（長谷川，1996），および3）木本実生の更新促進（Nomiya et al., 2003）などがあげられる。

日光のシカ集団は「日光・利根地域個体群」と呼ばれ（小金澤, 1998），栃木県北西部から群馬県北東部にかけて県境をまたいで分布しており，合計で1万1,900頭に達する。そのうち足尾，奥日光，表日光は20頭/km^{2}に達する高密度分布地域にあたる。このようなシカ個体群の分布域の拡大と個体数増加は59豪雪（1984年）以降に生じたものと考えられている。高密度の日光鳥獣保護区に隣接する可猟区におけるシカ狩猟数の年次変動（1975年から計画的駆除が開始される以前の1994年）を比較すると，79年以前は両県合わせて280頭程度の狩猟数で推移していたが，80年以降増加傾向が現れ，87年以降，急速に増加し，およそ5年で2倍に達した（小金沢，未発表資料）。その要因として，暖冬による越冬可能地域の拡大，越冬地での死亡率低下，新しい越冬地への進入と急激な個体数増加があり，背景として，ニホンオオカミなど捕食者の絶滅によるシカ個体数制御機能の欠如，食料であるミヤコザサの繁茂による潜在的環境収容力の増加，大規模鳥獣保護区の設定による狩猟圧の地域的・政策的減少が考えられている（Koganezawa & Angeli, 1998）。

図1 小田代原南側のシカ食害防護柵（2001〜2002 設置）の設置状況
柵の左側が内側，右側が外側にあたる。左側はクマイザサで右側のミヤコチマキより食害の影響は少ない。実際は，シカの食害後に，偶然に柵が設置された（小林・濱道，2001）。（2003 年 8 月 5 日撮影）

図2 戦場ヶ原の航空写真（正射投影）（1996 年撮影）と地形図の重ね合わせ
図中の太い実線はシカ防護柵の設置範囲を示す。戦場ヶ原は環境省（2001〜2002），小田代原は栃木県（1998）によりそれぞれ柵が設置された。

〔すでに実施された湿原の保護管理対策〕

流入河川の土砂流出防止

2003 年に逆川の湿原流入部で土砂流出防止のための護岸工事による土砂流出防止対策が行われた。

ズミ低木群落の伐採

1994 年 3 月湿原中の三本松展望台周辺でズミ 176 株，イヌコリヤナギ 102 株が主として湿原乾燥化防止のため試験的伐採された。

帰化植物種の除去作業

毎年 8 月にボランティアによる帰化植物オオハンゴンソウの除去作業が行われており，戦場ヶ原では個体数が少なくなってきている（宮地，1995）。

シカ食害防護柵の設置

栃木県により 1998 年，小田代原に防護柵が設置された。また環境庁により 2001〜2002 年にかけて戦場ヶ原湿原全体を取り囲むように総延長 14.9 km の防護柵（高さ 2.4 m）が設置された（図2参照）。戦場ヶ原より以前に柵の設置が行われた小田代原ではすでに植物の回復が認められている（長谷川，2001）。

シカ保護管理計画の策定

1994年にシカに特定した総合的な保護管理計画「栃木県シカ保護管理計画」が策定され，2003～2006年度「栃木県シカ保護管理計画（第3期）」が継続して実施されている。

〔湿原植物群落保護のための提言〕

2001～2002年に環境省により設置されたシカ防護柵内は，国道120号線沿いの柵の開口部からシカが侵入している可能性がある。このシカ個体の除去と侵入防止策の再検討が必要である。湿原をめぐる総合的な水資源管理は，戦場ヶ原開拓の農業の現状を踏まえた上で再検討を要する。また，湿原を含めた周辺域の植物群落については，リモートセンシングなどを用いた湿原全体の広域的モニタリングから数ha以下の中～小サイズの調査区によるものまで，空間スケールの異なる長期モニタリング調査システムの確立が必要である。その際，シカ食害，水分動態の影響には特に注目すべきである。

〔参考文献〕

長谷川順一．1982．栃木県の植生と花，250pp，月刊さつき研究社．

長谷川順一．1994．鹿により荒廃する日光の自然，フロラ栃木 **3**: 1-10.

長谷川順一．1996．鹿の食害による奥日光のササの枯死，フロラ栃木 **5**: 23-29.

長谷川順一．2001．小田代原の鹿食害発生前の群落組成の一例，フロラ栃木 **10**: 45-47.

福嶋司．1988．日光国立公園，日光戦場ヶ原の乾燥化に関する生態学的研究II．湿原内に派生した流路が植生分布に及ぼす影響，植物地理・分類研究 **36** (2)：102-112.

Hukushima, T., Kershaw, K.A. and Takase, Y. 1986. The impact on the Senjogahara ecosystem of extreme run-off events from the river Sakasagawa, Nikko national park. I. vegetation and its relationship of to flood damage. *Ecol. Res.* **1**: 279-292.

Hukushima, T. and Yoshikawa, M., 1997. The impact on the Senjogahara ecosystem of extreme run-off events from the river Sakasagawa, Nikko national park. I. changes in tree and understory vegetation distribution patterns from 1982 to 1992. *Ecol. Res.* **12**: 27-38.

小林幹夫・濱道寿幸．2001．奥日光・小田代原南側山地林におけるササ類の生態とニホンジカによる選択的食害，宇都宮大学農学部演習林報告 **37**: 187-198.

国立公園協会，1991．栃木県委託平成2年度日光戦場ヶ原湿原保全対策調査報告書—気象・水文等の調査—，98pp，国立公園協会，東京．

小金澤正昭．1998．県境を越えるシカの保護管理と尾瀬の生態系保全．林業技術 **680**: 19-22.

Koganezawa,M. and Angeli,C.B. 1998. Sika deer management in Nikko National Park, Japn -Current Status and Future Direction-. *TWS WDMWG newsletter*,**5**（4）: 10-11.

久保田秀夫・松田行雄・波田善夫．1978. 日光戦場ヶ原の植物, 132pp, 栃木県．

宮地信良（編） 1995. 奥日光自然ハンドブック，221pp，自由国民社．

Nomiya, H., Suzuki, W., Kanazashi, T., Shibata, M., Tanaka, H., Nakashizuka, T. 2003. The response of forest floor vegetation and tree regeneration to deer exclusion and disturbance in a riparian deciduous forest, central Japan. *Plant Ecology* **164**: 263-276.

㉜ 阿武隈山地・八溝山地のブナ林

■原　正利

　「植物群落RDB」では,「総論」の中で,東北地方の太平洋側のブナ林について「第2次大戦前には―中略―かなり広い原生林が残っていたが,これは戦後の皆伐造林の対象となり,現在残されているものは極めて少ない」ことが指摘され (p.69),「本来の分布域が狭いうえに一度の皆伐で壊滅するので,残存林が稀少でしかも絶滅の危険度が高い。したがって阿武隈・北上両山地で僅かに残るこの型のブナ原生林の保存のためには,今後緊急の努力が期待される」と述べられている (p.70)。関東地方のブナ林についても,「特定の保護地域などを除いてそれらの自然林の残存は極めて少ない」ことが指摘されている (p.74)。しかし,これらの地域の残存林の分布や保全状況に関する情報は十分とはいえず,「各論」の「ブナ群落」の部分ではこれらの地域の太平洋側のブナ林についての具体的な記述は少ない。2002年から阿武隈山地および八溝山地(八溝山塊～筑波山塊までを含む広義の意味で扱う)におけるブナ林およびブナの分布に関する調査を行っているので,ここではこれまでに判明した現状について述べたい。

　これまでの研究 (樫村, 1987；野寄・奥富, 1990) により,阿武隈山地では,気候的極相としてのブナ林(それぞれ林床にスズタケを伴う典型的な太平洋型ブナ林,あるいは中生立地を広く連続的に覆うブナ優占林を指す)の分布下限は,一般にブナ林分布の下限とされる暖かさの指数 WI=85℃・月に相当する標高よりも高い標高にあり,分布域がもともと狭いことが指摘されている。この型のブナ自然林は,かつて大滝根山 (1,192m), 蓬田岳 (952m), 万太郎山 (959m) など阿武隈山地の中では標高の高い山々の海抜 700～800m 以上の部分に見られたが (樫村私信),現在では伐採によりほぼ消滅してしまった。その中で大滝根山の北西斜面の海抜 900m 以上の部分にはブナ,ミズナラの他,沢筋にサワグルミ,オヒョウなど多様な冷温帯フロラを含む自然林が残されており貴重である。また,阿武隈山地南部の堅破山 (658m) の山頂付近や,阿武隈山地北部の日山 (1,055m) の北東斜面,西高太石山 (850m) の北東

図1　尾根上の岩の周囲にパッチ状に生育するブナ（海抜900 m）。花塚山

図2　山火事を受けたブナ林（海抜650 m）。ブナの幹が黒く焦げている。林床のササはすでに回復している。久慈山地・男体山

斜面，久慈山地の男体山（654 m）山頂付近などにも一部，スズタケを伴うブナの自然林の断片が残されている。

　八溝山地では，八溝山（1,022 m）や花瓶山（690 m）に，ブナの自然林が比較的まとまって残されているほか，加波山（709 m），筑波山（877 m）の山頂付近にも，ややまとまった林分が見られる。雨巻山（533 m）や吾国山（518 m），難台山（553 m）の山頂付近にも同様の自然林の断片が見られるがいずれも面積的にはごく小さい。

　一方，上記のブナ自然林よりも低標高域には，イヌブナやシデ類，クリ，コナラ，カシ類，モミ，アカマツなどの混交林が発達する森林帯が認められるが，ブナはその中にも尾根や上部斜面を中心に密度高く生育する場合がある。このような型の自然林は，阿武隈山地の手倉山（672 m），三森山（656 m），日隠山（602 m），花園山（798 m）や北茨城市小川周辺に，かなり成熟した自然林が比較的まとまって残されており，貴重である。

　また阿武隈山地・八溝山地では全域にわたり多くの地点で，ブナが優占林こそ形成しないが，単木あるいは小集団をなして低標高域の自然林や二次林中に生育していることも明らかとなりつつある。そのうち最も低標高域にブナの小集団を含む森林が残されている例として，南那須町荒川右岸の丘陵地：海抜120～170 mのコナラ二次林中に分布している例（小倉・八坂，1989）や益子町高舘山：海抜230～280 mのアカシデ2次林中に分布している例（小倉ほか，1989）などがある。単木的に最も低標高に生育しているブナ生育地としては，笠間市佐白山：海抜120 mに分布している例や茂木町河合八幡山：海

抜105 mに分布している例（吉川，1993）があげられる。
　このように当地域のブナ林の現状として，1）気候的極相林としてのブナ林の分布はもともと比較的，高標高域に限られたものであったが，これらは古くからの開発や近年の伐採によって大部分，失われてしまい，残存する群落は極めて小さな断片化したものが多い，2）低標高域では，ブナは単一で優占林を作らず混交林の要素として小集団を成して生育することが多い，の2点が特徴である。したがって同じブナ林とはいっても，ブナの優占林が山腹斜面を広く被う本州日本海側のブナ林とも，山頂付近の高標高域にのみ島状に隔離分布する西日本太平洋側のブナ林とも，群落の受けているインパクトや必要な保全対策が異なるように思われる。
　太平洋側のブナ林は日本海側のブナ林に比べて，もともとブナの更新状態が不良で林床に稚樹が少ないことが指摘されてきた。特に近年，存続が危ぶまれている例が多い。ブナは風媒により他花受粉を行う樹種であるが，花粉は比較的大型で飛散力が小さく，周辺に他個体が少ないと受精に失敗して結実率が低下することが知られている。したがって森林が断片化し個体群サイズが小さくなると種子生産に支障をきたし，個体群の将来の存続がさらに難しくなる可能性が高い。一方，低標高域で単木や小集団状に生育しているブナがかなり見られることから，このような低密度のブナ個体群が形成され維持される生態・遺伝メカニズムが存在することが想定されるが，学問的にはまだ不明な点が多い。保全を図る上からも研究が必要である。また，当地域では，原生林と呼びうるブナ林はすでにほとんど残されていないが，ブナを構成種に含む二次林が，例えば日山の北東斜面など随所で再生しつつあることが観察された。将来的にブナ林の再生を図る上ではこのような二次林を保全し，ブナ林への遷移を図ることも重要である。
　当地域のブナ林は小面積で断片的なものが多く，また，人里から比較的，近い場所にあるために人の立ち入りが多い。このため，1）周囲の伐採に伴う風当たりや日当たりの変化に起因する樹木の枯死，2）周辺からの植物の侵入，3）スギなどの植林や園芸植物の植栽，4）林内への人の立ち入りに伴う林床植生の劣化，5）カタクリなど特定の植物を保護するための草刈りなど，群落が受けているインパクトも，山奥にあるブナ林とは異なる特徴的なものが見られる。山火事を受けて，林床植生が消失して変化しつつある林分も見られたが，これ

も日本海側のブナ林では，比較的稀なインパクトと考えられる。

　小面積で断片的であることや，多少なりとも人手が加わった二次林であることが多いために，当地域のブナ林は行政的な保護の対象になり難い面がある。しかし一方で，ブナという樹種の知名度が近年，非常に高いためか，地元の市民や研究者，行政・教育機関の一部によって保護のための調査や活動が実施されている例が見られる。例えば，前述の益子町高館山では栃木県自然環境調査研究会の人々によって，植生や植物の調査と保護の活動が行われており，南那須町荒川右岸の丘陵地でも地元の市民によって調査と保護の活動が継続されている。上述のように，当地域のブナ林は孤立し断片化した状態で残されていることが多く，ブナ個体群の将来的な存続や群落の変質が危惧される状況にある。地元の市民によるきめ細かく長期的なモニタリング調査を継続し，その結果をベースとして保全対策を実施していくことが必要である。

〔参考文献〕

樫村利道．1987．福島県の植生．福島県植物誌編さん委員会（編），福島県植物誌，p.27-63.
野嵜玲児・奥富清．1990．東日本における中間温帯性自然林の地理的分布とその森林帯的位置づけ．日生態会誌 **40**: 57-69.
小倉洋志・八坂美智夫．1989．栃木県南那須町におけるブナの分布．栃木県博紀要 **6**: 107-116.
小倉洋志・久保田秀夫・田代俊夫・加藤仁・杉田勇治・伊藤徹・神山隆之・鈴木文益・野口達也・桜井雅幸・吉川誠・山村剛．1989．八溝山地の植物相．栃木県博研報 **7**: 1-448.
吉川誠．1993．河合八幡山地域の植物相．フロラ栃木 **2**: 34-69.

㉝ 猪苗代・大山祇神社社叢 （コナラ・ミズナラ林）

■樫村利道

〔林分の概況〕

　福島県のほぼ中央にある猪苗代湖から北東十数キロのところに中ノ沢温泉がある。この温泉街の手前で右に折れて，一路南に向かう道を行くと達沢という集落に行き着く。朝廷の許可を受けた木地師の伝承を受け継ぐ集落である。集落の上手に大山祇を祭る社があり，その奥に大径木からなるコナラ・ミズナラ林が広がる。地元では「原生林」と呼んで大切にしている。

　福島県域での気候的極相は，海岸低地は照葉樹林，阿武隈山地の標高600ｍ以上がブナ林，奥羽山地ではブナ林の下限は800ｍあたりまで上昇し，標高1,500ｍを超えるとオオシラビソ林になる。また，越後山地になるとブナ林は河岸段丘まで下がり，その本当の下限は定かでない。暖かさの指数が提示された頃の気象統計でみると，暖かさの指数85のレベルは標高およそ400ｍにある。理論的にはこのレベルから下が丘陵帯，上が山地帯ということになる。海岸低地の照葉樹林は標高でみるとせいぜい200ｍまでで，そこから400ｍまで，また，そこから実際のブナ林の下限である，阿武隈山地の600ｍ，奥羽山地の800ｍまでの気候的極相については，そこが人々の主な生活域に含まれることもあって明確ではない。

　この200ｍから600〜800ｍの標高の範囲にみられる大径木からなる林分にはいろいろのものがあるが，地形的に特徴のある場所に成立しているものを地形・土壌の極相として除外すると，コナラ林だけが残る。また，当該の地は寒冷寡雪の内陸性の気候的特性を持つことから，ブナとコナラの寒冷順化についてみると，両者とも耐凍性の挙動については大差がないが，春先の萌芽行動に顕著な違いがあることが注目される。

　ブナは一斉萌芽であるが，コナラの冬芽は半分が萌芽することなく残る。もし，その後の推移が順調ならば，この残存芽は1か月足らずで脱落する。しかし，霜害や強風などで新葉条が失われるようなことがあれば，残存芽は速やかに萌芽し，およそ1週間で葉条の損失を補償してしまう。同じことがブナに起こ

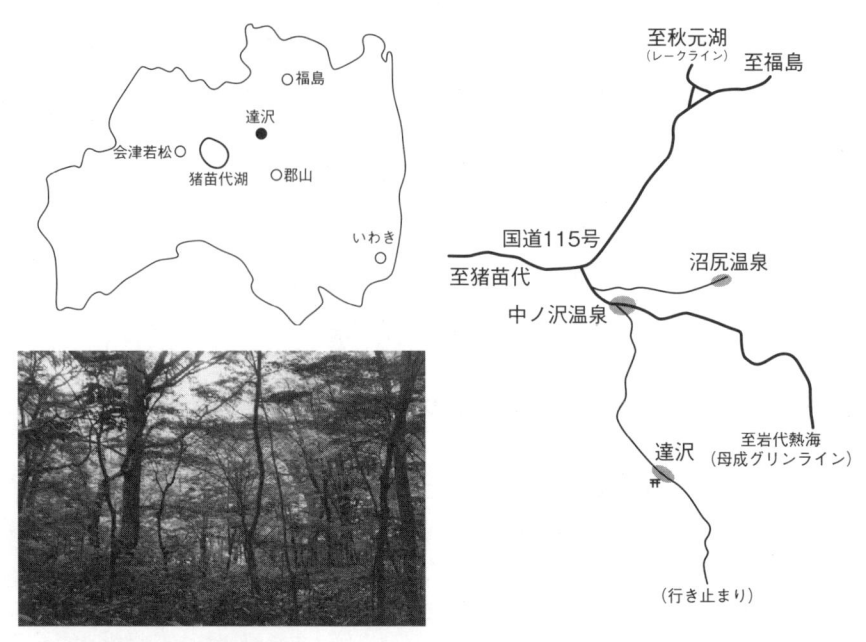

図1 大山祇神社の位置と景観

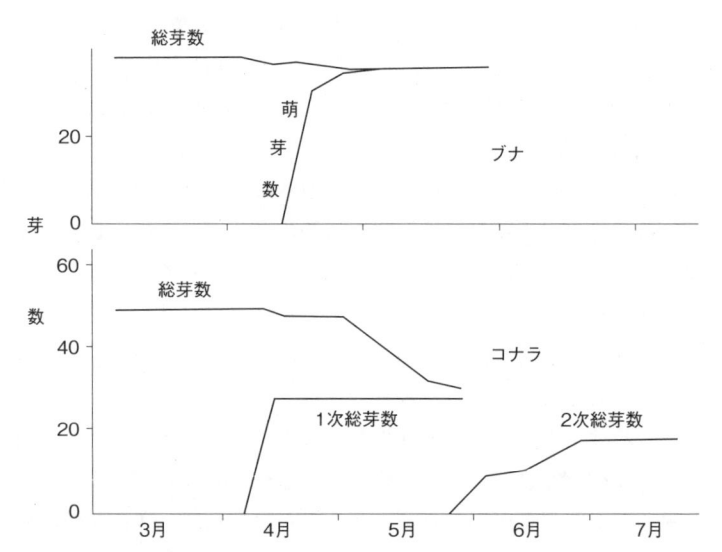

図2 ブナとコナラの萌芽パターン

れば，その補償は不定芽の形成から始まり，葉条の完成までには1か月かかる。しかし，春先の爆発的な萌芽はブナの長所でもあり，順調ならば萌芽の段階で確実にコナラを凌駕することになる。いわば，有り金を一気に賭けるのがブナの戦略であり，小出しに賭けるのがコナラの戦略なのである。強霜の確率の高い寒冷寡雪の内陸部の気候的特性はコナラの戦略に適合しているといえる。

　猪苗代湖周辺には，小規模ながら大径木のコナラが優占する林分が特に目立つ。これらのうち，南岸から舟津川を遡った山あいにある隠津島神社社叢は，神域として保護されてきた自然林ということで1964年に福島県指定の天然記念物になっている。その立地は，しかし，崩積性の岩礫地で，指定当時には気候的極相という視点はなかったようである。

　ひるがえってここ大山祇神社社叢の立地は，南西から北東に向かう2つの穏やかな尾根に挟まれた，幅約150mの浅い谷であり，北部では尾根も谷も1つの斜面となって集落に向けて落ち込んでいる。全体的に地形は穏やかで中庸である。標高はちょうど800mと高いが，神域として保護されていた自然林，とくに当地方の気候的極相を指標するものとして，1992年に福島県指定天然記念物「大山祇神社社叢」となった。

　優占する高木は，西側の尾根でコナラやアカマツであるが，総じてはミズナラである。林床にはシナノザサが繁茂し，その下にヒメアオキやイヌツゲが生育している。地表は落ち葉で覆われ，草本類は少ない。ササ層の上にはヤマモミジ，ハウチワカエデ，マルバマンサク等が生育している。高木層を構成する樹木は概して大きく，最大ランクのものは胸高直径が1.6m，樹高が20mに達するものもある。

〔保護上の問題点〕

　大山祇神社社叢は福島県指定天然記念物となって間もなく，1998年頃から枯死が目立ってきた。1999年の調査では，完全に枯死したものは，ミズナラ5本，カスミザクラ1本を数えた。このうち，樹皮が全く脱落し材の腐朽も進んでいたものはミズナラ3本，カスミザクラ1本であり，樹皮が完全に残っていて最近枯死したとみられるものがミズナラ1本だけで，枯死は以前から起きており，その進行はそれほど急激ではないと思われた。このほかに，生きているが，枝枯れの目立つミズナラが1本あった。

大山祇神社社叢の枯損状況（1999年）

種類	目通り幹囲 m	樹高 m	スケール	場所
ミズナラ	2.36	15	4	東尾根北部
ミズナラ	3.35	15	2	西尾根南部
ミズナラ	2.61	15	4	東尾根南部
ミズナラ	5	20	1	谷中部
ミズナラ	3.03	10	4	西尾根南部
ミズナラ	2.39	13	3	北斜面中部
カスミザクラ	1.87	15	4	北斜面中部
ミズナラ	3.61	20	1	北斜面西部
トチノキ	2.88	15	1	北斜面東部

表中のスケールは以下の通りである。
1：大枝が枯損しているが樹は生きている　2：樹は枯死しているが靭皮は生存時のまま残っている　3：立ち枯れて靭皮ははげ落ちているが材の腐朽は進んでいない　4：立ち枯れで靭皮はなく材の腐朽も進んでいる

　2001年の調査では，生きていて枯死枝の目立つものが若干増えてはいたが，枯死の状況はそれほど深刻ではなく，進行は緩慢であるとみられた。しかし，枯死はその後急速に進行し，2003年には完全に枯死したものが増え，おそらく最近の枯死であることを示して若干の生葉をつけたまま倒壊したものもミズナラ2本に及んだ。このため大きなギャップができたが，後継木の生育は見られていない。地表には落ち葉が厚く堆積しており，それが問題をはらんでいるようにも思われる。ともあれ，天然記念物に指定された当時の幽玄な自然林の面影は急速に失われつつある。枯死はミズナラに多いが，当初枯れ枝が目立つと診断されたトチノキも，2003年現在生きているとはいえ，かなり痛ましい状況にある。春の若葉を付けたまま枝が枯死している様は，誠に鬼気せまるものがある。

〔対応措置について〕
　対処すべき問題点は2つある。その1つは最近になって急に進行し始めた林冠木の枯死であり，もう1つは林床に林冠木の実生がほとんど見られないということである。林冠木の枯死については幹の老化と腐朽とみられ，一般的に樹勢をよくする措置をとる以外にないのが現状である。よく論議される酸性雨については，視界には入れてはいるが具体的な対応は難しい。ナラタケやカシノナガキクイムシによる攻撃も疑ってはいるが，枯死木の幹をみてもそれらしい

兆候は観察されていないし，猪苗代湖周辺ではこうした被害の情報は特にない。

地元の話では，昔は下刈りが徹底していて，ササの繁茂はなく，子供たちは，木々の間を駆け回って遊びに興じたという。下生えの低木は柴として刈られ，落ち葉もまたさらわれて堆肥とされたのであろう。林冠木だけ残して，ふつうの薪炭林としての経営が行われていたことがうかがえる。

天然記念物に指定された当時はすでに林床にはササが密生し，亜高木層もそれなりに繁茂し，自然林としての林相は十分に備えていた。それは，薪炭林としての経営が行われなくなって久しいことを示しているが，そこに最近のような枯死の進行があったという情報はない。

ともあれ1999年の調査後にとられた措置は，地元の意見も重視して，まず，高木と下生植物との間の根圏での競争が激化していることを疑い，生きていて枯死枝が目立つミズナラの1本について，試験的に根圏内の植物を除去する措置をとることとした。また，一般的に樹勢をよくする措置として，根圏の周縁に数ヶの小穴をあけて完熟堆肥に配合肥料を混ぜて施すこととした。樹幹への栄養剤の注入も検討した。2003年現在，枯死は急速に進行していて，これらの措置の実効性には疑問も持たれるところであるが，気長に継続中である。

これら，いわば則物的な対応に加えて，より総合的な調査も計画され，実施に移されている。すなわち，地形を計測して，林冠木の位置や大きさをそこに落とし，そのうち樹勢の衰えが疑われる7本について，樹勢をモニターするよう計画した。地形測量に合わせて全般的な土壌調査も行われ，代表的な3地点で土壌断面の調査やpH測定なども行っているが，特異な点は認められていない。樹勢のモニタリングは現在継続中である。

実生による更新の不良については，厚く堆積している落ち葉が疑わしいところであり，木の倒壊によって生じたギャップの落ち葉をさらって清潔にした林床に，近隣で果実を拾って播いてみる実験を計画している。ネズミの食害があるかも知れないので，一部を金網で囲うようなことも考えているところである。

〔参考文献〕

樫村利道．1978．ブナ，ミズナラ，およびコナラの春先における耐凍性の消失経過について．吉岡邦二博士追悼植物生態論集，p.450-465．

㉞ 会津・赤井谷地

■樫村利道

〔赤井谷地自然の特性〕

　福島県のほぼ中央に猪苗代湖という大きな湖がある。赤井谷地はその北西岸近くに発達した高層湿原である。泥炭層の厚さは3.7 m，^{14}Cによる最下部泥炭の年代測定の結果はBP 6000年である。泥炭層の下には，4～5万年前の猪苗代湖の拡張期に堆積した湖成層が続く。また，泥炭ドームを持ち，わが国には珍しいレイズド湿原とみられる。

　こうした高層湿原をうるおす水は降水であり，栄養塩類に乏しく，とくにCa^{2+}やMg^{2+}に乏しい。このため，高層湿原は総じて酸性・貧栄養の条件下にある。また地下水位は高く，嫌気性の状態にある。過酷な環境下での競争に強い特殊な植物が多く生育する。

　レイズド湿原は中央の泥炭ドームと，そこからの表面流出水や浸出水を受ける周縁の低湿地（ラグ）とから成る。泥炭ドームは頂部（クレスト）と周辺の傾斜部（ランド）が，その支える植物群落の違いから識別できる。

　クレストには小凸地（ハンモック）や小凹地（ホロー）といった微地形の発達があり，ハンモックにはイボミズゴケがカーペット状の群落を拡げ，ヌマガヤが繁茂する。また，ホローにはハリミズゴケが密生し，ミカヅキグサの清楚な群落が広がる。ランドを特徴付けるものはオオミズゴケの平坦なカーペットで，ノリウツギやヤマウルシが茂みをつくって断続している。そして，ラグにはヨシが繁茂し，所によってミヤマウメモドキやイヌコリヤナギの低木林やハンノキ，ヤチダモの湿地林がある。

　赤井谷地で特筆すべきことは，ホローいっぱいに盛り上がるようなハリミズゴケの繁茂である。その生産量は430 g／m²とハンモックでのイボミズゴケの270 g／m²よりも高く，表層における泥炭の堆積速度も5 mm／年とハンモックの3.7 mm／年より大きい。

　泥炭層の発達機構に関しては，ハンモック・ホローサイクル説がある。高く乾いたハンモックよりは低く湿ったホローの方が泥炭の堆積速度が大きく，ホ

図1 赤井谷池の位置

ローはやがて隣接するハンモックを凌駕して新しいハンモックとなり，古いハンモックはその間に取り残されてホローになる。こうしてハンモックとホローが交代しながら泥炭層が発達してゆくというのである。しかし，この説を裏付ける実際の観察例は少ない。赤井谷地で観測された上記の事実は，ハンモック・ホローサイクルの存在を示唆するものであり，実際，泥炭層上部から得られた泥炭の試錐標本の調査で，ミカヅキグサの遺体を含む泥炭がヌマガヤ泥炭と互層になっているという報告もある。ちなみに尾瀬ケ原では，ハンモックでの生産量 $470 g/m^2$ に対して，ホローでは $108 g/m^2$ という値が得られている。

高層湿原のコアを構成する泥炭の母材は，ふつうの土壌が鉱物粒子であるのとは異なり，過去の植物遺体が堆積したものである。また，その孔隙率は，ふつうの土壌が50％前後なのに対して95〜98％もある。湿原の表層数cmの孔隙は，空気と水がほぼ3：1の割合で入っているが，その下の孔隙は水だけで満たされ，嫌気性の環境にある。孔隙を満たす水のほぼ8割は毛管水で，残りが重力水であるが，泥炭内での浸透係数は細砂やシルトのなかに相当する $10^{-3} \sim 10^{-4} cm/s$ のランクにある。

湿原に試験井を開けると周辺から重力水が浸出して井内に溜まり水面は上昇するが，やがて安定する。この安定水面の高さを湿原での地下水位という。クレストでの水位はホローで5cm前後と高く安定しているが，ランドのそれは8cm前後で低く安定している。これに対してラグでは豊水期には高く地表を越え，渇水期には低く，変動が大きい。こうした水理特性が，上記の植生分化に強くかかわっていると考えられる。

赤井谷地は，泥炭形成植物の発生する地域の代表的なものということで，昭

和3年に天然記念物に指定されている。具体的には北方系の植物を多く含む特殊なフロラで，ホロムイイチゴが代表的である。北方系のいずれの種も，シベリアを中心として分布し，その南縁が北海道に及び，本州北部に隔離分布するというものである。このため，赤井谷地のフロラは周辺のそれとは際立った違いを見せる。

　赤井谷地自然の価値としては，このほかに，わが国に稀な泥炭ドームを持ったレイズド湿原であるということと，世界的に例の少ないハンモック・ホローサイクルがあることも挙げられよう。

〔**自然保護上の問題点**〕

　赤井谷地は赤井川の谷の末端部に発達しているが，この赤井の谷と尾根1つで境された西側に強清水の谷がある。17世紀中葉に，強清水の谷を開田することとなったが水が足りず，赤井川から分水することとなった。全長3.6 km，途中で尾根を切り開いて通るこの水路は，赤井谷地の西側ラグを通る。このため，ラグは水を奪われて水位変動が平準化することとなった。

　また，戦後復興の一環として赤井谷地周辺の開田が行われた。赤井谷地の北から西にかけてのラグの全部と，南側の谷地側を除いたラグの大部分がその対象となった。これらの水田はみな湿田で，深い排水路を伴う。また，上記の水路，新四郎堀も拡張され通水容量も格段に大きくなった。こうした戦後復興の事業に伴って，赤井谷地の乾燥化も目立つようになった。

　1960年から30年間の植生変化として捉えられている一つは，湿原に隣接する草地からのススキ，同じくアカマツ林からのアカマツ，チマキザサなどの侵入と繁茂である。二つ目はもともとはヤマドリゼンマイ群落の広がっていたランド西側でのアカマツ-チマキザサ群落の拡大である。この変化には，乾燥化だけでなく，西側水田の地盤低下に伴ったランドの傾斜の増大という，泥炭ドームの形態に起こった変化もかかわっている。また，西側水田と谷地の自然地との間には北側水田への給水路も掘られ，これに伴って周辺アカマツの肥大成長率も著しく増大した。

　また，変化の時期としては捉えられていないが，赤井谷地のラグには本来クレストだけにあるはずのイボミズゴケやハリミズゴケも多くみられ，ヨシよりはヌマガヤの方が優勢である。この，いわばラグのクレスト化は，新四郎堀が

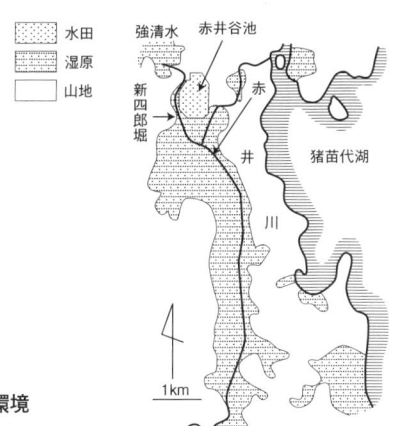

図2 赤井谷池と周辺の環境

ラグの水を奪い、その水位変動を平準化したことと関連していると思われる。また、クレスト南側にはハリミズゴケはみられず、代わってホローではイボミズゴケが、また、ハンモックにはオオミズゴケやムラサキミズゴケが優勢である。これらクレストのランド化も乾燥化の一環とみられる。全体としてレイズド湿原としての植生分化の鈍化が目立つようになったのである。

〔対応措置の計画と実施状況〕

　第一に問題としたのは、周辺水田の耕作による赤井谷地の乾燥化であった。周辺水田には耕地整備の動きもあったが、しかし、その前に赤井谷地の乾燥化をどうするかが問題であった。調査の結果、水の動きが谷地側から水田側に向かっていることが分かったので、若干の緩衝域を設けて、谷地と水田とを鋼矢板で仕切ることとした。鋼矢板はpH 4以下ではもたないという知見があったが、幸い当該地のpHは5を超えていた。矢板は湖成層に達する深さとしたが、支持力不足の懸念があったので、個々の矢板を鋼帯で連ね、さらに諸処に支持板を水平に出して泥炭層による支持も得られるようにした。また、矢板と泥炭とが馴染まず、その間隙が水路になることを防ぐ意味で、所々に垂直の襞を出した。矢板は地上に15 cmほど超出させて、並行して敷設した農道の路肩に隠した。当面、路肩から谷地側に土砂の流れるのを防ぐため、間伐材で土止めも敷設した。また、所々に調節堰を設け、ラグの水位を±15 cmになるように調節することとしている。骨太に囲った矢板の谷地側にも水田があったが、

図3 対応措置の計画

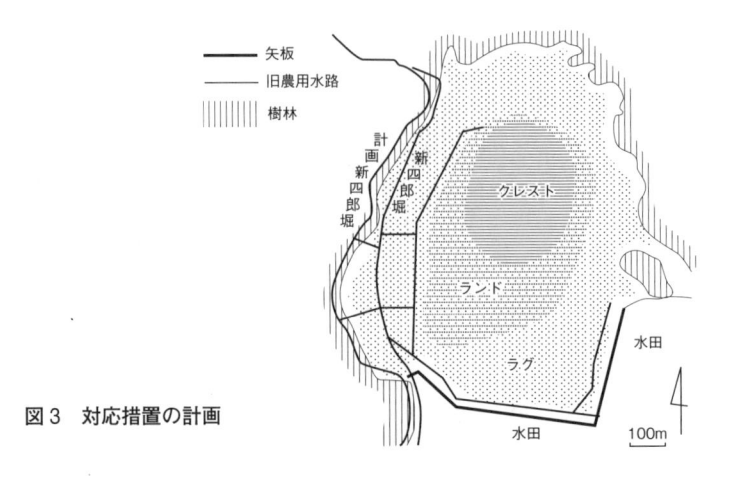

　その耕作は放棄し，ラグの自然再生を期すこととした。そのためには水が均等に配分される必要がある。しかし，農用の水路も多数残っていて，それが当面好ましくなくはたらく恐れがあったので，これらの水路の諸処に簡単な水止めを付け，水路としてはたらかないようにすることとした。

　もう一つの問題は新四郎堀の処遇であった。歴史的文化的にも価値のあるこの水路は，赤井谷地の水を奪わないように，より高所に移設するとともに，周辺山地からの水の流れも妨げないよう，閉管とすることとしている。残った旧水路は所々に水止めをつけ，水路としてはたらかないようにすることとしている。

　2003年現在，矢板の設置が終わって2年目を経過するところであるが，ラグの水位は明らかに高くなり，すでにヨシの繁茂とハンノキの侵入をみている。水路の水止めや新四郎堀の移設は済んでいないが，計画は順調に推移している。並行して行われるべき水位や植生のモニターも順調である。

　これら自然保護上の措置と共に，活用の計画もあり，湿原縁に木道を付けたり，案内板を設置する予定である。そこでは，赤井谷地の自然と共に，その自然とのかかわりで形成された地域の産業と文化についても学習できるよう計画されている。

〔参考文献〕

樫村利道．2000．尾瀬ケ原と赤井谷地（歴春ふくしま文庫20），歴史春秋出版，会津若松．

㉟ 多雪な東北の山々を覆う巨木の森

■平吹喜彦

〔落葉広葉樹林の王国〕

　東北地方の四季の移り変わりはいずこにおいても明瞭であるが，その中央を南北に貫く奥羽山脈(おうう)の存在は，太平洋側と日本海側の気候・植生の違いを顕著なものとしている。日本海側，すなわち奥羽山脈の東麓から西方では，晴天・高温となる夏と曇天・降雪の続く冬が特徴的である。奥羽山脈をはじめ，越後(えちご)，飯豊(いいで)，朝日(あさひ)，鳥海(ちょうかい)，森吉(もりよし)，白神(しらかみ)といった山塊を構成する山々では，しばしば４ｍを超える積雪によって植生のありかたが支配され，世界的にも稀な森林生態系が育まれてきた。

　植生地理学と古植生学は，気候や地形，ヒトと植生の関係，あるいはその歴史的変遷を解明する学問である。これらの研究によって，もともと本州の北半分は冷温帯性の落葉広葉樹によって広く覆われていたこと，そして縄文時代に遡るヒトの働きかけによって，その分布は著しく縮小し，森林の様相も変貌し続けてきたことが明らかにされてきた。現在，東北地方の多雪な山々に残る巨木の森は，太古の森の末裔として学術的に貴重である。

　また，奥山の巨木の森が，衣食住の素材を恒常的に生み出し，水源涵養(かんよう)や土砂崩壊・流出防備といった環境保全機能を発揮して，山麓や平野に住まうヒトの生命を支え，経済的・文化的な潤いを醸成してきたことにも注目する必要がある。一般に，長い時間をかけて創造された森は，あたかも高度に統制された有機体のように，密接かつ重層的にネットワーク化された生物集団を擁し，攪乱に対して優れた緩衝・自己修復機能を有する極相林となって安定する。東北地方が誇る渓流・田園景観，水，米，山菜，木工品，日本酒，魚介類にも，巨木の森の恩恵があまねく及んでいる。

〔多様な落葉広葉樹林〕

　多雪な山地を代表する落葉広葉樹林は，何といってもブナ林である。土壌の厚い緩斜面で最も発達し，林立するブナの巨木群は樹高25ｍ，胸高直径

木漏れ日が踊る新緑のブナ林
さわやかな青空に映える新緑の森。厳冬期、深い積雪に覆われる東北地方の山々には、今なお巨大な落葉広葉樹が林立する多様な森が残っている。

80cmに達する。高木・亜高木層にはミズナラやホオノキ、ハウチワカエデ、ウワミズザクラなどがまばらに混生するだけで、むしろ低木・草本層においてオオカメノキやオオバクロモジ、タムシバ、ユキツバキ、エゾユズリハ、ヒメアオキ、ヒメモチ、ハイイヌガヤ、ハイイヌツゲ、そしてチシマザサやチマキザサの繁茂が顕著となる。

一方、起伏に富んだ地形や斜面方位に応じて、異なるタイプの森が分布していることも知られている。例えば、浸食が進んで基岩の露出した尾根には、乾燥・貧栄養な立地に耐えうるキタゴヨウやクロベなどの針葉樹高木と、ホツツジやムラサキヤシオツツジ、ハナヒリノキ、アクシバなどのツツジ科低木が優勢となった群落が成立している。また、決まって雪崩が発生する東から南向きの急斜面では、地表を這うように伸びるヒメヤシャブシやタニウツギ、ミヤマナラ、マルバマンサク、ミヤマハンノキなどが矮生低木林を形成している。斜面脚部の崖錐（がいすい）や谷底の段丘に見られる岩場は、湿潤で通気性がよい反面、斜面崩壊や洪水といった攪乱を受けやすい立地である。ここでは、サワグルミやトチノキ、カツラ、オヒョウ、ハルニレ、ヤチダモなどの巨木が散在し、ジュウモンジシダやリョウメンシダ、オシダ、サカゲイノデといったシダ植物とミヤマイラクサやテンニンソウ、タマブキ、ヤグルマソウ、ニリンソウといった多年生草本が林床を覆う、季節変化の見事な渓畔林が認められる。

津軽・下北半島で広域的な分布を示すヒノキアスナロ林、山形県北部から青

森県津軽地方にかけて点在するスギ天然林も，これら有用樹の施業にかかわる影響が及んでいるとはいえ，さまざまな落葉広葉樹が混交する巨木の森として特筆される植生タイプとなっている．

〔森をまもろう！〕

　1996 年刊行の「植物群落 RDB」に掲載された東北地方の植物群落の中には，多雪な山々に残存する巨木の森がいくつもリストアップされている．面積が比較的狭く，孤立した状況となりがちな単一群落の登録にとどまらず，「多様な群落の複合体としての落葉広葉樹林」という見地から，集水域や山体，山塊が丸ごと登録された事例も少なくない．効果的で，効率的な保全や管理を達成するためには，コア・エリアの周囲にバッファー・ゾーンを巡らせたり，生態系の主要素である水や土壌，鳥獣などの移動特性に十分配慮したゾーニングを行うことが，まずもって肝要である．このところ発展の著しいランドスケープ・エコロジー（景観生態学，地域生態学）の視点・手法を導入することで，さらなる充実が期待できる．

　ところで，多数の落葉広葉樹林が「緊急な保護を必要とする植物群落」としてリストアップされたことの背景には，これらの森が世界的にも固有な存在で，豊かな植物相を内包していること（したがって，植物を餌，すみ場所，共生相手としている動物も豊富），そして 1960 年代以降に大規模伐採が進められた結果，発達した森林が急速に消滅・荒廃してしまったこと，という 2 つの要因が存在するように思われる．重機を用いた荒っぽい伐採や林道の延伸は，厳しい環境の下にようやく成立した巨木の森を瞬時に破壊し，大地を切り裂きながら，広域的な河川汚濁や土砂災害を引き起こす事態を招いた．国土と国民を護り，持続的な木材の生産をめざすべき林業が，その崇高な理念を見失った時代であった．

　幸いにも 1990 年以降，林野庁は，日本を代表する原生的な森林が残存する 26 地域を森林生態系保護地域に指定して，野生動植物の保護と遺伝資源の保存，森林の施業・管理技術の発展，学術研究への寄与をめざした取り組みを推進している．東北地方では，吾妻山周辺，飯豊山周辺，栗駒山・栃ケ森山周辺，早池峰山周辺，葛根田川・玉川源流部，白神山地，恐山山地の 7 地域が指定され，総面積は 9 万 ha（バッファー・ゾーンを含む）に達している．そのど

れもが多様な落葉広葉樹林を含んでおり，また木材生産を目的とする伐採から免れたことに注目したい。さらに1993年には，白神山地が世界遺産に登録され，恒久的な保護を人類すべてに約束することとなった。

〔森を知る・森と生きる〕

近年，東北地方各地の行政機関や市民団体，学校において，落葉広葉樹が林立する巨木の森を積極的に保全しながら，潤いとやすらぎのある暮らしを実現しようとする取り組みが活発化している。

夕暮れの森で，神秘的な出会い

例えば，山形県立月山自然博物館，白神山地世界遺産センター，各地のビジターセンターや少年自然の家では，近接する原生的な森林生態系そのものをフィールド・ミュージアムとして活用し，森に遊び，森を科学する体験に浸る諸活動を提供している。また，自然をまもる会や野鳥の会，山岳会，森林インストラクターや漁業従事者などが中心となった市民グループも，観察会や自然体験活動，植樹・育林事業といった催しを展開している。学校が実施する総合的な学習や野外活動，修学旅行などで，児童・生徒が巨木の森を訪れる機会も増えている。

「植物群落RDB」の刊行から10年を経た現在も，多雪な山々を覆う落葉広葉樹林には，リゾートや道路，ダムの建設，野草や山菜の大量採取，法的規制から除外された巨木林の伐採といったインパクトが，依然として及んでいる。しかし一方では，地域に固有な自然特性や伝統的生活に根ざした取り組みとその発信・共有化こそが大切であることに多くの市民が気づき，多彩な活動が本格化した時代でもあった。現在，個々の営みは着実に力を増しつつ，ネットワークが拡大しているようにみえる。

㊱ 北海道におけるエゾマツ，トドマツ，ダケカンバ群落の現状
―森林動態モニタリングデータによる人為影響の評価―

■久保田康裕

　北海道を代表する森林群集は，温帯性落葉広葉樹にトドマツやエゾマツ等の常緑針葉樹が混交する針広混交林である。1996年発行の「植物群落RDB」では，北海道のランドスケープレベルで見た場合の森林群集における種組成の変化が指摘されており，特にエゾマツ群落，トドマツ群落，ダケカンバ群落については保護対策の必要性が強調されている。1990年代以降も，亜高山帯における森林伐採は継続しており，それによる群落の劣化は激しい。特別な保護地域を除けば原生的な群落はほぼ消滅したと言える。景観的な群落の変化を示す資料はないが，森林動態の長期観察調査が行われている周辺域の林分現存量や枯損木・倒木量（更新にとって重要な基質）は急速に減少している。今後これらの群落保全を考える場合，過去の人為影響を評価することが重要である。よって本論では，人間活動がこれらの群落に与えた影響を定量化した例を示し，それに基づき群落保護に関する提案を行う。

　北海道東部の山地帯は，エゾマツとトドマツにダケカンバが混交する群落が分布している。またこの地域には，大雪山国立公園や十勝川源流部原生自然環境保全地域等の保護区域が存在し，森林伐採の及んでいない林分（原生林）から過度の択伐で衰退した林分（二次林）が混在している。「植物群落RDB」では，北海道における森林組成の変化や衰退の主要因は，択伐等による森林伐採であることが指摘されている。自然林では過去50年以上にわたって，林分の択伐率や択伐の間隔年数(回帰年)が設定されて天然林施業が行われてきた。例えば，大雪山国立公園東部の針広混交林の林分材積は，現在平均して137 m^3/ha である。一方伐採履歴のない原生林の平均林分材積は 260 m^3/ha である。択伐による森林蓄積の衰退は原生状態の半分にまで達している。

　大雪山国立公園東部におけるエゾマツ・トドマツ・ダケカンバ混交林を対象に，原生林から択伐後二次林まで，異なる蓄積をもつ林分の材積成長率及び枯損率（$m^3/100 m^2$）を永久プロットの長期モニタリングによって収集し，林分

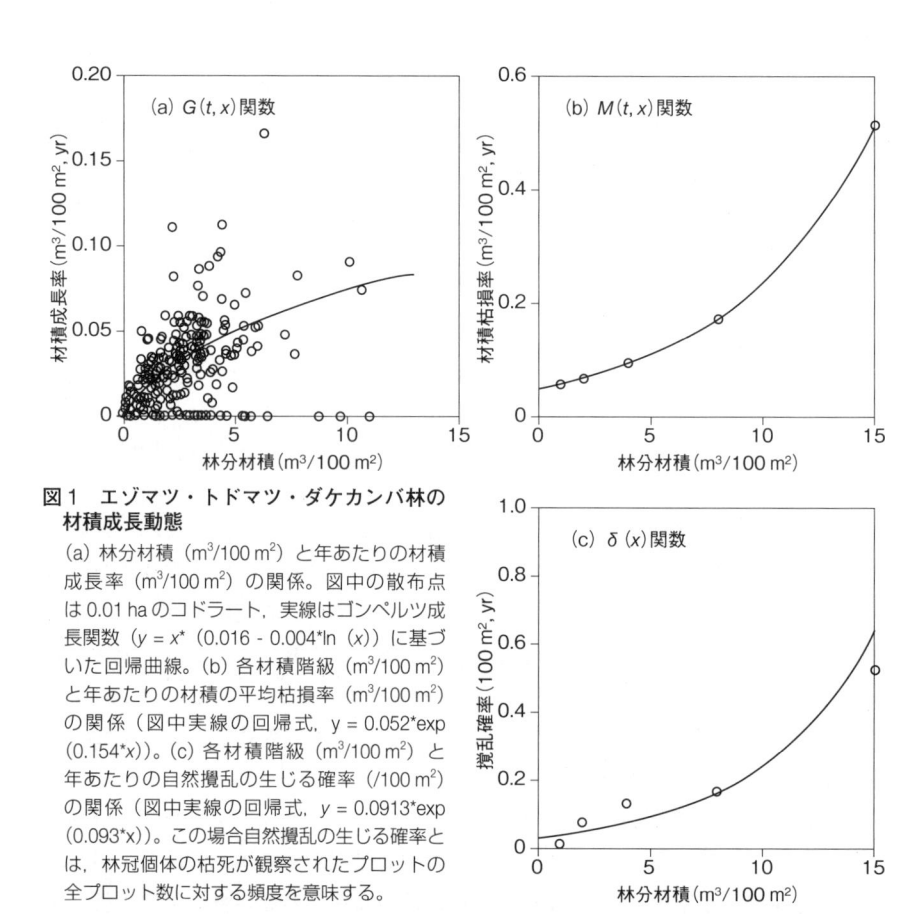

図1 エゾマツ・トドマツ・ダケカンバ林の材積成長動態

(a) 林分材積（$m^3/100\ m^2$）と年あたりの材積成長率（$m^3/100\ m^2$）の関係。図中の散布点は 0.01 ha のコドラート，実線はゴンペルツ成長関数（$y = x^*(0.016 - 0.004^*\ln(x))$）に基づいた回帰曲線。(b) 各材積階級（$m^3/100\ m^2$）と年あたりの材積の平均枯損率（$m^3/100\ m^2$）の関係（図中実線の回帰式，$y = 0.052^*\exp(0.154^*x)$）。(c) 各材積階級（$m^3/100\ m^2$）と年あたりの自然攪乱の生じる確率（$/100\ m^2$）の関係（図中実線の回帰式，$y = 0.0913^*\exp(0.093^*x)$）。この場合自然攪乱の生じる確率とは，林冠個体の枯死が観察されたプロットの全プロット数に対する頻度を意味する。

動態を評価し，それに対する人為影響を定量化した。なおこのモデルで評価しうる面積スケールは $100\ m^2$ の小林分あり，これを超えるヘクタールスケールへの拡張には注意を要する。試算に用いたモデルは以下のように，ある年の林分の成長量（$G(t)$）と枯損量（$M(t)$），及び択伐による林木伐採が，翌年の林分材積を決定するという簡単な式である：

$$x_{(t+1)} = (1-h)^* x_t - \delta(x) M(t,x) + G(t,x)$$

この式は自然条件下で，ある林分が t 年に $x\ m^3/100\ m^2$ 成長もしくは枯損し，それに加えて，毎年 h（$0 \sim 1.0$）の割合で，林分が択伐されることを意味する。したがって $h = 0$ であれば，この式は森林伐採が行われない場合の，潜在的な

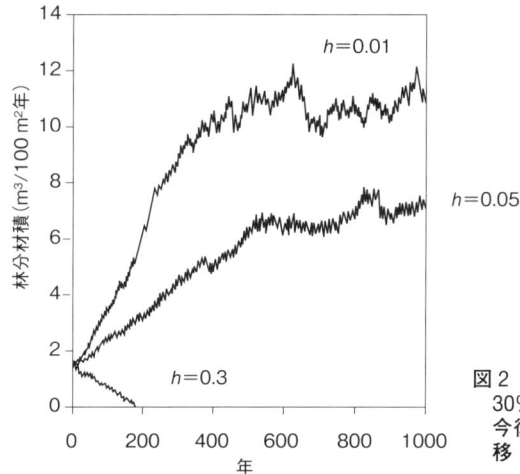

図2 回帰年10年，択伐率（h）1, 5, 30%で森林施業を繰り返した場合の，今後1000年間にわたる林分材積の推移

林分（原生林）の成長動態を表すことになる．なお枯損量にかかっている $\delta(x)$ は，台風などによる自然攪乱がどれくらいの確率で生じるのかを意味している．つまり，ある年にある材積を持つ林分が，$\delta(t)$ の確率で $M(t)$ m^3/100 m^2 の材積を枯損によって消失するということである（図1）．このモデル式に基づいて，様々な伐採率や回帰年で森林施業を行った場合，林分の蓄積がどのように推移するのかを予想できる．図2は0.01, 0.05, 0.3の択伐率（h）を10年の間隔で繰り返した場合の林分材積を示している．択伐率が低く原生林に近い状態では，林分材積が大きくなるため，自然攪乱による枯損で林分材積が変動することがわかる．さらに各回帰年で様々な伐採率で施業を行った場合に，今後1,000年間で林分が劣化して消滅する（林分材積が 0.3 m^3/100 m^2 を下回る）確率を予想した（図3）．これは具体的には，林分がササ原になる確率を想定している．試算では1,000年間にわたる林分材積の推移を計算し，それを250回反復して衰退するケースを求めた．図3からは，回帰年が短い場合ほど（択伐間隔のケース），わずかな伐採率の変化によって，林分を衰退させてしまうことがわかる．国立公園の土地利用に関するゾーンニングにおいて，地種は特別保護地区，第1種特別地域（伐採率は10％まで許容），第2種特別地域（伐採率は30％まで許容），第3種特別地域（伐採率は100％まで許容），普通地域の5ランクに分類されている．大雪山国立公園ではエゾマツ，トドマツ，ダケカンバ群落のほとんどが，第2種もしくは第3種特別地域に指定されて

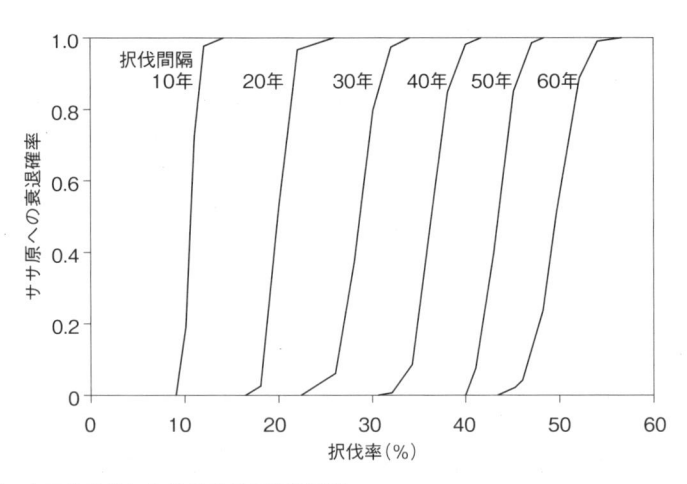

図3 様々な森林施業における林分の衰退確率
横軸は択伐率，縦軸は林分がササ原（林分材積が 0.3 m³/100 m² を下回る）になる確率を示す。図中の実線は，各回帰年における林分衰退確率を示す。

いる。本論のシミュレーション結果に基づくならば，択伐率30％の場合，回帰年40年以上を確保しなければ，確実に林分をササ原へ変化させることを示唆している。実際には，この地域の択伐回帰年が30年を超えることはないため，現行の地種区分に基づいた保護基準では，森林を衰退させるリスクが極めて大きいと言わざるを得ない。本論のモデルは考えられる中で最も単純な式に基づいている。構成種の種特性は考慮されておらず，すべて一括された成長・枯損動態で記述されている。何より，稚樹（樹高2m以下）からの更新過程は一切考慮されていない。特にエゾマツ群落の更新動態は，倒木・根株等の親木の枯損物に依存しているため，稚樹の更新率は，親木密度やその枯損率に対する関数として定義する必要がある。現段階ではそこまで十分なデータがないため，詳細なモデリングはできないが，現実のエゾマツ群落では現モデルの結果よりも潜在的な林分動態の変動性は大きくなり，それに対する森林伐採の影響予測もより困難になることが予想される。

　現時点で早急に取りかかるべきこととして二つ挙げられる。衰退した自然林については，自己修復機能を維持できる密度・蓄積レベルにまで回復させること。また人為影響をあまり受けていない比較的健全な自然林については，潜在的な森林動態の特徴に基づいた森林管理を行うことである。

㊲ 北海道の高山植生

■佐藤　謙

〔概況〕

　1996年の「植物群落RDB」において対策が必要とされた北海道の高山植生は，北海道固有植物あるいは隔離分布植物などの稀少植物が集中し，著しい盗掘の影響を被ってきた植物群落・群落複合であった。しかし，その多く，例えば利尻島のリシリゲンゲ群落（高山風衝草原）とリシリヒナゲシ群落（高山荒原），暑寒別岳のマシケゲンゲ群落（高山風衝草原），知床半島のシレトコスミレ群落（高山荒原）等は，その後の約10年間，群落の変化を示す植生資料が得られていない。他方，近年の登山ブームによって，大雪山国立公園のトムラウシ山やニペソツ山，日高山脈の幌尻岳等では，山頂や登山路周辺の裸地化が著しく，過去に認められた高山植物群落が激減または消失している。日高山脈ペンケヌシ岳の山頂は約20年前には高山風衝矮性低木群落チシマツガザクラ群落によって一面に被われていたが，自然発生的な登山路が明瞭化したこの10年間に，同群落が消失した。北海道の高山植生は，過去から継続する盗掘に大量登山時代の踏みつけ等が加わり，増大する人為の影響を被っている。今，高山植生の現状把握とその後のモニタリング，それらに基づく保護策検討の体制づくりが急務である。

〔礼文島の北方植物群落〕

　レブンソウ群落（高山風衝草原），ウルップソウ群落とタカネグンバイ群落（ともに高山荒原），レブントウヒレン群落（亜高山高茎草原）など，稀少植物に富む亜高山ないし高山植物群落によって特徴づけられる礼文島の植生は，「植物群落RDB」では群落複合「島嶼植生」として緊急に対策が必要な「ランク4」に評価された。筆者は，既存資料および1983年以降に得た未発表資料と比較するため，2001～2003年に改めて植生調査を行った（佐藤，2004）。その結果，レブンソウ群落については著しい盗掘が止み，ウルップソウ群落とタカネグンバイ群落は1996年段階で指摘した著しい劣化のままに経過し，レブント

レブンソウ　　　　　　　　　　ウルップソウ

　ウヒレン群落については関係行政機関による囲い込み区や監視小屋に近い場所を除くと，構成種レブンアツモリソウが盗掘によって減少し続けてきたことがわかった。

　この10年間にレブンソウとレブンアツモリソウは異なる変化を示している。レブンソウは，種子繁殖が比較的容易であるため1鉢500円程度の安価で大量に販売・流通されるようになった。レブンソウは，種の保存法制定当初の予測のように，特定希少種の「栽培流通を促進させ安価にすることが盗掘を止める方法になる」という考え方に合致して，安価な流通が実際の生育地における盗掘を減少させたようである。しかし，今でも実際の生育地・群落立地は限られた面積しかない。それは決して忘れてはいけない事実である。狭い生育地は，盗掘だけではなく海崖を破壊する道路工事等開発行為によっても壊滅的な影響を被りやすいので，常に徹底した保護策が必要である。ちなみに，安価になって著しい盗掘が止んだ北海道の高山植物として，他にコマクサ，リシリヒナゲシなど少数例だけが挙げられる。

　一方，「特定希少種」レブンアツモリソウは，現在でも北海道内では1鉢2，3万円と高価なままに経過し，実際の生育地における盗掘が止まない。同植物は，関係行政機関による保護増殖事業によってクローン苗が多数開花する段階に至っている。しかし，地植え段階で病気に感染する可能性と3個体に由来するクローンが自然集団の遺伝子組成を攪乱させる危険性から，この増殖個体は実際の生育地に戻せないと判断されている。レブンアツモリソウの現状は，生物多様性条約や種の保存法の第一の主旨である「生息域内保全」を忘れ，産業としての園芸業に重きを置いて特定希少種を指定し，その保護増殖事業，すなわち「生息域外保全」に主眼を置いてきたマイナスの結果と考える。特定希

少種の考え方は，レブンアツモリソウには逆効果であり，何よりも「生息域内保全」が必要であった。同じ特定希少種ホテイアツモリとアツモリソウもまた，レブンアツモリソウと同様に高価なままにあり，北海道では特定希少種指定後に山岳ごとに絶滅・激減する「野生絶滅」が進行した。この点で，ホテイアツモリが産する崕山（きりぎし）において，後述する「入山自粛措置」が「生息域内保全」として実効を伴った経過は，高く評価される。

　ウルップソウ群落については，植生調査のほかに，ウルップソウ個体群として全個体数とサイズ構成を把握した（佐藤，未発表）。後者の結果，相互に飛び離れた5個体群の全個体数およびサイズ構成は，現在ならびに過去の登山路との距離に比例して，明らかに盗掘の影響を示した。現在の登山路に接したA個体群は完全に絶滅，過去の登山路に接したB個体群では1個体だけ認められた。他方，登山路から最も離れ，大変な笹藪こぎを強いられるC個体群にのみ，個体数が多く，しかも開花した成熟個体と若齢個体からなる正常と思われるサイズ構成が認められた。現在の登山路から離れているが過去の登山路に比較的近いD個体群は，全体に成熟個体が少ないサイズ構成を示し，過去の盗掘による影響から回復途上にあると判断された。残るE個体群は，過去および現在の登山路に比較的近い場所にあり，開花する成熟個体は比較的多いにもかかわらず若齢個体が非常に少ない，特異なサイズ構成を示した。ウルップソウは開花した成熟個体がかなり大型になり堆積した岩塊間に深く根を下ろしているので，その盗掘は根も葉も小さな未開花の若齢個体がターゲットにされると考えられる。従って，E個体群の特異なサイズ構成は，現在でも盗掘が続いている証拠である。

　他の稀少植物では，過去に報告されたチョウノスケソウは再確認されず，トチナイソウは非常に少ない個体数のままにあり，近年でも場所ごとに稀少植物の減少や消失が確認される。広面積にわたる礼文島の北方植物群落は，関係行政機関やNGOによる監視，登山者の相互監視が徹底できない状況にあり，盗掘を如何にして防止するか，今後の大きな課題である。

〔夕張岳の高山植生〕
　夕張岳（ゆうばり）（標高1,667.8m，国指定天然記念物；富良野芦別道立自然公園）の高山植生は，超塩基性岩（蛇紋岩）地のユキバヒゴタイ群落（高山風衝荒原），

シソバキスミレ群落とナンブイヌナズナ群落（高山荒原），ユウバリコザクラ群落とエゾコウボウ群落（雪田草原）等，塩基性岩である輝緑岩類（緑色片岩など）のエゾノクモマグサ群落（高山風衝草原），フタマタタンポポ群落（亜高山高茎草原），ユウバリミセバヤ群落（岩上・岩隙草本群落）等，地質の違いに対応した多様な植物群落によって特徴づけられる。上記群落は，北海道固有植物や隔離分布植物等多数の稀少植物から構成されるため，盗掘の影響を著しく被ってきた長い歴史がある。それ故，夕張岳の高山植生は，「植物群落RDB」において群落複合「高山植生」として緊急に対策が必要な「ランク4」に評価された。

　筆者は，2001〜2003年，北海道自然環境課による希少植物現状調査として植生調査を行い，1991年以前の植生資料（佐藤，未発表）と比較中である。夕張岳高山植生は，概して，1996年当時とほとんど変わらず，古い過去に劣化したまま，現在でも自然には回復していない状況にある。ユキバヒゴタイ群落は，登山路に接した場所では1996年当時とほぼ同じ状況にあるが，登山路から離れた場所ではユウバリソウとユキバヒゴタイが個体数と優占度を減少させている。シソバキスミレ群落では，逆に登山路に接した場所でシソバキスミレが消失し，登山路から肉眼では観察できない状況になった。いずれの稀少植物も，監視の目を避けうる登山路から離れた場所，あるいは監視活動と異なる時間の，小規模な盗掘によって漸減中である。

　近年，夕張岳蛇紋岩地の一つがエゾシカの頻繁な通り道となりユキバヒゴタイ群落ではユキバヒゴタイの花芽，タカネヒメスゲ群落（蛇紋岩地風衝草原）ではタカネヒメスゲの花茎がそれぞれ選択的に被食されている。ナンブイヌナズナ群落，シソバキスミレ群落およびユウバリコザクラ群落では，被食痕跡が確認されなかったが，その群落立地はエゾシカの踏みつけによって著しく攪乱されている。稀少な高山植物に対するエゾシカの採食は過去の長い歴史でもあったに違いないが，ユキバヒゴタイ，タカネヒメスゲなどの高山植物は，隔離分布を示す氷期の遺存種であるので，少なくとも後氷期の一万年間，エゾシカによる壊滅的な食害を被ってこなかったと判断される。ところが，近年急増しているエゾシカは，道東から道央に分布域を拡大して大雪山などの高山草原にも見かけられるようになり，とくに知床岬では稀少種を含むガンコウラン群落を終年にわたり徹底的に採食し，稀少種の存続に大きな脅威となっている。

野生のエゾシカと野生植物の採食関係は，元来，自然な関係であるはずであるが，おそらく捕食者の減少や気候温暖化など自然の全体的な枠組みが変化したことによって，急増したエゾシカが稀少植物の存続への新たな脅威となる危険性は否定できない。従って，夕張岳の稀少植物に対するエゾシカの採食についても，今後，慎重に実態調査を進める必要があると考える。

〔参考文献〕

佐藤 謙．2004．礼文島の亜高山・高山植生（I）2001〜2003年における植生の現状．北海学園大学学園論集 **119**: 41-81.

佐藤 謙．未発表．礼文島ウルップソウ個体群のサイズ構成．

㊳ 北海道の湿原

■矢部和夫

　ここで取り上げる湿原は，いずれも北海道の平地に分布するのだが，あまりその存在を一般に知られていない，中小の湿原である。山地の湿原は道路建設などの特殊な事情がない限り，人為的攪乱を受けにくい。また，平地でもすでに国立公園などの保護地区に指定されている釧路やサロベツなどの大規模湿原は，注目されながら手厚い保護を受けている。これに対して低地の中小湿原は人為攪乱を受けやすく，常に消失の危機をはらんでいる。貴重群落の保護の緊急性から，あえてこのような低地の中小湿原を取り上げた。

〔黒松内町歌才湿原〕

　北海道西南部の黒松内町歌才(うたさい)湿原は，低地に分布するミズゴケ(優占型)湿原であり，この型の湿原としては，北海道の最南端に分布している。かつてはこの近くに静狩(しずかり)湿原という大規模なミズゴケ湿原が存在したが，現在は消失してしまったため，歌才湿原を保存する意味はますます重要なものとなっている。

　この湿原はもともと総面積が15 ha 程の規模であり，その泥炭は最も深いところで10 m も堆積している。ところが，下流側一帯が戦後の農地開発によって消失し，現在は5 ha 程の面積にまで減少している。国道5号線や排水路がこの湿原の中央部を東西に横断し，他の排水路が湿原を囲む。調査の結果，これらの排水路や国道が，湿原生態系の水文条件，水質や植生に人為的な影響を与えていることが明らかになった（矢部他，1999；2001）。湿原群落はヌマガヤやホロムイスゲの草原にイボミズゴケのハンモックが散在し，イソツツジ，エゾカンゾウ，ワタスゲ，ツルコケモモ，ハイイヌツゲ等が生育している。

　国道による湿原への影響は塩類による汚染であり，主な汚染物質はナトリウムとカルシウムであった。高濃度のナトリウムは湿原辺縁部からも検出されたが，カルシウムは国道のまわりだけで高かった。国道の融雪剤が塩類汚染の主原因である可能性が高い。国道の北側では，塩類汚染は国道のへりから15 m 以内に限定されていた。塩類汚染の影響として，この部分の湿原植生は

消失し，代償植生のハンノキーシラカバ林が藪状に成立し，ここ10年間にハンノキの成長によって道路から湿原を見通せない状況になっている。今後このハンノキ林が湿原の内部に拡大して，イボミズゴケ群落の生育が不可能となってしまうことも想定される。

本湿原の保全上もう一つの問題はササ群落の拡大である。オオバザサ群落は，排水効果が最も高いと思われる2本の排水路の合流点周辺を占有している。また，塩類濃度の測定の結果，国道縁の高濃度の塩類が降雨後に湿原内部に流入しており，その部分がササ群落になっていることも明らかになった。国道縁のハンノキと異なり，ササの分布が急速に拡大している様子はないが，すでにイボミズゴケ群落の一部がササに置き換わってしまったことは，歌才湿原にとって大きな損失であり，早急に対応すべき問題である。

〔ウトナイ湿原西岸部〕

苫小牧市ウトナイ湿原はウトナイ湖の周辺に発達したヨシースゲ（優占型）湿原である。ウトナイ湖は，美々川終末にできた水深が1m以下の浅い湖である。この地域で近年起こった最も大きな変化は水位の低下である。室蘭土木現業所によるとウトナイ湖の年平均水位は，1969年には231cmであったが，その後年々低下し，1977年には観測期間中最低の161cmになった。水位はその後増加傾向にあり，最近は200〜210cm程度である。西岸では，水位低下と沈泥による陸化によって湖岸線が10〜30mも前進した。最近の急速な沈泥量の増加は，上流域で起こった大規模建設工事による地表面攪乱の影響と勇払川を切り変え湖に流入させた結果であろう。

ウトナイネイチャーセンターのある西岸では，近年起こった群落変化（遷移）が記録されている。西岸では湖岸線付近にエゾノコリンゴ，イヌコリヤナギやハマナスの優占する砂丘があり，その内陸側の低平地にナガボノシロワレモコウ，カセンソウ，クサレダマやエゾミソハギ等が優占する高茎の湿生草原がひろがる。さらに内陸に向かってホザキシモツケ低木群落→ハンノキ林→ミズナラ林という帯状分布がみられる。

ウトナイ湿原西岸部での大きな群落変化の一つは湖岸線の前進によってできた裸地への急速な植生の定着であり，陸化してできた裸地上でヤラメスゲ，ヨシ，イワノガリヤス，ツルスゲやタウコギが急速に優占した。

もう一つの大きな群落変化は，内陸部で起こったハンノキ林とホザキシモツケ低木林の占有地域の拡大であり，このために西岸部一帯の景観は大きく変わった。1960年代に8割が高茎草原で被われており，ハンノキの占有面積は全体の5%程度，ホザキシモツケは10%程度でしかなかったが，その後これらの群落は湖岸方向に急速に拡大した。現在，ホザキシモツケ低木林とハンノキ林に砂丘上のエゾノコリンゴ林の占有地域を加えると，6割程度の地域が木本群落で被われている。このような群落景観の変化は，鳥類などの動物相にも影響を与えており，鳥類相について森林性の野鳥センダイムシクイが増加し，草原性のシマアオジやホオアカが減少していることがネイチャーセンターから指摘されている。

[登別市キウシト湿原]
　キウシト湿原は登別市若山町に分布する，周囲をすべて住宅地で囲まれた260×150mの断片化した湿原である（Yabe & Nakamura, 2002）。湿原で最も貴重な群落はワラミズゴケ群落であり，この群落が発見されたのは1997年というごく最近のことである。ヌマガヤ草原のなかに，ワラミズゴケ群落は高さ40～50cmのハンモックをつくり点在している（Yabe & Uemura, 2001）。
　近年，キウシト湿原は周辺の都市化に伴い大きく衰退し，消失の危険が増大した。航空写真によると湿原地域は1975年までは谷湿原としてその原形を保っていたが，この時点ですでに上流（北部丘陵側）で水路が切り替わり，谷地頭からの沢水が湿原に流入しなくなった。1985年までに上流部の埋め立てが終わり，湿原部分は縮小し，周囲をすべて宅地に囲まれ，現在の形になった。さらに1997年までに湿原南側を東西に走る大排水路が設置された。このように湿原がその大部分を失ったのは最近の25年間程度のことである。
　湿生草原と湿地林（ハンノキやヤチダモ）の分布から，1985年以降，急激な湿地林の拡大とこれに伴う湿生草原の縮小が明らかになった。湿地林の拡大は北部丘陵側と湿地内を南北に走る小排水路の周辺で顕著であった。縮小したとはいえ南部では現在でも湿生草原が広がっているが，ワラミズゴケハンモックはその西側だけに分布しており，東側ではかつてのハンモックの残骸と思われるヌマガヤやハンノキの生える小山がみられる。東側のハンモックが消失したのは特に大きな干渉を受けた最近25年以内のことと思われる。

最近25年間の大きな環境変化として，1つは流路改変による流入水の遮断と排水路敷設による湿原の水位低下が考えられる。しかしながら同時に塩類流入による影響も浮かび上がっている。北部丘陵縁から多量のカルシウム，マグネシウム，ナトリウム，塩素が湿原に流入しており，これらの起源は1976年以降に設置された盛り土内の埋土素材であろう。塩類は北側や小排水路周辺の湿地林内で高濃度であり，特に，カルシウムとマグネシウムはワラミズゴケが絶滅した南側の湿生草原の東側でも高濃度である。したがって，水位低下ばかりではなく，塩類の流入が湿地林の拡大とワラミズゴケ群落の消失を招いた可能性が高い。

〔まとめ〕
　最近みられた湿原の変化は湿地林の拡大とこれによる湿生草原の減少であった。ウトナイ湿原では状況的に水位低下が湿地林の拡大の原因であるらしいが，他の2湿原では塩類流入による水質変化も鍵要因になっているらしい。このような現象は他でもみられ，今回取り上げていないが風蓮川(ふうれん)湿原でも牧場からの塩類の流入経路に沿ってハンノキ林が拡大している（河内ら，2001）。湿地林拡大の原因は今後さらに研究を深めなければならないが，健全な湿原生態系の存続にとって，湿原周辺の土地利用のあり方がきわめて重要であるということを改めて認識する必要がある。

〔参考文献〕

Yabe K. & Nakamura T. 2002. Base mineral inflow in a cool-temperate mire ecosystem. *Ecological Reseach* **17**: 601-613.

Yabe K. & Uemura S. 2001. Variation in size and shape of *Sphagnum* hummocks in relation to climatic conditions in Hokkaido Island, northern Japan. *Canadian Journal of Botany* **79**: 1318-1326.

矢部和夫・中村隆俊・河内邦夫. 2001. 冷温帯歌才湿原におけるイボミズゴケの生育する水文化学環境. ランドスケープ研究 **64**: 549-552.

河内邦夫・高橋宣之・矢部和夫・浦野慎一. 2001. 携帯型電導度計とGPSを利用した湿原環境調査. 応用地質 **41**: 371-382.

矢部和夫・中村隆俊・河内邦夫・高橋興世. 999. 排水路と国道がミズゴケ湿原生態系に与えた影響. ランドスケープ研究 **62**: 557-560.

㊴ 北海道の特殊岩地

■佐藤　謙

〔群落複合「石灰岩植生」〕

　1996年の「植物群落RDB」において、峨山（きりぎし）（標高1,057 m；富良野芦別道立自然公園）と大平山（おおひら）（1,190.6 m；狩場茂津多道立自然公園と国の自然環境保全地域）の石灰岩植生は、それぞれ緊急に対策が必要な「ランク4」と対策が必要な「ランク3」に評価された。峨山では、ミヤマビャクシン群落（低木群落）、オオヒラウスユキソウ群落（高山風衝草原）、キリギシソウ群落（亜高山高茎草原）、イチョウシダ群落とクモノスシダ群落（岩隙・岩上草本群落）等、他方、大平山ではオオヒラウスユキソウ群落のほかにイワオウギ群落（亜高山高茎草原）、シリベシナズナ群落（岩隙・岩上群落）等が取りあげられ、特に両山岳のオオヒラウスユキソウ群落と峨山のキリギシソウ群落に盗掘による著しい劣化が特記された。また、両山岳の高茎草原はかつて、種の保存法指定種ホテイアツモリあるいはアツモリソウがかなり多量に生育していたが、1996年段階ではすでに激減状態にあった。

　その後の経過は、両山岳で異なる。峨山では、1998年に北海道森林管理局が主導して芦別市、山岳会など地元5団体からなる「峨山自然保護協議会」が設立され、「5年間の入山自粛（実質的な立ち入り禁止）措置」が講じられ、2004年からはその措置が継続されている。他方、花と険しい山容を求める登山グループは、峨山の代わりに、同じエーデルワイス、オオヒラウスユキソウが咲く大平山に大挙して押し寄せるようになった。上記の状況変化の違いに応じて、峨山と大平山の石灰岩植生は、それぞれ「やや回復傾向」と「さらなる劣化」という異なる変貌を示している。

　峨山では、盗掘や踏みつけが著しかった1990年代を挟む、1980年代と2000～2001年との間で、擬似的な永久方形区法（調査年ごとに群落成立面積を網羅するように多数の方形区を散在させる方法）による植生比較を行った（佐藤、2001；2002a）。その結果、狭い岩棚を中心に成立するオオヒラウスユキソウ群落では、オオヒラウスユキソウだけではなく構成種のほとんどが優占度

崕山　　　　　　　　　　　　　　キリギシソウ

と常在度を著しく低下させ，総じて方形区当たり出現種数が著しい減少を示した。この植生劣化は，2003年段階でもほとんど回復傾向を示していない。オオヒラウスユキソウをターゲットにした盗掘は，同じ群落構成種であるトチナイソウ，チョウノスケソウなどを含んで岩棚の植被を丸ごと持ち去ってしまい，岩棚の土壌形成に非常に長い時間がかかることから，植生回復がなかなか進行しない現状にあると判断できる。

　崕山のオオヒラウスユキソウについては，2000～2003年，植生調査とは別に，登山路から目の届く岩壁で全個体数と花茎数に基づくサイズ構成を調べた（佐藤・三木，未発表）。サイズ構成は，70年代初期からの登山路と大量登山時代に自然発生した新しい登山路に対象を区別して，登山路から見上げる岩壁の比高との関係を調べた。その結果，新旧の登山路ともに比高2m以内，すなわち人間の手が届く高さで無花茎ないし花茎数が少ない個体の割合が非常に高く，また古い登山路の方で全個体数が非常に少なく，しかも無花茎個体の割合が非常に高いことがわかった。この結果は，オオヒラウスユキソウ群落の「不法業者による盗掘」はザイルを使用して100mを超える比高に及んだが，多くの盗掘は手の届く範囲で著しかったこと，また大量登山時代に制限なしに入山した登山者個々人が罪の意識を持たない「お土産盗掘」を繰り返したこと，これらの累積結果であることを示唆する。しかも，この結果は，オオヒラウスユキソウ群落の回復が困難であることも示している。

　キリギシソウ群落では，1980年代と2000～2001年との間で，キリギシソウの優占度と常在度の激減が明らかとなった（佐藤，2001；2002a）。しかしながら，2000～2004年の植生モニタリングによると，キリギシソウの優占度と常在度，さらに群落植被率も増加傾向にある。一方で，キリギシソウ個体

群として全個体数と根生葉数に基づくサイズ構成をモニタリングした結果（佐藤ら，未発表）は以下の通りである。岩壁下部の急峻な岩隙に成立するA個体群は，最も盗掘しにくい場所であることから，2000～2001年段階でも発見当初と変わらない「最後の砦」のように残され，サイズ構成は若齢個体と成熟個体のバランスが保たれていた。ただし，2002～2004年，このA個体群は，大きな底雪崩（自然要因）によると思われるが，結果として全個体数が激減した。岩壁直下の砂礫堆積地に成立するB個体群は，キリギシソウ新記載（Sato & Ito, 1989）3年後の1992年に大量盗掘を被り，盗掘跡が崩壊裸地として拡がり，もはや群落回復は困難と予想されていた。ところが，2002年から，群落の植被率はなお元に戻っていないが，サイズ構成では開花する成熟個体の割合が急増した。さらに岩壁直下の岩塊堆積地にあるC個体群は，1981年にヒダカソウとして発表後，長期間の盗掘によって，またロッククライミング登攀地点の踏みつけによって，壊滅的に激減していた。C個体群は，2000年には過去10年間と同様に花茎を持たない若齢個体が多かったが，2001年から開花個体が急増した。このようなBとCの2個体群を見ると，この約10年間，目立たない若齢個体が盗掘から逃れて成長し，入山自粛の間に開花するようになったこと，そして自然なキリギシソウ群落の回復には少なくとも約10年を費やすことが理解された。5年間の入山自粛措置は，キリギシソウ群落の回復に大きな貢献を果たした。

崕山における「5年間の登山自粛措置」に関して，それに続く2004年度以降も，以下の科学的観察を継続していく予定となっている。5年間の入山自粛措置は，石灰岩岩壁の岩棚に成立するオオヒラウスユキソウ群落や峰頂や比較的広い岩棚に成立するミヤマビャクシン低木林に関してはその効果が顕在化していない。しかし，キリギシソウ群落に関しては効果は明らかであり，高茎草原に生育するホテイアツモリに開花個体の増加傾向が認められる。従って，「5年間の登山自粛措置」の目的であった崕山石灰岩植生の著しい劣化からの回復には，群落ごと立地ごとに回復時間が異なることが銘記されなければならず，また回復時間は人間の期待だけで判断できない。

他方，大平山では，2001～2004年に北海道自然環境課による稀少植物現状調査として，稀少植物の全個体数カウントと永久方形区法による植生モニタリングを開始した。その植生調査結果は，1985～1986年の植生資料（佐藤，

「調べる」を「守れた」に
つなげたい

ぜひ、日本自然保護協会の会員になって、応援してください。

　白神山地のブナ林、石垣島のサンゴ礁、秋田県駒ケ岳や群馬県赤谷のイヌワシ等が生息する森。いずれも、会員その他、多くの方からの会費と寄付に支えられた、長い時間をかけた調査研究活動をもとに、守ることができた自然です。
　そして今、日本自然保護協会では、ジュゴンの生息する沖縄県辺野古の海や泡瀬干潟の調査、市民参加の海岸植物群落調査を行っています。「調べる」を「守れた」につなげる活動です。ぜひあなたも会員になって、自然保護活動を応援してください。

年会費は5000円

　会員になるための資格や会員としての義務はありません。関心のおありの方にはパンフレットをお送りしますので、下記までご連絡ください。

■会員になると
- 日本自然保護協会発行の調査報告書や資料集が、会員価格になります。
- 会報「自然保護」を通じて、各地の自然保護活動の様子や調査研究活動のヒントをお届けします。
- 全国で行われる、各種の参加型調査活動をご案内します。
- 何よりも、あなたの会費が、次の自然保護活動の資金になります。

日本自然保護協会

〒102-0075 東京都千代田区三番町5-24山路三番町ビル3F　http://www.nacsj.or.jp
Tel 03-3265-0521　　Fax 03-3265-0527　　nature@nacsj.or.jp

1987) と比較すると，植生の現状は，崕山ほど極端ではないが，オオヒラウスユキソウ群落に同様な劣化が認められる。特に，登山路や休憩する山頂付近では，登山者の踏みつけによって同群落を構成する稀少種シコタンヨモギが明瞭な劣化を示した。他方，登山口がある泊川流域では開削中の道道「島牧美利河線」が，近い将来，登山口に至る。それによって，シリベシナズナ，ミツモリミミナグサなどの稀少種を含むシリベシナズナ群落が立地ごと破壊されてしまう危険性，さらにアプローチが容易になって登山者が増加し，大平山石灰岩植生に及ぼす種々の影響が危惧される。

〔群落複合「超塩基性岩植生」〕

「植物群落RDB」では，超塩基性岩植生としてアポイ岳（810.6 m；日高山脈襟裳国定公園，国指定特別天然記念物）周辺と○○山（場所は非公表）が取り上げられた。本稿では，その後の調査がない○○山を除いて，当時，緊急に対策が必要な「ランク4」に評価されたアポイ岳と，それに隣接する幌満岳の超塩基性岩植生について述べる。アポイ岳では，アポイカンバ群落（低木林），アポイツメクサ群落（高山荒原），エゾコウゾリナ群落（高山風衝草原）が取りあげられ，特にアポイツメクサ群落と固有種ヒダカソウが出現するエゾコウゾリナ群落において稀少種盗掘による劣化が著しいことが指摘された。アポイ岳において，筆者は1983～1994年と2001～2002年の植生資料を比較し，その変化を明らかにした（佐藤，2002b；2003b）。その結果，アポイカンバ群落，アポイツメクサ群落およびエゾコウゾリナ群落ともに群落としては顕著な変化が認められず，上記の期間では稀少な植物は稀少なままに経過したことがわかった。他方，渡邊（2002）はアポイ岳における1954年から45年間のフロラ劣化をまとめ，アポイ岳の稀少植物が初期のうちに著しく盗掘されたことを指摘している。従って，アポイ岳の稀少植物は，初期の盗掘によって劣化したまま回復しない状況で推移している。一方で，渡邊（2002）は，45年間に風衝草原エゾコウゾリナ群落にハイマツ，ススキ等が侵入して前者の面積が大幅に減少している事実と，その原因として地球温暖化あるいは酸性雨の影響を指摘している。固有種ヒダカソウを含む風衝草原は，過去からの盗掘だけではなく，風衝草原からハイマツ低木林への植生遷移によっても変化を示している。

アポイ岳とほとんど同じ群落から構成され，近接する幌満岳の超塩基性岩植

生については，1994年と2001年の植生資料を比較した（佐藤，2003a）。その結果，エゾコウゾリナ群落を構成するヒダカソウは，1994年段階ではアポイ岳とは異なって開花個体が多かったが，2001年にはアポイ岳と同様に開花個体が非常に少なくなり，この10年ほどの間に盗掘が進行してしまった。

アポイ岳と幌満岳の固有種ヒダカソウは，個体群サイズ構成から見ると，両山岳で開花個体が非常に少なく，今の若齢個体が成熟するまで繁殖できない危機的状況にある。同種の盗掘は，開花個体が少ない現状では大量に行われていないが，時々，残された若齢個体に及ぶ「子さらい」が認められる。ヒダカソウに関しては，早急に，正常な個体群のサイズ構成に戻す具体的な回復策が必要である。

〔参考文献〕

佐藤謙．1987．大平山自然環境保全地域及び周辺地域の石灰岩植生．大平山自然環境保全地域調査報告書，133-171．環境庁自然保護局．

佐藤謙．2001．崕山の石灰岩植生（I）1980年代における状態．北海学園大学学園論集 **110**: 1-29.

佐藤謙．2002a．崕山の石灰岩植生（II）2000-2001年における現状．北海学園大学学園論集 **111**: 1-39.

佐藤謙．2002b．アポイ山塊の超塩基性岩植生（I）植物研究史と2000~2001年における植生の現状．北海学園大学学園論集 **114**: 53-87.

佐藤謙．2003a．北海道幌満岳の超塩基性岩植生．北海学園大学学園論集，**115**: 15-43．札幌．

佐藤謙．2003b．アポイ山塊の超塩基性岩植生（II）1994年以前の状況．北海学園大学学園論集 **116**: 37-61.

Sato, K. & K. Ito 1989. A note on the taxonomy of *Callianthemum* (Ranunculaceae) from Japan and its adjacent area, with reference to a new subspecies of *C. sachalinense* from Hokkaido, Japan. *Journ. Jpn. Bot.* **64**: 257-271.

佐藤謙・三木昇．未発表．崕山と大平山のオオヒラウスユキソウ個体群のサイズ構成．

佐藤謙・丹羽真一・渡辺修・渡辺典之・三木昇．未発表．崕山キリギシソウ個体群のサイズ構成とそのモニタリング．

渡邊定元．2002．アポイ岳超塩基性岩フロラの45年間（1954-1999）の劣化．地球環境研究 **3**: 25-48.

第 3 章

地域での植物群落モニタリングと保護

第3章　地域での植物群落モニタリングと保護

3.1　始めよう！身近な植物群落のモニタリング調査

　第2章で多くの事例が報告されているように，日本各地の植物群落は様々に変化しつつある。気候の温暖化や，開発に伴う群落の断片化，産業構造や生活様式の変化に伴う伝統的植生管理システムの崩壊と植生管理の放棄，外来種や園芸種の進入，シカの個体数急増に伴う強度の被食等，変化の速度はかってないほど急速であるように思われる。

　植物群落を保護する制度としては天然記念物，各種の自然環境保全地域，各種の保護林制度，特定植物群落指定等がある。しかし，いずれも日頃のモニタリング実施が義務付けられているわけではない。環境省（庁）が実施した特定植物群落調査については，1978年に第1回の調査がなされ，1984～1986年および1997～1998年の2回，追跡調査と生息状況調査が行われている。しかし，この場合も，追跡調査は群落の変化状況とインパクト状況を記載するだけのものであり，群落の状況を詳細にモニタリングする生息状況調査は全体の1割強にあたる群落について実施するに留まっている。県や市町村レベルにおいても，自然環境保全地域等について追跡調査を行っている例はあるが，制度的に定着しているとはいえず途切れがちである。

　一方，生物多様性の保護に関する社会的意識の高まりによって，種のレッドリストやレッドデータブックについては，国レベルのみならず，地域や県レベルにおいてもほぼ作成が終わり，最近は市町村レベルでも作成され始めている。その結果，日本人に馴染み深かった多くの種が絶滅の危機にさらされていることを初めて知り，改めて身近な自然の大きな変貌に気づいた人も多いのではないだろうか。最近では外来種の増加と生態系への影響が社会的に大きな問題となっている。

　レッドデータブックは作成するだけでは意味がなく，保護に活用して初めて意味あるものとなる。種の保護を図るうえでは，生育地を立地環境だけではなく生物相も含めた生態系として保護することが必要である。生態系は直接，見ることはできないので，具体的にはその種が生育する植物群落を保護することがまず重要となってくる。そのためには植物群落の状態を絶えずモニタリング

しつつ，その結果を科学的に解析して，適切な保護策を考案，実施していくことが望ましい。

　野外に実在する具体的な植物群落（「林分」や「植分」あるいは「スタンド」という）は，厳密にはどれひとつとして同じ立地条件，同じ種組成や構造を持つものはない。したがって，似た事例であっても，保護策は1件1件異なるはずで，群落の状態をモニタリングしつつ，現地の具体的な状況に細かく配慮し，慎重に保護策をたてる必要がある。その点を軽視して，ステレオタイプな保護策を実施することは往々にして望ましくない結果をもたらす。

　しかし，植物群落のモニタリングは時間と人手のかかる，なかなか大変な作業である。行政の担当者やこれに協力する限られた研究者だけで継続していくのは無理であることが多い。やはり，自然を最も身近に感じているはずの市民自身が参加して，地域の自然のモニタリングシステムを作っていくことが望ましい。わかっているはずの自然でも繰り返し調べていくと様々な発見がある。野外調査は元々楽しい作業である。地域への愛着を深め，市民同士の親交を深めるよい契機ともなる。ぜひ，身近な森や林，草原の継続調査を始めてみて欲しい。また，行政側も市民参加型の植物群落モニタリングを継続的に実施しつつ，保護に役立てていくための制度を積極的に作っていく必要がある。

（原　正利）

3.1.1 森林のモニタリング調査方法

　モニタリングの対象とする森林は，山地に残されたブナ林等の自然林，人里近くの雑木林，都市域に残された社寺林等様々な場合が想定される。一見，変わらないように見える自然林であっても，長い時間の中で確実に変化している。台風等によって"被害"を受けることもあるが，森が生態系として健全であれば再生していく。近年の森林生態学は，むしろ，このような攪乱と再生のプロセスこそが森林の種多様性を維持するうえで重要であることを明らかにしてきた。

　一方，シカやイノシシ等野生鳥獣の個体数の急速な増加によって，森の再生サイクルと比べれば極めて短い期間に，森の下層植生が壊滅的に変化してしまう事態も増えてきている。また，人間が雑木林や竹林を利用しなくなった結果，ササの繁茂によって林床の草本植物が絶滅に瀕し，あるいは竹林の拡大によって周辺の森林が変化，消失しつつある。ハリエンジュ等木本性の移入植物の進入と拡大も問題化しつつある。移入植物の侵入が在来の植生に与える影響は予測し難い点が脅威である。さらに周辺の人家や公園からの，森林内への園芸植物の進入や，同一種であっても産地の異なる個体の植栽によって，目に見えにくい形で種本来の遺伝子の地理的パターンが攪乱されている。

　このように原因は様々ながら，あらゆる森林は絶えず変化し続けている。特に近年，人間活動の影響によって従来とは異なる種類の変化が生じ，また，変化の速度も加速しているように思われる。森林の場合，保全の対象とする群落は，住宅地の中に島状に残された小さな社寺林から，山奥の自然林まで，様々な空間スケールのものがある。変化の時間スケールも様々で予測が難しい。時空間スケールの違いに応じてモニタリングの手法も様々である。理想的には複数の手法を同時に並行して実施しつつ森林群落をモニタリングしていくことが望ましい。

1. 森林景観のモニタリング

　広域にわたる森林植生あるいは景観をモニタリングしていく際には衛星画像や空中写真を用いたリモートセンシングの手法が有効である。Landsat^{TM}データやNOAA AVHRRデータ等1990年代までに利用可能であった衛星データ

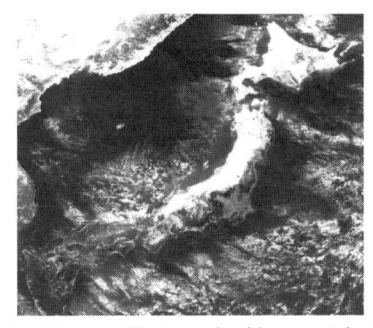

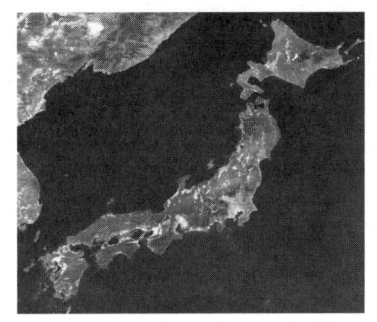

図1 MODIS画像による冬（左，2002年1月）と春（右，2002年5月）の日本列島
True color合成処理による。© 東京情報大学。

は，空間分解能の限界のため植生科学での利用は限定的なものであったが，1999年に打ち上げられたIKONOSの衛星画像は1〜4mの空間分解能を持ち樹冠の輪郭を識別できるため，都市近郊域における断片化した植生も抽出することができる（原ほか，2003）。また，同じく1999年に打ち上げられたTerraに搭載されたMODISの画像は，空間分解能は250mにとどまるが時間分解能が高く（毎日受信できる），また，NOAA AVHRRに比べて分光分解能も高まったために，紅葉や芽吹き等植物の季節的挙動の解析に有効である（図1）。空中写真の画像についてもGISソフトの進化によって，パーソナルコンピュータ上で様々な解析を手軽に行うことができるようになり，応用の可能性がひろがった。例えば，植生図は従来，航空写真を用いて植生の境界を肉眼で判読し，紙の地図上に植生区分を記入して作成していた。この方法は多大の時間を要し，また境界の認識が個々の作成者によって微妙に異なるという欠点があった。このため，作成者が異なる場合，隣接した図面上で境界の不一致が生じ，また，異なった時期の植生を厳密に比較することができないためモニタリング手法としての弱点があった。現状ではまだ課題も多いようであるが，今後は衛星画像や航空写真をGISソフトで処理して作成していく方法が一般化すると思われ，同一の基準で作成された複数の植生図を比較できるようになり，広〜中域の植生モニタリング方法として活用されていくと思われる。

市販の衛星写真や空中写真ではカバーしきれない小地域での森林の状態を手軽に記録するうえでは，小型のカメラで撮影した写真も有効である。過去に撮影された写真を，同位置で撮影した現在の写真と比較すれば，過去に遡って数

十～100年ほどの森の相観の変化を明らかにすることもできる。例えば，鎌倉市鶴岡八幡宮の裏山の森は，現在は鬱蒼とした照葉樹林に被われているが，幕末から1945年頃まではアカマツ林であったことが明らかにされている（原田・磯谷，2000）。社寺林の場合は，その社寺が名所として紹介された過去の絵葉書やパンフレットに森の姿が写されていることが多く，研究上，有用である。同様の手法によって，千葉市における過去15年間におけるスダジイ林の変化（消失）について調べた例を「3.2.2 千葉市における植物群落のレッドリスト作成」(p. 279) で紹介した。

現在の姿を写真として記録し，将来の比較に備えるためにはデジタルカメラの活用が有効である。撮影した画像には撮影日時等の情報が自動で記録されるのも好都合である。最近は，ハンディーなGPSと連動したデジタルカメラも比較的，安価に販売されている。これを使えば，撮影日時だけでなく撮影地点の緯度経度に加え撮影方位までが自動的に画像ファイル内に記録されるため，森林景観の記録に極めて有用である。後日，撮影地点を確認する際に目印となるものの少ない山奥の森林の記録には，GPSデータをつけることが特に有効である。

2. 森林の種組成と構造のモニタリング

では次に，個々の林分のスケールで森林の種組成と構造を記録しモニタリングしていく方法について述べよう。この空間スケールでの森林調査の一般的な方法としては，1) 種組成を中心に記録する植物社会学的な調査法（鈴木ほか，1985）と，2) 森林を構成する樹木1本1本のサイズや位置までを含めて記録する毎木調査法とがある。1) よりも2) の方が詳細な情報が得られるが，調査にはより多くの時間が必要とされる。しかし，森林のモニタリングのためには2) の方法が望ましい。後述するように，森林の上層については2) の方法で記録し，下層については1) の方法に準じた方法で記録してもよい。以下に毎木調査による森林のモニタリング法について述べる。

① 調査範囲（枠）の設定とその位置の記録

まず調査する範囲を決める。狭い社寺林等であればその全域を調査範囲とすることもできるし，そのほうが望ましい。広すぎて全域を調査できない場合は調査枠を設置する。調査枠の形は正方形あるいは長方形でなくともかまわず，

図2 毎木調査
右側の男性が直径の測定。中央の男性が記録。左側の男性が番号の付いたタグを付けている。

むしろ可能な範囲で面積を広くとることを優先したほうがよい。発達した森林の場合，最低でも 20 m × 20 m は必要である。自然林等の代表的なサンプルとして調査範囲を決める場合は，林縁は含めないで設置するが，社寺林等の場合には森の変化が林縁部分から始まることも多いので林縁まで含めたほうがよい。調査範囲が決定したら，範囲を地図に記入して記録する。また，調査枠の各コーナー部分に，位置確定のための目印として，杭を打ち込んでおく。さらに GPS を用いて，調査範囲のいずれかの位置で緯度経度を測定しておけば，再調査の際に調査枠を発見，確認し易くなる。

調査枠を設置したら，樹木の位置を記録するために調査枠内をグリッドに区切る。簡便な方法としては，調査枠内に 5 ～ 10 m 間隔で平行に巻尺を張ればよい。調査枠が大きな場合は，巻尺や簡易なトランシットコンパスを用いて，10 m 間隔の格子点を測量して杭を打ち，格子点間を"ヒモ"で結んでグリッドに区切ればよい。"ヒモ"としては伸び縮みするゴムヒモを用意しておくと便利である。その中点にマジック等で印をつけておき，伸ばして 10 m 間隔の格子点に張れば，巻尺を使わずに格子点間の中点を簡単に決定できる。

② 毎木調査

まず対象とする樹木（正確には幹）サイズの範囲を決定する。胸高（地上 1.3 m）以上とする場合や胸高直径 1 cm 以上とすることが多い。数 ha 以上の大面積の調査枠の場合は胸高直径 5 cm あるいは 10 cm 以上とすることもあるが，そうすると低木層以下に存在する林冠木の若木や低木種の変化はまったくモニタリングできなくなってしまうので注意が必要である。

次に上記の範囲に入る樹木 1 本，1 本について，巻尺やグリッドのヒモを参

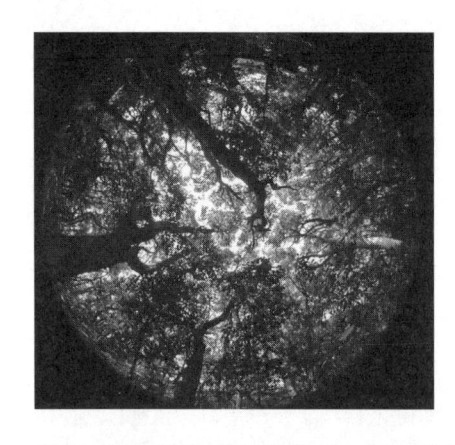

図3 全天写真
タブノキ林の例。

考に，調査用紙（方眼紙）上に位置を記録していく。同時に，幹の胸高直径および可能ならば樹高を測定し，種名，幹番号とともに記録する（図2）。同一株から複数の幹が出ている場合はすべての幹について測定し，同一の株から出ていることを記録しておく。直径は直径巻尺を用いるか，それ以外の小型巻尺を用いて周囲長を測定し後に直径に換算する。樹高は伸び縮みする測竿（通常は電線の地上高等を測定するのに用いるもの）を用いて測定する。樹高が大きく測竿で測定できないものについては，三角測量の要領で測定，計算するか，携帯型のレーザー距離計を利用して直接，梢の高さを測定する。

長期にわたり測定を正確に繰り返す為には，測定した幹1本1本について，幹番号を刻印した金属あるいはプラスチック製のタグやテープを付け，さらに直径測定位置をペンキで印しておくことが不可欠である。しかし，社寺林等でそれができない場合には樹木の位置および直径を測定した高さを正確に記録しておく。

時間に余裕があれば，樹冠投影図を作成しておくとよい。あるいは，広角レンズをつけたカメラを利用して，樹冠部の写真を撮影しておくとよい。魚眼レンズによる全天写真であれば，林冠構造の変化にともなう照度の変化をモニタリングすることができる（図3）。

③ 下層植生の記録

下層植生について記録する最も簡便な方法は，調査枠全体で出現する種をリストアップし，各種について植物社会学的な方法に従って優占度・群度を記録することである。出現種について量的な評価を精度高く行いたい場合には，下

表1 毎木調査データの整理の例

種ごとに，幹の胸高直径階級の頻度分布と胸高断面積合計（BA）およびその相対値（RBA）を計算するのが最も基本的な解析法である。調査時点ごとに同様の解析を行い，森林構造の変化と各種の量的な変化を調べる。

種	胸高直径階級 (cm)										合計	BA (m^2/ha)	RBA (%)
	0-2	2-4	4-6	6-8	8-10	10-12	12-14	14-16	16-18	18-20			
ウバメガシ	3	11	13	12	7	3	4				53	21.01	52.9
イブキ					1		1	2		1	5	8.53	21.5
トベラ	6	20	13	4							43	6.12	15.4
モチノキ	1	2	1	2	1						7	1.74	4.4
イヌマキ	4				1						5	0.98	2.5
コナラ	1	1	2	1							5	0.75	1.9
マルバアオダモ	5	2									7	0.23	0.6
ケヤキ	2	1	1								4	0.21	0.5
ヒメユズリハ	2	1									3	0.08	0.2
オオバイボタ	1										1	0.03	0.1
キハギ	1										1	0.02	0.0
シラカシ	1										1	0.02	0.0
ガマズミ	1										1	0.00	0.0
合計	28	38	30	19	9	4	5	2	0	1	136	39.72	100

層植生用の小調査枠（1m×1m～2m×2m）を複数，設置して，小調査枠内に出現した種について被度（%）を記録することが多い。この際，小調査枠内の下層植生を上方から写真撮影しておくと，再調査の際に比較できてよい。小調査枠を用いて調査する場合にも調査枠全体での種のリストアップは行っておいたほうがよい。

高木種の実生については，下層植生用の小調査枠の中で位置を記録するとともに実生にマーキングを行っておくとよい。マーキングの方法としては実生の根元近くの地面に，番号付きのテープを付けた小さなペグを挿しておくのがよい。ただし実生については，上層木に比べて補充と死亡のサイクルが早いので，動態をモニタリングするためには最低でも数ヶ月〜1年ごとに調査を繰り返す必要があり，上層木とは別のモニタリングとして実施する必要がある。

④ 再測定と調査データの解析，保存

モニタリングでは再測定までの期間の長さが重要である。短すぎると量的な変化が僅かであるため，差を検出するのに精度の高い調査が必要となり，長すぎるとブラックボックスの期間が増えてしまって個体の補充や死亡を精度高

く，捉えることができない．森林の変化する速度は，一般に草原に比べて遅いが，最低でも5年に一度，再測定を実施していくことが望ましい．

　再測定の際には，同一の調査枠内で基本的に前回と同様の測定を繰り返すわけであるが，その際には，個体（幹）の枯死と補充に特に注意する必要がある．往々にして，前回の調査では存在が確認されたにもかかわらず，行方不明となってしまう個体がある．枯死幹についてはどのような状態で枯死していたか（立ち枯れ，倒伏，幹折れ等）を記録しておく．補充については，その幹のサイズが調査対象範囲に達しているか否かを精度高く判定することが極めて難しく，そのため死亡率に比べて補充率は推定の誤差が大きくなりがちである．

　データ解析の内容は目的により様々であるが，森林全体および各種ごとに胸高断面積合計や密度の変化，直径階分布や樹高階分布の変化，分散構造の変化，死亡率，補充率，成長率等を計算し比較していく（表1）．

　森林のモニタリングは十年〜数十年，あるいはそれ以上の長期にわたることも稀ではない．したがって，複数の調査者が代々，継続して調査を行うことが多い．そのため，調査データの保存と継承に十分，配慮することが肝要である．数十年にわたり調査データを同一の，あるいは比較可能な方法で調査，蓄積し，継承していくことは予想以上に難しい．紙のデータ，デジタル化されたデータ共に複数のコピーを取って分散保管していくこと，調査方法を詳細に記録し残していくことが必要である．

　謝辞：リモートセンシングに関しては原慶太郎博士のご教示を得た．

〔参考文献〕

原慶太郎・須崎純一・鎌形哲稔・安田嘉純・朴鐘杰．2003．リモートセンシングによる異なったスケールの植生把握．植生学会第8回大会講演要旨集，p.17.
原田洋・磯谷達宏．2000．マツとシイ．岩波書店．
鈴木兵二・伊藤秀三・豊原源太郎．1985．生態学研究法講座3 植生調査法Ⅱ―植物社会学的研究法―．共立出版．

（原　正利）

3.1.2 草原のモニタリング調査方法

1. 草原の種類

　草本植物が優占する群落を一般的にはすべて「草原」と呼ぶが，これらは成立要因の異なる3つの「草原(草地)」に分類される。モニタリング調査にあたっては，まず対象とする草原の位置づけを把握する必要がある。

　植物の成長に適した温暖多雨な気候下にある日本では，一般的には極相として森林群落が成立する。しかし高山や海岸風衝地，湿地等のような植物にとっては生育条件の厳しい特殊な立地では，極相として草原群落が成立し，これを自然草原とよぶ。一方，本来極相としては森林群落が成立する条件下で，二次植生として刈り取りや放牧，火入れ等の人為作用によって，遷移の途中相に成立する草原群落を半自然草原とよぶ。半自然草原は昭和40年代までは採草地や放牧地として利用されてきたが，現在では生産地として機能する場所はほとんどなく，土地の転用や人為作用の停止による遷移の進行によって，これらは急激に減少した。その結果近年，半自然草原を生育地にするオキナグサやキスミレ等，多くの草原性草本植物の減少，絶滅が危惧され，問題となっている（大窪・土田，1998）。ここで扱う草原のモニタリング調査方法は主に半自然草原を対象としたが，他の草原にも適用できるものである。

　外来牧草等の栽培種を播種や植え付けで育成，成立させた場合は人工草地とよぶ。都市域に生活する私達の身近でみられるゴルフ場，都市公園の芝生地や河川敷等のワイルドフラワー緑化地は人工草地にあたる。

2. 草原モニタリング調査の位置づけ

　図4に草原管理におけるモニタリング調査の位置づけを示した。まずはじめに，モニタリング調査をはじめる事前調査として，対象とする草原と周辺地域に関する文献（自然環境に関する基礎的データ，過去の群落状況，土地利用の変遷，空中写真等）を収集する。また草原の場合は，過去の人為影響が現在の群落状況に反映されるため，地域への聞き取り調査によって，過去の慣行（管理・利用方法）に関する知見を収集することが必要である。現在も草原が利用されている場所は少なく，慣行に関する知見の収集は難しいが，これらは保全のための具体的な管理計画を検討する場合に非常に有効である。またこの時期に関係行政機関に問い合わせ，草原の土地所有者や利用形態等を明らかにして

```
              スタート
                ↓
        ┌─────────────┐
        │   事前調査    │
        │ ・文献収集    │
        │ ・慣行に関する聞き取り調査 │
        └─────────────┘
                ↓
        ┌─────────────┐
        │ モニタリング調査 │
        └─────────────┘
                ↓
        ┌─────────────┐
        │ 管理目標と計画の検討，策定 │
        │ ・目標とする群落の設定    │ ← 再検討
        │ ・保全種，競合種の設定    │
        │ ・管理方法の検討，策定    │
        └─────────────┘
                ↓
  継続 → ┌─────────────┐
        │ 管理計画の実践 │
        │ ・刈り取り，放牧，火入れ，抜根除草等 │
        └─────────────┘
                ↓
        ┌─────────────┐
        │ モニタリング調査 │
        └─────────────┘
                ↓
再検討 ← ┌─────────────┐ → 再検討
必要無   │ 管理目標と計画の検証 │   必要有
        │ ・再検討の必要性有無  │
        └─────────────┘
```

図4 草原の保全を目的とした管理実践とモニタリング調査のフロー

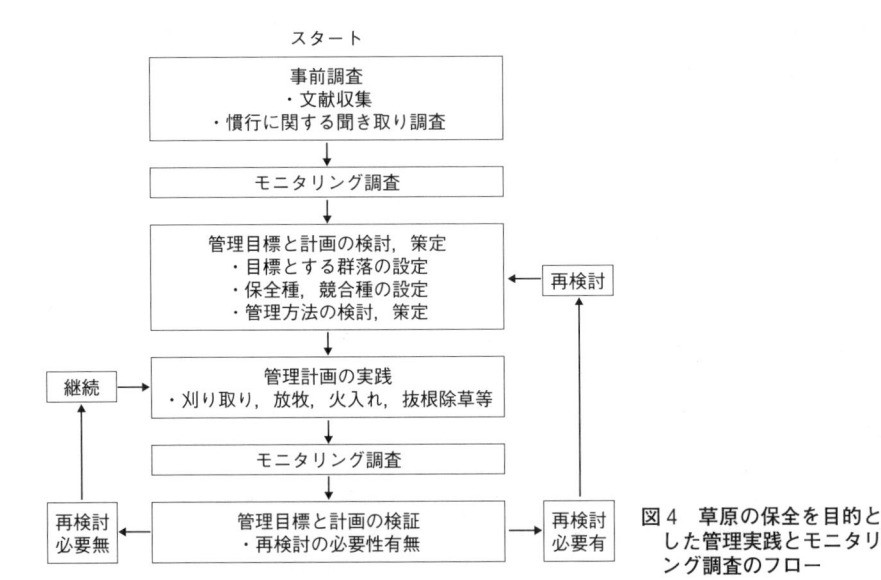

おく必要がある．草原は，かつて入会地（共有地）であった場所が多く，所有形態が明らかでない場合もあるので注意したい．その上で，関係者への事業の承諾や行政機関への諸手続の必要があれば行う．

　次に群落のモニタリングを行うための現状把握調査を実施する．現状把握の方法は以下で詳しく述べるが，これらの調査の解析結果から，目標とする群落，その中での保全種（保全しようとする種），競合種が設定される．群落における種間関係は複雑で，保全種や競合種の設定は，群落構造や調査目的によって異なる．たとえば，多年生草本のニッコウキスゲを保全種とした場合，木本種のレンゲツツジをその競合種として設定しなければならない場合もあれば，同じ保全種として設定すべき場合もある．

　管理計画策定の段階では，目標群落や設定種に応じた具体的な方法を検討しなければならない．一般に半自然草原を維持していくためには，刈り取りや放牧等の管理によって，遷移を進行，偏向させる競合種の成長を抑制する必要がある．競合種の成長を抑制するとともに，保全種に対する負の影響が少ない，効率的な管理方法を検討する．刈り取り管理における競合種を抑制する最も効果的な時期は，対象種の地上部の成長が最大となり，すなわち光合成産物を地下部へ回収しはじめる直前である（前中・大窪，1997）．しかし同時に刈り取り

が保全種の成長や生活環に負の影響を与える場合は，他の時期に処理しなければならない場合もあり，群落の状況に応じた管理が必要である（大窪，2001）。

　管理実施後には，策定した計画が管理目標に応じたものであったかどうかの検証を行うため，再度のモニタリング調査が必要となる。管理計画とともに，実現可能な目標であったかどうかの検討を行う。再検討が必要であると判断された場合には，管理目標と計画の検討へフィードバックさせなければならない。草原を対象とした計画の検証は，数年間隔の短いスパンで行うことが好ましいが，頻度が高ければ，調査による草原への立ち入りで保全種の成長を阻害したり，帰化植物の侵入を促す場合もあるので，注意したい。再検討が必要無いと判断された場合は，引き続き計画を継続するが，数年間隔のモニタリング調査によって，常に再検討が必要かどうかのフィードバックを行う。

3. 草原のモニタリング調査方法

① 相観植生レベルでの調査・解析

　調査の労力・時間・経費のない場合や，草原の状況をおおまかに把握する目的の調査であれば，植物社会学的な植生調査で代表されるような群落レベルではなく，相観植生レベルで行うことも可能である。調査方法としては草原を踏査しながら，相観植生を優占種の生育形（例；常緑多年生草本優占群落，夏緑多年生草本優占群落，常緑針葉樹群落，落葉広葉樹群落等）や優占種名（例；ススキ優占群落，シバ優占群落，コナラーアカマツ優占群落等）で植生区分を分類し，地図に範囲を記入していく。全域の踏査が無理な場合は空中写真によって植生区分の範囲を判読する。現存植生を空中写真で判読することが可能なら，過去の空中写真を使って相観植生の変遷を明らかにすることもある程度可能である。

② 群落レベルでの調査・解析

　草原のモニタリング調査は通常，群落レベルで行うのが基本である。対象となる保全種がたとえ1種であっても，植物種は単独ではなく，他の構成種と相互に関係し合いながら生育しているため，群落レベルでの取り扱いを基本としなければならない。草原内に一定面積のコドラートを複数箇所設定し，コドラート毎に出現種を記録し，各種について群落測度（例えば優占度，被度百分

被度階級
 5…被度が調査面積の3/4以上をしめているもの。個体数は任意。
 4…被度が調査面積の1/2～3/4をしめているもの。個体数は任意。
 3…被度が調査面積の1/4～1/2をしめているもの。個体数は任意。
 2…被度が調査面積の1/10～1/4をしめているもの。あるいは個体数が極めて多い。
 1…個体数は多いが被度がの1/20以下，または被度が1/10以下で個体数が少ないもの。
 +…被度は低く散生。
 r…極めて稀に，最低頻度で出現するもの。（r記号が省略されて，+にまとめられることも多い）

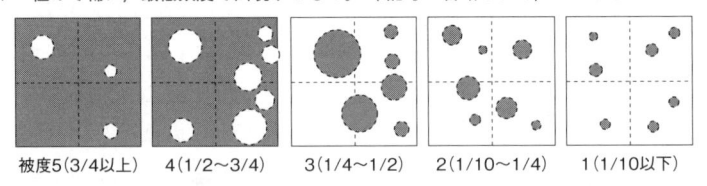

被度5(3/4以上)　4(1/2～3/4)　3(1/4～1/2)　2(1/10～1/4)　1(1/10以下)

群度階級
 5…調査区内にカーペット状に一面に生育している状態。
 4…大きなまだら状，またはカーペットのあちこちに穴があいているような状態。
 3…小群のまだら状。
 2…小群をなしている状態。
 1…単独に生育する状態。

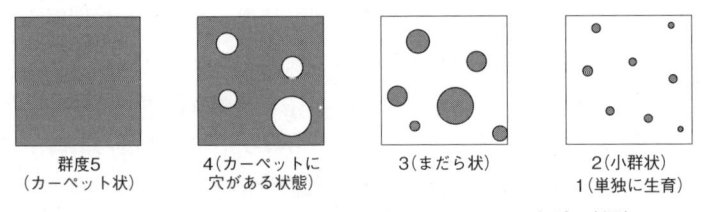

群度5　　　　4(カーペットに　　3(まだら状)　　2(小群状)
(カーペット状)　　穴がある状態)　　　　　　　　　1(単独に生育)

図5　被度・群度の測定基準（Braun - Blanquet, 1964；宮脇（編），1977；鈴木他，1985）

率，密度，頻度等）の測定を行う。一般的には植物社会学的植生調査法（Braun - Blanquet, 1964）を用い，全体の植被率（調査面積に対する植物体の被覆率（%）），群落高，各種の被度・群度（図5）の測定を行うことが多い。調査は群落の階層（高木層，亜高木層，低木層，草本層，コケ層等）毎に行う。草原を調査対象とする場合でも，上層に木本の優占する階層を含む場合は，階層に分けて調査する。以下に具体的な調査，解析方法について説明する。

　i　コドラートの設定方法
　コドラートの設定方法（どこに置くか，面積，個数等）は調査目的によって決まる。現実的には時間的，人員的，経費的な面から制限されることも多いが，草原群落の現状を把握するのに十分なコドラート数の設定が必要である。植物

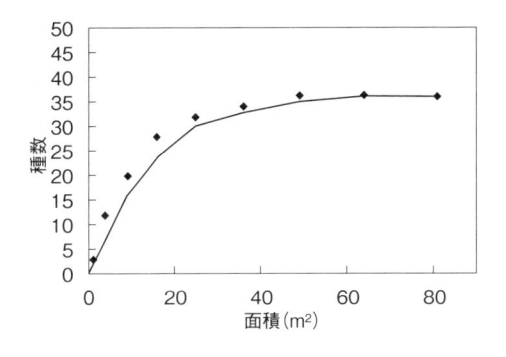

図6 種数−面積曲線

　社会学的植生調査法では，調査区域における均一な群落を植生（群落）標本（アウフナーメ）として抽出し，質的量的に均一な部分にコドラートを設定しなければならない。一方，ランダムにコドラートを設定する方法の場合では，より多くのコドラートを設置しなければならない。コドラートの箇所数が多くできない場合は，群落と立地環境との関係を考慮しながら，コドラートの設定場所を検討することが望まれる。またコドラートは単独でなく，ライン状に数個を連続して設置する場合もある。

　コドラート面積は均一な群落が反映されるような大きさに設定する。一般的には，調査区域において調査面積を順次大きくしながら，出現種数の増加曲線を描き（すなわち種数−面積曲線（図6）を作成し），出現種数がそれ以上増加しない，飽和点での面積をコドラートの基準面積とする（例えば図6の場合は $64\,\mathrm{m}^2$ となる。）。この作業を省略する場合には，経験的に群落高（群落内での最高植物高）を一辺の長さとする正方形の面積を基準面積にすることが知られている。例えば群落高2mのススキ優占群落の場合の調査面積は $4\,\mathrm{m}^2$，群落高0.5mのチガヤ優占群落の場合は $0.25\,\mathrm{m}^2$ となる。

ⅱ 出現種の記録

　コドラート内に出現する植物種名をできるだけ優占度の高い順に調査用紙に記録する。調査時に同定できない種については植物体を採取し，さく葉標本を作成後，同定作業を行う。この際，調査を継続するのであれば，標本用の植物採取はコドラート外で行う必要がある。

ⅲ 出現種リストの作成と植物相の系統分類的解析

　草原の植物相を把握するため，全コドラートに出現した全植物種のリストを

作成する. 植物は各種の進化分化の関係性に基づいて (系統分類上) 分類される. 図鑑を参考にしながら, 出現種を科, 属単位まで分類し, 系統分類上の配列順にリスト化する. 地域のコドラート外の植物を含めれば, 草原全体の植物相リストを作成することができる. リストから, 地域における草原の系統分類学的 (分類群の) 特徴を把握し, 考察する.

iv 広義の生活型による種組成の解析

植物はその生活様式の生態的特徴 (広義の生活型) から類型化でき, 草原群落の解析にも用いられる. ここでは以下にRaunkiaerの生活型, 生育形, 繁殖型の3つの生活型について紹介する. 全出現種数に対する各生活型の種数の割合を生活型組成 (生活型スペクトル) とよび, これを群落区分やコドラート毎に算出し, 群落の遷移進行や安定性の診断に用いる (図7). 生活型組成は出現種数の他に, 生活型毎の優占度の割合を用いる場合もある. 日本植生便覧 (宮脇 (編), 1983) には日本野生植物や帰化植物についての生活型と次に紹介する生育形データが記載されているので, 参考にされたい.

a) Raunkiaerの生活型; 生活に不適な季節における休眠芽の位置によって分類する. 狭義の生活型はこれを意味する. 草原の場合は以下の5分類を用いる場合が多い. ( ) 内のアルファベットは省略記号である.
- 地上植物 (Ph: 休眠芽が地上30 cm以上にある)
- 地表植物 (Ch: 休眠芽が地上30 cm未満にある)
- 半地中植物 (H: 休眠芽が地表に接して位置する)
- 地中植物 (G: 休眠芽が地中にある)
- 一年生植物または二年生植物 (Th; 不適な季節を種子でのみ越すもの)

さらに地上植物を大形地上植物 (MM; 休眠芽が地上8 m以上), 小形地上植物 (M; 地上2〜8 m), 微小地上植物 (N; 地上0.3〜2 m) に細分類したり, 水湿植物 (HH), 着生植物 (E), 多肉植物 (S) を加える場合もある. 同じ植物でも生育する環境条件が異なれば, 異なる生活型をとる場合もあり, 調査地域における各種の生活型を把握することが必要である.

b) 生育形; 植物体の地上部分の形態による類型.

草本植物の場合は沼田 (1969) によって図7に示す生育形が提案されている (中西他, 1983). アルファベットは省略記号である.
- 直立形 (e: 地上部の主軸のはっきりした直立性のもの. 例: シロザ, ヤ

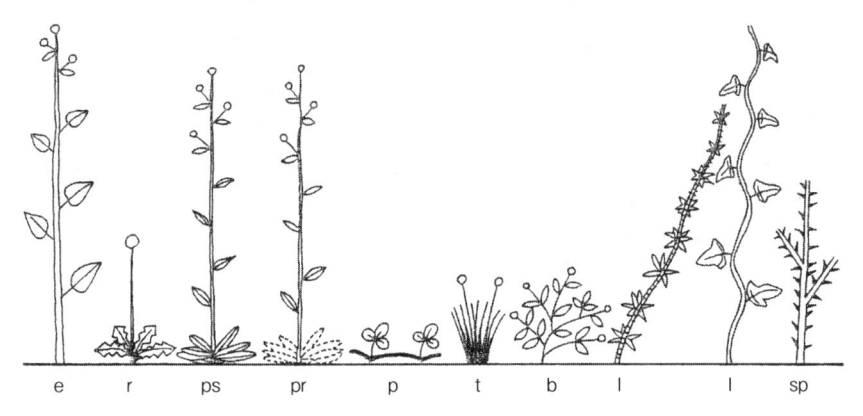

図7 草本の生育形模式図（沼田，1969）
e：直立形　　r：ロゼット形　　ps：偽ロゼット形　　pr：部分ロゼット形
p：匍匐形　　t：叢生形　　b：分枝形　　l：つる形　　sp：刺形

マユリ）
- ロゼット形（r：根生葉で過ごし，花茎には葉がつかない。例：セイヨウタンポポ，オオバコ）
- 部分ロゼット形（pr：はじめロゼット形で，後に主茎を伸長させ直立形になる。例：ヒメジョオン，ハルジョオン，メマツヨイグサ）
- 偽ロゼット形（ps：根生葉をつけながら葉のついた直立茎を伸ばす。例：ナズナ，ジシバリ）
- 匍匐形（p：匍匐茎を伸ばして地上部を這う。例：ヘビイチゴ，オオイヌノフグリ，シロツメクサ）
- 叢生形（t：根元から多くの茎が叢生する。例：イネ科やカヤツリグサ科。ススキ，カモガヤ，ヒカゲスゲ）
- 分枝形（b：地上部の主軸のはっきりしないもの。例：ハコベ，タネツケバナ）
- つる形（l：つるを伸ばし他の植物に巻き付いたり，よりかかったりするもの。例：カナムグラ，ヤブガラシ）
- 刺形（s：茎に刺をつけるもの。例：サルトリイバラ，ヒレアザミ）

c）繁殖型；植物の繁殖様式を種子散布による散布器官型（D型）と，根茎や地下茎による地下器官型（R型）で類型化する。ここでは草原群落解析に多用される前者についてのみ説明する。（ ）内のアルファベットは省略

記号である。

散布器官型（D型）
・風散布型，水散布型（D_1；種子が風や水によって散布される。）
・動物散布型（D_2；種子が動物によって散布される。）
・自動散布型（D_3；種子が機械的なメカニズムで散布される。）
・重力散布型（D_4；種子自身の重さで落下，散布される。）
・種子を作らず，主に栄養繁殖するもの（D_5）

V 群落測度の測定と解析

群落構造を知るための測度を群落測度とよび，ここでは定量的測度について説明する。（ ）内のアルファベットは省略記号である。群落の中での各種の優占程度を表す測度を総じて優占度と呼ぶが，現存量や被度百分率，Braun - Blanquet の被度・群度（図5），積算優占度，相対積算優占度等がある。最も精度の高い測度は現存量であるが，サンプリングによって群落を現状から変えてしまうこと，また作業量が非常に多大であるため，他の優占度を用いるのが一般的である。

・密度（D：単位面積における各種の総個体数）
・頻度（F：総コドラート数に対する各種の出現コドラート数の割合（%））
・被度百分率（C：調査面積に対する各種植物体面積の割合（%））
・被度（C：B-B法では調査面積に対する各種植物体面積を6～7段階（図2）で測定）
 被度を被度百分率に換算する場合は，次の中間値を用いる。被度5→被度百分率87.5%，被度4→62.5%，被度3→37.5%，被度2→17.5%，被度1→5.0%，被度+→0.1%。
・群度（S：植物の群生する状態を5段階（図5）で測定）
・植物高（H：測定方法は自然高の場合や地際から地上部の最長部位までを測定する場合がある。測定は最高値をとる1個体を代表値としたり，数個体の平均値を用いる場合がある。）
・現存量（W：植物体をサンプリングして，泥やゴミを取り除き，その後，乾燥機で風乾したものを乾燥重として測定する。）
・積算優占度（SDR：summed dominance ratio；測度を組み合わせた指数）（沼田，1965）

表2 優占度（SDR_2）と相対優占度（SDR'_2）の算出例

出現種	被度百分率 C（%）	植物高 H（cm）	C'	H'	SDR_2	SDR'_2（%）
ススキ	50	150	100	100	100	57.14*
ネザサ	20	60	40	40	40	22.86*
チガヤ	10	30	20	20	20	11.43*
オミナエシ	5	30	10	20	15	8.57*
合計					175	100

*：少数第3位で四捨五入

　　被度（C），植物高（H），密度（D），頻度（F）等，数種の測度を組み合わせた指数，すなわち積算優占度は現存量と高い精度で正の相関関係にあり，これを優占度として用いる。計算式は以下のとおりで，各測度の比数合計値を測度数で除す（例えば測度にC，H，F，Dを用いる場合）。省略記号には用いる測度数を添える。積算優占度の算出過程の例を**表2**に示した。

　　2つの測度を用いる場合；$SDR_2 = (C' + H')/2$
　　3つの測度を用いる場合；$SDR_3 = (C' + H' + F')/3$
　　4つの測度を用いる場合；$SDR_4 = (C' + H' + F' + D')/4$
　　（***C'，H'，F'，D'とはC，H，F，Dの比数。比数とは各区での測度の最大値を100とした場合の各種の値である。）

・相対積算優占度（SDR；積算優占度を相対値に換算した指数）
　相対値化されているため積算優占度よりも，各種の優占程度を比較しやすい。SDRに「'」をつけてSDR'_2やSDR'_3と省略記号で表す。以下に積算優占度からの相対積算優占度の算出方法を，**表2**には例を示した。相対積算優占度は群落内での構成種の優占度を比較できるが，生活形毎の積算値にすれば，生活形組成として群落の遷移進行や安定性の診断に用いることができる。

$$SDR'_2 (\%) = (各種の SDR_2) \times 100 / (全出現種の SDR_2 合計値)$$

vi 遷移度による遷移診断

　群落が遷移のどの段階にあるのかを把握することを遷移診断とよぶ。草原群落の植生管理では，群落が現在，遷移系列上のどの遷移段階に位置し，目標とする群落がどの段階にあるのか判断しながら，遷移をコントロールする管理方

法（刈り取り等）について検討しなければならない。例えば，シバ優占段階→ススキ優占段階→ネザサ優占段階と進行する遷移系列上の場合，目標とする群落がシバ優占段階であれば，現在，ススキやネザサ優占段階にある群落は，刈り取りや放牧によって遷移をシバ優占段階まで退行させる必要がある。また逆に目標とする群落がネザサ優占段階であれば，現在，シバやススキ優占段階にある群落は，刈り取りや放牧を一時的に停止して，ネザサ優占段階まで進行させる必要がある。遷移診断は草原のモニタリングには必須の事項で，先に述べた生活形組成や出現種の特徴によっても行えるが，次式による遷移度（DS：degree of succession, Numata, 1969）を用いることもできる。図8は日本で広く調査された結果から得られた，草原群落における遷移度の頻度分布を示したものである。図8では一般的にはヒメジョオン期→シバ期→ワラビ期→ススキ期→ネザサ期→ササ期と進行する遷移系列が示されるが，各期の頻度分布曲線が重なることにも注意しなければならない。

$$DS = \frac{\Sigma (l \times d)}{n} \cdot v$$

l：各種の生存年限。生活形でTh=1, Ch・H・G=10, N=50, M・MM=100とする。
d：各種の優占度（相対積算優占度や被度百分率等）
v：植被率（100％を1とする）

vii 群落の分類, 序列化

群落の相互関係を把握するため，各コドラートの出現種やその優占度の共通性などを基準にして，群落の分類や序列化を行う。植物社会学は群落分類を目的とする学派で，一般的な分類の手法として以下に示した植物社会学的群落分類（ZM方式；Zürich-Montpellier tradition）が用いられる。ZM方式では各コドラートでの出現種とその被度・群度からなる一覧表（素表）を表操作して，各群落タイプを特徴づける種群（標徴種，識別種）を抽出することによって，植生単位の区分（群落分類）を行う。この結果を既存の群落分類体系と照合しながら，群落の同定，体系化を行う。表操作は機械的に進めていくが，標徴種や識別種の抽出には，出現種の生理生態的な特性を考慮することも多く，操作や結果考察については植物社会学や植物学に関するある程度の知識と経験が必要である。詳しい方法については専門書（鈴木他，1985, 宮脇（編）1977）を

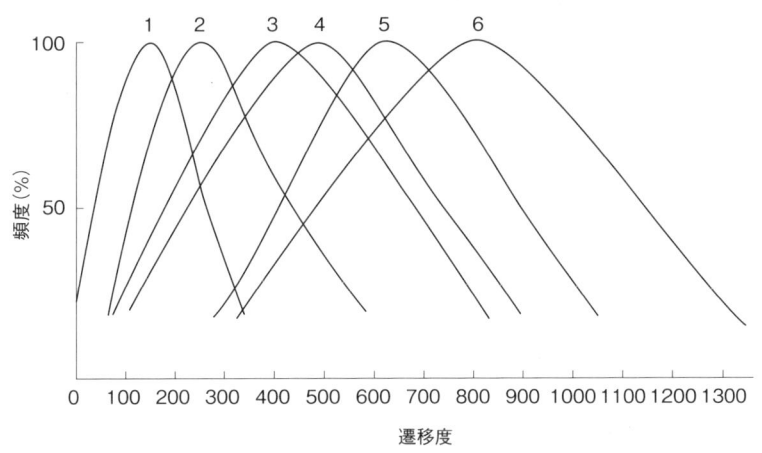

図8　草地植生型（期）の遷移度の順位づけ（Numata, 1969）
1：ヒメジョオン期，2：シバ期，3：ワラビ期，4：ススキ期，5：ネザサ期，6：ササ期

参考にされたい。

　一方，多変量解析を用いる手法では，群落の分類にはTWINSPAN解析（two-way indicator species analysis; Hill, 1979b）やクラスター解析が，序列化にはDCA解析（detrended correspondence analysis; Hill, 1979a, Hill & Gauch, 1980）が用いられる。現在では，植物社会学的表操作とこうした多変量解析手法を併用するのが一般的である。多変量解析は種特性の概念がいっさい含まれないことに特徴がある。これらの理論や方法については，専門書（小林，1995, McCune & Grace, 2002）を参考にされたい。

　③ 個体群レベルでの調査・解析

　対象地における保全種やその競合種についての動態や種生態を把握するためには個体群レベルでの調査が必要である。ここでは草本植物の個体群動態調査について説明する。一定面積のコドラート内における対象種の全個体にマーキングを行う。マーキングは個体に旗などで番号表示（植物体の成長を阻害しないように）をつけ，その位置（x, y座標）を記録する。（この際，クローナル植物の場合は地下部で連結しており，地上部の1シュートが1個体であるとは限らないことに注意。地下部の連結を確認できないときはシュート単位での動態を観察する。）次に各個体のサイズ（植物体の大きさや発達段階の指標となるもの；例えばシュートの太さや長さ，葉の大きさ，着葉数等）や生活史の

表3 ススキ草原における出現種数と主要構成種の相対積算優占度の経年変化

調査年（出現種数） 種名	生活型	1989年 (48) (%)	1990年 (40) (%)	1991年 (67) (%)	1992年 (55) (%)
アキノエノコログサ	Th	10.9	1.0	3.5	0.4
ススキ*	H	9.9	11.2	11.3	8.8
ヤマハギ*	N	7.8	4.7	1.7	3.3
セイタカアワダチソウ	G	5.9	8.0	10.2	8.1
クズ	M	5.5	4.1	4.1	5.2
ヒメムカシヨモギ	Th	5.5	9.9	1.3	2.2
オオアレチノギク	Th	4.4	3.9	2.0	
ヨモギ	H	4.1	3.1	4.8	4.7
ツルマメ	Th	3.6	5.5	6.2	4.4
メヒシバ	Th	3.6	2.7	0.4	
アレチギシギシ	H	1.4	0.8	2.7	3.0
シロザ	Th		3.8		
セイバンモロコシ	H			2.8	4.6
チガヤ	G			2.7	3.4

注) *は植栽由来，生活型の凡例は本文参照

段階（抽だいや繁殖段階）を記録する。個体サイズが個体の生存年数（齢）と正の相関関係にあるとすれば，個体サイズの頻度分布から，個体群の齢構造が把握できる。また個体サイズと繁殖段階との関係がわかれば（例えば着葉数10枚以上で繁殖段階に達する），個体群の今後の動態が予測できる。

経時的にこのような個体マーキング調査を継続していけば，個体の成長量や個体群動態，生活史を知ることができる。年間をとおして地上部の識別が行える種では年次を経た個体の追跡が可能である。しかし越冬期などに地上部が枯れ，認識できない種では継続的なマーキングはできないため，コドラート単位での個体の追跡が前提となる。個体群動態調査は非常に多大な労力が必要であり，調査者の踏みつけによって，コドラート周辺を荒廃させる危険度も高い。このため個体のマーキングは行わず，コドラート内での対象種の開花（結実）数や開花（結実）個体数を計測し，個体群の繁殖状況をモニタリングすることも可能である。

④ モニタリング事例

　千葉県立中央博物館生態園のススキ草原におけるモニタリング調査の例を紹介する。このススキ草原は房総の代表的な植生を復元しようという目的で、造成裸地にススキやヤマハギが植栽された草原である（大窪，1996）。土地造成は1988年3月に、ススキとヤマハギの植栽は1989年5月までにほぼ終了した。植栽種を除けば、造成後1～2年間は、アキノエノコログサやメヒシバ、ヒメムカシヨモギやオオアレチノギクといった一，二年生草本（Th）が優占し、これらはツルマメを除き、その後減少した（表3）。一方、遷移の初期時点から多年生植物のセイタカアワダチソウやクズが出現しており、これは造成時の盛土にこれらの根茎が混入していたためと考えられた。造成後3～4年には、多年生草本のセイタカアワダチソウやチガヤ、ヨモギ、セイバンモロコシ、夏緑藤本のクズが優占した。遷移度は1989年には33であったが、1992年には268まで増加した（図9）が、これは一般的なススキ草原の遷移度中間値（図5）の1/2程度であった。また種組成からは、セイタカアワダチソウやセイバンモロコシ、アレチギシギシなどの外来種の定着が問題であり、在来種の生育を促すような植生管理が必要であることが指摘された。一方、調査期間中にはススキの実生は確認されず、個体群を維持していくための管理の検討も必要であることもわかった。生態園周辺には、地域本来のススキ草原構成種のシードソース（種子供給源）となる場所がなく、今後これらの構成種を導入することが課題となっている。

　草原のモニタリング調査は現状を把握し、これが目的にあっているものかフィードバックさせ、今後の管理をつねに再検討していくためのものである。継続的なモニタリングは必要であるが、草原への調査者の過度の侵入や踏圧は、本来の植生を変化させてしまうことにもつながるため、調査頻度を下げることや、細心の注意が必要である。

図9　ススキ草原における遷移度の経年変化

（凡例：●遷移度はSDR_2より算出，▲遷移度はSDR_3より算出）

始めよう！身近な植物群落のモニタリング調査

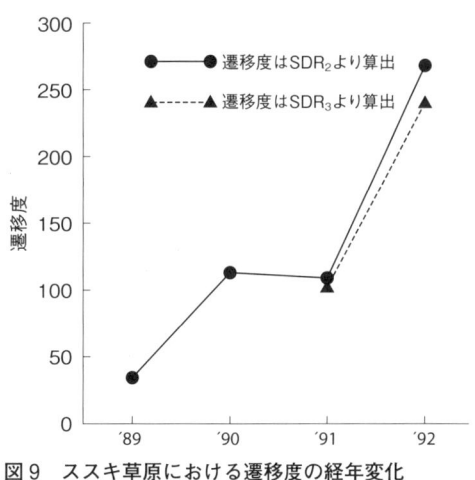

〔引用・参考文献〕

大窪久美子・土田勝義．1998．半自然草原の自然保護．沼田 真（編），自然保護ハンドブック第2編7，p.432-476．朝倉書店．

前中久行・大窪久美子．1997．人間の環境下に成立する生物的自然・草本植生のダイナミクス，雑草の自然史，46-61，北大図書刊行会，札幌

大窪久美子．2001．刈り取り等による半自然草原の維持管理．大沢雅彦（編），生態学からみた身近な植物群落の保護，132-139，142-145，講談社サイエンティフィク，講談社，東京

Braun - Blanquet J. 1964. Pflanzensoziliogie : Grundlage der Vegetationskunde 3. Springer - Verlag.

宮脇昭（編）．1977．日本の植生．学習研究社，東京

鈴木兵二・伊藤秀三・豊原源太郎．1985．植生調査法Ⅱ－植物社会学的研究方法－．共立出版．

宮脇昭（編）．1977．改訂版日本植生便覧．至文堂．

沼田眞．1969．生活型概説 日本植物生態図鑑総論編，p.2-18，築地書館．

中西哲・大場達之・武田義明・服部保．1983．日本の植生図鑑（Ⅰ）森林．保育社．

沼田眞．1965．草地の状態診断による草地診断Ⅱ：種類組成による診断．日草誌 **12**, 29-36.

Numata, M. 1969. Progressive and retrogressive gradient of grassland vegetation measured by degree of succession. *Vegetatio* **19**: 259-302.

Hill, M.O. 1979a. DECORANA － A FORMAN program for detrended correspondence analysis and reciprocal averaging. Ecology and Systematics. Cornell University Press, New York.

Hill, M.O. 1979b. TWINSPAN-A FORMAN program for arranging multivariate data in an ordered two-way table by classification of the individuals and attributes. Cornell University Press, New York.

Hill, M.O. & Gauch, H.G. 1980. Detrended correspondence analysis, an improved ordination technique. *Vegetatio* **42**: 45-58.

小林四郎．1995．生物群集の多変量解析．蒼樹書房．

McCune, B. & Grace, J.B. 2002. Analysis of ecological communities. MJMSoftware Design.

大窪久美子．1996．半自然草原の復元．沼田眞（監）・中村俊彦・長谷川雅美（編），都市につくる自然．65-71，信山社．

（大窪　久美子）

3.1.3 海岸植生のモニタリング調査法

　海岸植生とは，陸上でありながら海の影響を直接受ける海岸という特殊な環境に成立している植生である。したがって植生を構成している種は海岸の環境下でも生存し，群落を維持することのできる特別な能力を持った種である。これらの種は，内陸で生育する種の中で海岸に生育可能なものが，海岸にまで進出して定着したものではない。海岸植生を構成している種のほとんどは，内陸では見られない海岸に特有のものである。逆に，海岸の植物は内陸ではよほど特殊な立地でないかぎり生育することができない。海岸植物にとっては，海岸が唯一の自生地と言ってよい。

　海岸植生は特殊な植生であるとはいえ，基本的には草原，低木林，湿原等で構成されているので，専門的な立場からの調査法は本章の各節を参照されたい。本節では，どちらかといえば植生のモニタリングに関してあまり経験のない方を対象に，比較的簡便な調査法から述べていく。

1. 岩石海岸，塩性湿地，砂浜

　海岸と一口にいっても，固い岩でできている断崖のような海岸からさらさらした砂の平らな海岸までさまざまである．自然の海岸は，その植生や環境の違いにより，岩石海岸，塩性湿地（塩沼地），砂浜等に分類するのが一般的である。岩石海岸とは，海に面した崖（海崖）や磯，隆起サンゴ礁等固い岩石でできた海岸のことを指す。塩性湿地とは，干潟や河口でみられる海水や汽水（海水と淡水の混ざった水）に浸っている湿地のことである。粒のそろった砂からできていて，砂丘もときおりみられる緩傾斜の海岸が砂浜である。同じ海岸とはいいながらこれらの海岸の植物はそれぞれに特殊な環境下にあるために，共通する種がほとんどないくらい特有の植生が成立する。

　岩石海岸の一つである磯にはほとんど植生は見られない。おそらく波で頻繁に洗われるためであろうと思われる。広い磯や隆起サンゴ礁等では，波の影響を受けにくい波打ち際から離れた場所から植生が現れる。植生が比較的多いのは海に面した崖，海岸崖地のほうである（図10）。崖もよく見ると肩の下の相対的に急な面と，肩より上の緩い面とで生えている種類が異なっている。上部の斜面では土壌が発達していて草原や低木林になっていることが多い。肩より

図10　千葉県大原町の海岸崖地

図11　愛知県田原の汐川河口の塩性湿地
手前の草本群落は塩生植物シバナの群落。

下はしばしば波の侵食によって崩れるために，植生もまばらで，草本がほとんどである。崖が少し突き出ている棚のようなところや，割れ目にたまった土に根を張って，しがみつくようにそれらの草本は生きている。

　崖は海から吹き付ける風の影響が非常に大きいところである。低木林も刈り込まれたように林の上面が平らになっていることが多い。崖の植生に影響を与えているものには，強風とともに霧のように漂ってくる海水の微細な粒子がある。これらの微粒子は波が砕けるときに発生し，風に乗って高い崖の上部まで到達して，葉等にべとつく。この海水の霧はまるでスプレーのようなので，英語ではソルト・スプレーと呼ばれている。内陸の植物の多くはこの海水の微粒子が葉に付着すると枯れてしまう。頻繁にソルト・スプレーが吹き付ける海岸の崖では，海水の付着に強い植物しか生き残れない。

　塩性湿地は，干満により海水や汽水にしばしば浸るために，淡水に浸る内陸の湿地とは異なる植生が生じる（図11）。塩性湿地の植生を構成している塩分に耐性のある植物を塩生植物と呼んでいる。磯の潮だまりの周辺にもできることがあるが，おもに海に面した河口や干潟の周辺で見ることができる。塩田が多かった頃は塩田の周囲にも塩生植物が見られたようである。たとえ淡水であっても，根が水に浸ると酸素が欠乏して根腐れを起こす植物は多い。ましてその水が塩辛いとなると，水分を十分に吸収できないか，塩分ごと水分を吸収して枯死するおそれがある。塩性湿地で生存可能な植物は，それらの悪条件に耐えられる植物であるが，その種数は少ない。

　砂浜では，植生は汀線（波打ち際）からいくらか離れたところから現れる（図12）。汀線付近は頻繁に波をかぶるために植物はほとんど生育できず，砂の裸

図12　千葉県白子町の砂浜（九十九里浜の一部）
波打ち際付近（右）は裸地になっていて，植生の現れるあたりから砂丘になる。

地になっている。この裸地の砂は乾くと風に乗って移動する。移動する砂は何か障害物があると，そこにたまる。障害物がフェンスやゴミのような物であると砂に埋まったままになるが，砂浜の植物の場合，砂に埋もれると再び砂の上に葉や茎が伸び上がってくる。伸び上がっては砂に埋もれ，また伸び上がっては砂に埋もれることを繰り返すうちに砂丘が発達する。砂浜植生と砂丘には密接な関係がある。

砂浜は，主に川により運搬されてきた砂と，近くの岩石海岸が浸食されて生じた砂により形成される。砂浜の砂は波により運び出されたり持ち込まれたりする。何らかの原因で砂の供給が減少すると，浜の侵食が始まることがある。逆に，砂の供給が増加すると，浜は沖に向かって伸びることになる。また，波が侵入してくる方向にもより，砂浜の形が変わることがある。陸上においても，砂が風により動かされるために，砂がたまったり，吹き飛ばされたりする。砂浜は岩石海岸と比べるとその地形は非常に変化しやすい。

砂浜の植生を構成している種は，海側から内陸側に向かって徐々に入れ替わっていく。おそらく，環境が海から陸に向かって急激に変化しているのに対応しているものと考えられる。海側には草本しかないが，砂が安定するようになる内陸よりのところから木本も現れる。このように，植生の構成種が入れ替わりながら帯状に並んで分布することを帯状分布もしくはゾーネーションと呼んでいる。狭い砂浜では，陸側の植生を欠いていることがあり，さらに浜が狭い場合には植生すら存在しないことがある。

海岸にはこの他に，主に礫で構成されている礫浜，人為的に造成された人工海岸や埋立地等がある。

2. 種名リスト

　最も手軽な植生の調査法は，ある範囲を決めてそこに生えている種を片端から記録していくことである。国や県，市単位等比較的広い範囲で作成されるこのような植物の種名リストのことを植物誌もしくは植物相（フロラ）と呼ぶ。海岸の植生は，3次元的に広がる森林等と違って比較的平面的で幅が狭く，また生育している植物はたいてい背が低く見通しがいいので，うっ閉した林に比べれば，調査ははるかに迅速に行うことができる。

　ただ手軽だとはいえ，種のリストを作成するには植物を同定すること（種名を特定すること）が最低限必要になる。花や穂がないと正確に同定できないものもあるので，一度訪れるだけですべての種を網羅することは難しい。同定に自信がないときは，地元の博物館や大学，日本自然保護協会の自然観察指導員等に所属する植物愛好家のかたに尋ねることをお勧めする。

　もし余裕があれば，植物の種を記録するだけでなく，標本も採取しておく。調査した範囲の植生が破壊されてその植物が消滅したような場合には，標本はその種が生育していたという確かな証拠になる。標本を採取したり，保存したりする方法にはそれなりのやり方があるので，図鑑等を参考にしたり近くの博物館等に問い合わせることをお勧めする。

　砂浜や塩性湿地の植生の調査は比較的簡単に行えるが，海に面した崖では，植物の種の調査すら難しいことがある。高くて急な崖の場合，標本採取はおろか，その植物に近づいて同定することさえ簡単にはできない。落石の危険があるので崖下に近づくのも難しい。高い崖の場合は，上からロープで懸垂下降するような特殊な技能をもちあわせていないと調査ができない。海岸だけでなく内陸の高い崖においても植生の記録は少ない。

3. 量と位置の記録

　生育している種の名前だけでなく，それぞれの種の量をも記録しようという場合には，植生調査でよく使われる「被度」や「優占度」を記録する方法がある。被度とは，ある一定の範囲内で，それぞれの種の葉や茎が覆っている面積の割合を5段階で表したものである。覆っている面積が全体の面積に対して100〜75％を被度5，75〜50％を被度4，50〜25％を被度3，25〜10％を被度2，10％以下を被度1，ごくわずかな場合は＋等と表す。専門的

Tab. 1 3. ネコノシターコウボウムギ群集
Wedelio-Caricetum kobomugi Ohba, Miyawaki et Tuexen 1973

	1	2	3	4	5	6	7	8	
調査番号：	89a	46	53	55	65	71	76	896	Relive No.:
年	89	90	90	90	90	90	90	89	Year
月	7	12	12	12	12	12	12	5	Month
日	19	7	7	7	7	7	7	10	Day
調査面積：	40	50	24	50	100	100	6	50	Area(m2):
植被度：	60	20	35	35	15	20	25	30	Vegetation coverage(%):
出現種数：	4	4	5	4	5	4	5	3	Number of Species:
コウボウムギ	3.4	2.3	3.3	3.4	2.2	2.2	2.3	3.3	Carex kobomugi
ハマヒルガオ	1.2	1.2	2.2	1.2	1.2	2.2	1.2	1.2	Calystegia soldanella
オニシバ	.	+.2	1.3	1.2	.	.	1.2	.	Zoysia macrostachya
ハマニガナ	.	.	.	.	+.2	+.2	1.2	.	Ixeris repens
ハマニンニク	+.2	.	.	.	.	.	.	.	Elymus mollis
コマツヨイ	+	1.2	1.2	1.3	1.2	+	2.3	1.1	Oenothera laciniata
チガヤ	.	.	.	.	1.2	.	.	.	Imperata cylindrica v. koenigii

図 13　九十九里浜における植生の調査結果（大場，1991）
　　縦列が各地点の調査結果。調査面積内における種ごとの被度・群度が記録してある。

には，均質であると推測される群落に枠を設けて，それぞれの種に対して被度と群度を記録していく（図13）。群度とは，各種の枠内における分布のしかたを表す指標であり，一面に生育している状態の群度5から，単独で生育している状態の群度1までの5段階で表す。ただ，群落を枠で囲んで被度と群度を記録することに固執する必要はない。調査の目的と必要な精度にあわせて方法を簡便化していけばよい。例えば，それぞれの種の海岸全体に対するおおよその被度を記録したければ，全体を見回してそれぞれの種の被度もしくは被覆している割合（％等）を記録する。海岸が大きければ，適当に海岸を区切ってからそれぞれ種とその被度を記録していけば目的が達成される。

　砂浜の帯状分布のように，汀線と並行方向には均質な群落であるが，垂直方向には変化する植生を記録する場合には，ベルトトランセクト法が用いられる。この方法は，汀線から陸方向に向かってまっすぐ適当な幅のベルトをいくつか設け，それを端から区切りながら枠内の植物群落を調査するものである。例えば，幅1m程度のベルト設け，それを端から1mずつの枠にして，枠内の植物の種名と被度を記録していく。砂浜の調査の場合，地形の起伏も同時に記録される場合が多い（図14）。各種の平面的な広がりを表したいときには鈴木ら（1982）が行ったように平面図にその広がりを直接記載する方法がある（図15）。塩性湿地においても汀線に沿って帯状分布が見られることがあり，ベルトトランセクト法や平面図等で表される場合がある。これらの方法は海岸の植

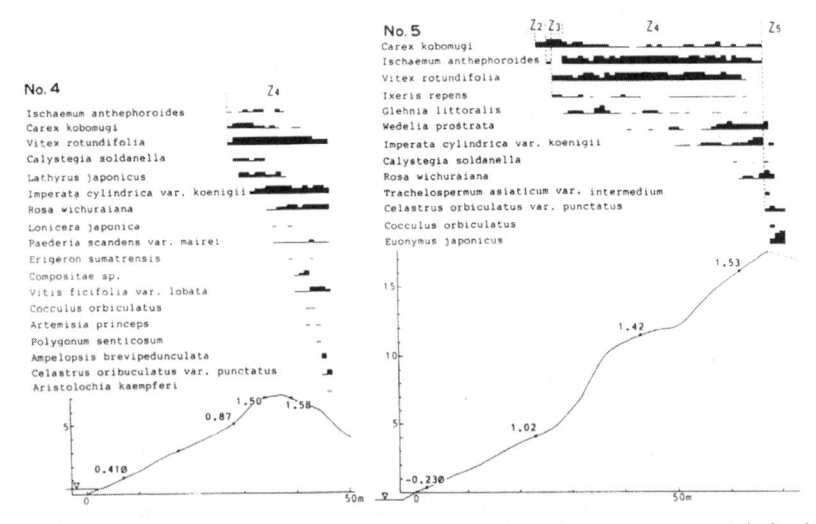

Fig. 3. Dominance histograms of species found in each quadrat along the transects and the beach profiles. No. 4 : Kata; No. 5 : Nisshin.

図14　鹿児島県吹上浜におけるベルトトランセクト法による調査結果（中西・福本，1987）
砂浜の断面図とともに，種ごとの優占度の変化がグラフで表されている。

生を記載する方法としては最も詳細な部類にあたる。ここまでの精度を要求されていなければ，例えば，汀線から陸に何本か線を引き，それぞれの群落もしくは種の生育位置を汀線からの距離で表現する方法もある。繰り返しになるが，調査の方法には絶対的な方法があるわけではなく，調査の目的と精度にあわせて調査法を選択するか，もしくは変更を加える。

　上述のように紙と鉛筆による記録の他，群落の様子を写真に記録する方法がある。写真は数値的な分析には使いにくいが，海岸の地形や植生のおおよその様子を記録するには有用である。撮影した日時，場所，方向等を記録しておき，適当な間隔で撮影すれば，海岸群落の変遷を視覚的に記録することができる。護岸工事や車の進入等の影響により植生が破壊された場合，データで示すほうがより科学的ではあるが，破壊の様子を撮影した写真のほうがアピール力はある（図16）。

4. 海岸植生の破壊と保護

　海岸の植生は様々な原因で消滅するが，以下に述べるように，生育地そのも

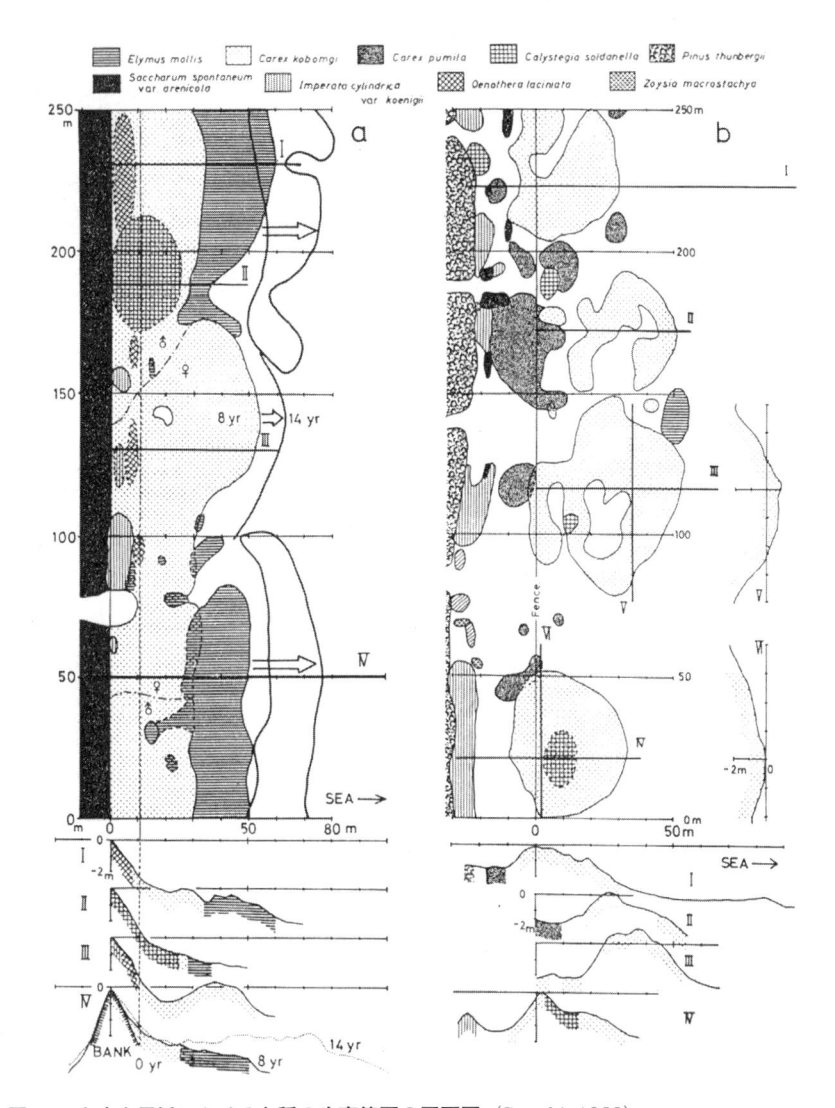

図 15　九十九里浜における各種の生育範囲の平面図（Suzuki, 1982）
約 50 m × 250 m の範囲内を詳細に調査し，断面図も記載している。
a：堤防のある浜。堤防は 1966 年に造成された。1980 年におけるハマニンニク（*Elymus. mollis*）の分布域およびコウボウムギ（*Carex kobomugi*）の分布域の海側の境界線を実線で示してある。コウボウムギの分布域内の♂および♀はそれぞれ雄および雌の穂が見られた範囲であり，その境界は一点鎖線で示してある。
b：植生図 a の北約 1 km のところに位置する堤防のない準自然な砂浜。

図16 千葉県富津市富津洲の砂浜
繰り返し車に踏まれて裸地化している。

図17 千葉県富津市大貫海岸
かつての砂浜の面影はほとんど見られない。

のが奪われることにより消えていく場合が多い。海岸植物群落をモニタリングする場合は，単にそれぞれの種の存否だけでなく自然の海岸そのものの存否や浜の幅，面積等の変化にも着目してモニタリングする必要がある。

① 砂浜

砂浜に成立する海浜植物群落は，塩性湿地植物群落とともに，「新たな保護対策の必要性・緊急性の最も高い植物群系のひとつ」であると「植物群落RDB」に記載されている。各地の砂浜植生が様々な形で破壊されているなかで，砂浜の植物群落に最も深刻なダメージを与えているのが，護岸工事による砂浜の縮小もしくは消滅である。おそらく多くの場合人為的な原因によるものと思われるが，近年，各地の砂浜で侵食が進んでいる。砂浜が侵食されれば，侵食の原因を突き止め，その原因を排除することが求められるはずであるが，ほとんどの場合そのような手続きはとられずに，対症療法的に砂浜に堅牢なコンクリート製の堤防や護岸が造られる。堤防は多くの場合，汀線の近くに作られ，さらに波消しブロックが積まれることもあるために堤防の海側には海岸の植物が生育する余地がなくなる (図17)。堤防の上部は，たいてい道路のようになっていて，さらにその後ろには松林が迫っていることが多い。このような状態になると海岸の植物はもちろんのこと，砂浜の生態系も，昔から慣れ親しんできた浜辺の景観そのものも消滅することになる。

本来，砂浜の侵食は砂浜の植生に脅威を与えるものではない。地史的に見てもこれまで何度も海面は上昇と下降を繰り返してきた。海面が上昇するたびに砂浜の植物が絶滅したとは考えられない。砂浜が侵食されることは，汀線が後退するということである。汀線が後退すると，それとともに汀線際の裸地も後

退し，それに続く植生帯も後退する。汀線の後退に伴って，海の影響が内陸の奥にまで届くようになり，海に近い植生からその構成種は内陸のものから海岸の種へと交代するはずである。侵食が進んでも，そのまま放置しておけば，汀線の後退とともに砂浜の植生がそのまま内陸に向かって平行移動するだけである。逆に侵食を防止しようと堅牢な堤防を造ってしまうと砂浜とともに植生も消滅する。

　砂浜に隣接して植林される保安林（松林）も砂浜の植生を脅かしている。保安林の目的の一つが飛砂防止であるからだと考えられるが，陸から浜に向かって浜を狭めるように松林を拡大している場合がある。潮風に強いクロマツといえども，あまりに海に接近して植えると枯れてしまうことから，保安林の海側に防風用のネットや堤防が造られる。先に述べたように，砂浜の植生は汀線に平行して，帯状に様々な種が分布している。陸側から浜に向かって保安林が拡大すると，砂浜の陸よりに分布する種から消滅していく。浜が狭まると，単に砂浜植生の面積が縮小するだけでなく，植生を構成している種数が減少することになる。砂浜の中には，保安林により植生帯がきわめて狭められているところがある。

　車の進入，海水浴場等による過度の利用によっても砂浜の植生は破壊される。いうまでもなく，これらのことは問題ではあるが，砂浜そのものが残される点や，保護区を設けることによりある程度植生を守れる点では，先の２つに比べれば，植生を破壊する要因としては軽い方である。

② 塩性湿地植物群落

　海岸の植物群落のなかで最も破壊されているのが塩性湿地の植物群落だと思われる。砂浜の植生のように，生育地そのものが消滅している場合が多い。例えば，東京湾ではかつて広がっていた干潟の９割近くが埋め立てられた。また干潟が残されている海岸でも，陸と干潟の境界がまるでプールサイドのように垂直なコンクリート護岸と化しているので，干満により水没したり露出するような湿地は干潟以上に激減している。

　河川が海へ流れ出る河口においても，岸はコンクリートの護岸となっているので，汽水や海水に浸るような湿地が消滅している。かつては，河口の位置はしばしば変わったが，今ではほとんどの河川の河口は堤防で固定されている。塩生植物が河口で見られる場合でも，護岸された岸に沿ってたまっている土砂

や中洲等で見られるだけでその規模は小さい。

河口堰や、海水が川を逆上するのを防ぐ潮止堰は海水と淡水の混合を阻害していて汽水が生じにくくなっている。汽水域が狭まることも塩生植物の生育地を減少させている。

③ 海岸崖地

海に面した崖は，人の手が及びにくいために，砂浜等と比較すると海岸崖地の植生の状態はよい。崖の侵食を防止するために，崖下にコンクリートの堤防が造られ，波消しブロックが並べられるが，植生に対する影響はさほどないように見える。ただし，植生に影響はないとはいえ，崖下に生息する動物や藻類には大きな影響を与えているものと考えられる。

先に述べたように，崖が侵食されて生じた土砂が近くの砂浜の砂の供給源となっている場合が多い。崖の侵食を止めたことにより，付近の砂浜の侵食が始まり，さらにその侵食を防止するために砂浜に堤防が造られる場合がある。崖の侵食を防ぐことが，間接的に砂浜の植生に悪影響を与えることになる。

崖の下に道路が通されていることや，海水浴場になっていることがある。その際，落石を防ぐために全面的にコンクリートを吹き付ける等の対策がとられる。崖がコンクリートで覆われると，崖地の植物の生育地が全面的に消滅する。

おわりに

房総半島の西岸から東京湾に突き出ている富津洲は，昭和20年代まではほとんど手付かずの自然が残る広い砂浜であったが，その後に行われた松の植栽や公園化，舗装道および堤防の建設等により海岸植物の生育範囲が大きく狭まった。小滝（1974）は，終戦直後に自身が行った16年前の調査結果（笹木・根平，1992）と照らし合わせて，植生の変化を具体的に記載している例がある（笹木・根平，2005）。双方の例も自身が行った調査結果を使用しているが，比較的正確な調査結果が残されていれば他人の結果を利用することもできる。過去に現地で調査をしたデータがあったからこそ，正確にその後の変化を示すことが可能になっている。どのような形であれ，現時点における地形や植生の記録は，将来の植物群落の保護に役立てることができる。

〔参考文献〕

中西弘樹・福本紘．1987．吹上浜における海浜植生の成帯構造と地形．中西哲博士追悼植物・分類論文集．p.187-195．神戸群落生態研究会．

大場達之．1991．県立九十九里自然公園の植生．自然公園自然環境調査報告書，水郷筑波国定公園・県立大利根自然公園・県立九十九里自然公園．p.67-93．千葉県環境部自然保護課．

Suzuki, E. & M. Numata, 1982. Succession on a sandy coast following the construction of banks planted with *Elymus mollis*. *Japanese Journal of Ecology* **32**: 129-142.

宮脇昭（編）．1977．日本の植生．学習研究社．

笹木義雄・根平那人．1992．海岸砂丘における飛砂が植生の及ぼす影響．広島大学総合科学部紀要Ⅳ **17**: 59-71.

笹木義雄・森本幸裕．2005．クロマツの定着を指標とした鳥取砂丘における植生遷移系列の推定　第52回日本生態学会講演要旨集．

小滝一夫．1974．5群落の遷移について．千葉県立自然教育園（仮称）調査報告書：145-170．千葉県教育委員会．

（由良　浩）

3.1.4 湿原植生のモニタリング

　湿原植生の変化をモニタリングする場合，永久方形区や永久ベルトトランセクトを設置し，植生の変化を追跡する手法が有効である。調査区の大きさは，調査区の中に立ち入ることができないので，幅1mが限度である。1m^{2}の方形区あるいは1m幅のベルトトランセクトを設定することになる。調査区は将来も再現が可能なように，塩化ビニール製のパイプ等を打ち込んでおく。杭は，目立たないものよりも，調査によるものであることを明確に把握できるよう，白や赤等にペイントしておく方が抜かれてしまうことが少ない。
　調査による踏み込みによって，永久方形区の周辺はかなりの影響を受けてしまう。特に高層湿原では影響が大きいので，調査頻度は少ない方がよい。高層湿原では，5年ごとの調査においても，方形区の周辺植生に影響がある場合もある。地下水位等を頻繁に調査する必要がある場合には，調査による踏み込みによって植生のみならず地形が沈下してしまうので，木道から調査が可能な場所に設置したり，飛び石を置く等の対策が必要である。

1. 調査項目

　組立式の方形枠を作っておくと便利である。水糸等で，50cmあるいは25cm間隔のメッシュを張れる用にしておく。これを設置してまず写真を撮影する。前回の写真を持参し，できるだけ同じ状況から撮影することが望ましい。調査季節は毎回ほぼ同じであることには留意すべきである。

① 植生調査

　方形区において植生高，植被率，出現種とその被度・群度を記録する。モニタリングのテーマによっては，特定の種について個体数，サイズ，開花結実状況やその位置を記録する。

② 環境調査

　湿原においては水環境が重要であり，モニタリングされることも多い。しかしながら降雨等によって変動しやすく，測定回数が少ない場合には十分な成果をあげることができない場合も多い。長年にわたる頻繁な測定が必要である。地下水位の測定は，下部に穴をあけた塩化ビニール製のパイプを設置し，管内の水位を測定して記録する。水質に関しては詳細な成分分析が可能であればそ

れに越したことはないが，電気伝導度の測定が簡便であり，有効である。

2. 植生変化の判定方法

　永久方形区における植生調査のモニタリングは一覧表を作成し，種の侵入や消失，被度の増減を比較して評価することになる。後出の表5は岡山県総社市ヒイゴ谷湿原における9年間のモニタリング例である。湿原の下流域に大規模な侵食谷が発生しており，湿原全体が侵食傾向となり，植生の貧化・乾燥化が観察されていた。侵食谷を埋め戻すとともに，湿原域において木柵や土嚢で侵食を防止する対策を行った。それらの結果，植生は次第に変化していったことがわかる。顕著な変化としては，トキソウが消滅し，サギソウやホザキノミミカキグサが侵入している。全体的には水位が上昇するとともに泥がたまる状況になっており，一時，木本のネズが侵入したもののその後消滅している。

　トキソウの消滅とサギソウの生育は，衰退と考えてもよい要素と前進的である要素が同時に観察されているわけであり，このような場合，判定のあり方によっては評価がまったく異なることになってしまう。このような評価の矛盾は，種の特性を指数化してその積算値として植生を評価することによって，ある程度回避することができる。

　竹中（1992）は近畿地方の様々な遷移段階の森林植生の植生データに対して反復平均法による解析を行い，遷移系列を示すとともに，種位置指数を算出した。得られた種位置指数を固定し，個々の植生データのスタンド位置指数を算出することによって，その植生データの遷移系列上の位置を算出している。

　反復平均法は序列法の1つであり，複数の植生データの中から最も類似性の低いものを抽出し，これを極とする軸の間に他の植生データを配列するものである。軸上の位置が「スタンド位置指数」である。竹中の研究では，様々な遷移段階の植生データが解析対象とされたので，スタンド位置指数は遷移の段階が数値化されたことになる。反復平均法では，スタンド位置指数とともにそれぞれの種について「種位置指数」が算出される。この場合，種位置指数は遷移の初期に出現する種で小さく，自然林の構成種で大きな値となる。反復平均法に限らず，主成分分析などの手法により，軸上の植生データの位置や種の位置を算出できるが，これらの数値は解析の対象とする植生データの質や数によって変化する。竹中は，吟味された十分な数の植生データを対象として得た

種位置指数を固定し、これから植生データのスタンド位置指数を算出することによって、個々の植生データについて、遷移段階を評価しているわけである。このような方法を提供することにより、永久方形区の植生変化を数値として得ることが可能である。

① 種位置指数の算出

環境傾度あるいは遷移系列上の種の位置は、多変量解析や反復平均法等によって算出することができる。このようなオーディネーション（序列）による種の位置指数算定は客観的であるように思えるが、種位置指数はその算定に用いられた植生データの質と数によって影響を受ける。したがって、算定に使用する植生データとその数は厳選される必要がある。また、モニタリングのテーマによって使用される植生調査データは異なってくる。例えば湿原植生の回復をモニタリングしたいのであれば、破壊された場所の植生データと良好に発達している植生のデータが必要になるし、乾湿の傾向をモニタリングするのであれば、隣接草原のデータが必要である。これらのデータはモニタリングする湿原から得られたものが望ましいが、近隣のものを使用してもよい。データ数も種位置指数に影響を与えるので、植生単位毎にあまりデータ数に違いがない方がよい。また、出現種は、可能な限り将来出現するであろうと予想される種を含んでいる方がよい。

適当な質と数の植生データが準備できると、種位置指数を算定することになる。多変量解析等の市販ソフト等を利用する。解析には種の有無だけではなく、被度を反映させた方がよい。方法によって種位置指数は微妙に異なるが、特に気にする必要はない。算出された種位置指数は、最大のものを100に、最小のものを0に変換しておく方が、その後の処理が容易となり、結果もわかりやすいものとなる。

最終的にモニタリングに使用する種位置指数は、このような序列によって得られた数字をそのまま使用してもよいが、母データの数等を考慮し、適当に値を変えてもかまわない。5刻みや10刻みのラフなものでもかまわない。植生に通じている研究者ならば、煩雑な計算作業を省き、適当に種位置指数を決めてもかまわない。湿原に広く出現する種と系列の中心にのみ出現する種は50前後の中間的値となり、例えば典型的な湿原植生に生育するモウセンゴケは0あるいはそれに近い小さな値となり、ススキ等は大きな値となる（もちろん逆

表 4　種位置指数の例
岡山県総社市ヒイゴ谷湿地のモニタリングに使用した種位置指数（Sp I）

種名	Sp I	種名	Sp I	種名	Sp I	種名	Sp I
サギソウ	0	カキラン	33	スイラン	55	ススキ	75
モウセンゴケ	3	ホタルイ	35	ヒメオトギリ	56	ヒメシロネ	77
ホザキノミミカキグサ	5	ニガナ	35	イヌツゲ	58	ハンノキ	77
シロイヌノヒゲ	9	イ	35	トダシバ	59	ヨシ	79
ヤチカワズスゲ	11	トキソウ	39	カモノハシ	63	ウメモドキ	80
ハリコウガイゼキショウ	12	アリノトウグサ	40	ハイヌメリ	63	ゼンマイ	90
ミミカキグサ	12	チゴザサ	40	カサスゲ	64	オニスゲ	100
イトイヌノハナヒゲ	16	イヌノハナヒゲ	45	ケネザサ	66		
シカクイ	25	ショウジョウバカマ	48	クサヨシ	69		
コイヌノハナヒゲ	30	キセルアザミ	49	サワヒヨドリ	70		

でもよい）．これらの種位置指数は，モニタリングの期間中は変更しない．母データに出現していない種が新たに出現した場合には，類似した生態的特性を持つ種の値を参考にして適当に決めるか，その種が出現する植生調査資料を加えて改めて新たな種位置指数を計算する．この場合，新たな種位置指数によって，すべてのモニタリングデータを計算し直す必要が生じる．

　種位置指数を鈴木ほか（1985）による反復平均法によって算出した例を**表 4**に示す．

② 方形区の植生評価

　決定された種位置指数によって，スタンド位置指数を算定し，永久方形区の植生評価を行う．被度は＋～5の6段階であるので，そのままでは計算に利用できない．被度中央値に変換する方法は客観性が高いように思えるが，＋と評価された種の存在があまりにも小さく評価されることになり，不適切である場合が多い．＋を1として5段階とするか，1～6の6段階とすると被度の小さな植物の侵入や衰退がよく反映できる．評価を種の有無のみで判定する場合には，出現した植物の被度数値はすべて1とする．

　出現種の種位置指数と被度数値を掛け合わせた数値を合計し，被度数値の合計値で割ることによって，スタンド位置指数が算出される．種位置指数の小さな植物が侵入したり，被度が大きくなるとスタンド位置指数は小さな値へと変化することになる．種位置指数を異なる系列で算出しておくと，湿原の乾湿

表5 植生調査によるモニタリング例(岡山県総社市ヒイゴ谷湿地)
　左側は被度の推移　右側は種位置指数によるスタンド位置指数の計算過程と結果
　この表では,計算の都合上,被度+を1として表記している。

	種位置指数	1994 6.7	1995 8.25	1996 7.9	1999 7.2	2002 7.11	1994 6.7	1995 8.25	1996 7.9	1999 7.2	2002 7.11
ハリコウガイゼキショウ	12	1	2	1	1	1	12	24	12	12	12
イトイヌノハナヒゲ	16	2	4	4	2	2	32	64	64	32	32
モウセンゴケ	3	2	1	1	1	1	6	3	3	3	3
トキソウ	39	2	2	2			78	78	78	0	0
イヌノハナヒゲ	45	1	2	2			45	90	90	0	0
チゴザサ	40	1	1	1	1	1	40	40	40	40	40
シカクイ	25	1	1	2	1	1	25	25	50	25	25
ニガナ	35	1	1	1	1	1	35	35	35	35	35
カキラン	33	1	1	1			33	33	33	0	0
木本実生	70		1	1			0	70	70	0	0
ホタルイ	35		2	1			0	70	35	0	0
シロイヌノヒゲ	9		1	2	1	1	0	9	18	9	9
イ	35			1	1		0	0	35	35	0
サギソウ	0				2	2	0	0	0	0	0
アリノトウグサ	40				1	1	0	0	0	40	40
ホザキノミミカキグサ	5				2	2	0	0	0	10	10
Carex sp.	64				1	1	0	0	0	64	64
ネズ	90				1		0	0	0	90	0
被度合計値		12	19	20	16	14	306	541	563	395	270
スタンド位置指数							25.5	28.5	28.2	24.7	19.3

系列と沼沢化等の複数軸で判定することも可能である。目標植生のスタンド位置指数を設定しておくと,到達度を判定することができる。

　ヒイゴ谷湿原でのモニタリング例を具体的に見てみよう。モニタリング開始から3年間のデータでは,トキソウ(39),イヌノハナヒゲ(45),カキラン(33)などの生育が特徴的であり,1995年には木本の実生(70)が侵入している。1999年には,種位置指数が中程度から大きなこれらの種が消滅し,代わってシロイヌノヒゲモドキ(9),サギソウ(0),ホザキノミミカキグサ(5)など,種位置指数の小さな種が侵入している。その結果として,スタンド位置指数は28.5から19.3に低下した。木柵や土嚢などによって侵食を防止した結果,調査区には泥が堆積し,湿原としては良好な状態に変化したと評価できる。ここ

では，湿原植生として好ましい植生をスタンド位置指数25以下と設定しており，この数値以下に植生を維持することを目標としている．モニタリング当初からのスタンド位置指数の推移では，いったん指数が上昇しているが，その後低減し，目標範囲内に維持できていると判定できる．

〔参考文献〕

伊藤秀三（編）．1977．群落の組成と構造　植物生態学講座2．朝倉書店．

竹中則夫，1992．近畿地方におけるアカマツ林の遷移 I．遷移的指標軸の設定とスタンドの位置づけについて．神戸女学院大学論集 **39**: 107-124.

（波田善夫）

3.2 植物群落RDB作り，モニタリング調査事例
3.2.1 地域における植物群落RDBの取り組み

1. 自治体と民間のレッドデータブック作成状況

　日本自然保護協会とWWFジャパンが1989年に発行した『我が国における保護上重要な植物種の現状』（植物種RDB）は，日本での初めてのレッドデータブックであるが，行政としては，環境省（当時環境庁）が1991年に取りまとめた『日本の絶滅のおそれのある野生生物』（動物版RDB）が最初であった。1992年に「絶滅のおそれのある野生動植物の種の保存に関する法律（種の保存法）」が制定され，絶滅のおそれのある野生動植物の保護を図る上で，その現状を国として把握する必要があることから本格的なレッドデータブックづくりが始まった。それに追随する形で，都道府県によるレッドデータブックづくりも行われるようになった（表6）。

　「植物群落RDB」を発行した1996年の時点では，環境庁の植物版レッドリスト（1997）もまだであったが，神奈川県，兵庫県，広島県がいち早くレッドデータブックを発行していた。民間でも，日本鱗翅学会，日本植物分類学会などの学会や，自然環境研究所（淡路島）や三重自然誌の会，レッドデータブック近畿研究会，中国新聞社などが90年代の前半には発行していた。そして2004年末現在では，91％の都道府県がレッドデータブックを発行するに至っている（図18）。

　これらレッドデータブックは，稀少な動植物種をリストアップしたものがほとんどであるが，地形・地質や自然景観，自然生態系などの項目を取り上げているものもある。植物群落についてみてみると，都道府県では，宮城，山形，栃木（予定），千葉，石川，京都（地域生態系として），兵庫，和歌山，岡山，広島，福岡，宮崎の12府県（26％）が取り組んでいる。これら府県の担当者にヒアリングしたところ「十分に調査し網羅できたわけではない」「貴重な植物群落をまとめるのが精一杯だった」など，作成にあたっての困難さについての回答が寄せられた。しかし，時間・予算面などさまざまな制約の中，種だけでなく植物群落を取り上げた意義として，生物多様性の保全のためには野生動植物の生育・生息の場として，地域の植物群落を把握し保全することが重要で

表6　都道府県レッドデータブック一覧（2005年1月現在）　次ページに続く

県名	RDB	植物群落の記載	出版年	発行／編集
北海道	北海道の希少野生生物　北海道レッドデータブック2001		2001年3月	環境生活部環境室自然環境課
青森県	青森県の希少な野生生物 －青森県レッドデータブック－		2000年3月	環境生活部自然保護課
青森県	青森県の希少な野生生物 －青森県レッドデータブック－ 普及版		2001年3月	環境生活部自然保護課
岩手県	いわてレッドデータブック ～岩手県の希少な野生生物～		2001年3月	生活環境部自然保護課
宮城県	宮城県の希少な野生動植物 －宮城県レッドデータブック－	○	2001年3月	環境生活部自然保護課
宮城県	宮城県の希少な野生動植物 －宮城県レッドデータブック－普及版	○	2002年3月	環境生活部自然保護課
秋田県	秋田県の絶滅のおそれのある野生生物2002 －秋田県版レッドデータブック－ 植物編		2002年3月	生活環境文化部自然保護課
秋田県	秋田県の絶滅のおそれのある野生生物2002 －秋田県版レッドデータブック－ 動物編		2002年3月	生活環境文化部自然保護課
山形県	レッドデータブックやまがた　植物編	○	2004年3月	文化環境部環境保護課
山形県	レッドデータブックやまがた　動物編		2003年3月	文化環境部環境保護課
福島県	レッドデータブックふくしま I －福島県の絶滅のおそれのある野生生物－（植物・昆虫類・鳥類）		2002年3月	生活環境部環境政策室
福島県	レッドデータブックふくしま II －福島県の絶滅のおそれのある野生生物－（淡水魚類／両性・爬虫類／哺乳類）		2003年3月	生活環境部環境政策室
茨城県	茨城における絶滅のおそれのある野生生物〈植物編〉茨城県版 －レッドデータブック－		1997年3月	環境保全課
茨城県	茨城における絶滅のおそれのある野生生物〈動物編〉茨城県版 －レッドデータブック－		2000年3月	生活環境部環境政策
茨城県	茨城における絶滅のおそれのある野生生物〈植物編〉普及版 茨城県版 －レッドデータブック－		1999年3月	生活環境部環境政策
茨城県	茨城における絶滅のおそれのある野生生物〈動物編〉普及版 茨城県版 －レッドデータブック－		2001年3月	生活環境部環境政策
栃木県	仮称「レッドデータブックとちぎ～栃木県の保護上重要な地形・地質・野生動植物～」	○	2004年度発行予定	林務部自然環境課
群馬県	群馬県の絶滅のおそれのある野生植物リスト（群馬県の植物レッドリスト）		2000年2月	環境生活部自然環境課
群馬県	群馬県の絶滅のおそれのある野生動物リスト（群馬県の動物レッドリスト）		2001年3月	環境生活部自然環境課
埼玉県	さいたまレッドデータブック －埼玉県希少野生生物調査報告書 植物編－		1998年3月	環境生活部自然保護課
埼玉県	改訂・埼玉県レッドデータブック2002　動物編		2002年3月	環境防災部みどり自然課
千葉県	千葉県の保護上重要な野生生物 －千葉県レッドデータブック－植物編	○	1999年3月	環境部自然保護課
千葉県	千葉県の保護上重要な野生生物 －千葉県レッドデータブック－動物編		2000年3月	環境部自然保護課
千葉県	千葉県の保護上重要な野生生物 千葉県レッドデータブック －普及版－		2001年3月	環境生活部自然保護課
東京都	東京都の保護上重要な野生生物種		1998年3月	環境保全局自然保護部
東京都	東京都の保護上重要な野生生物種　東京都レッドデータブック 普及版		1999年3月	環境保全局自然保護部
神奈川県	神奈川県立博物館調査研究報告（自然科学）第7号 －神奈川県レッド データ生物調査報告書－		1995年3月	県立生命の星・地球博物館
新潟県	レッドデータブックにいがた －新潟県の保護上重要な野生生物－		2001年3月	環境生活部環境企画課
富山県	富山県の絶滅のおそれのある野生生物 －レッドデータブックとやま－		1999年11月	自然保護課
石川県	石川県の絶滅のおそれのある野生生物〈植物編〉－いしかわレッドデータブック－	○	2000年3月	環境安全部自然保護課
石川県	石川県の絶滅のおそれのある野生生物〈動物編〉－いしかわレッドデータブック－		2000年3月	環境安全部自然保護課
福井県	福井県の絶滅のおそれのある野生生物2004 －福井県レッドデータブック－（植物編）		2004年3月	福祉環境部自然保護課
福井県	福井県の絶滅のおそれのある野生生物2004 －福井県レッドデータブック－（動物編）		2002年3月	福祉環境部自然保護課
山梨県	未記		2004年度発行予定	森林環境部みどり自然課
長野県	長野県版レッドデータブック ～長野県の絶滅のおそれのある野生生物～ 維管束植物編		2002年3月	長野県自然保護研究所・生活環境部環境自然保護課

県名	RDB	植物群落の記載	出版年	発行／編集
長野県	長野県版レッドデータブック ～長野県の絶滅のおそれのある野生生物～ 動物編		2004年3月	生活環境部環境自然保護課
岐阜県	岐阜県の絶滅のおそれのある野生生物2001 －岐阜県レッドデータブック－		2001年3月	健康福祉環境部自然環境森林室
静岡県	追われていく静岡県の野生生物 －静岡県版レッドデータブック中間報告－ 2001		2001年3月	静岡県環境部自然保護室
愛知県	愛知県の絶滅の恐れのある野生生物　レッドデータブックあいち －植物編－		2001年9月	環境部自然環境課
	愛知県の絶滅の恐れのある野生生物　レッドデータブックあいち －動物編－		2002年3月	
	愛知県の絶滅の恐れのある野生生物　レッドデータブックあいち －動物編－ 普及版			
三重県	未定		作成中・発行年未定	環境森林部自然環境室
滋賀県	滋賀県で大切にすべき野生生物		2000年3月	琵琶湖環境部自然環境保全課
京都府	京都府レッドデータブック上 野生生物編		2002年4月	企画環境部環境企画課
	京都府レッドデータブック下 地形・地質・自然生態系編			
大阪府	大阪府における保護上重要な野生生物 －大阪府レッドデータブック－		2000年3月	環境農林水産部緑の環境整備室
兵庫県	改訂・兵庫の貴重な自然　兵庫県版レッドデータブック2003	○	2003年3月	健康生活部環境局自然環境保全課
奈良県	未定		作成中・発行年未定	生活環境部環境政策課
和歌山県	保全上重要なわかやまの自然 －和歌山県レッドデータブック－	○	2001年3月	環境生活部環境生活総務課
鳥取県	レッドデータブックとっとり －鳥取県の絶滅のおそれのある野生動植物－ （植物編）		2003年3月	生活環境部環境政策課
	レッドデータブックとっとり －鳥取県の絶滅のおそれのある野生動植物－ （動物編）			
島根県	しまねレッドデータブック －島根県の絶滅のおそれのある野生動植物		2004年3月	環境生活部景観自然課
岡山県	岡山版レッドデータブック －絶滅のおそれのある野生生物－	○	2003年3月	生活環境部自然環境課
広島県	改訂・広島県の絶滅のおそれのある野生生物 －レッドデータブックひろしま2003－	○	2004年3月	環境生活部環境局自然環境保全室
山口県	レッドデータブックやまぐち －山口県の絶滅のおそれのある野生生物－		2002年3月	環境生活部環境政策課
徳島県	徳島県の絶滅のおそれのある野生生物 －徳島県版レッドデータブック－		2001年3月	環境生活部環境生活課
香川県	香川県レッドデータブック －香川県の希少野生生物－		2004年3月	環境森林部環境・水政策課
愛媛県	愛媛県レッドデータブック～愛媛県の絶滅のおそれのある野生生物～		2004年3月	県民環境部自然保護課
高知県	高知県版レッドデータブック －高知県の絶滅のおそれのある野生植物－ （植物編）		2000年3月	文化環境部環境保全課
	高知県版レッドデータブック －高知県の絶滅のおそれのある野生動物－ （動物編）		2002年3月	
福岡県	福岡県の希少野生生物 －福岡県レッドデータブック2001－	○	2001年3月	環境部自然環境課
佐賀県	佐賀県の絶滅のおそれのある野生動植物 －レッドデータブックさが－		2000年3月	環境政策局環境企画課
	佐賀県の絶滅のおそれのある野生動植物 －レッドデータブックさが－普及版		2001年3月	
長崎県	ながさきの希少な野生動植物		2001年3月	県民生活環境部自然保護課
	ながさきの希少な野生動植物　（普及版）			
熊本県	熊本県の保護上重要な野生動植物 －レッドデータブック くまもと－		1998年3月	環境生活部自然保護課
	くまもとの希少な野生動植物　RED DATA BOOK（普及版）		1999年3月	
大分県	大分県レッドデータブック		2000年3月	生活環境部生活環境企画課
宮崎県	宮崎県版レッドデータブック　宮崎県の保護上重要な野生生物	○	2000年3月	生活環境部生活環境課
鹿児島県	鹿児島県の絶滅のおそれのある野生動植物　動物編－鹿児島県レッドデータブック－		2003年3月	環境生活部環境保護課
沖縄県	沖縄県の絶滅のおそれのある野生生物 －レッドデータおきなわ－		1996年3月	環境保健部自然保護課

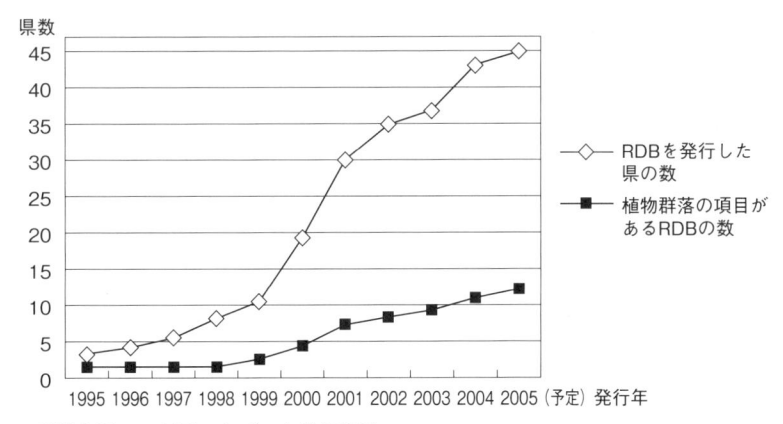

図18 都道府県レッドデータブック発行状況

あると強く認識している点に注目したい。「生息地（保全）中心の発想から植物群落調査を柱の一つとした」（福岡県）としているところもある。

最初のレッドデータブック発行時点では、調査が行き届かなかった点については、改訂版を作成する中で追加記載して、群落データの充実にあたるという、継続したレッドデータブックの作成に取り組んでいるところもある。市民団体の自然環境研究所は「淡路島の絶滅の恐れのある野生生物」を1993～2004年の間に第1～4集を発行し、順次データを追加している。兵庫県では初版では単一群落だけだったものを、改訂版にあたっては、例えば湿地などの立地とそこに生育する群落の組み合わせを抽出するなど、一定の面積をもった生態系のまとまりとして保全することを考え群落複合の考えを取り入れた。

2. 保全のための活用方法

「植物群落RDB」作成後、その群落データを使って、直接的にその群落が生育している現場の保護に活用した事例は、残念ながら見つからなかった。レッドデータブック作成時に、既に事業計画にかかっている場所の群落が選定され、その後保全された例が1つあった。

地域版のレッドデータブックについては、環境アセスメント時の必読参考図書としての位置づけはだいぶ浸透してきたといえる。一方、自治体の自然保護行政として活用している例としては、環境アセスメントの対象とならなかった事業でも、同じ県行政で土木建設関係部局が担当する事業や、民間の事業者か

ら照会があった場合にアドバイスするといった対応は，最低限なされていることが多い。県によっては，例えば公有水面埋立や砂利採取にかかるものは，全て事前に自然保護担当に相談しなければならないといった，一定の取り決めや慣例が実行されているところもある。

　このような場面では，稀少種保護の立場から公開はしていないが，内部的に群落の位置を表示した地図を作成して手元に持っており，開発計画があるとそれを参照して保護の提言をするなど活用している自治体がいくつかあった。これは種のレッドデータとは異なり，具体的な生育地情報が含まれている植物群落レッドデータならではの現場の保護への活用法といえよう。レッドデータ種や群落の位置情報をデジタル化し，GISを使ってさまざまなデータと重ね合わせて現場の保護に役立てようという取り組みも始まっている。例えば，千葉県レッドデータブックでは，植物種と植物群落の位置情報を3次メッシュ地図で表示しているが，東京情報大学環境情報学科の原慶太郎氏の研究室では，このデータを使い現在設定されている保全地域に絶滅危惧種がどのくらい含まれているかを調べて保護地域の見直しや，今後予定している開発行為によって影響を受ける種を抽出して影響評価などを検討するなどの事例研究を行っている。

3. レッドデータブック発行後の課題

　レッドデータブックは，あくまで緊急に保護の必要がある動植物種や植物群落等の存在を知らせ，人々に警鐘を鳴らすものであって，レッドデータブックを作ったからといってその保護・保全が約束されたわけではない。レッドデータブックを基礎資料として使い，野生生物の保全にどう向かうべきか，条例の制定などを含め，専門家の参加を得て検討した（している）自治体もある。9道県では稀少野生生物種の保存条例を作っている（2003年3月現在）。長野県では，平成15年3月に「長野県希少野生動植物保護条例」を制定した。条例では種だけでなく地域個体群の保護や，生息地の回復，開発の計画段階で影響を回避すること，モニタリング調査などについてうたっている。

　必要な保護策を適切に実施していくためには，レッドデータブックに記載された動植物種や植物群落をモニタリングし現状を把握することが重要となるが，植物群落レッドデータのモニタリングをしている自治体はなかった。レッ

ドデータブックの見直しに際しても，検討委員会開催の予算確保がやっとで，現地調査は専門家の手弁当に頼っている状況がほとんどであった．また，モニタリングしたくても専門家が少なく，調査してくれる人は，どこにどんな人がいるのか人材把握が難しいといった声も聞かれた．このようなことからも，3.1 で述べられたように，市民参加の地域自然のモニタリングシステムづくりに知恵を絞る必要がある．

（開発法子）

3.2.2　千葉市における植物群落のレッドリスト作成

　千葉市は東京に近く，住宅地化の進行によって田園景観の中に残された従来の自然が急速に失われつつある地域で，面積は約 272 km^2 である．東京湾沿いの海岸を持つことが，大きな地理的特徴であるが，埋め立てによって自然の海岸線はすでに全て失われている．地域本来の極相林であるスダジイ林やタブノキ林は，一部の社寺や台地縁の急斜面に僅かに残されるのみで，それも断片化が一層，進行しつつある．景観的には，長く伸びた浅い樹枝状の谷が洪積台地を刻んで作った谷津地形が特徴的である．一部の谷津と周囲の斜面林にはまだ豊かな生物相が残され，その保護・保全が求められている．千葉市も平成 15 年に "千葉市谷津田の自然の保全施策指針" を策定する等，その保全に積極的に取り組んできている．

　千葉市のもうひとつの特徴は，これまでに動植物に関する多くの調査が実施され情報の蓄積がなされてきていることである．例えば「千葉市野生動植物の生息状況及び生態系調査報告書」（千葉自然環境調査会，1996）では，多くの動植物や植物群落，生態系について調査がなされ，それを元に自然環境保全重点地域が示されている．これらの蓄積をベースに，千葉市では平成 14・15 年度に千葉市野生動植物生息状況調査を行って市内の動植物のレッドリスト作成を進め，その一部として，市内の植物群落についてもレッドリストを作成した．都市化が進む地域における市レベルでのレッドリスト植物群落の選定事例としてここに紹介したい．

1. 群落選定の考え方

　植物群落のレッドリストを作成する場合，"スダジイ群落"や"ヤブコウジースダジイ群集"などのように優占種や種組成によって識別される群落単位を選定する場合と，具体的な場所に成立した実際の植物群落（群落地）を選定する場合とがある。今回は後者を選択した。それは対象地域が比較的，狭く，また，既往の調査によって貴重な植物群落の所在が事前にかなり判明していたことから，具体的な場所が明らかな後者を採用したほうが，保護をはかるうえで役に立つと判断したからである。

　千葉市の特徴である"谷津"の自然を，植物群落の観点からみると台地上やその縁の斜面に成立したイヌシデやコナラ，ケヤキ，ムクノキ等の二次林，平坦な谷底に作られた水田や畦（放棄されたものも多い）上の雑草群落，そして，両者の間に介在する小規模な草地等単独の植物群落としては互いに大きく異なる複数の群落が組み合わさってできている。これらをまとめて，群落とは別に群落複合という単位を作り，単独の群落とは別に取り上げることも可能であるが，群落複合の範囲を決める一律的で明確な基準がない点や，群落複合の概念が一般市民には極めて分りにくいと考えられる点が問題である。結局，今回の調査では，群落複合という単位は設けず，谷津の中でも貴重な群落（貴重種を含む群落であることが多い）を，谷津を代表するものとして取り上げることとした。

2. 植物群落の近年の変化

　結果的に 38 の群落がレッドリスト群落として選定された。内訳としては森林群落が 28 件，草本群落が 10 件で，森林のうち，針葉樹林が 4 件，常緑広葉樹林で（一部，落葉広葉樹林との混交林を含む）が 15 件，落葉樹林が 9 件であった。これらのうち，筆者が以前の状況を知る群落を中心に近年の変化の様子を述べる。

　第 1 に海岸性の植物群落の衰退や消失があげられる。埋め立て以前は千葉市の東京湾岸には遠浅の海が広がり，海岸に接した海食崖や砂丘上にはクロマツ林が普通に見られた（図 19）。今回の調査では，その大半がすでに失われ，残された群落も人の立ち入りやゴミの投棄，隣接地の伐採等のインパクトによって，林床植生の劣化，消失や，群落の断片化が進みつつあることが確認された。

図19 千葉市稲毛区に残るクロマツ林
旧砂丘上にクロマツ林が残されているが，一帯は公園化され，クロマツ群落としての保護管理は為されておらず，林床の植物相は残されていない。

また花見川区の大須賀山にはヤブツバキ，ヤブニッケイ，タブノキ等からなる海岸風衝林が残され，環境省の特定植物群落にも指定されているが，この群落も人の踏みつけや隣接地の伐採，ゴミの不法投棄があり保護管理状態は不良と判定された（その後の調査で，ヤブニッケイの枯死が急速に進行しつつあることもわかった）。草本群落としては，塩湿地性のウラギクとシオクグの群落が，人工護岸の水路沿いに僅かに見出されたが，保護対策はまったくなされておらず，このままでは消失が強く危惧される状態であった。埋め立てによって立地環境自体が大きく変化してしまっているので，海岸性の植物群落の保護，保全は困難な状況にあるが，地域本来の歴史や景観を後世に伝えていくうえからも，保全の必要性を強く感じた。

第2に常緑広葉樹林であるスダジイ林やタブノキ林の劣化，断片化，消失があげられる。これらの群落は極相群落に近く，本来は時間的には最も安定して変化が少ない群落で，過度の人の立ち入りさえなければ，管理も比較的，容易なはずである。しかし，今回の調査では，人の踏み付けや下刈り，ゴミの投棄に加えて，隣接地の伐採や防災工事（急傾斜地），マダケの侵入等によって群落が崩壊あるいは消失してしまった例（**図20**）が見られ，残された群落も下層植生の劣化が憂慮される状態であった。住宅地化の進行に伴う森林の断片化がいっそう進行し，これにともなって外部からの植物の進入を受けやすくなり，群落が消失あるいは劣化しつつあると考えられる。都市化した地域では極相群落といえども単に保護するだけでは保全できないのが現状であろう。

第3に谷津の半自然草地の消失，変化が危惧されることである。今回の調査で草地としてあげられたもののうち，大半は谷津の一部に残る小規模な半自然草地で貴重植物を含むものであった。保存上，草刈等，適切な管理を継続す

図20 千葉市若葉区に残されていたスダジイ林の消滅
　国道126号線沿いの台地縁の斜面に1988年当時はスダジイ群落が残されていたが（左側写真），斜面の防災工事と隣接地からの竹の進入によって群落は消滅した（右側写真）．

ることが必要であるが，その保障は不安定なままである．森林群落に比べて小規模であり，また事前の所在情報も限られているので調査が行き届かない面もある．実際には多くの半自然草地がすでに消失してしまったと考えられる．調査と保全の両面で多くの問題が残されている．

〔参考文献〕

千葉自然環境調査会（編）．1996．千葉市野生動植物の生息状況及び生態系調査報告書．千葉市環境衛生局環境部．

　　　　　　　　　　　　　　　　　　　　　　　　　　　　（原　正利）

3.2.3　市民参加の海岸植物群落調査

1．危機に瀕する海岸植物群落〜調査の背景〜

　周囲を海に囲まれた日本では土地土地によって多様な海辺の姿が思い起こされる．海水浴や漂着物拾いを楽しむ砂浜，カニと戯れる磯，波が砕け散る断崖，潮干狩りに繰り出す干潟等，海辺はなつかしいふるさとの風景のひとつでもある．

　しかし，都市化や産業の発達にともなって海岸は姿を変えてきた．護岸工事や埋立て，堤防や港湾等の建設により自然海岸が減少し，海岸線の人工化が進んでいる．今では，自然海岸は全国の海岸線の約55％となっている（環境省

第4回自然環境保全基礎調査 1992)。それとともに，さまざまな海辺の環境，例えば砂浜や礫浜，塩生湿地（塩沼地），海崖等に生育する海岸独特の植物群落の生育にも影響が及んでいる（3.1.3参照）。

　海岸植物群落は，潮風に含まれる塩分の影響や砂の移動と吹き付けを受ける厳しい環境に生育している。砂浜は土壌に栄養分が少なく，高温にさらされる厳しい場所で，絶えず風による砂の移動で埋もれる等不安定な場所でもある。このように，海岸植物群落は，変化の激しい過酷な海岸の環境に適応して生育しているが，海岸の人工化が進むとこのような海岸独特の自然環境が失われ，内陸のような穏やかな環境になると本来なら海岸には生育できない植物が入りこんでくる。そうすると，海岸植物は競争に負けて，生育地が狭められ減少してしまう。さらに埋立て等の人工化が進むと，砂浜や塩生湿地そのものが消滅し，海岸植物群落はもとより，海岸独自の生態系も失われる。

　「植物群落RDB」を解析したところ，海浜草本群落，塩生湿地群落，海岸低木林，マングローブ林といった海岸植物群落の多くが危機に瀕していることが明らかになった。これら群落は，海岸への車の乗り入れや人の踏みつけ，護岸工事や埋立て等の水際開発の影響を受けており，早急な保護対策を必要としていることもわかった（日本自然保護協会 1998，2002）。

　日本では1956年に津波や高潮，波浪等の被害から海岸を防護し国土を保全する目的で海岸法が制定されたが，人の生活や安全を守ることに主眼が置かれていたため，海岸に堤防を築いたり，護岸を固める等の海岸整備が進められてきた。しかし，最近では環境への関心の高まりから，多様な生物の生息・生育地としての海岸，人が海の自然と触れ合う場，レクリエーションの場としての海岸，美しい海岸の自然景観等海岸に求める価値も多様になってきた。そのような状況を受け，1999年海岸法の一部が改正され，防護だけでなく，環境や利用とも調和のとれた総合的な海岸管理をすることが目的として位置づけられた。

　しかし，日本の海岸は行政上，海岸保全区域，一般公共海岸区域，河川区域（河口），港湾区域，漁港区域，保安林，農地（干拓地）に区分され，それぞれの所管も国土交通省河川局海岸室，同河川課，国土交通省港湾局，水産庁，林野庁，農林水産省農村振興局と分かれており，海岸の管理も別々となっている。このことも大きな要因の一つとなって，わが国の海岸の自然環境に関する科学

的データの収集および保全への取り組みは遅れているのが現状である。

2．市民参加で調査を行う意義

　海岸植物群落を保全するには，まずその生育実態を把握し基礎データを得ることが不可欠である。しかし，海岸植物の専門家は限られており，専門家だけで全国規模の調査を実施するには膨大な時間と費用を要する。そこで，ボランティアの調査員を募集し，専門家だけでなく市民参加で調査を行うことにした。それにより，ほぼ同時期に各地の海岸植物の実態を捉えることができ，短期間で全国の状況を押さえることができる。また，地域の人たちにとっても調査への参加を通して，海岸とそこに生育する植物群落への関心を高めるという環境学習の側面も併せ持つ。より多くの人に調査に参加してもらい，海岸植物群落だけでなく，海岸の自然のあるべき姿，海辺と関わる私たちのくらしのあり方についても関心を持つ人を増やすことが，保全につながる。

　さらに，地域住民として日常生活の中で折りに触れ，身近な海岸を見続けることができるため，モニタリングという意味においても市民参加で調査を行う意味は大きい。先に述べたように海岸法の改正に伴い，各都道府県で海岸ごとに海岸保全基本計画（防護，環境，利用の基本的事項）の策定作業が進められている（2003年12月現在）。この基本計画を作るにあたっては，地域住民の参加が位置づけられており，海岸の保全に関してだれでも意見を出すことができる。これまで海岸管理において，立ち遅れてきた環境面について，市民が自分たちで観察，調査した結果をもとに提案していくことは海岸の自然環境の保全において今後ますます重要となる。

3．調査の内容

　調査は2003年に開始し，約3年間かけて全国の特に砂浜を対象に実施する計画とした。

【調査の実施方法】

　調査は，「調査要項」と「調査シート（記入用紙）」を用い，地域の身近な砂浜に出かけて，海岸の様子，植物群落の生育の様子を観察した結果を記録する方法で行う（図21）。調査時期は，地域によって差があるが，概ね海岸植物の花が見られ生育の盛んな4〜10月とする。

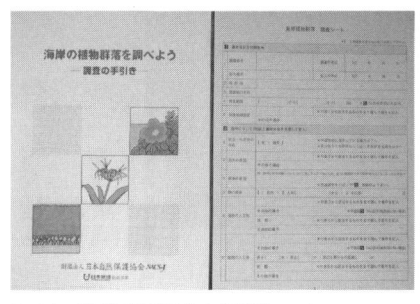

図21　調査の手引きと調査シート　　図22　研修会風景

　専門的な知識がなくても，海岸の植物群落や自然環境の保全に関心があり，継続して地域の海辺を見守っていこうという気持ちのある人であればだれでも調査に参加できる。なお，調査データの信頼性を高めるため，調査者の名前を公表することにしている。

　調査者は，原則として地域ごとに開催する調査研修会に参加し，調査方法を習得する（図22）。研修会では，海岸を歩きながら調査要項にしたがいひとつひとつの調査項目について，実際に観察・調査し，調査シートに記録する。これは，観察のポイントを確認し，記録方法の調査者によるバラツキを少なくするためである。またみられる植物群落について，図鑑を参照しながら種名を覚え，その生育環境や植物の特徴についても学ぶ。本調査では，どこにどんな植物が生えているのかが重要なポイントとなるため，見られた植物の種の同定を正確に行うことが必要となる。そのため研修会では地域の植物の専門家を紹介し，同定に確信がもてない場合は専門家に同定を依頼する手順も示している。

　研修会後，事前に分担した調査対象海岸において，調査の手引きにしたがい各自調査を実施する。数名でチームを作ったり，植物に詳しい人に入ってもらい調査を実施することで，より正確な観察や記録をする工夫をとり入れた調査例が各地で多数見られた。

【調査の継続のために】

　一度調査してそれで終わり，とならないように調査をしながら海岸での自然観察を楽しめるように「調査の手引き」を工夫して作成した。例えば，「ミニミニ自然観察ガイド」と称し，コウボウムギ等の葉の表面をなめてみる等五感を使って海岸植物を観察する方法を紹介した。また，植物群落だけではなく，海岸の環境やそれにつながる人々の暮らしにも関心が高まるように，海岸で見

図23 「市民参加の海岸植物群落調査」ホームページ

られるレクリエーション活動や環境保全活動，漂着物等についての調査項目を設けた。季節を変え，時間を変えて地域の人たちが身近な海岸を訪れ，自然観察を楽しみながら，調査を通して海岸の自然を見守り続けることがその保全につながると考えたからである。

4．インターネットを活用した調査結果の公表，モニタリングのためのしくみづくり

調査者は，調査終了後，調査シートに必要事項をすべて記入の上，日本自然保護協会に調査シートを提出する。調査データは，日本自然保護協会でとりまとめ集計，解析を行っている。

調査結果については，できる限り早くその成果を公表し，多くの人が海岸の自然環境保全のためにそのデータを活用できるように，調査専用のホームページを作成した。ホームページでは，調査の目的と概要，調査への参加方法，研修会情報等も掲載し，Web GIS を用いてわかりやすく調査結果を公表している（http://www.nacsj.or.jp）。調査海岸ごとの詳細な結果のほか，主な海岸植物の分布図や海岸の改変状況の都道府県ごとの集計結果等を，1年ごとにとりまとめ更新していく予定である。ホームページで公表している調査結果の例を図23に示す。即時的な調査結果の公表，わかりやすい結果の表示に努め，調査者の参加実感とやりがいを高め，地域での継続的なモニタリングの確立につなげたいと考えている。

そして3年間の調査実施後，ほぼ全国の状況が把握できた段階で，データ解析結果を基に保護策の検討を行い，国や自治体等海岸管理者に海岸植物群落の保全及びその生育地である海岸の管理のあり方等について提案していく予定である。

　そして，本調査を通して，海岸植物群落に限らず，市民参加による地域自然のモニタリング調査が，持続可能な地域づくりや生物多様性保全に重要な役割を果たすことをアピールしたいと考えている。

〔参考文献〕

日本自然保護協会. 1998. 環境影響評価技術指針にもりこむべき重要な植物群落～保護上の危機の視点から選んだ第1次リスト～.

日本自然保護協会. 2002. 海岸植物群落レッドデータの解析及び現状に関する調査報告書. 日本自然保護協会.

環境庁. 1992. 第4回自然環境保全基礎調査報告書. 環境省.

日本自然保護協会. 2004. 海岸の植物群落を調べよう－調査の手引き－. 日本自然保護協会.

(開発法子)

第 4 章

1996 年版『植物群落レッドデータ・ブック』
が捉えた日本の植物群落の状況

第4章　1996年版『植物群落レッドデータ・ブック』が捉えた日本の植物群落の状況

　本章では，本書の底本となっている1996年に発行された「植物群落RDB」の要約を紹介する。10年にわたり，100名を超える全国の植物の研究者が調査，評価しリストアップした7,492件の緊急に保護が必要な植物群落のレッドデータ。このデータを解析し，日本の植物群落ひいては日本の自然の状況をとりまとめたものである。このデータの調査は主に1990～1991年に実施されており，その時点での日本の植物群落の状況を物語っているものである。本書第2章で掲載しているその後の各地の植物群落の状況や，現状との比較，今後の地域での植物群落モニタリングの基礎資料として活用いただければと思う。

4.1 『植物群落レッドデータ・ブック』をつくるにあたって

〔植物群落のとらえかた〕

　植物の場合，「サギソウ」「オキナグサ」等のように種としての分類やそれを単位とした集計はわかりやすく示すことができる。では，多くの種によって構成されている植物群落の場合はどのように分類し，集計すればよいだろう。

　植物群落は，空間的な境界は必ずしも明瞭ではないし，時間的にもダイナミックに変化している。一口に植物群落といっても，「どこからどこまでが1つの植物群落か」は明確でない。しかも，植物群落のあり方は多様である。タイプ分けのしかたによっては，植物群落のタイプは無限に存在することになってしまう。しかし，多くの調査担当者の協力を得て全国規模の調査を行うためには，共通の基準をつくる必要があった。そこで「植物群落RDB」の調査では，単純な類型分類の方法を採用することにした。

　その方法とは，「ある場所を覆っている，均質と考えられる植生の最上層で最も優占している種をもってその植物群落を代表させる」というものである。例えば，ある植物群落の最上層でブナが優占している場合は「ブナ群落」，ヨシが優占している場合は「ヨシ群落」というように，最上層の第1優占種名を冠して群落タイプ名とした。したがって，森や林の中に生育する種が稀少であるために，それらの種の生育地として重要だという理由で調査対象とされた植

物群落でも，群落名は上層に優占する種の名を冠したものとなっている。林内に生育するクマガイソウが重要な種であったとしても，それがスギ人工林の林床にあればスギ人工林として取り上げられている。この場合はスギ人工林が重要な種の生育地になり得るという認識が大切なのである。

このような基準で認識できる群落タイプを，この調査では「単一群落」と呼ぶことにした。群落の優占種は群落の構造をつくり，下層に生育する種を支配する。群落内の稀少種に違いはあるとしても，優占種は構造や機能に着目した群落のタイプ分けには適している。単一の優占種を決定するのが困難な植物群落もあるが，ここでは最も適当と思われる1種に絞った。その他，ここでは以下に挙げるような利点を重視した。

①植物群落の相観で判断できるので調査が迅速にできる。
②既存の種々のデータからの読みかえが容易である。
③構造や機能といった植物群落の生態学的内容をよりくわしく表し，調査者によるデータのばらつきが少なくて済む。

〔群落複合——単一群落ではとらえきれないまとまりをとらえる〕

各植物群落が，成立環境の面から見てもそれぞれの植物群落の動態の面から見ても相互に関連しあっており，全体を保護することなくして，個々の植物群落を保護することはできない場合，隣接して存在する複数の植物群落をセットとして保護する必要がある。例えば砂浜の草本群落から後背地の松林まで帯状に群落が分布する海浜植生のように，いくつかの植物群落の規則的な配列が価値を持つ場合等がこれにあたる（表1）。

そこで「植物群落RDB」では，比較的まとまった単一群落のほかに，「群落

表1 群落複合の例

構造	内容	例
モザイク状の配列	比較的小さなパッチ状の植物群落が，モザイク状に配列している	高層湿原の一部等
成帯構造がある	帯状をなした植物群落が一定の順序で配列している	海浜植生，湖沼の岸辺の植生等
空間的規則性がある	地形（尾根－斜面－谷）のように，環境のパターンに対応して，ある空間的規則性を持った配列がある	山地，谷等
垂直分布が連続している	標高に沿った植生の垂直分布構造	屋久島，富士山等

複合」というカテゴリーを設けた。さまざまな開発により、低標高域から高標高域まで連続した自然植生が残されている場所はきわめて少なくなっているが、標高によってうつりかわる植生の垂直分布は、学術的な意味からも保存していく必要がある。こうした垂直分布も、群落複合に含めた。

〔**調査の空間スケール**〕

　植物群落の重要性を判断する際の重要な基準の1つとして、「植物群落の稀少性」があげられる。しかし、どのような範囲（面積）で判断するかにより、稀少であるか否かの判断は大きく異なってしまう。例えば、全国的に分布する植物群落であっても、分布域の周辺部にあたる地域では稀少で貴重な植物群落である場合が多い。分布域の中心にあるブナ群落と北限や南限のブナ群落では、稀少性の度合いは異なってくる。また、都市化が進行した地域では、コナラ林等の半自然植生といえども、相対的に高い生態学的価値をもつ。

　「植物群落RDB」の調査では、各県1～数人の調査担当者が調査を行ったので、稀少性を判断する基準とした空間スケールは、結果的に県単位か、もしくはそれよりも大きくなった場合が多く、市町村もしくはそれよりも小さな範囲（空間スケール）で見た場合に重要な植物群落の多くは含まれていない。この点については、各県や市町村を単位として、今後、同様の作業を行い、各地域ごとに保護上重要な植物群落を明らかにしていく作業が必要である。

〔**植物群落のタイプ**〕

　優占種によって植物群落を代表させる、という調査方法を採用するにあたって、作業委員会ではこれまでに報告されている植物群落タイプリストの作成作業を行った。既存の植物群落リストとしては、『自然保護ハンドブック』（沼田眞編、1976年、東京大学出版会）収録の石塚和雄氏による「主な植物群落名リスト」があるが、今回の調査にあたっては最近の植物群落研究の成果を盛り込むことを考慮し、新たな植物群落名リストを作成した。

　報告のある、既存の植物群落名をすべて把握するのは困難だったので、まず、『日本植生誌』全10巻（宮脇昭編、1980～1989年、至文堂）に挙げられている植物社会学的な群集および植物群落の名称に基づき優占種1種からなる植物群落名リストを作成した。さらに、このリストに上述の「主な植物群落名リスト」

05016：モミ群落
　　├─ 優占種コード：モミ群落
　　└─ 群系コード：温帯針葉高木林　　図1　単一群落タイプコード

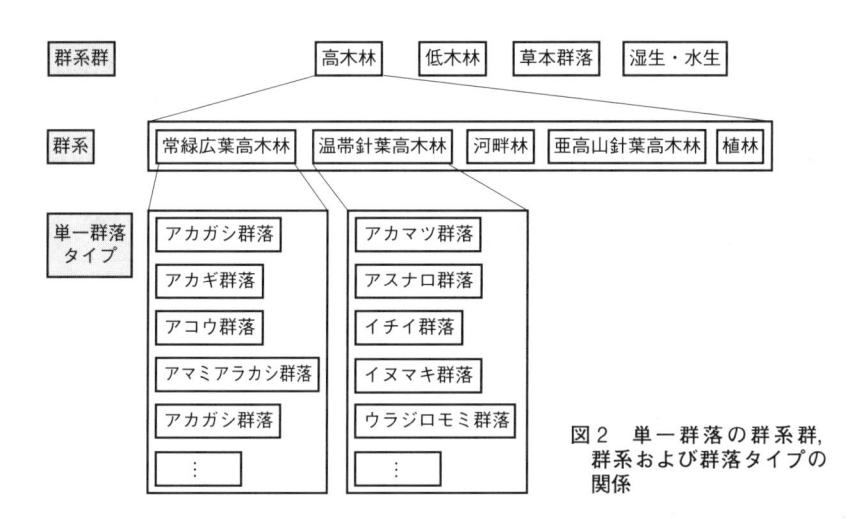

| 群系群 | 高木林 | 低木林 | 草本群落 | 湿生・水生 |

群系：常緑広葉高木林／温帯針葉高木林／河畔林／亜高山針葉高木林／植林

単一群落タイプ：
- アカガシ群落
- アカギ群落
- アコウ群落
- アマミアラカシ群落
- アカガシ群落
- ⋮

- アカマツ群落
- アスナロ群落
- イチイ群落
- イヌマキ群落
- ウラジロモミ群落
- ⋮

図2　単一群落の群系群，群系および群落タイプの関係

に挙げられている植物群落のうち主要な植物群落名を追加し，最終的な植物群落タイプリストとした。このリストを参考資料として調査要項に掲載した。

　植物群落タイプリストでは，植物群落は生育立地と相観に基づき52の群系にまとめて示した。したがって「群系」というカテゴリーは，ある程度共通した性格をもった植物群落，さらにはそれが構成する生態系をまとめたものと考えることができる。なお，集計作業の過程で植物群落の群系所属については適宜見直しを行った。

　すべての植物群落タイプには，図1に例を示すような5桁の数字の植物群落コードを割り当てた。コードの上2桁は群系を，下3桁は植物群落タイプを示している。また，データのとりまとめにあたり，群系をまとめた群系群を単位とした項もある（p. 380～389コード表参照）。図2に，群系群，群系および植物群落タイプの関係を示す。

　一方群落複合は，この概念自体が「植物群落RDB」独自のものなので，これまでに使われてきた類型区分がない。そこで，あらかじめ類型化を行うことをせず，集まった調査票をもとに作業委員会で検討を行って23個の群落複合

タイプに類型化した（p. 300）。類型化にあたっては，相観，生育立地等の情報を重視した。その後，作業委員会において個々の調査票をいずれかの群落複合タイプに振り分けた。群落複合に関しても2桁の数字によるコード化処理を行った。また，群落複合を構成する単位群落の植物群落名に関しては単一群落の場合と同様に取り扱った。

〔植物群落の現況の評価〕

　種のレッドデータでは，絶滅，絶滅危惧，準絶滅危惧といった評価を個々の種について行うことができるが，植物群落では，ごく特殊な場合を除いて，「絶滅」等の評価を下すのはむずかしい。なぜなら，植物群落は変化するからである。

　例えば，建物が壊されて，その後に何も建てられていない空き地があるとしよう。数年のうちは，丈の低いさまざまな草が生え，やがて丈の高い草に置き換わり，時間を経て，樹木が見られるようになるだろう。このような時間の移ろいとともに，植物群落を構成するメンバーも置き換わり，それにしたがって，植物群落につけられる名前も変わってくる。このようなプロセスは，「植生遷移」と呼ばれる。

　すでに発達している植物群落ではどうだろう。スダジイ林を例に考えてみよう。状態のよい林の中では，次世代をになうスダジイの若木がギャップ（枯死や風等により林冠を構成する高木が倒れ，林の中まで光がさし込むようになった空間）等に育ち，親木が枯れたらそれに代わって林の姿を維持し続ける。しかし，若木が育つはずの林の地面が踏み固められ，育つことができないような状態になっていることもある。さらに破壊が進めば，そのスダジイ林は消えてしまうだろう。しかし，それをスダジイ林の絶滅ということはできない。あるスダジイ林が消えたあと，その場所が放置されれば，周辺の他のスダジイ林から種子が運ばれてきて復活する可能性もある。

　植物群落は，常にうつりかわっている。しかしそれでも，各地にある個々の植物群落が，今どのような状態にあり，保護するためにはどうすればよいかを把握することは可能である。そこで「植物群落RDB」の調査では，各地のそれぞれ個別の植物群落がどのような現状にあるかを把握することとし，過去・現在・未来のそれぞれの時点で，植物群落に影響を与える要因はどのようなものか，その群落地は法的規制を受けているのか，周辺の状況はどうであったか，

表2 保護・管理状態

1.	壊滅：	全体的に壊滅状態にある
2.	劣悪：	全体的に保護状態は悪い
3.	不良：	全体的に保護状態はよくないが，一部よいところもある
4.	やや良：	全体的によく保護されているが，一部よくないところがある
5.	良好：	全体的によく保護されている

表3 新たな保護対策の必要性・緊急性

4.	緊急に対策必要：	緊急に対策を講じなければ群落が壊滅する
3.	対策必要：	対策を講じなければ，群落の状況が徐々に悪化する
2.	破壊の危惧：	現在の保護対策はよいが，対策を講じなければ，将来破壊されるおそれがある
1.	要注意：	当面，新たな保護対策は必要ない

等を調べた。そしてそれぞれの調査担当者は，これらのデータから，植物群落の保護・管理状態と，保護対策の必要性・緊急性について評価を行った。

「保護・管理状態」は，その植物群落がどのような状態にあるかを示すもので，表2の5段階で評価した。また，「新たな保護対策の必要性・緊急性」は，植物群落に影響を与えている要因（「インパクト要因」）と，群落を取りまいている植生や土地利用の状況（周辺状況）を考慮し，保全のために対策を講じる必要性の度合いを，表3の4段階評価で示した。

4.2 記録された植物群落のタイプ

〔調査した群落とそのタイプ〕

「植物群落 RDB」でリストアップされた，なんらかの保護を必要とする植物群落の総数は，単一群落で 6,259 件，群落複合で 1,233 件（合計 7,492 件）だった（表4, 5）。単一群落の 6,259 件の中に群落複合を構成している単位群落も入っているので，それを除いた個別に調査した単一群落は 3,989 件となる。

調査に当たって作成した「主な植物群落タイプ」にリストアップされた優占群落は総数 1,452 群落（うち 6 つは植林）だった。そのうち 1 つも報告がなかった植物群落タイプもあったので，今回の調査で記録された群落タイプ数は 1,052 となった。報告がなかったのはシマシャリンバイ群落やヒルギダマシ群落のような非常に分布が限られている植物群落や，クシノハミズゴケ群落等の同定の難しい植物群落，イヌムギ群落やオオアレチノギク群落等の，人為的影響下に見られ，今回の直接の調査対象ではない植物群落であった。

表4　地域別調査件数

	単一群落		群落複合	
	合計	うち詳細情報つき	合計	うち詳細情報つき
北海道	287	24	42	42
東北	1,320	200	199	114
関東	820	96	208	44
中部	1,131	257	241	52
近畿	770	199	142	79
中国・四国	885	233	151	50
九州	907	99	208	93
沖縄	139	6	42	1
合計	6,259	1,114	1,233	475

表5 都道府県別調査群落数

		単一群落 合計	単一群落 うち詳細情報つき	群落複合 合計	群落複合 うち詳細情報つき
1.	北海道	287	24	42	42
2.	青森	205	61	35	18
3.	岩手	197	30	39	22
4.	宮城	231	19	50	26
5.	秋田	289	21	10	10
6.	山形	187	20	39	26
7.	福島	211	49	26	12
8.	茨城	86	8	9	6
9.	栃木	111	8	16	3
10.	群馬	123	4	54	3
11.	埼玉	66	17	22	6
12.	千葉	170	31	28	8
13.	東京	182	19	43	16
14.	神奈川	82	9	36	2
15.	新潟	169	14	34	10
16.	富山	154	0	18	0
17.	石川	121	116	1	1
18.	福井	95	22	15	2
19.	山梨	131	38	12	5
20.	長野	107	17	57	18
21.	岐阜	102	10	19	0
22.	静岡	144	16	55	6
23.	愛知	108	24	30	10
24.	三重	105	24	29	4
25.	滋賀	191	27	35	26
26.	京都	107	2	9	9
27.	大阪	66	32	6	6
28.	兵庫	142	87	12	11
29.	奈良	48	9	8	5
30.	和歌山	111	18	43	18
31.	鳥取	58	6	27	4
32.	島根	150	15	34	4
33.	岡山	145	90	11	11
34.	広島	103	0	21	0
35.	山口	67	31	6	6
36.	徳島	104	16	9	7
37.	香川	48	38	1	1
38.	愛媛	112	25	5	4
39.	高知	98	12	37	13
40.	福岡	129	16	29	9
41.	佐賀	91	11	21	4
42.	長崎	102	10	18	6
43.	熊本	112	4	14	7
44.	大分	97	15	23	22
45.	宮崎	198	22	87	34
46.	鹿児島	178	21	16	11
47.	沖縄	139	6	42	1
	計	6,259	1,114	1,233	475

表6 群系からみた調査結果（単一群落）

	群系名（含まれる群落タイプ数）	データベース件数	群落タイプ数	タイプ数の比率*
01	マングローブ林（10）	17	6	60
02	亜熱帯海岸林（12）	28	10	83
03	常緑広葉高木林（70）	1,437	64	91
04	常緑低木林（21）	61	17	81
05	温帯針葉高木林（24）	658	23	96
06	冷温帯落葉広葉高木林（65）	1,004	60	92
07	河畔林（14）	38	12	86
08	渓流辺低木林（5）	13	4	80
09	沼沢林（6）	90	5	83
10	湿原縁低木林（10）	26	10	100
11	亜高山針葉高木林（10）	123	8	80
12	温帯性先駆木本群落（22）	60	18	82
13	暖地性先駆木本群落（32）	51	21	66
14	ササ草原・竹林（29）	67	25	86
15	木生シダ群落（4）	5	3	75
16	岩角地・風衝低木林（63）	144	55	87
17	海岸低木林（25）	192	22	88
18	隆起サンゴ礁低木林（6）	10	6	100
19	林縁性低木・つる植物群落（83）	59	36	43
20	高山・亜高山低木林（25）	148	21	84
21	高山風衝わい生低木群落（10）	52	9	90
22	高山風衝草原（31）	40	27	87
23	高山荒原（45）	62	32	71
24	雪田植物群落（22）	75	17	77
25	亜高山高茎草原（35）	50	26	74
26	山地高茎草原（38）	37	30	79
27	高層湿原（ハンモック）（24）	53	19	79
28	高層湿原（ホロー）（15）	75	8	53

〔群系からみた調査結果〕

「植物群落RDB」では，約1,500の植物群落タイプを，52の群系に類型化した。各群系に属する植物群落は，優占種や，分布する地域等に違いはあるものの，似たような環境で成立し，似たような特徴を持った生態系を構成している。調査結果を群系ごとに見ていくことで，立地条件ごとの植物群落の現状を知ることができる。

	群系名（含まれる群落タイプ数）	データベース件数	群落タイプ数	タイプ数の比率*
29	湿原踏跡草本群落 (2)	2	1	50
30	中間湿原 (12)	109	11	92
31	貧栄養湿原 (32)	104	27	84
32	低層湿原・挺水植物群落 (109)	382	94	86
33	浮葉植物群落 (20)	95	17	85
34	沈水植物群落 (28)	31	20	71
35	浮水植物群落 (12)	4	4	33
36	塩生湿地植物群落 (27)	80	23	85
37	海草群落 (3)	7	2	67
38	海浜草本群落 (43)	151	28	65
39	海岸崖地草本群落 (33)	39	24	73
40	隆起サンゴ礁草本群落 (8)	13	6	75
41	硫気孔・火山荒原 (10)	13	5	50
42	岩上・岩隙草本群落 (138)	172	105	76
43	渓流辺草本群落 (20)	34	14	70
44	流水岩上着生植物群落 (8)	9	8	100
45	河川礫原草本群落 (7)	7	4	57
46	路傍・林縁草本群落 (69)	33	24	35
47	ススキ・シバ草原 (22)	87	16	73
48	シダ草原 (13)	11	10	77
49	水辺短命草本群落 (18)	12	6	33
50	踏跡草本群落 (11)	1	1	9
51	水田雑草群落 (5)	0	0	0
52	畑地雑草群落 (18)	1	1	6
53	植林 (6)	130	6	100
54	該当群系不明	57	1	
	合計	6,259	1,052	

*群系ごとに報告された群落タイプ数の，その群系に含まれる群落タイプ数に対する比率

① 群落件数

報告された群落件数（データーベース件数）が多かった群系は，常緑広葉高木林（1,437件），冷温帯落葉広葉高木林（1,004件），温帯針葉高木林（658件）で，極相林を含む高木林の群系が多い（表6）。また，亜高山針葉高木林も123件あり，数のうえでは高木林が非常に多かった。その内訳を見ると，スダジイ群落，ブナ群落等の極相種の優占群落の割合が高い。この結果は，ブナ群落等，

もともと優占する植物群落の地点数自体が多いことと，極相性の群落が保護上重要であるためと考えられる。

② 報告された群落タイプ数

各群系ごとに報告された群落タイプ数を比べてみると，岩角地等の特殊立地で群落タイプが多くなることがわかる。これは，そのような特殊立地では，多くの種類の植物が最上層を占めうること，すなわち特定の種類だけが優占する傾向が小さいことを示している。

③ 含まれる群落タイプ数と報告された群落タイプ数

次に，群系に含まれる群落タイプ数と報告された群落タイプ数の割合を見てみよう（表6）。これによって，今回の調査における群系ごとの結果が概観できる。

その群系に含まれる群落タイプのうちほとんどが報告された群系は，高木林の群系，湿原，低木林，海岸低木林等であった。また，流水岩上着生植物群落は日本でこれまでに知られている群落タイプがすべて報告されていると考えられる。

逆に，報告された群落タイプ数の割合が低かった群系には，路傍・林縁草本群落，浮水植物群落，水辺短命草本群落等があった。短期間繁茂する1年生草本群落や，人為的影響下に成立する植物群落が属する群系では，今回の調査の性格上（4.1 参照），報告群落タイプが少なくなった。

〔群落複合からみた調査結果〕

群落複合は，23 タイプに分類された（表7）。この中には，森林植生を主体とする群落複合や湿原などとともに，石灰岩植生，超塩基性岩植生などの特殊岩地の植生などが含まれている。この他には岩隙植生，海浜植生，海崖植生，島嶼植生，風穴植生，多雪山地植生，雪田植生，火山荒原植生などの群落複合タイプがあげられている。

① 群落複合件数

調査された群落複合の件数（データベース件数）では暖温帯森林植生が195件と最も多く，冷温帯森林植生も131件と第3位を占めており，単一群落の集計結果で常緑広葉高木林，冷温帯落葉高木林，温帯針葉高木林の3つの群系が件数で上位を占めていたのと同様な傾向が見える。しかし，単一群落では上記の3群系の件数を合わせると総件数の約半分を占めていたのとは異なり，

表7　群系からみた調査結果（群落複合）

	群落複合名	データベース件数
01	暖温帯森林植生	195
02	冷・暖温帯移行部森林植生	96
03	冷温帯森林植生	131
04	多雪山地植生	22
05	風衝植生	40
06	河辺植生	38
07	高山植生	59
08	雪田植生	18
09	草原植生	18
10	高層湿原植生	84
11	中間・低層湿原植生	163
12	水生植生	42
13	火山荒原植生	17
14	硫気孔荒原植生	9
15	石灰岩植生	42
16	超塩基性岩植生	22
17	岩隙植生	51
18	風穴植生	10
19	海崖植生	24
20	砂浜植生	80
21	塩生湿地植生	36
22	島嶼植生	20
23	隆起サンゴ礁植生	16
	合計	1,233

　この3群落複合タイプの合計件数は422件で全体の3分の1程度（34.8％）を占めているに過ぎない。

　群落複合では，森林植生と並んで，湿原が多くあげられた。中間・低層湿原植生（163件，第2位）と高層湿原植生（84件，第4位）はともに群落複合タイプのうちでも件数で上位を占めている。両者を合計すると247件（全体の20.0％）となる。これらの群落複合を構成している単位群落が含まれる単一群落の群系は，高層湿原（ハンモック），高層湿原（ホロー），中間湿原，低層湿原・挺水植物群落，湿原踏跡草本群落などで，合計は621件が報告された。これは，全体に占める割合では9.9％にすぎない。すなわち，これらの群系

に属する単一群落は，森林植生の場合とは逆に，群落複合として多くあげられたことがわかる。同じ傾向が，石灰岩植生，超塩基性岩植生，岩隙植生などにも見られる。その理由は，これらの植生の広がりが特異なまとまりとして存在し，単一の植物群落として区別しにくい一方，群落複合としては比較的認識しやすいことにあると考えられる。

② 報告された単位群落数

群落複合を構成する単位群落数を群落複合タイプ別に比較すると，超塩基性岩植生が最も多く（平均8.1群落），ついで島嶼植生（7.2群落），多雪山地植生（7.1群落），風衝植生（7.0群落），高山植生（6.8群落）隆起サンゴ礁植生（6.8群落）と続いている。これらの群落複合は，個々の単位群落が複雑なモザイクあるいは団塊状の構造をもつこと，あるいは群落複合として広い面積を占めるためさまざまな立地環境が含まれていることなどを示している。逆に，単位群落数が少ないものとしては草原植生（2.4群落），暖温帯森林植生（3.3群落），海崖植生（4.0群落），河辺植生（4.1群落），冷・暖温帯移行部植生（4.3群落）などがあげられる。今回の調査では，群落複合は個々の群落の評価よりも，相互に関連しあった組み合わせ全体で評価を行っている。

4.3 群落タイプごと，地域ごとにみた植物群落の保護・管理状態
～保護上の危機の視点から～

　リストアップされた群落の保護・管理状態についてはp. 295の**表2**にある「良好」，「やや良」，「不良」，「劣悪」，「壊滅」の5段階で判定した。単一群落の保護・管理状態を集計するにあたっては，群落複合のデータ（群落複合は複数の単位群落からなる）から分離される単位群落（単一群落と同じものもある）は含まず，単一群落としてリストアップされた植物群落についてのみ行った。

〔**全国レベルでみた保護・管理状態**〕

　単一群落の中で，調査票に保護・管理状態について記入があったのは6,111件（全件数の98％）だった。うち，「壊滅」と評価された植物群落は3.4％あった。「劣悪」は9.9％，「不良」は15.8％で，この3つを合わせた保護・管理状態の悪い植物群落は全体の29.1％に達した（図3）。

　同様に，群落複合で記入があったのは1,208件（全件数の98％）だった。そのうち「壊滅」は4.1％，「劣悪」は10.4％，「不良」は17.3％で，保護・管理状態の悪い群落複合は全体で31.8％であった。

　しかし，保護・管理状態が「良好」「やや良好」と判断された植物群落も，さまざまな影響を受けており，また将来受けることが予想されることも明らかになった。また今回の調査では，何らかの保護が必要であると思われる植物群落を調査対象としたので，すでに壊滅的な状況にある植物群落は調査対象に含めることができなかったという一面もある。すなわち「緊急に保護が必要な植物群落」の母集団の中では，保護・管理状態が現在までのところは整備されている群落が多い結果になっている点に注意が必要である。

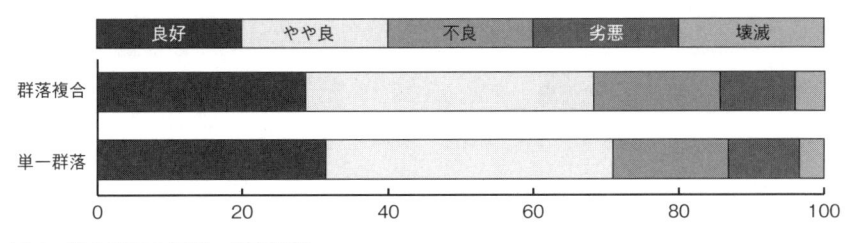

図3　植物群落の保護・管理状態

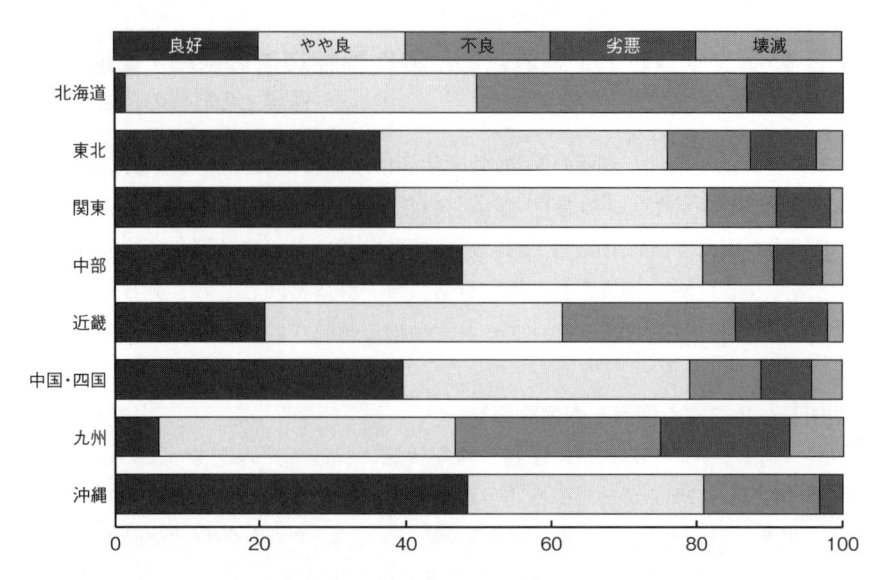

図4 地域別に見た植物群落の保護・管理状態（単一群落）

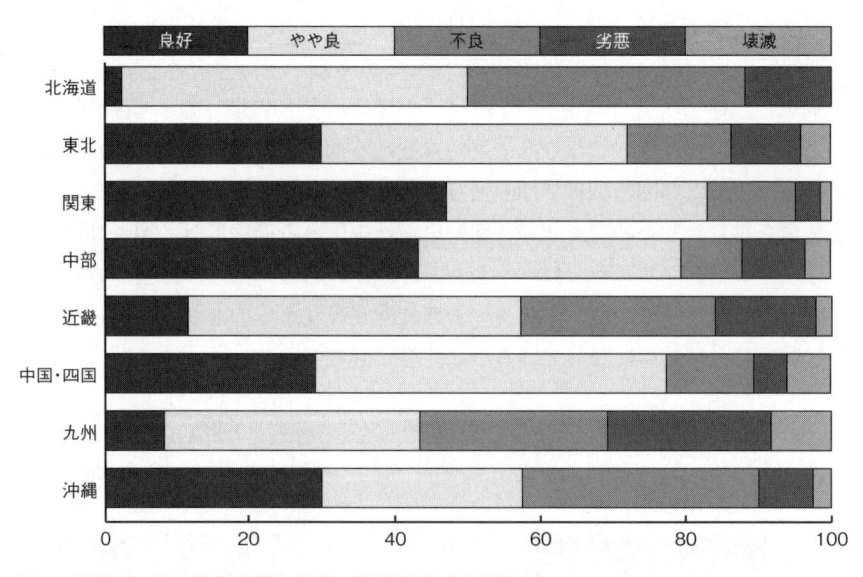

図5 地域別に見た植物群落の保護・管理状態（群落複合）

〔地域レベルでみた保護・管理状態〕

　全国を8つの地域に分けて保護・管理状態について分析した結果を図4，5に示す。単一群落では，「壊滅」と判定された植物群落のうち地域別の割合の大きい上位3つまでを挙げると，九州7.4％（67件），東北3.6％（47件），中国・四国4.2％（37件）を数えた。他の地域は3.0％未満だった。「壊滅」，「劣悪」，「不良」を合わせた保護・管理状態の悪い植物群落のうち30％以上になる地域を挙げると，九州が最も高く53.3％（483件），北海道は144件で件数は少なかったが50.3％，近畿は38.5％（276件）だった。壊滅した群落が多かった東北は314件と件数は多かったが，全件に対する割合は24.0％と低かった。

　群落複合では，「壊滅」状態の群落複合のうち同様に割合の高い上位3つを挙げると，合計1,208件のうち九州8.3％（17件），中国・四国6.0％（9件），東北4.1％（8件）がリストアップされた。「壊滅」，「劣悪」，「不良」を合わせた保護・管理状態の悪い群落複合のうち30％以上になる地域を挙げると，九州56.6％（116件）で割合・件数ともに最も高く，北海道50.0％（21件），近畿42.8％（59件），沖縄42.5％（17件）だった。

　このことから，単一群落，群落複合の両方で，「壊滅」だけをみると九州，東北，中国・四国が多く，「壊滅」，「劣悪」，「不良」を合わせた保護・管理状態の悪い群落の割合は北海道，九州，近畿が他の地域と比較して高いことがわかった。沖縄は群落複合に関して保護・管理状態の悪い群落の割合が高かった。

　次に，どんな群落の保護・管理状態が悪いのか，それぞれの地域ごとにみていこう。

〔群系レベル，群落複合レベルでみた保護・管理状態〕
① 「植物群落RDB」データの抽出
　「植物群落RDB」に記載された単一群落を，群系ごと，地域ごとに区分して示したのが表8である。この表から，群系ごと，地域ごとにみると調査した群落数にばらつきがあることがわかる。これらは，地域面積の大きさ，生育地面積の大きさ，群落の分布の特殊性等によりばらつきが生じていると考えられる。そこで，群系，地域ごとに群落の保護・管理状態を評価するためには，群落数に応じて評価の重み付けを行う必要がある。ここでは，以下のように重み付け

表8　それぞれの群系における群落数

「十分に評価可能」を■(平均群落数以上)、「最低限可能」を□(平均未満・群落数10以上)で示した。

No	群系	立地	北海道	東北	関東	中部	近畿	中国四国	九州	沖縄	総計
01	マングローブ林	海岸					1		10	6	17
02	亜熱帯海岸林	海岸			1				13	12	26
03	常緑広葉高木林	陸上		33	267	217	225	297	283	66	1388
04	常緑低木林	陸上		3	19	4	5	3	19	8	61
05	温帯針葉高木林	陸上	2	151	59	127	88	134	75	6	642
06	冷温帯落葉広葉高木林	陸上	29	273	131	258	98	109	75		973
07	河畔林	湖沼・河川	4	13		11	6		4		38
08	渓流辺低木林	湖沼・河川				3	1	9			13
09	沼沢林	湿地	10	25	14	15	10	6	8		88
10	湿原縁低木林	湿地	1	8	2	6	2	1	6		26
11	亜高山針葉高木林	陸上	18	33	25	34	2	7			119
12	温帯性先駆木本群落	陸上	5	23	9	13	3	6	4		63
13	暖地性先駆木本群落	陸上		6	9	7	10	8	16	2	58
14	ササ草原・竹林	陸上	9	10	11	6		7	13	1	57
15	木生シダ群落	陸上			3		14		2		19
16	岩角地・風衝低木林	特殊岩地	2	18	24	22	30	27	32		155
17	海岸低木林	海岸	13	16	9	20		38	51	7	154
18	隆起サンゴ礁低木林	陸上			3				3	4	10
19	林縁性低木・つる植物群落	陸上	3	12	8	16	2	8	10		59
20	高山・亜高山低木林	高山	31	70	11	28	1	5	1		147
21	高山風衝わい生低木群落	高山	9	31		11		1			52
22	高山風衝草原	高山	12	11		14		3			40
23	高山荒原	高山	20	16	1	25					62
24	雪田植物群落	高山	10	52		12					74
25	亜高山高茎草原	高山	12	25	1	9		3			50
26	山地高茎草原	陸上	3	6		9	6	10	2		36
27	高層湿原(ハンモック)	湿地	7	32	2	9	3				53
28	高層湿原(ホロー)	湿地	23	34	1	11	5	1			75
29	湿原踏跡草本群落	湿地		2							2
30	中間湿原	湿地	6	56	4	14	13	8	7		108

No	群系	立地	北海道	東北	関東	中部	近畿	中国四国	九州	沖縄	総計
31	貧栄養湿原	湿地	1	18	8	11	20	22	24		104
32	低層湿原・挺水植物群落	湿地・湖沼・河川	10	119	36	32	62	43	70	2	374
33	浮葉植物群落	湖沼・河川	2	18	9	10	27	17	11		94
34	沈水植物群落	湖沼・河川		17	4	2	5	3			31
35	浮水植物群落	湖沼・河川		2		1	1				4
36	塩生湿地植物群落	湿地	6	18	1	6	6	18	23	2	80
37	海草群落	海中	1	2		1		2		1	7
38	海浜草本群落	海岸	17	29	3	8	20	24	48		149
39	海岸崖地草本群落	海岸	1	10	7	2		5	10	3	38
40	隆起サンゴ礁草本群落	海岸			3				7	3	13
41	硫気孔・火山荒原	特殊岩地	2	10	1						13
42	岩上・岩隙草本群落	特殊岩地	8	41	36	30	6	23	24		168
43	渓流辺草本群落	湖沼・河川		11	4	10	4	2	2		33
44	流水岩上着生植物群落	湖沼・河川					1		8		9
45	河川礫原草本群落	河川	1		1	1		3	1		7
46	路傍・林縁草本群落	二次草原	3	4	6	7	8	1	4		33
47	ススキ・シバ草原	二次草原	5	30	10	3	8	7	20	2	85
48	シダ草原	二次草原		1		6		2	1		10
49	水辺短命草本群落	湿地・湖沼・河川		3	4	2	1		1		11
50	踏跡草本群落	陸上		1							1
51	水田雑草群落	農耕地									0
52	畑地雑草群落	農耕地						1			1
53	植林	植林地		13	31	39	13	17	14		127
54	該当群系不明			3	24	9	9	4	4	1	54
	地域ごとの合計		286	1,309	802	1,081	716	885	906	126	6,111
	平均		8.7	29.8	20.6	25.1	20.5	23.3	24.5	7.9	113.2
	標準偏差		8.1	47.5	46.5	51.7	42.3	53.2	48.3	15.8	237.6
	群係数		33	44	39	43	35	38	37	16	54
	十分に評価可能（平均群落数以上）		13	13	9	8	6	7	7	4	11
	最低限評価可能（平均群落数未満，10件以上）		0	18	5	15	7	6	13	0	35
	それ以外（10件未満）		20	13	25	20	22	25	17	12	8

表9 それぞれの群落複合における群落数

「十分に評価可能」を■（平均群落数以上）,「最低限可能」を□（平均未満・群落数10以上）で示した。

No	群系	北海道	東北	関東	中部	近畿	中国四国	九州	沖縄	総計
01	暖温帯森林植生		5	32	26	37	24	61	6	191
02	冷・暖温帯移行部森林植生		8	19	7	20	22	17		93
03	冷温帯森林植生	3	15	15	32	12	22	30		129
04	多雪山地植生		11	3	8					22
05	風衝植生		7	6	13	3	6	2	3	40
06	河辺植生		4	20	2	7		3		36
07	高山植生	8	9	6	33		1			57
08	雪田植生		12	4	2					18
09	草原植生		3		4	2	1	5		15
10	高層湿原植生	10	36	13	18	3		3		83
11	中間・低層湿原植生	1	24	22	40	26	24	20	3	160
12	水生植生		9	6	14	5	1	5	1	41
13	火山荒原植生	2	4	7	2			2		17
14	硫気孔荒原植生	1	5	2				1		9
15	石灰岩植生	2	3	10	7	5	12	3		42
16	超塩基性岩植生	3	4	5	4	2	3	1		22
17	岩隙植生	1	9	9	2	4	13	11		49
18	風穴植生		8		1		1			10
19	海崖植生		5	5	4		5	4	2	25
20	砂浜植生	10	10	10	8	8	10	19	2	77
21	塩生湿地植生		4	2	2	3	5	10	10	36
22	島嶼植生	1	2	9		1	1	4	2	20
23	隆起サンゴ礁植生			1				4	11	16
	地域ごとの合計	42	197	206	229	138	151	205	40	1,208
	平均	3.8	9.0	9.8	11.5	9.2	9.4	10.8	4.4	52.5
	標準偏差	3.7	7.8	7.9	12.0	10.5	9.0	14.6	3.7	49.2
	群系数	11	22	21	20	15	16	19	9	23
	十分に評価可能（平均群落数以上）	3	9	8	7	4	7	6	3	7
	最低限評価可能（平均群落数未満、10件以上）	0	0	0	0	0	1	0	15	
	それ以外（10件未満）	8	13	13	13	11	9	12	6	1

を行った（**表8**参照）。各地域ごとに母数が異なるので，地域ごとに群落数の平均を求め，平均以上に群落数がみられる群系に関しては十分に評価が可能とした（面積が小さくてもある程度の大きさのサンプル数が必要なため）。また平均未満だが，絶対数が10件以上あるものに関しては，地域によりその意味は異なるが，最低限の評価は可能とした。ただし，10件未満のものの中には，特殊な生育地に生育する群落等も含まれており，決して重要でないという意味ではなく，別の評価をする必要があると考えられる。ここでは，あくまで全体の傾向としてどの群系，どの地域における植物群落が危機的な状況であるかを読みとるためのデータに重み付けを行った。

群系ごとでは，「03 常緑広葉高木林」は群落数1,388件で最も多かったが，「29 湿原踏跡草本群落」（2件），「50 踏跡草本群落」（1件），「52 畑地雑草群落」（1件）は少数しか記載されていなかった。群系ごとの平均群落数は113.2（標準偏差±237.5）件でばらつきが大きかった。地域ごとにみると，東北が1,309件と最も多く，沖縄が126件で最も少なかった。各地域ごとの平均群落数は763.9（±390.9）件でやはりばらつきが大きかった。上記の基準に従って判定された各地域ごとの評価が十分可能な群系の件数は67件（各地域ごとでは4～13件），最低限の評価が可能な群落は64件（0～18件）だった。

同様に群落複合に関しても重み付けを行った（**表9**）。群落複合ごとでは「01 暖温帯森林植生」が最も多く191件で，最も少なかったのは「14 硫気孔荒原植性」の9件で，群落複合ごとの平均では52.5（±49.2）件だった。また地域ごとでは中部が229件で最も多く，沖縄が40件で最も少なかった。地域ごとの平均群落数は150.0（±74.2）件で，やはりばらつきが大きかった。各地域ごとの評価が十分可能な件数は47件（3～9件），最低限の評価が可能な群落は1件（0～1件）と少なかった。

② 群系からみた保護・管理状態

単一群落の群系において保護・管理状態が「壊滅」，「劣悪」，「不良」と判定された群落の割合（%）を**表10**に示す。それぞれの数値は，十分に評価可能（群落数≧平均群落数），最低限可能（平均群落数＞群落数≧10件），それ以外（10件＞群落数）に区分して示した。全体の割合では，保護・管理状態が悪い群落の割合は26.2%で，群系ごとの割合で十分に評価可能とした11群系のうち「38 海浜草本群落」（56.4%）が50%以上で最も高かった。また地域ごとでは先

表3 地域ごとの群系における保護・管理状態が悪い（「壊滅」,「劣悪」,「不良」）と判定された群落の割合

「十分に評価可能」を■（平均群落数以上）,「最低限可能」を□（平均未満・群落数10以上）で示した。

No	群系	立地	北海道	東北	関東	中部	近畿	中国四国	九州	沖縄	全体
01	マングローブ林	海岸					100.0		50.0	16.7	41.2
02	亜熱帯海岸林	海岸			0.0				15.4	16.7	15.4
03	常緑広葉高木林	陸上		24.2	13.9	11.1	24.9	8.8	39.6	9.1	19.4
04	常緑低木林	陸上		0.0	0.0	0.0	40.0	33.3	26.3	12.5	14.8
05	温帯針葉高木林	陸上	100.0	13.2	20.0	11.8	30.7	18.7	58.7	66.7	20.4
06	冷温帯落葉広葉高木林	陸上	72.4	15.4	13.7	19.0	37.8	12.8	60.0		23.3
07	河畔林	湖沼・河川	75.0	53.8		27.3	0.0		75.0		42.1
08	渓流辺低木林	湖沼・河川				0.0	0.0	44.4			30.8
09	沼沢林	湿地	60.0	8.0	35.7	26.7	40.0	33.3	100.0		35.2
10	湿原縁低木林	湿地	0.0	12.5	50.0	50.0	100.0	0.0	66.7		42.3
11	亜高山針葉高木林	陸上	50.0	18.2	0.0	8.8	100.0	14.3			17.6
12	温帯性先駆木本群落	陸上	60.0	26.1	11.1	69.2	0.0	33.3	25.0		34.9
13	暖地性先駆木本群落	陸上		16.7	0.0	28.6	20.0	37.5	50.0	0.0	27.6
14	ササ草原・竹林	陸上	33.3	20.0	0.0	0.0		28.6	30.8		19.3
15	木生シダ群落	陸上			0.0		28.6		100.0		31.6
16	岩角地・風衝低木林	特殊岩地	0.0	11.1	20.8	22.7	30.0	40.7	43.8		29.7
17	海岸低木林	海岸	76.9	56.3	33.3	35.0		13.2	41.2	71.4	33.1
18	隆起サンゴ礁低木林	陸上			0.0				0.0	25.0	16.7
19	林縁性低木・つる植物群落	陸上	0.0	33.3	37.5	25.0	50.0	0.0	70.0		31.0
20	高山・亜高山低木林	高山	53.1	20.0	0.0	0.0		20.0	100.0		22.4
21	高山風衝わい生低木群落	高山	33.3	41.9		0.0		100.0			32.7
22	高山風衝草原	高山	83.3	9.1				100.0			12.5
23	高山荒原	高山	60.0	31.3		4.0					29.0
24	雪田植物群落	高山	20.0	36.5		8.3					29.7
25	亜高山高茎草原	高山	50.0	28.0	0.0	22.2		100.0			36.0
26	山地高茎草原	陸上	0.0	33.3		0.0	33.3	30.0	50.0		22.2
27	高層湿原（ハンモック）	湿地	57.1	31.3	100.0	44.4	33.3				22.6
28	高層湿原（ホロー）	湿地	30.4	44.1	100.0	9.1	40.0	0.0			34.7
29	湿原踏跡草本群落	湿地		100.0							100.0
30	中間湿原	湿地	33.3	26.8	75.0	28.6	53.8	25.0	100.0		37.0

No	群系	立地	北海道	東北	関東	中部	近畿	中国四国	九州	沖縄	全体
31	貧栄養湿原	湿地	0.0	33.3	37.5	45.5	80.0	36.4	87.5		56.7
32	低層湿原・挺水植物群落	湿地・湖沼・河川	50.0	24.4	44.4	46.9	53.2	37.2	68.6	0.0	43.3
33	浮葉植物群落	湖沼・河川	50.0	33.3	55.6	70.0	48.1	29.4	63.6		46.8
34	沈水植物群落	湖沼・河川		35.3	75.0	0.0	80.0	0.0			41.9
35	浮水植物群落	湖沼・河川		0.0		100.0	100.0				50.0
36	塩生湿地植物群落	湿地	0.0	38.9	100.0	83.3	83.3	66.7	100.0	0.0	66.3
37	海草群落	海中	0.0	0.0		0.0		50.0		0.0	14.3
38	海浜草本群落	海岸	82.4	24.1	0.0	50.0	95.0	50.0	58.3		56.4
39	海岸崖地草本群落	海岸	0.0	10.0	0.0	0.0		20.0	40.0	0.0	15.8
40	隆起サンゴ礁草本群落	海岸			0.0			0.0		66.7	15.4
41	硫気孔・火山荒原	特殊岩地	0.0	40.0	0.0						30.8
42	岩上・岩隙草本群落	特殊岩地	25.0	24.4	27.8	50.0	0.0	30.4	87.5		28.0
43	渓流辺草本群落	湖沼・河川		36.4	0.0	40.0	25.0	50.0	50.0		33.3
44	流水岩上着生植物群落	湖沼・河川					100.0		87.5		88.9
45	河川礫原草本群落	河川	0.0		0.0			100.0	100.0		57.1
46	路傍・林縁草本群落	二次草原	0.0	50.0	50.0	28.6	87.5	100.0	100.0		57.6
47	ススキ・シバ草原	二次草原	60.0	30.0	40.0	33.3	62.5	42.9	75.0	100.0	49.4
48	シダ草原	二次草原		100.0		16.7		0.0	0.0		20.0
49	水辺短命草本群落	湿地・湖沼・河川		66.7	50.0	50.0	0.0		100.0		54.5
50	踏跡草本群落	陸上		100.0							100.0
51	水田雑草群落	農耕地									
52	畑地雑草群落	農耕地						100.0			100.0
53	植林	植林地		46.2	25.8	2.6	46.2	23.5	50.0		25.2
54	該当群系不明			0.0	12.5	44.4	66.7	25.0	25.0	0.0	27.8
	地域ごとの割合		50.3	24.0	18.6	19.1	38.5	20.9	53.3	19.1	26.2

群落タイプごと，地域ごとにみた植物群落の保護・管理状態

海浜草本群落」(82.4%)，「22 高山風衝草原」(83.3%) の保護・管理状態が悪かった。また九州は「05 温帯針葉高木林」(58.7%)，「06 冷温帯落葉広葉高木林」(60.0%)，「32 低層湿原・挺水植物群落」(68.8%)，「38 海浜草本群落」(58.3%) が悪かった。東北は最大が「28 高層湿原（ホロー）」の 44.1%，関東は最大が「32 低層湿原・挺水植物群落」の 44.4% で，これらの地域は保護・管理状態が悪い群落の割合は比較的低かった。中部は「42 岩上・岩隙草本群落」(50.0%)，近畿は「32 低層湿原・挺水植物群落」(53.2%)，中国・四国は「38 海浜草本群落」(50.0%) が比較的高かった。沖縄は「17 海岸低木林」(71.4%) が高くなっていた。

ただし，それ以外と判定されたものの中にも，「44 流水岩上着生植物群落」のウスカワゴロモ（絶滅危惧種），カワゴケソウ（危急種），カワゴロモ（危急種），トキワカワゴケソウ（絶滅危惧種），マノセカワゴケソウ（絶滅危惧種），「塩生湿地植物群落」のオオクグ（危急種），シチメンソウ（危急種），シバナ（危急種），ヒロハマツナ（危急種）等植物種 RDB に記載されている種を構成種にもつ植物群落も多く，決して重要ではないという意味ではなく，別の評価を行う必要がある。

また，「壊滅」と判定した理由には，人為的な要因として群落構成種が林道建設に伴う森林伐採で消失しかけている（コジイ群落），伐採の進行（スダジイ群落），台風による被害と倒木処理作業で林床が攪乱（スダジイ群落），道路建設（ヒメユズリハ群落，ヒメザゼンソウ群落），マツノザイセンチュウによる枯死，伐採による消滅（コウヤマキ群落，ツガ群落），ダム建設により水没（ハルニレ群落，ヤチダモ群落），ミニゴルフ場の開発（カザグルマ群落），植物群落構成種の乱獲・盗掘（コメツガ群落，スギ植林，イワタバコ群落，クマガイソウ群落，キスミレ群落，ミヤマモジズリ群落，シダ類群落），キャンプ場造成（ハチジョウススキ群落），建物・グランドの造成等（ツキヌキソウ群落），宅地化や汚水の流入（ヤナギタデ群落）等が見られ，人為的要因が多くを占めていることがわかった。

③ 群落複合からみた保護・管理状態

群落複合は，保護・管理状態が悪いと判定された群落の全体の割合が 31.8% と単一群落と比較してやや高かった（**表 11**）。群落ごとでは「11 中間・低層湿原植生」が 46.9% で最も高かった。地域ごとでは北海道（50.0%）と

表11 地域ごとの群落複合における保護・管理状態が悪い（「壊滅」「劣悪」「不良」と判定された群落の割合

「十分に評価可能」を■（平均群落数以上），「最低限可能」を□（平均未満・群落数10以上）で示した。

No	群落複合名	北海道	東北	関東	中部	近畿	中国四国	九州	沖縄	全体
01	暖温帯森林植生		20.0	6.3	19.2	35.1	12.5	60.7	0.0	31.9
02	冷・暖温帯移行部森林植生		12.5	31.6	0.0	20.0	4.5	23.5		17.2
03	冷温帯森林植生	100.0	0.0	6.7	0.0	33.3	22.7	66.7		25.6
04	多雪山地植生		18.2	0.0	0.0					9.1
05	風衝植生		28.6	0.0	0.0	0.0	0.0	50.0	0.0	7.5
06	河辺植生		0.0	10.0	50.0	57.1		66.7		25.0
07	高山植生	25.0	22.2	0.0	0.0		100.0			8.8
08	雪田植生		33.3	0.0	50.0					27.8
09	草原植生		66.7		0.0	0.0	100.0	80.0		46.7
10	高層湿原植生	30.0	44.4	7.7	22.2	33.3		33.3		31.3
11	中間・低層湿原植生	100.0	50.0	31.8	27.5	65.4	33.3	80.0	100.0	46.9
12	水生植生		22.2	66.7	50.0	20.0	0.0	40.0	0.0	39.0
13	火山荒原植生	0.0	50.0	14.3	100.0			50.0		35.3
14	硫気孔荒原植生		40.0	0.0				0.0		22.2
15	石灰岩植生	100.0	0.0	40.0	71.4	60.0	16.7	66.7		42.9
16	超塩基性岩植生	33.3	75.0	0.0	25.0	50.0	100.0	100.0		45.5
17	岩隙植生	0.0	0.0	11.1	50.0	75.0	23.1	54.5		28.6
18	風穴植生		25.0	0.0	0.0					20.0
19	海崖植生		20.0	20.0	50.0		0.0	25.0	100.0	28.0
20	砂浜植生		80.0	0.0	50.0	75.0	62.5	40.0	52.6	50.0	50.6
21	塩生湿地植生		25.0	0.0	50.0	66.7	60.0	80.0	40.0	52.8
22	島嶼植生	100.0	0.0	0.0		100.0			100.0	20.0
23	隆起サンゴ礁植生			0.0			0.0	45.5		31.3
	地域ごとの割合	50.0	27.9	17.0	20.5	42.8	22.5	56.6	42.5	31.8

九州（56.6％）で高い値を示し，十分に評価が可能な群落複合のうち50％以上の群落は，北海道の「20 砂浜植生」(80.0％)，東北の「11 中間・低層湿原植生」(50.0％)，関東の「20 砂浜植生」(50.0％)，中部の「12 水生植生」(50.0％)，近畿の「11 中間・低層湿原植生」(65.4％)，九州の「01 暖温帯森林植生」(60.7％)，「03 冷温帯森林植生」(66.7％)，「11 中間・低層湿原植生」(80.0％)，「17 岩隙植生」(54.5％)，「20 砂浜植生」(52.6％) だった。

また，「壊滅」と判定された理由には，人為的要因として県民の森建設（03 冷温帯森林植生），伐採の進行（04 多雪山地植生），河川改修（05 河辺植生），踏みつけ(08雪田植生)，草地造成(11中間・低層湿原植生)，干拓や乾燥化(11中間・低層湿原植生，12 水生植生），石灰岩の採石（15 石灰岩植生），ダムにより水没（17 岩隙植生），盗掘（01 暖温帯森林植生，17 岩隙植生），砂浜整備や埋め立て（20 砂浜植生），米軍の射撃場（23 隆起サンゴ礁植生），自然現象としては，台風による破壊（01 暖温帯森林植生），海蝕（20 砂浜植生）等があった。

このことから，保護を必要とする植物群落は，十分評価が可能な群落の中では北海道と九州で多かった。また，単一群落の群系では，多くの地域で，低層湿原・挺水植物群落，海浜草本群落等，湿地や海岸等の水辺の群落が危機的な状況にあることがわかった。また地域ごとでは，北海道の高山風衝草原，高山荒原等高山帯の群落と，北限の冷温帯落葉広葉高木林が危機に瀕しており，九州では温帯針葉高木林，冷温帯落葉広葉高木林等南限の群落が危機に瀕していることが明らかになった。

4.4 植物群落へのインパクト要因

〔何が植物群落を危機に追いやったか？〕

　植物群落は常に，人間あるいは自然からのさまざまな影響にさらされている。なかには，薪炭林のように継続的で適度な人間の影響が加わり続けることによって維持されてきた植物群落もあるが，人間の影響が植物群落を壊滅状態に追い込むような場合もある。このような，植物群落を危機に追いやる要因とはどんなものなのだろう。それを明らかにすることによって，今後の保全や管理への指針を明らかにしていくことができる。そこで，「植物群落RDB」では，植物群落に影響を及ぼす要因についての調査を行った。その結果を検討し，植物群落を破壊，劣化に導いている具体的な要因を把握した。

　まず調査に際し，想定される要因をリストアップした（p.390からの「調査要項」参照）。その結果，全部で60項目の具体的な要因（インパクト要因）がリストされたが，それを10のグループ（インパクトグループ）に類別した（表12）。そして，これらの要因が，過去，現在，未来のどの時点で加わったか，また加わることが予想されるかを判定した。

　① 全国的にみたインパクト要因（図5，6）

●人の立ち入り

　単一群落，群落複合を問わず，また過去，現在，未来を問わず最も多いグルー

表12　植物群落に影響を与える要因

グループ	主な具体的要因
1. 人の立ち入り	人の踏みつけ，盗掘・盗伐，下草刈り，オートバイ・自動車等の侵入
2. 農林業開発	伐採，植林化，農業開発に伴う地下水位の変化
3. 観光開発	遊園地等の建設，スキー場開発
4. 道路開発	一般道路開発，林道開発，登山道開発
5. 住宅地開発	住宅地開発，公園化
6. 水際開発	護岸工事，堰堤建設・河川底改修，埋め立て
7. その他の開発	
8. 汚染物質の投棄・排出	ゴミ・廃棄物の投棄，生活排水の流入
9. 自然災害	台風，土砂崩れ，崩壊，強風，塩風害，洪水，乾燥化
10. 生物被害	放置にともなう植物の侵入，野生動物による被害

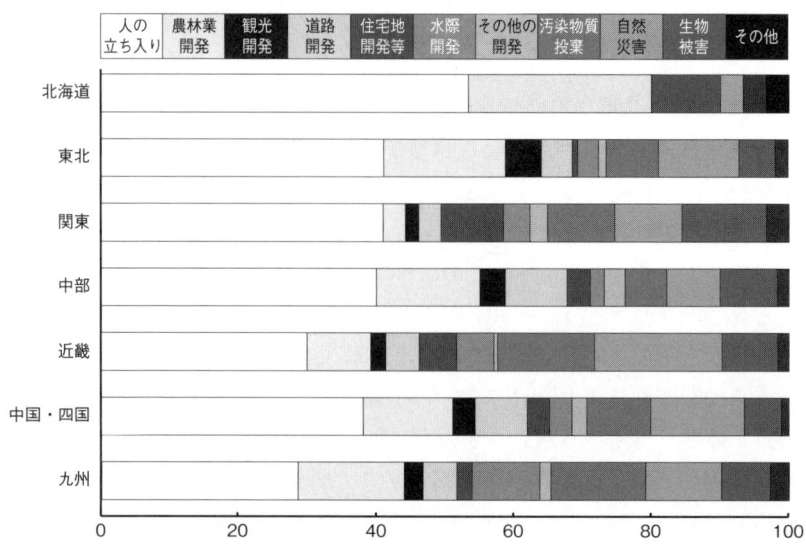

図5 影響をおよぼす要因の地域差（単一群落）

プは「人の立ち入り」であった。なかでも，「人の踏みつけ」と「盗伐・盗掘」は，単一群落，群落複合のいずれも，また過去，現在，未来の時点においても，すべての要因の中で1位，2位となった。その他の要因では，「下草刈り」と「オートバイ・自動車等の侵入」が多かった。「下草刈り」は単一群落，「オートバイ・自動車等の侵入」は群落複合において，より高い割合でその影響が指摘された。

「人の立ち入り」による影響が顕著な植物群落には保護・管理状態が比較的よいものが多かったが，一方で今後何らかの保護対策を講じなければ状態が悪化すると想定される植物群落が多い。このことは，「人の立ち入り」は現在の保護・管理状態にかかわらず，重大なインパクトであることを示している。

このことから，人の利用が多いところでは，現在加わっている要因の影響に対処するための保護・管理はある程度なされていること，しかしこのまま影響が続いたり，それが強まったりすれば，植物群落の状態が悪化するおそれが強いことがわかる。人の立ち入りは，植物群落保護のうえで，非常に大きな影響を及ぼすことが推察できる。

● 農林業開発

次に多いグループは「農林業開発」であった。現在では過去に比べやや小さ

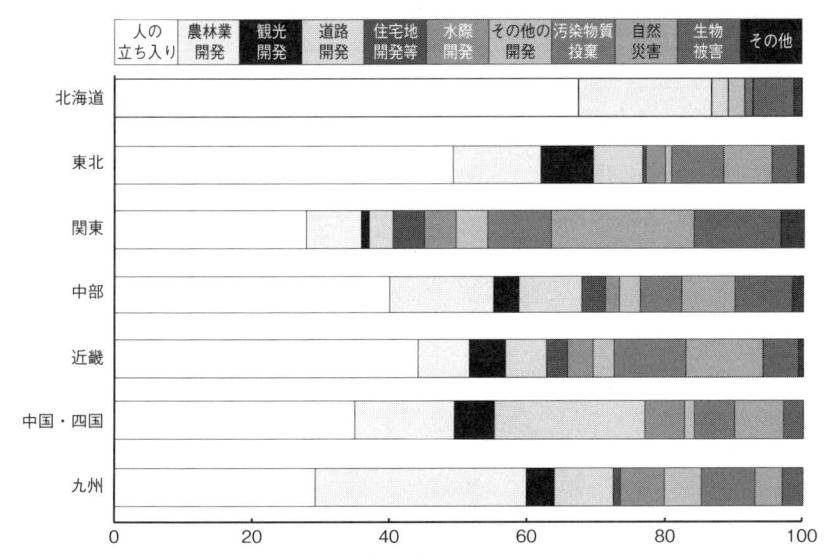

図6 影響をおよぼす要因の地域差（群落複合）

くなっているとはいえ，単一群落，群落複合のいずれも，そして過去，現在，未来のどの時点においても，常に第2位を占めていた。具体的要因としては，単一群落，群落複合ともに「伐採」と「植林化」が多い。「植林化」の影響は，特に群落複合で順位が高かった。「農林業開発」の影響を受けている植物群落の保護・管理状態は全体的に悪く，壊滅状態と判定された植物群落は，この影響下で最も多かった。

●その他の要因

グループ内順位で3位，4位の要因は，時期によって，また単一群落か群落複合かによって異なっている（表13～15）。

過去においては，単一群落，群落複合ともに「道路開発」と「自然災害」がそれぞれ，3位，4位であった。「道路開発」では「一般道路開発」「林道開発」が多く，群落複合では「登山道開発」も多かった。また「自然災害」としては，「台風」や「土砂崩れ」「崩壊」「強風」「塩風害」「洪水」「乾燥化」があげられた。

現在では「自然災害」が3位を占め，次には「道路開発」よりも「ゴミ・廃棄物の投棄」や「生活排水の流入」等の「汚染物質の投棄・排出」が多い。そして，この「汚染物質の投棄・排出」は，単一群落，群落複合とも保全の緊急度が高く，

表13　単一群落への影響が大きい要因

順位	過去	現在	未来
1位	人の立ち入り	人の立ち入り	人の立ち入り
2位	農林業開発	農林業開発	農林業開発
3位	道路開発，自然災害	自然災害	自然災害
4位	水際開発，汚染物質の投棄・排出	汚染物質の投棄・排出	汚染物質の投棄・排出
5位	住宅地開発	生物被害	水際開発

表14　群落複合への影響が大きい要因

順位	過去	現在	未来
1位	人の立ち入り	人の立ち入り	人の立ち入り
2位	農林業開発	農林業開発	農林業開発
3位	道路開発	自然災害	観光開発
4位	自然災害	汚染物質の投棄・排出	道路開発
5位	水際開発	道路開発	汚染物質の投棄・排出

表15　植物群落への影響が大きい要因（全データ）

順位	過去	現在	未来
1位	人の立ち入り	人の立ち入り	人の立ち入り
2位	農林業開発	農林業開発	農林業開発
3位	道路開発	自然災害	自然災害
4位	自然災害	汚染物質の投棄・排出	汚染物質の投棄・排出
5位	水際開発	道路開発	観光開発

また現状の保全度の低い植物群落でその比率が増す傾向にあった。「水際開発」の影響を受けている植物群落には，単一群落，群落複合ともに，保護対策が緊急に求められ，現状での保全度の低いものが多くなっている。

　未来についての3位，4位は，単一群落と群落複合とで異なっていた。単一群落においては3位が「自然災害」（「土砂崩れ」「崩壊」や「台風」等），4位が「汚染物質の投棄・排出」（「ゴミ・廃棄物の投棄」や「生活排水の流入」等）であるのに対し，群落複合では3位が「観光開発」（「遊園地等の建設」や「スキー場開発」等），4位が「道路開発」（「林道開発」や「一般道路開発」等）となっていた。また，このような要因の影響は，これからの保全対策に緊急性が高く現状での保全度の低い植物群落で多い傾向が見られた。これらのほかにも，「水

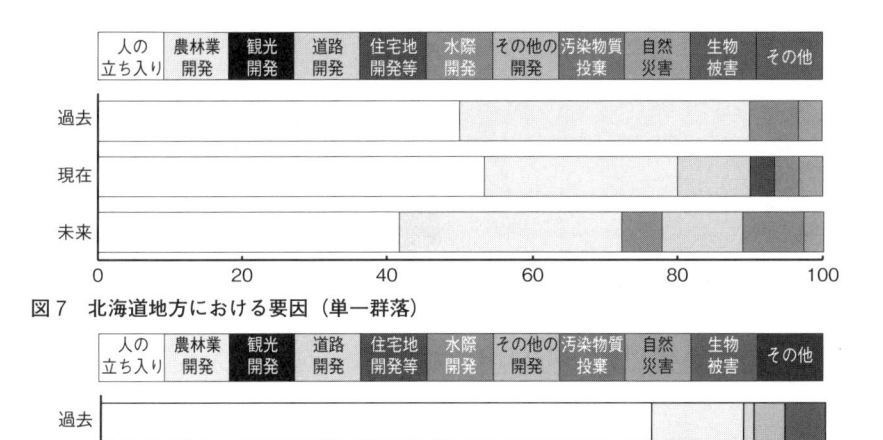

図7 北海道地方における要因（単一群落）

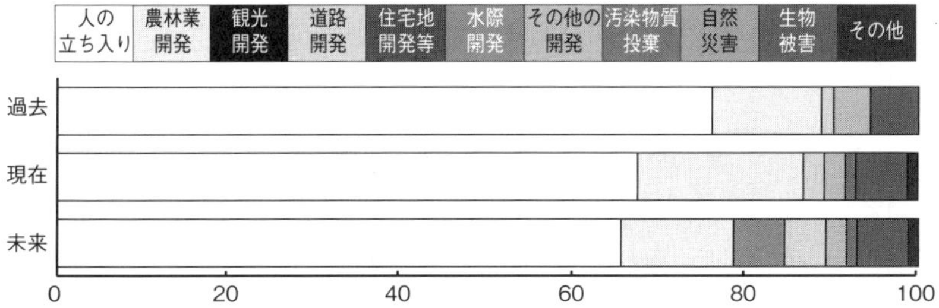

図8 北海道地方における要因（群落複合）

際開発」(「護岸工事」や「埋め立て」等）の影響を受けている植物群落には，単一群落，群落複合ともに，保護のための対策に緊急性が高く，現状の保全度が低いものが多い。

現在及び未来において影響が心配される要因としては，単一群落，群落複合ともに以上にあげたほかに「放置に伴う植物の侵入」や「公園化」「野生動物による被害」「農業開発に伴う地下水位の変化」等があげられた。

② 地域ごとにみたインパクト要因

●北海道（図7, 8）

単一群落，群落複合また過去，現在，未来ともに1位は「人の立ち入り」であり，2位が「農林業開発」であった。3位は，単一群落においては過去は「水際開発」，現在及び未来は「道路開発」であり，群落複合においては常に「放置に伴う植物の侵入等」があげられている。

●東北地方（図9, 10）

単一群落，群落複合また過去，現在，未来ともに北海道と同様に1位が「人の立ち入り」，2位が「農林業開発」であった。これに続く3位，4位は，過去は単一群落，群落複合とも「道路開発」と「自然災害」であったが，現在に

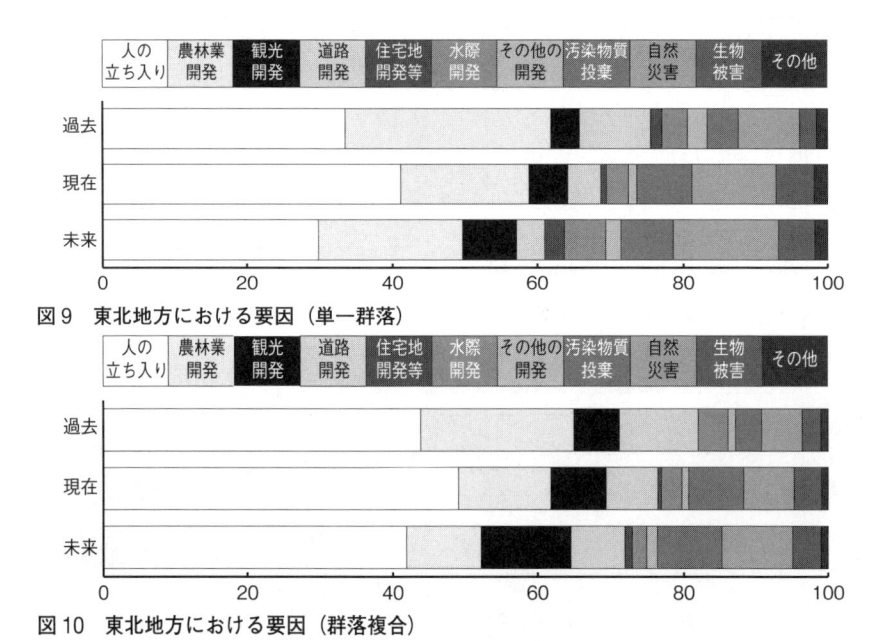

図9　東北地方における要因（単一群落）

図10　東北地方における要因（群落複合）

ついては単一群落で「自然災害」と「汚染物質の投棄・排出」，群落複合では「観光開発」と「汚染物質の投棄・排出」であった。未来の3位，4位は，単一群落ではそれぞれ「自然災害」，「観光開発」であり，群落複合ではこれが逆転していた。

●関東地方（図11，12）

　単一群落か，群落複合かの違い，時期の違いに応じて，影響の大きい要因は異なっている。過去においては，単一群落では1位「人の立ち入り」，2位「農林業開発」，3位「住宅地開発等」であり，群落複合では1位「農林業開発」，2位「人の立ち入り」，3位「放置に伴う植物の侵入等」であった。現在においては，単一群落，群落複合とも1位は「人の立ち入り」であったが，2位，3位は単一群落ではそれぞれ「放置に伴う植物の侵入等」，「自然災害」であり，群落複合ではこれが逆転していた。未来においては1位の「人の立ち入り」は変わらなかったが，2位，3位においては，単一群落でそれぞれ「汚染物質の投棄・排出」と「住宅地開発等」であり，群落複合では「自然災害」と「汚染物質の投棄・排出」であった。

図11 関東地方における要因（単一群落）

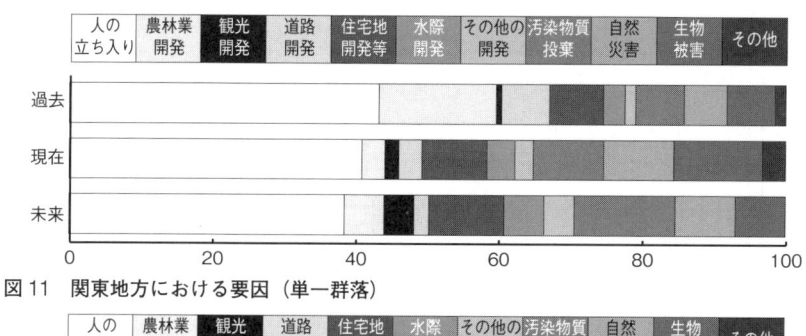

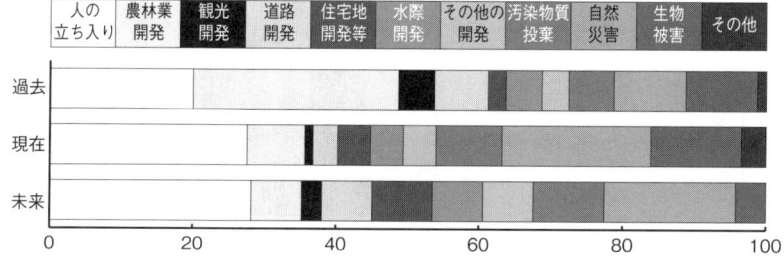

図12 関東地方における要因（群落複合）

●中部地方（図13, 14）

　過去に影響が大きかった要因は，単一群落では1位「農林業開発」，2位「人の立ち入り」であったが，群落複合ではこれが逆になっていた。現在及び未来においては，単一群落が1位「人の立ち入り」，2位「農林業開発」，3位「放置に伴う植物の侵入等」，4位「道路開発」であったのに対し，群落複合では1位が「人の立ち入り」，2位，3位はそれぞれ「自然災害」または「放置に伴う植物の侵入等」であった。

●近畿地方（図15, 16）

　過去には単一群落，群落複合とも「人の立ち入り」と「農林業開発」が1位，2位を占め，これに「自然災害」や「道路開発」が続いていた。現在では単一群落，群落複合とも，1位「人の立ち入り」，2位「自然災害」，3位「汚染物質の投棄・排出」であった。未来については，1位は単一群落，群落複合ともやはり「人の立ち入り」であったが，これ以下は単一群落では2位「自然災害」，3位「農林業開発」，群落複合では2位「農林業開発」，3位「観光開発」であった。

●中国・四国地方（図17, 18）

　単一群落，群落複合の過去，現在，未来ともに1位「人の立ち入り」，2位「農

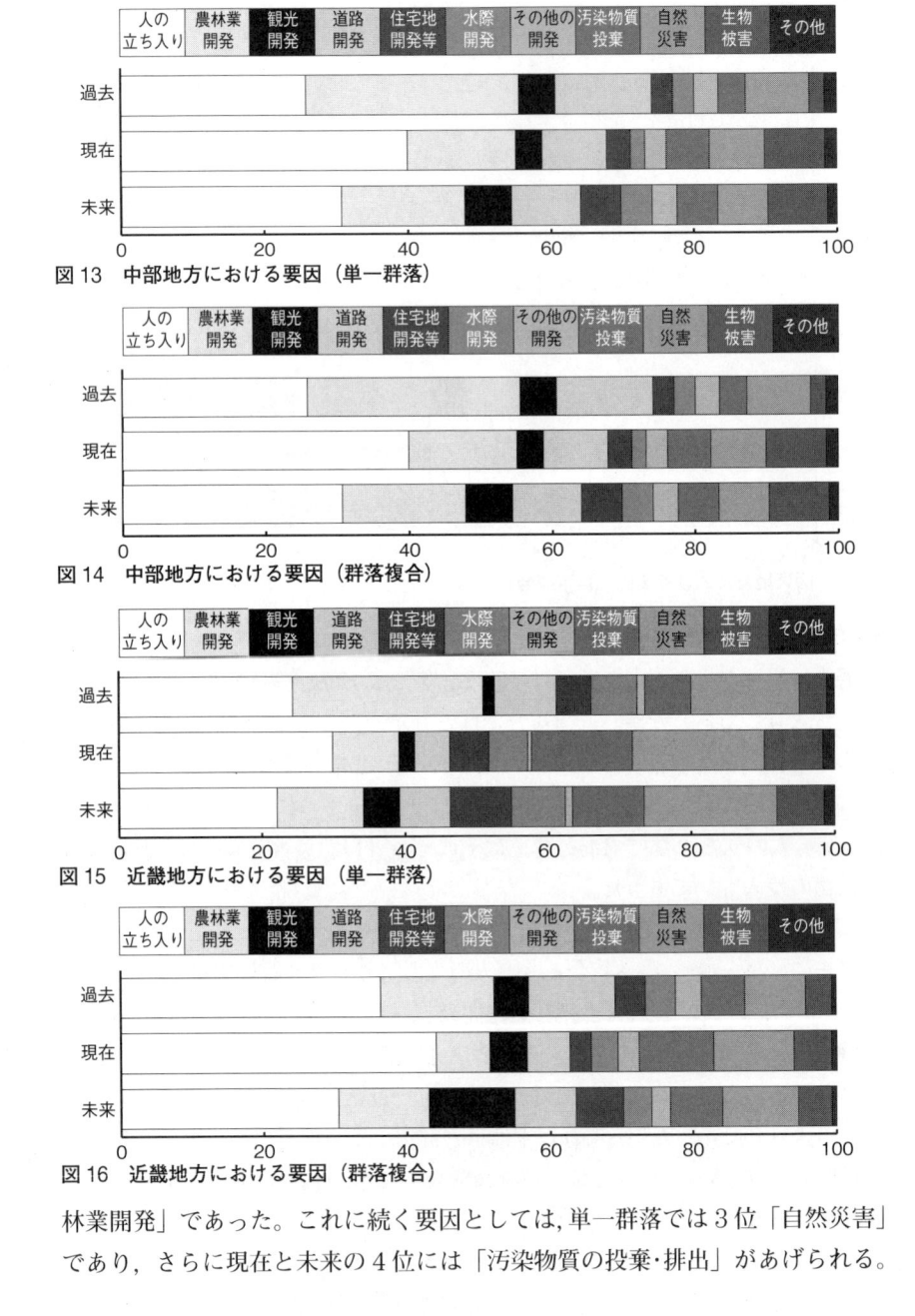

図13　中部地方における要因（単一群落）

図14　中部地方における要因（群落複合）

図15　近畿地方における要因（単一群落）

図16　近畿地方における要因（群落複合）

林業開発」であった。これに続く要因としては，単一群落では3位「自然災害」であり，さらに現在と未来の4位には「汚染物質の投棄・排出」があげられる。

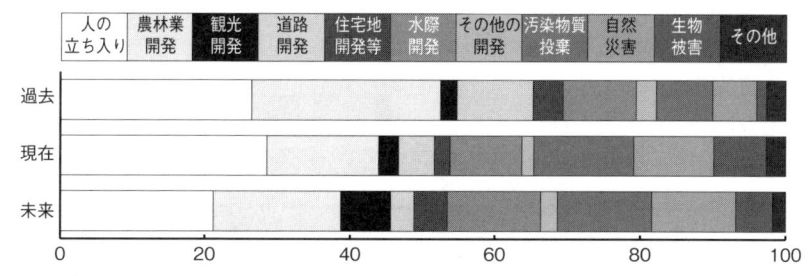

図17 中国・四国地方における要因（単一群落）

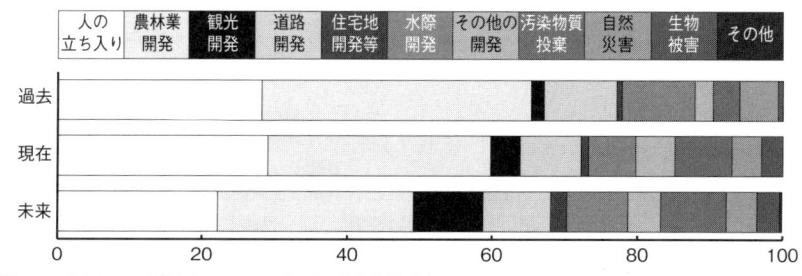

図18 中国・四国地方における要因（群落複合）

一方，群落複合では過去，現在，未来とも3位は「道路開発」になり，未来の4位には「観光開発」もあげられる。

●九州地方（図18, 19）

単一群落では，過去，現在，未来とも1位が「人の立ち入り」，2位が「農林業開発」であるのに対し，群落複合では1位と2位が逆転していた。これに，過去においては3位，4位に「水際開発」と「道路開発」が続いた。現在及び未来のインパクトの3位，4位には，単一群落では「水際開発」と「汚染物質の投棄・排出」が，群落複合では「道路開発」「観光開発」「汚染物質の投棄・排出」があげられた。

③ 人為的インパクトと群系

インパクトのグループ別に見て，その影響が現在著しく，また未来にも著しいと予想される群系は以下のようなものである（表16, 17）。

●人の立ち入り

「人の立ち入り」の影響が著しい植物群落は非常に多い。単一群落では，森林だけでなく草本群落から植林にまで及んでいる。群落複合でも，森林植生から草地中心の植生まで，また島嶼植生にも影響を与えている。「人の立ち入り」

植物群落へのインパクト要因　323

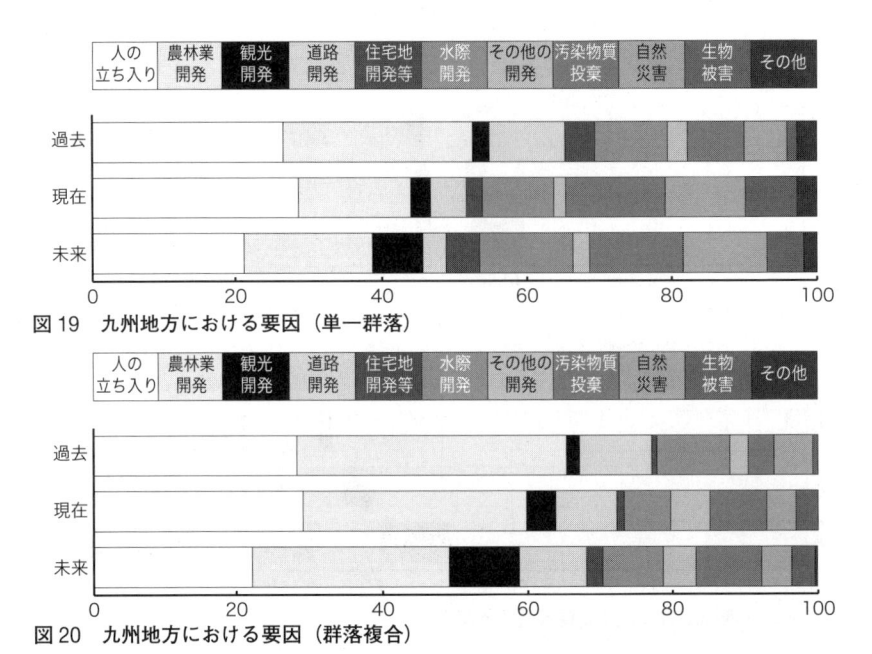

図 19　九州地方における要因（単一群落）

図 20　九州地方における要因（群落複合）

は，森林群落ではまず林床植生の悪化をもたらし，やがて植物群落全体へ影響していくことが多いが，草本群落では直接的な悪化をもたらすことになる。

●農林業開発

　「農林業開発」の影響が著しい植物群落は，単一群落では高木林，一部の低木林，湿原，草原，植林におよぶ。群落複合では多雪山地植生，冷温帯森林植生，冷・暖温帯移行部森林植生，暖温帯森林植生の森林植生のほか，中間・低層湿原植生があげられる。森林群落にとっては，「伐採」や「植林化」等の直接的影響が大きな問題であるが，湿性群落にとっては，周辺地域の農林業開発によって引きおこされる水環境の変化の影響も重大である。

●観光開発

　「観光開発」の影響が著しい植物群落は，単一群落では，温帯針葉高木林，冷温帯落葉広葉高木林（未来），温帯性先駆木本群落，沈水植物群落，また，群落複合では，多雪山地植生，冷温帯森林植生（未来），高山植生，超塩基性岩植生，風衝植生，草原植生，高層湿原植生があげられる。いずれにしろ，多雪地の植生では「スキー場開発」によるもの，またその他の地域では「遊園地の建設」の影響が大きい。

● 道路開発

「道路開発」では「一般道路開発」と「林道開発」があげられるが，その影響は過去に見られた数に比べるとやや少なくなっている傾向がある。しかし，森林群落を中心にその影響はいまだに大きく，今後とも影響が懸念されている。特に影響が著しい植物群落として，単一群落では常緑広葉高木林，冷温帯落葉広葉高木林，群落複合では冷温帯森林植生，暖温帯森林植生があげられる。

● 住宅地開発等

「住宅地開発等」は，特に都市周辺の森林群落への影響が著しいが，今回は里山や雑木林に関する調査は不十分であり，これらの植生に対するインパクトははかり知れないものがあると思われる。

● 水際開発

河川や海岸の「水際開発」は，そこに存立する湿生群落，水生群落および海浜群落にとっては致命的であり，今後の影響が特に懸念されている。

● 汚染物質の投棄・排出

このインパクトグループは，他の要因による影響を受けて劣化した植物群落に二次的に影響を与えたり，他のインパクトと複合して大きな影響を与えると考えられるが，水環境の微妙なバランスのもとに成立する湿生群落，水生群落への影響はとりわけ著しい。

● 自然災害

特に影響の大きいインパクトは「台風」や「土砂崩れ・崩壊」等で，「台風」は成熟した高木群落に大きな影響を及ぼす。また，これらの影響が引き金になって，例えば新しく生まれた荒地に外来種が侵入するなど，新たに人為的な要因の影響を受ける可能性があり，注意が必要である。

また，自然災害は，現存の植物群落に影響を与えるものの，たとえば，山火事で森林が消失した跡に，新たな遷移が始まるなど，さまざまな発達段階の森林を人の手によらず生み出す契機ともなる。したがって，その強さや頻度により評価が異なることを知っておく必要がある。

● 放置に伴う植物の侵入等

「放置に伴う植物の侵入」と「野生動物の被害」の影響が大きい。植物群落は一見安定しているように見えても常に変化している。自然または人為の力が加わらないと，一定の状態で維持することができない植物群落もある。「放置

表16 群系に影響を与える要因とその範囲（単一群落）

単一群落名 \ 要因	人の立ち入り	農林業開発	観光開発	道路開発	住宅地開発	水際開発	その他の開発	汚染物質の投棄・排出	自然災害	生物被害
マングローブ林										
亜熱帯海岸林										
常緑広葉高木林	■	▨		▨	■			■	■	◆
常緑低木林									▨	▨
温帯針葉高木林	■	◆	▨						◆	
冷温帯落葉広葉高木林	■	◆			■	◆			◆	
河畔林						▨			▨	
渓流辺低木林										
沼沢林										
湿原縁低木林										
亜高山針葉高木林	◆									
温帯性先駆木本群落	◆		■							
暖地性先駆木本群落	▨									
ササ草原・竹林										
木生シダ群落										
岩角地・風衝低木林	■									
海岸低木林						▨				
隆起サンゴ礁低木林										
林縁性低木・つる植物群落										
高山・亜高山低木林										
高山風衝わい性低木群落									▨	
高山風衝草原	■									
高山荒原	■									
雪田植物群落林										
亜高山高茎草原	■									
山地高茎草原	▨									

■：現在・未来，　◆：未来，　▨：過去

に伴う植物の侵入」は，そのような自然あるいは人為による攪乱が起きず，植物群落が遷移し変化してしまうことを指している。その影響から目的の植物群落を維持するには，遷移の進行を阻止することが必要になる。「野生動物の被害」はさまざまな植物群落に及ぶが，その多くは人為的な要因の二次的影響として

単一群落名 \ 要因	人の立ち入り	農林業開発	観光開発	道路開発	住宅地開発	水際開発	その他の開発	汚染物質の投棄・排出	自然災害	生物被害
高層湿原（ハンモック）										
高層湿原（ホロー）										
湿原踏跡草本群落										
中間湿原	■									
貧栄養湿原	■									
低層湿原・挺水植物群落	■	▨				▨		■		
浮葉植物群落								▨		
沈水植物群落			▨					▨		
浮水植物群落										
塩生湿地植物群落						▨		■		
海草群落										
海浜草本群落										
海岸崖地草本群落								▨		
隆起サンゴ礁草本群落										
硫気孔・火山荒原										
岩上・岩隙草本群落	■									
渓流辺草本群落	■									
流水岩上着生植物群落								■		
河川礫原草本群落										
路傍・林縁草本群落										
ススキ・シバ草原	■									
シダ草原										
水辺短命草本群落										
踏跡草本群落										
水田雑草群落										
畑地雑草群落										
植林	■	■								

とらえられる。例えば，周辺のさまざまな開発により，生息地が縮小し，ある群落への集中化が引き起こされたり，人が加えた変化により動物が利用しやすい群落となること等が考えられる。

表17 群落複合に影響を与える要因とその範囲　■：現在・未来,　▨：未来,　░：過去

群落複合名 \ 要因	人の立ち入り	農林業開発	観光開発	道路開発	住宅地開発	水際開発	その他の開発	汚染物質の投棄・排出	自然災害	生物被害
暖温帯森林植生	■	■		■	░			■	■	
冷・暖温帯移行部森林植生	■	■								
冷温帯森林植生	■	■	░	■						
多雪山地植生		■	░							
風衝植生	■									
河辺植生										
高山植生	■									
雪田植生		░								
草原植生	■	░								
高層湿原植生	■		░							
中間・低層湿原植生	■	■	░	░				■	■	░
水生植生								■		
火山荒原植生										
硫気孔荒原植生										
石灰岩植生	■									
超塩基性岩植生	■									
岩隙植生	■									
風穴植生	■									
海岸植生										
砂浜植生	■					■				
塩生湿地植生						░		░		
島嶼植生									░	
隆起サンゴ礁植生	■									

④ 群系群とインパクト要因との関係

単一群落の52の群系に植林を含めた群系を同じ生活型ごとに高木林, 低木林, 草本群落, 湿生・水生群落の4つの群系群に分け (**表18**), インパクトグループとの関係を見てみることにする。

高木林の群系群では, 過去においては, 「農林業開発」が最も多く, 次に「人の立ち入り」, 「自然災害」「道路開発」と続いていた。しかし, 現在及び未来

表18　群系群の分類

群系群	群系
高木林の群系群	常緑広葉高木林，温帯針葉高木林，冷温帯落葉広葉高木林，河畔林，亜高山針葉高木林，植林
低木林の群系群	マングローブ林，亜熱帯海岸林，常緑低木林，渓流辺低木林，沼沢林，湿原縁低木林，温帯性先駆木本群落，暖地性先駆木本群落，ササ草原・竹林，木生シダ群落，岩角地・風衝低木林，海岸低木林，隆起サンゴ礁低木林，林縁性低木・つる植物群落，高山・亜高山低木林，高山風衝わい生低木群落
草本群落群系群	高山風衝草原，高山荒原，雪田植物群落，亜高山高茎草原，山地高茎草原，海浜草本群落，海岸崖地草本群落，隆起サンゴ礁草本群落，硫気孔・火山荒原，岩上・岩隙草本群落，渓流辺草本群落，河川礫原草本群落，路傍・林縁草本群落，ススキ・シバ草原，シダ草原，水辺短命草本群落，踏跡草本群落，水田雑草群落，畑地雑草群落
湿生・水生群落群系群	高層湿原（ハンモック），高層湿原（ホロー），湿原踏跡草本群落，中間湿原，貧栄養湿原，低層湿原・挺水植物群落，浮葉植物群落，沈水植物群落，浮水植物群落，塩生湿地植物群落，海草群落，流水岩上着生植物群落

においては，インパクトグループとして「人の立ち入り」が最も多く，「農林業開発」を上回る。現在及び未来においては，「自然災害」と「道路開発」がそれに次いで多い。

　低木林の群系群は，過去，現在，未来ともに「人の立ち入り」と「農林業開発」が多い。ただし，海岸低木林や沼沢林では「水際開発」や「自然災害」，「汚染物質の投棄・排出」のほうが大きなインパクトとなっている。

　草本群落の群系群は，過去においては全体に「人の立ち入り」と「農林業開発」，「水際開発」が多かったが，現在及び未来においては，特に「人の立ち入り」が顕著になっている。また，この群系群のなかでもススキ・シバ草地では過去，現在，未来とも他の種によって消失させられてしまう「生物被害」が最も多い。これは遷移の進行によって失われる途中相群落としての特性といえる。また，岩上・岩隙草本群落では現在及び未来において「自然災害」が最も多かった。

　湿生・水生群落群系群は，過去及び現在においては「水際開発」が最も多く，次に「汚染物質の投棄・排出」であった。しかし，未来においてはむしろ「汚染物質の投棄・排出」のインパクトグループの方が懸念されている。さらに，この群系群の中でも低層湿原・挺水植物群落では，過去，現在，未来とも「農林業開発」と「人の立ち入り」の方が多い。

4.5 群落をとりまく周辺状況と法的規則

〔植物群落をとりまく周辺の状況〕

植物群落の組成や構造は，常に周辺環境との関係の中で維持され，または変化し続けている。したがって，対象とする植物群落の周辺状況は，その植物群落の保護においてしばしば重大な影響を及ぼす。本調査では，対象群落の周辺状況について，自然性の高い状態から，非自然あるいは人工的状態までの，想定される13のタイプ（「極相林」「二次林」「植林」「自然草地」「半自然草地」「人工草地」「水田」「畑」「果樹園等」「市街地・集落」「開水面」「裸地」「伐採地」）に区分して状況を把握した。

① 全国的にみた周辺状況（図21）

今回の調査の結果，上記の13のタイプで表現された周辺状況は全体で96.1％になり，「その他」は4％未満であった。最も多い周辺状況は単一群落，群落複合ともに「二次林」であり，全体の22.5％であった。2位，3位も共通しており，「植林」「極相林」であった。単一群落，群落複合いずれもその周辺は「二次林」「植林」「極相林」といった林地になっていることが多く，単一群落では全体の52.0％，群落複合では51.1％に達する。

4位以下は，単一群落，群落複合で異なっていた。単一群落では，4位に「市街地・集落」(9.0％)，5位に「水田」(8.0％)，6位に「開水面」(6.4％)，7位に「畑」(5.2％) となるのに対し，群落複合では「開水面」(7.4％) が4位

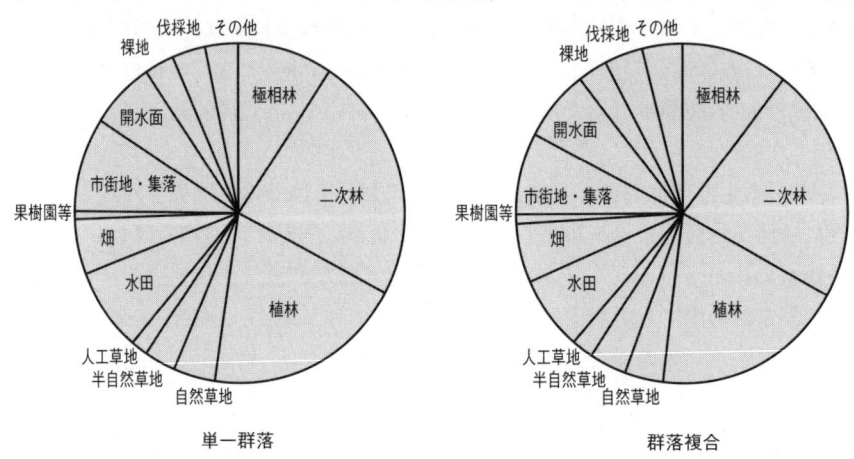

図21　全国的に見た周辺状況

になり，5位に「畑」(6.3%)，6位に「市街地・集落」(5.6%)，7位に「水田」(5.3%)であった。

「市街地・集落」に接している状況は，特に単一群落において顕著であったが，このような状況はその植物群落がさまざまな人為的影響にさらされていることを示しており，保護上危険な状態といえる。また，周辺状況が林地や「水田」「畑」の状況についても，直接または間接的に人為的影響を受けていることに変わりはない。これらの周辺状況は，対象の植物群落にとって必ずしも悪条件とは言えないが，その土地利用に対する人為の質的，量的な変化は，近年，特に都市周辺で著しく，「二次林」や「水田」「畑」等が急激に市街化されてしまう傾向が見られ，注意が必要である。

② 地域ごとにみた周辺状況

周辺状況を地域別に見ると，北海道では，単一群落で「人工草地」「極相林」「二次林」が多く，群落複合では「極相林」「二次林」「人工草地」が多かった。東北では，両者とも「極相林」「二次林」「植林」が多い。

関東，中部，近畿では，いずれも，単一群落では「二次林」「植林」に続いて「市街地・集落」が多かった。しかし，群落複合では，「市街地・集落」は少なくなっている。単一群落にとって，「市街地・集落」は，都市化にさらされた状況といえるが，これは東京のように都市化されつくされた感のあるところではむしろ少なく，千葉のように，保護上重要な植物群落が点々と残る，今まさに都市化の進行が著しい地域で多かった。全国的に見て「市街地・集落」が多いところとしては，千葉のほか，宮城，石川，愛知，滋賀，大阪，和歌山，香川等があげられる。

中国・四国，九州地方では単一，群落複合とも「二次林」「植林」のほか「開水面」も多い。したがって，このような状況の植物群落の保護には海や湖沼，河川等の生育環境の保護が重要で，埋め立て工事や護岸工事の影響が懸念される。

③ 周辺状況と群系

周辺状況に「二次林」や「植林」が多い群系は，単一群落では高木林（常緑広葉高木林，温帯針葉高木林，冷温帯落葉広葉高木林，沼沢林，暖地性先駆木本群落）をはじめ，低木林（岩角地・風衝低木群落，海岸低木林，林縁性低木・つる植物群落），低層湿原・挺水植物群落，ススキ・シバ草原等である。群落複合では冷温帯森林植生，冷・暖温帯移行部森林植生，中間・低層湿原植生，

水生植生，石灰岩植生，岩隙植生等である。

周辺状況に「極相林」が最も多い群系は，単一群落では河畔林，亜高山針葉高木林，高山・亜高山低木林，高山荒原，岩上・岩隙草本群落等，群落複合では高山植生，超塩基性岩植生，風衝植生，雪田植生，硫気孔荒原植生等であった。これらは低地から山地にかけての森林群落から湿生群落，水生群落と広い範囲におよぶが，近年の都市開発により周辺状況の変貌は著しく，植物群落への影響が懸念される。

周辺状況に「市街地・集落」が比較的多い群系は，単一群落では常緑広葉高木林，温帯針葉高木林，冷温帯落葉高木林，浮葉植物群落が，群落複合では水生植生と砂浜植生があげられた。各植生帯の極相群落が都市域に接していることがわかる。「市街地・集落」に接する植物群落は，常にさまざまな人為的影響にさらされている状況にある。こうした植物群落の保護のためには，人為の影響を軽減するための緩衝帯（バッファーゾーン）を設ける等，何らかの改善策が必要である。

周辺状況に「水田」と「畑」が比較的多い群系は，単一群落では常緑広葉高木林，温帯針葉高木林，冷温帯落葉広葉高木林，海岸低木林，低層湿原・挺水植物群落，浮葉植物群落，沈水植物群落，群落複合では，暖温帯森林植生，高層湿原植生，中間・低層湿原植生，砂浜植生であった。ここでも極相群落をはじめとする多くの重要な群落が農耕地とモザイクを形成していることがわかる。「水田」や「畑」という周辺状況は必ずしも植物群落に悪影響を及ぼすものではないが，農薬や化学肥料の使用による水質汚染が隣接する群落に影響する状況も見られる。また，都市化によって「水田」や「畑」が住宅地等に開発されつつある地域も多く，将来にわたっては周辺状況の変化にともなう影響が生じることも懸念される。

周辺状況に「開水面」が比較的多い群系は，単一群落では渓流辺低木林，海岸低木林，浮葉植物群落，塩生湿地植物群落，海浜草本群落，群落複合では暖温帯森林植生，河辺植生，中間・低層湿原植生，砂浜植生，塩生湿地植生，隆起サンゴ礁植生等であった。いずれも水環境の微妙な条件のもとに成立する植物群落であり，今後は周辺状況には特に注意を払う必要がある。

周辺状況に「半自然草地」や「人工草地」が比較的多い群系として，単一群落では温帯落葉高木林，ススキ・シバ草原，群落複合では草原植生，中間・低

表19 群落の法的規制の全国集計結果

	単一群落	群落複合		単一群落	群落複合
原生自然環境保全地域	2	2	森林生物遺伝子資源保存林	2	1
自然環境保全地域	15	8	材木遺伝子資源保存林(都道府県)	0	1
都道府県自然環境保全地域	33	20	植物群落保護林	9	2
国立公園	155	114	特定動物生息地保護林	1	0
国定公園	162	117	郷土の森(市町村指定)	1	0
都道府県立自然公園	92	66	緑地保全地区(都道府県)	17	0
天然記念物	184	72	近郊緑地保全地区(都道府県)	3	0
特別天然記念物	17	18	歴史的風土保全地区	4	3
鳥獣保護区	39	33	歴史的風土特別保存地区(市町村)	1	0
保安林	55	40	その他	83	35
森林生態系保護地域	5	4	合計	676	358

層湿原植生があげられる。「半自然草地」や「人工草地」は隣接する植物群落への影響は小さいと考えられるが，将来住宅地開発等が行われる可能性があり，注意が必要である。

周辺状況に「伐採地」及び「裸地」が比較的多い群系として，単一群落では常緑広葉高木林，冷温帯落葉広葉高木林，海岸低木林，岩上・岩隙草本群落，群落複合では冷温帯森林植生，暖温帯森林植生があげられた。

④ 群系群と周辺状況

先に示した群系群(表18)と周辺状況との関係をみた。

高木林の群系群は，周辺状況に「二次林」が最も多く，次いで「植林」であった。これに「市街地・集落」や「極相林」「水田」が続く。

低木林の群系群においても，周辺状況に「二次林」が最も多く，次が「植林」であった。これに「開水面」や「極相林」「自然草地」「半自然草地」が続く。

草本群落の群系群は，周辺状況に「二次林」が最も多く，次いで「植林」，「極相林」「自然草地」「開水面」等であった。

湿生・水生群落の群系群は，周辺状況に「水田」が最も多く，次が「二次林」であった。これに，「植林」「市街地・集落」が続く。水田での肥料や農薬の使用が，群落に直接的な影響を与えるおそれがある。

〔植物群落に関する法的規制の状況〕

ふつう，法的規制（法律のほか，通達や条例等も含む）により開発や採取等

植物群落に影響を与える要因が軽減，規制されるようになれば，規制された場所の植物群落については保護対策が整っているとみなすことができるはずである。しかし，本調査の結果，法的に各種行為が規制されている植物群落でも，すでに壊滅状態であったり，緊急に保護対策が必要な植物群落が多数あることがわかった。

① 全国レベルでみた法的規制

何らかの法的規制が行われている植物群落としてあげられたのは，単一群落

表20　群落の法的規制と保護・管理状態の関係

	単一群落						
	壊滅	劣悪	不良	やや良	良好	記入なし	合計
原生自然環境保全地域	0	1	0	1	0	0	2
自然環境保全地域	0	5	2	4	3	1	16
都道府県自然環境保全地域	2	3	3	7	17	1	33
国立公園	4	20	20	71	33	7	155
国定公園	10	32	22	69	25	4	162
都道府県立自然公園	1	13	19	38	14	7	92
天然記念物	10	24	34	74	39	3	184
特別天然記念物	0	5	1	8	3	0	17
鳥獣保護区	1	4	8	22	4	0	39
保安林	0	8	5	24	17	1	55
森林生態系保護地域	0	1	0	2	2	0	5
森林生物遺伝子資源保存林	0	0	0	2	0	0	2
材木遺伝子資源保存林（都道府県）	0	0	0	0	0	0	0
植物群落保護林	0	0	1	3	5	0	9
特定動物生息地保護林	0	0	0	1	0	0	1
郷土の森（市町村指定）	0	0	0	1	0	0	1
緑地保全地区（都道府県）	1	1	1	2	2	10	17
近郊緑地保全地区（都道府県）	0	0	1	2	0	0	3
歴史的風土保全地区	0	0	2	1	0	1	4
歴史的風土特別保存地区（市町村）	0	0	0	1	0	0	1
その他	2	14	18	29	19	1	83
合計	31	131	137	362	183	36	880

では 676 件，群落複合では 358 件だった（表19）。内訳は，単一群落では天然記念物が 184 件，国立公園が 155 件，国定公園が 162 件等で，群落複合では天然記念物が 72 件，国立公園が 114 件，国定公園が 117 件等だった。したがって，何らかの保護対策が必要な植物群落のうち，単一群落では 61% が，群落複合では 76% が，すでに法的規制の対象になっていた。

一方，調査票に法的規制の記入がなかった植物群落は，単一群落で 438 件，群落複合で 117 件であった。ただしこれは，法的規制がないのか，単に記入

	群落複合						
	壊滅	劣悪	不良	やや良	良好	記入なし	合計
原生自然環境保全地域	0	1	0	0	1	0	2
自然環境保全地域	0	1	1	5	0	1	8
都道府県自然環境保全地域	1	0	6	11	2	0	20
国立公園	7	18	19	57	11	2	114
国定公園	2	19	28	50	16	2	117
都道府県立自然公園	4	11	20	24	6	1	66
天然記念物	2	6	14	39	11	0	72
特別天然記念物	0	2	3	12	1	0	18
鳥獣保護区	0	2	10	19	2	0	33
保安林	4	0	15	13	8	0	40
森林生態系保護地域	0	1	1	2	0	0	4
森林生物遺伝子資源保存林	0	0	0	1	0	0	1
材木遺伝子資源保存林（都道府県）	0	0	0	1	0	0	1
植物群落保護林	0	0	0	1	1	0	2
特定動物生息地保護林	0	0	0	0	0	0	0
郷土の森（市町村指定）	0	0	0	0	0	0	0
緑地保全地区（都道府県）	0	0	0	0	0	0	0
近郊緑地保全地区（都道府県）	0	0	0	0	0	0	0
歴史的風土保全地区	0	0	2	1	0	0	3
歴史的風土特別保存地区（市町村）	0	0	0	0	0	0	0
その他	1	4	8	18	4	0	36
合計	21	65	127	254	63	6	536

がなかっただけなのかは不明である。

② 法的規制と保護・管理状態の関係

保護・管理状態が「良好」な植物群落の法的規制を見ると，単一群落では，天然記念物，国立公園，国定公園，都道府県自然環境保全地域，保安林等，群落複合では，天然記念物，国立公園，国定公園等に指定されていた。

しかし，天然記念物，国定公園等に指定されているにもかかわらず，「壊滅」状態の植物群落が多数見られた。また，国立公園，都道府県立自然公園，保安

表21　群落の法的規制と新たな保護対策の必要性・緊急性の関係

	単一群落					
	緊急に対策必要	対策必要	破壊の危惧	要注意	記入なし	合計
原生自然環境保全地域	0	0	1	0	1	2
自然環境保全地域	1	6	6	0	2	16
都道府県自然環境保全地域	2	7	10	14	0	33
国立公園	18	49	53	26	9	155
国定公園	21	56	65	14	6	162
都道府県立自然公園	13	32	32	8	7	92
天然記念物	14	65	73	22	10	184
特別天然記念物	0	11	3	1	0	5
鳥獣保護区	3	16	20	0	0	39
保安林	0	20	22	12	1	55
森林生態系保護地域	0	1	3	1	0	5
森林生物遺伝子資源保存林	1	0	1	0	0	2
材木遺伝子資源保存林（都道府県）	0	0	0	0	0	0
植物群落保護林	0	2	6	1	0	9
特定動物生息地保護林	0	0	1	0	0	1
郷土の森（市町村指定）	0	0	1	0	0	1
緑地保全地区（都道府県）	0	1	1	4	11	17
近郊緑地保全地区（都道府県）	0	1	2	0	0	3
歴史的風土保全地区	0	2	1	0	1	4
歴史的風土特別保存地区（市町村）	0	0	1	0	0	1
その他	16	23	35	7	2	83
合計	89	292	337	112	50	880

林等の法的規制がなされているにもかかわらず壊滅状態の群落複合も存在する（表20）。このように，たとえ国立公園や都道府県自然環境保全地域等に指定されていても，それだけでは保護できているとはいえない。盗伐・盗掘や各種開発行為等の影響により，植物群落が壊滅状態に追い込まれていることが明らかとなった。

③ 法的規制と新たな保護管理対策の必要性・緊急性の関係（表21）

単一群落で天然記念物，国立公園，国定公園，都道府県立自然公園等に指定されているにもかかわらず，必要性・緊急性について「緊急に対策必要」と判

	群落複合					
	緊急に対策必要	対策必要	破壊の危惧	要注意	記入なし	合計
原生自然環境保全地域	1	0	0	1	0	2
自然環境保全地域	0	2	5	0	1	8
都道府県自然環境保全地域	1	11	7	1	0	20
国立公園	22	45	37	6	4	114
国定公園	16	45	46	8	2	117
都道府県立自然公園	11	29	28	7	1	66
天然記念物	7	29	28	7	1	72
特別天然記念物	4	9	4	0	1	18
鳥獣保護区	3	17	11	1	1	33
保安林	9	17	10	4	0	40
森林生態系保護地域	1	1	2	0	0	4
森林生物遺伝子資源保存林	0	0	1	0	0	1
材木遺伝子資源保存林（都道府県）	0	0	1	0	0	1
植物群落保護林	0	0	2	0	0	2
特定動物生息地保護林	0	0	0	0	0	0
郷土の森（市町村指定）	0	0	0	0	0	0
緑地保全地区（都道府県）	0	0	0	0	0	0
近郊緑地保全地区（都道府県）	0	0	0	0	0	0
歴史的風土保全地区	0	3	0	0	0	3
歴史的風土特別保存地区（市町村）	0	0	0	0	0	0
その他	4	15	14	2	0	35
合計	79	227	185	34	11	536

定された植物群落としては，コウシュウヒゴタイ群落，ミズナラ群落等がある。同様に，群落複合で国立公園，国定公園，都道府県立自然公園等に指定されているにもかかわらず「緊急に対策必要」とされているものには中間・低層湿原植生，冷・暖温帯森林植生等があった。

　法的規制は植物群落に何らかの保護対策となっているはずだが，盗伐・盗掘，人の踏みつけや開発行為等のインパクトにより緊急に対策が必要な植物群落が多く存在している。これは，法的に規制される開発行為の基準がゆるやかであることや，人の踏みつけ等比較的軽微ではあるが繰り返されることによって大きなインパクトとなるものが法的な規制では完全に除去できない等の理由により植物群落が退行してしまい，緊急に対策が必要であることを示している。

4.6 生育立地の特性と保護上の問題点

　高山や湿地といった立地の違いによって,成立する植物群落は大きく異なる。また,立地の違いは,人間活動の種類や強度を大きく左右する。大まかに植物群落の生育立地を高山,山地,丘陵地,台地,低地,湿地,湖沼・河川,海岸,特殊岩地,島嶼に10区分して,植物群落の置かれている状況と保護・管理上の問題点を見てみよう。

〔高山〕

　高山に見られる植物群落には,氷期・間氷期の気候変動にともなう植生の移動に際して南の高山に逃げ込んで生きのびた遺存種とよばれる植物群や,厳しい環境に対して特殊に分化した種を含むものが多い。そうした群落の分布地は地理的に限られているため,ある植物群落が破壊されると,その植物群落が地球上から消滅してしまうことを意味することも少なくない。高山の環境は,積雪,強風,低温,乾燥等の影響で,たいへん厳しい。そうした厳しい環境に耐えて成立している植物群落は,小さなインパクト要因であっても,大きな影響を受けてしまう。

① 高山で問題になるインパクト要因

●登山者による踏みつけ

　　高山に特徴的な要因。登山道沿いや稜線あるいは山頂付近には登山者が集中し,そこに成立する高山風衝草原やわい性風衝低木林等で,踏みつけによる影響がある(北海道の夕張岳,余市岳,富良野西岳,暑寒別岳,利尻岳や東北地方の八甲田山や朝日連峰,飯豊連峰,四国地方の赤石山等)。

●盗掘

　　高山の植物群落では,特殊な植物や園芸価値の高い植物が群落の構成種となっていることが多く,盗掘の影響は群落の存続にかかわる。踏みつけが問題になっているところで,同時に盗掘が問題となっている傾向が見られる(北海道の平山,武利岳,武華山,中部地方の仙丈ヶ岳,北岳等)。

●リゾート開発

　　高山にまで及ぶスキー場開設等のリゾート開発は,植物群落にとって非常に大きな影響を与える。一度破壊されると,高山の植生の復元は不可能

図22 群落複合「高山植生」の分布

に近い。こうした高山域での大規模開発は行うべきではない。

② 今後の対策

登山道の整備，登山者のモラルの向上とともに監視体制の充実をはかることも重要であろう。さらに，一部の絶滅危惧植物について現在行われている保護区を設けて立ち入りを制限したり，増殖を行うなどの保護対策をより多くの種に適用すること，また生育地への立ち入り制限など，群落としての保護にまで拡大することが望まれる。

〔山地〕

山地の占める面積が非常に広い日本では，地形が複雑で，多種多様な群落や群落複合が存在する。亜高山針葉高木林，冷温帯落葉広葉高木林等の高木林をはじめとして，岩角地・風衝地低木林，亜高山高茎草原，山地高茎草原，岩上・岩隙草本群落等に属する群落や，これらの群落から構成される群落複合が見られる。ススキ・シバ草地等の二次草原も分布している。しかし，アクセスが困難なところ以外では，自然性の高い植物群落はほとんど見られなくなってしまった。その主な原因は，スギ，ヒノキ，カラマツ等の林業的な有用樹種の植林地が広大な面積を占めるに至ったこと，スキー場開発等のリゾート開発等である。また，ダム建設や砂防・治山工事等による影響や，貴重植物の盗掘等

図23 山地に該当する群落複合「冷・暖温帯移行部森林植生」，「冷温帯森林植生」，「多雪地植生」，「岩隙植生」のうち，新たな保護対策の必要性・緊急性が3（対策必要）以上と判定されたものの分布

も危惧されている。これらに加え，二次草原では，草原管理方法の変化や放置による遷移の進行がもたらす群落の変化も問題となっている。

① 山地で問題になるインパクト要因

●伐採

　森林伐採や林道開設は，特に冷温帯落葉広葉高木林の代表であるブナ林について問題となっている（岩手県，宮城県，福井県，新潟県，石川県等）。伐採の中止や一時停止，保全林への指定等ブナ林保護の動きはあるが，保護される面積が群落を維持するには不十分であるとの報告も多い。また，西日本のブナ林では，自然性の高い森林はすでにかなり伐採されてしまったため，小面積しか残されていない。こうした森林での伐採は群落の局所的絶滅をまねきかねない（祖母・傾山山系や宮崎県尾鈴山，白岩山，扇山，国見岳等多くの地域）。

　暖温帯常緑広葉高木林では古くから開発がすすみ，残された林分のほとんどは孤立化してしまっている。九州地方には比較的まとまった暖温帯常緑広葉高木林が見られるが，宮崎県の尾鈴山や高岡や沖縄県の与那覇岳・伊湯岳のスダジイ群落や宮崎県鉄山川のイスノキ群落等は現在でも伐採によって失われている。常緑樹林の上限付近に分布するモミ群落やツガ群落等も同時に伐採によって退行している。しかも，暖温帯常緑広葉高木林の

まとまった森林は世界的に見ても貴重である。広い視野から見た保護の対策が必要である。

伐採にともなう林道開設の影響も無視できない。林道の開設は，それ自体の影響に加えて，人の立ち入りを容易にすることにより，間接的な影響を与えている。林道周辺や林道の開設によってアクセスしやすくなる場所では，稀少植物の盗掘の危険性が増大する（北海道や熊本県等）。

急峻な山地に点在する岩角地に特徴的な，アワチドリ等岩上・岩隙草本群落も，林道開設や盗掘等の影響によって存続の危機にさらされている。

● 治山・砂防工事

治山ダム，砂防ダム等の工事の影響も危惧されている。すでに計画された治山・砂防工事も，その必要性の再検討と，自然を配慮した治山工事のあり方を真剣に考える時期にきている（香川県琴平山や石川県等）。また，ダム建設は渓流辺植物群落や河畔林等の河川域の植物群落等を湖底に沈めたり，砂礫の移動を止めてしまう等直接的・間接的影響が大きい（滋賀県，愛媛県，沖縄県等）。さらに，それにともなって開設される道路やロックフィルダムの建設等に用いられる岩石の採掘等が，ダム周辺に分布する植物群落に与える影響も無視できない。

● リゾート開発

リゾート開発も山地の植物群落に存続の危機をもたらしている（宮城県船形山や栗駒山，山梨県清里，埼玉県中津川源流，新潟県菱ヶ岳，福井県等）。自然性の高い地域を対象としたリゾート開発は，これらの計画以外にも多く存在し，今後こうした問題は各地で顕在化してくるものと考えられる。新規事業だけでなく，滋賀県の比良山等ではスキーコースの拡張工事等の影響も危惧されている。最近はスキーコースの整備が大規模に行われ，表層土をはぎ取る等植物群落への影響の大きい工法が採用される傾向がある。加えて，人工降雪機やレストハウス，高速ゴンドラ等の付属施設が新設されつつあり，スキー場の規模も次第に大きくなる傾向が見られる。

● 管理放棄

山地には，ススキ草原等の二次草原や，雪崩常襲地等に成立する山地高茎草原等の草原群落も見られる。これらの群落は周辺の林地等には分布しない，稀少種や絶滅危惧種等が多く含まれ，植物の盗掘や遷移の進行にと

もなう種組成の変化等が問題となっている。例えば，東京都ではかつて茅場として利用されてきたススキ草原や防火帯として維持されてきた稀少植物を含むススキ草原で，刈り取りや火入れの停止といった管理方法の変化によって二次遷移が進行している。九州の久住火山群のススキ草原でも，その維持には火入れや採草，放牧等の管理が必要となっている。社会環境の変化にともなう管理の放棄は，このような人間がつくり出してきた群落の将来を考えていくうえで重要な課題である。

● その他

　直接的な人間活動の影響ではないが，ニホンジカ等の野生動物による採食圧による森林の退行がいくつかの地域でみられる（奈良県大台が原山，三重県大杉谷や神奈川県大山，山口県白滝山等）。こうした野生動物が植物群落に与える影響は次第に増加する傾向があり，管理方法の確立が急務である。

〔丘陵地〕

　丘陵地には，大規模な広がりをもつ自然植生はあまり見られない。森林の多くは暖温帯の自然林であり，その多くは社寺林として残存している。こうした自然林には，コジイ群落（愛知県小牧大山，愛知県大興寺，三重県高倉神社，滋賀県杉之木神社，大阪府上宮天満宮，大阪府菅原神社，大分県丸山等）とスダジイ群落（千葉県善勝寺，橘禅寺，神奈川県横須賀市池田町，愛知県犬山城，大恩寺，三重県八柱神社，滋賀県大日山観音堂，兵庫県白山神社，鹿児島県竹田神社等）等がある。また，三重県遊木神社のイスノキ・スダジイ群落，大阪府恩智神社のアラカシ群落，茨城県峰山のシラカシ群落，兵庫県大歳神社のイチイガシ群落，徳島県城山のホルトノキ群落等の常緑広葉高木林も報告された。埼玉県秩父や熊井のモミ群落等も，丘陵地に残された温帯針葉高木林の自然植生として貴重である。

　一方，丘陵地で卓越するのはコナラ群落やアカマツ群落等の二次林やススキ群落等の二次草原，スギやヒノキの植林等である。北海道等では牧場や牧草地として利用されている部分もある。丘陵地で問題になる要因は，伐採や盗掘等の影響のほかに，都市に近い立地が多いので，宅地開発やゴルフ場建設等の影響が危惧されている。

図24 丘陵地に該当する単一群落「コナラ群落」,「アカマツ群落」,「ススキ群落」のうち,新たな保護対策の必要性・緊急性が3（対策必要）以上と判定されたものの分布

　二次林や二次草原等としては，東京都浅間山，茨城県，埼玉県等のコナラ群落や京都府，福島県等のアカマツ群落等がある。その多くは稀少種を含む植物群落である。丘陵地の開発では地形自体が改変され平坦地化されてしまうことが多いため，植物群落の生育立地そのものが消失してしまう可能性が高い。地形改変の制限等の大規模な開発行為の規制を考える必要がある。残存した植物群落も，人の立ち入りや盗掘等によって，退行が危惧されている。また，丘陵地の谷部に見られる湿地もその存続が危ぶまれている（〔湿地〕を参照）。

〔台地〕
　台地の上は，すでにほとんどが耕作地や住宅地となっている。そのため，畑地雑草群落や路傍草本群落，踏跡草本群落等の強度の人為的干渉下に生育可能な植物群落がほとんどで，保護上重要な植物群落はそれほど多くはない。リストアップされた群落の多くは社寺林として小規模に残存している林だが，こうした残された林でゴミの投棄や人の立ち入り等の問題が生じている。自然林としては，愛知県日長神社，野間神社，茨城県大生神社や埼玉県西山崎稲荷神社等のスダジイ群落等がある。また，都市域に残った，東京都のコナラ群落等のような二次林も報告されている。これらの群落では，人の立ち入りや盗掘，ゴミの投棄等の問題のほかにも，宅地化等による林の小面積化等の問題がある。

図25 台地・低地に該当する単一群落「畑地雑草群落」,「踏跡草本群落」,「ケヤキ群落」のうち,保護対策の必要性・緊急性が3(対策必要)以上と判定されたものの分布

民有地も多く,都市域では土地の確保等困難な問題を含んでいる。
　台地と低地の境にある段丘崖等には保護上重要な植物群落が残存しているので,その保護対策は重要である。こうした崖地や台地斜面の群落としては,茨城県観世音,東京都府中稲荷神社,府中崖線のシラカシ群落や埼玉県浅間神社や千葉県国府台真間山のスダジイ群落,東京都国分寺崖線のケヤキ群落等がある。

〔低地〕

　低地も,台地と同様に住宅地や水田,畑地等の耕作地が広がり,すでに強い人為圧がかかっている場所である。湿地(次項参照)を除けば,保護上重要な植物群落は少なかった。低地には,水田雑草群落,畑地雑草群落,路傍草本群落等が多く見られるが,本来どのような植物群落が成立していたかさえよくわからない場所も,特に都市域においては少なくない。加えて盛り土等の土地改変が進んでおり,植物群落が成立する場としての低地自体の減少も問題である。都市域にあっては,東京都浜離宮恩賜庭園のタブノキ群落のような,植栽起源の森林群落も貴重性が高くなっている。
　社寺林等として残存する森林は,いずれも小規模な広がりで島状に存在しているもので,群落として維持させるために十分な広がりやつながりが維持され

ているとはいえない。そうしたなか，残存林として報告されたのは，埼玉県久伊豆神社，愛知県阿奈志神社のスダジイ群落，長崎県船廻郷のナタオレノキ群落，長野県のケヤキ群落等である。こうした残存林を存続させて行くためには，その群落部分の保護だけでは不十分な場合がある。こうした面での検討は今後の課題となるだろう。

また，河川近くの自然堤防上にも自然林が残存している例が報告されている（長崎県対馬佐護川のアキニレ群落等）。

〔湿地〕

湿地は水環境の特殊さや泥炭地の栄養の乏しさ等，特有な立地環境にあるため，特殊な植物群落が発達している。湿地の植生には，高層湿原，中間湿原，低層湿原，貧栄養湿原等がある。また，ハンノキ群落やシデコブシ群落等の落葉高木林や，ヤチカンバ群落，ウメモドキ群落，ミヤマウメモドキ群落等の湿原縁低木群落も見られる。湿地の植物群落には，本来はより北方に生育する，寒冷地性の種類も多く含まれている。これらの植物は，氷河期には南方に分布していたが，氷河期が過ぎ気候が温暖化すると，北方に移動した。しかし湿地には一部の種類が遺存的に取り残された。

低地や丘陵地の湿地には，その植物群落の貴重性が評価され，すでに天然記念物や保護地域等に指定されているものもある。しかし，指定されたまま放置され，群落維持のための手だてが施されていないため，荒廃しているところも多い。

湿地の植物群落にインパクトを与える主な要因には，人の立ち入りによる湿原の裸地化，排水工事や土砂の流入等による湿原の乾燥化，水質の悪化による富栄養化，構成種の盗掘等がある。また，農用地開発やゴルフ場建設のための埋め立て等による湿原の消滅も危惧されている。

① 湿地で問題になるインパクト要因
●湿原への立ち入り

立ち入りは，高層湿原等のように比較的標高の高い山地に見られる湿地で最も問題になる。観光客等が湿原へ立ち入ると，踏みつけられて植物が枯れてしまったり，踏みつけの圧力によって表面近くの土壌に含まれる水分量が変わってしまう。そのような影響のために湿原が裸地化していると

図26 湿地に該当する群落複合「高層湿原植生」、「中間・低層湿原植生」のうち、保護・管理対策の必要性・緊急性が3（対策必要）以上と判定されたものの分布

いう例が、各地から報告された。立ち入りの影響を抑えるために、木道の設置や歩道の整備が望まれている（北海道浮島湿原、天女ヶ原湿原、無意根山大蛇ヶ原湿原、原始ヶ原湿原、ニセコ連山の湿原、青森県八甲田山仙人岱、毛無岱の湿原、岩手県黒谷地湿原、栗木ヶ原湿原、山形県西吾妻山の湿原、月山念仏ヶ原湿原等）。鹿児島県屋久島の花之江河湿原では登山客の立ち入りに加え、周辺からの土砂の流入が問題となっている。

● 盗掘

盗掘も多くの湿原（特に高層湿原）で問題になっている。稀少植物やミズゴケ類の採取が行われている例もある。盗掘に対する監視の強化が望まれる。また、ロープウェイや周辺のゴルフ場の建設計画等のため来訪者の増加が見込まれる湿原では、人の立ち入り等開発にともなう間接的な影響も懸念される。

● 各種開発行為

低地の湿原は、北海道等の寒冷地を除いては、水田耕作によって本来の広がりが把握できないほど減少してしまっている。福島県小坂町の湿原、茨城県のシロバナナガバノイシモチソウ群落等では湿原の埋め立てや造成が行われている。青森県の海岸近くの中間湿原や山形県白滝湖低層湿原では、水田化による湿原の減少が問題となっている。

● 乾燥化

　人間の影響による乾燥化は，低地や丘陵地の多くの湿原が消失した主要な要因の一つであり，現在も継続している問題でもある。その原因としては，排水工事や排水溝の影響（茨城県岩間町の貧栄養酸性湿地，千葉県九十九里平野南部の湿地，愛知県作手長ノ山湿原，宮崎県高鍋鬼ヶ久保の湿原，大分県小野田池の湿原等），周辺の開発による土砂の流入（山形県三千坊谷地，和歌山県浮島湿原，福岡県高良台）等がある。低地に比較的大規模な湿原が残っている北海道でも，排水工事による湿原乾燥化の進行が静狩湿原等で問題となっている。

　宮崎県川南町の湿原，佐賀県二塚山の湿原や東京都三宝寺池では，水源となる湧き水の減少が問題となっている。大分県猪野瀬戸の湿原でも，地下水の汲み上げによる水源の減少の影響が指摘された。水の供給源となる上流域やその周辺（集水域）の開発が，湿原の維持を難しくしている例もみられる。

　加えて，自然の遷移の進行にともなう湿原の乾燥化が心配されているところも各所に見られ，湿原保護のために，遷移の進行を人為的にコントロールする必要があるところもある。

● その他の要因

　生活排水の流入やゴミの投棄も大きな問題になる。岩手県盛岡市のカキツバタ群落，大分県御澄池のハンノキ群落や愛知県黒川原湿原，宮崎県川南の湿地等で報告された。

〔湖沼・河川〕

　湖沼や河川には浮葉植物群落，沈水植物群落，浮水植物群落，挺水植物群落等の，水辺や水中に適応した植物からなる特殊な植物群落が見られる。また，比較的急な流れをもつ河川には，流水岩上植物群落や渓流辺草本群落，渓流辺低木林等の，特有の群落も分布している。さらに，河川の中流域の河原には河川礫原草本群落や河畔林等が見られる。これらの植物群落では，河川改修，ダム建設，水質汚濁，人の立ち入り等による影響が危惧されている。

　湖沼や河川の植物群落には不安定なものが多く，現在の群落の分布域を対象とした狭い地域の保護では不十分で，動的に変化する場そのものを保護の対象

図27 湖沼・河川に該当する群落複合「河辺植生」,「水生植生」の分布

とすべきである。群落の広がりも点状や線状であるため,不連続に分布している場合は,それらの群落全体を保護しないと,孤立化により群落の維持がむずかしくなる可能性がある。

① 湖沼・河川で問題になるインパクト要因

●ダム建設

　ダム建設の影響で群落の存続が危ぶまれている場所としては,山形県のシロヤナギ群落,埼玉県のタヌキラン群落等がある。

　ダム建設はその下流域の植物群落にも影響を与える。例えば,北海道の札内川のケショウヤナギ群落は天然記念物として保護されている。ケショウヤナギ群落の維持には,河床内にケショウヤナギ群落の構成種の若木が育つことのできる場が必要だが,この群落では指定地が堤防外になったため,河床環境ではなくなってしまった。上流部のダム建設の影響で,こうした場の減少が懸念されている。青森県のヤシャゼンマイ群落等でも,同様の影響が懸念されている。また,上流で工事が行われる際に,土砂が流入すること等の影響も懸念される。徳島県大歩危の河床植物群落等で,こうした上流部の工事の影響が危惧されている。

●河川改修・護岸工事

　湖沼や河川は治水や利水のために利用され,河川改修や護岸工事等に

よって植物群落の生育地が狭められている（鹿児島県種子島や屋久島のメヒルギ群落や宮崎県，愛知県，和歌山県等の河口近くに残存するハマボウ群落，鹿児島県のカワゴケソウ群落，東京都のナガエミクリ群落，山口県のシログワイ群落等）。河川改修にともなう護岸工事に際して，最近では生物に配慮した改修が行われるようになってきているが，植物群落の維持という観点からはまだ十分とはいえない。さらに湖畔等は公園化される傾向があり，新潟県のオニバス群落等では公園造成工事の影響も心配されている。

また公園には，外来の植物やハナショウブのような本来自生していない植物が導入されることが多く，自生植物で構成される群落の保護には結びついていないことが多い。移入植物が繁茂することにより，在来の植物群落が衰退するおそれもある。たとえば，福島県レンゲ沼のヒツジグサ・ジュンサイ群落で，コカナダモの侵入の影響が危惧されている。

● 汚染

　湖水や河川水は，都市や農工業関連施設から流入する汚水によって汚染されていることも多く，植物群落が影響を受けるおそれがある（鹿児島県のカワゴケソウ科植物が優占する多くの群落や大阪府，和歌山県，島根県等のオニバス群落，秋田県のミクリ群落等）。

● レクリエーション利用

　最近のアウトドアブームで，河川や湖沼には多くのキャンプ場が造られ，河川を利用した管理釣り場の整備等が盛んに行われており，それ自身の影響とそれらの利用者による影響の2つの面で群落に与える可能性が高いとされている。

● 湧水の減少

　湿地と同様，湧水の減少による群落の退行も危惧され，滋賀県のミツガシワ群落等の例が報告されている。

〔海岸〕

　海岸には，砂浜，礫浜，海崖，塩湿地等，多様な生育立地がある。このため，海浜草本群落，海岸崖地草本群落，海草群落，塩生湿地植物群落等の草本群落や，マングローブ林，亜熱帯海岸林，海岸低木林等，海岸特有なさまざまな植

図28 海岸に該当する群落複合「海崖植生」,「砂浜植生」,「塩性湿地植生」の分布

物群落が発達する。しかし現状では，防潮堤等の建設や沿岸の道路の延長，港湾整備等の工事，海岸の埋め立て，人の立ち入り等によって，植物群落の生育地は非常に狭められている。

海岸は，波打ち際から内陸に向かって，水分，塩分等の環境条件が連続的に変化しており，それに対応して帯状分布をなす特有の群落複合が見られる。こうした群落複合の保護も重要な課題であるが，帯状分布が見られる場所も非常に減少している。

① 海岸で問題になるインパクト要因

●各種工事

　港湾整備，防潮堤の建設や護岸工事の影響（青森県六ヶ所村のシバナ群落，石川県志賀町のシバナ群落，鹿児島県奄美大島のアダン群落，宮崎県のハマナツメ群落等），道路建設の影響や計画（島根県飯ノ浜，新潟県塩谷等）が報告されている。

　大分県日豊海岸では，土石の採取や道路の新設により，崖斜面の海岸低木林が減少している。強い海風を受ける海岸林域では，道路建設の直接的な影響に加え，工事でできた林の断面から潮風が吹き込むため，塩害や乾燥化が起こり，道路開通後に構成木の枯死が進行するという二次的な影響も無視できない。

生育立地の特性と保護上の問題点　351

港湾等の埋め立て計画（和歌山県のハマボウ群落，佐賀県山代町のシバナ群落），建設残土の投棄による埋め立ての進行（塩田跡に成立した香川県木沢のアッケシソウ群落や岡山県の塩沼地植物群落）によって，植物群落が消滅する危険性も指摘されている。さらに，埋め立て等の開発によって，間接的に群落の存続に影響が及ぶことが危惧される例（島根県中海の淡水化，干拓の影響（1996年時点，その後2000年に事業は中止された）が危惧されるカワツルモ群落やオオクグ群落，沖合いの新空港建設の影響が危惧される大阪府泉南市のハマサジ群落，防潮堤の建設等によって沿岸流が変化したり，台風時に高潮の影響を受けるようになった宮崎県高鍋町のグンバイヒルガオ群落等）が報告されている。

● レクリエーション利用

現在残った自然海岸でも，砂浜を中心に観光的な利用が盛んであり，海水浴場，キャンプ場等の各種施設の設営とその利用，RV車の乗り入れ等（北海道の斜里海岸，以久科海岸，石狩海岸，岩手県高田松原，宮城県蒲生，千葉県富津洲，石川県鉢ヶ崎，松島，京都府箱石海岸，和歌山県美浜町，滋賀県の新海浜，大分県の国東半島，間越，兵庫県吹上浜，慶野浜，愛媛県，鹿児島県奄美大島，沖縄県冨祖崎等）や，海洋型リゾートの開発（福岡県さつき松原，宮崎県今町等）により壊滅的なダメージを受けた，またはそれが予想される植物群落も少なくない。

〔特殊岩地〕

ふつうの植物の生育には適さないほど強いアルカリ性の土壌となる石灰岩地や蛇紋岩地等の特殊岩地には，そうした土壌に適応した植物からなる植物群落や遺存的な植物群落が多く見られる。これらの群落は，単一群落としては岩上・岩隙草本群落や岩角地・風衝低木林にまとめられ，群落複合としては石灰岩植生，超塩基性岩植生にまとめられている（高山の特殊岩地の植生は〔高山〕を参照）。こうした植物群落では，石灰岩の採掘による生育地の減少や，稀少植物の盗掘等の影響を受けている。

稀少種を多くもつ特殊岩地の植物群落では，「植物群落RDB」の中でも具体的な所在を公表していないものが多い。しかし，そのような場所でこそ，開発行為の制限や監視，盗掘に対する監視体制の整備等が急がれる。さらに，貴重

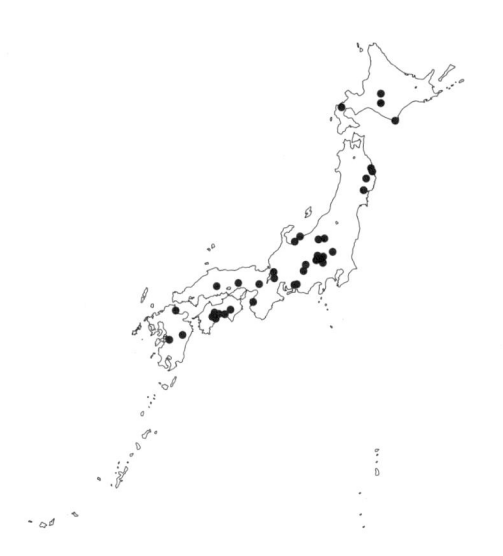

図29 特殊岩地の分布

植物・稀少植物の売買の制限等の抜本的な対策を検討することも求められている。

琉球列島等には隆起サンゴ礁からなる石灰岩地が見られ，伊計島のクスノハカエデ群落，平安座島のクロヨナ群落，また，屋久島春田浜等のヒトモトススキ群落，小笠原諸島母島のウドノキ群落，同諸島南島のアツバクコ群落等の特殊で貴重な植物群落が発達している。

① 特殊岩地で問題になるインパクト要因
●石灰岩採掘

石灰岩地を形成する石灰岩は，重要な鉱物資源であるため採掘が行われ，それによって植物群落の生育地が減少または破壊されて，重大な影響が出ている（群馬県叶山，埼玉県武甲山，栃木県岩舟山，東京都日原，愛知県石巻山，三重県藤原岳，福岡県香春岳等）。特に埼玉県武甲山の石灰岩地植生は壊滅状態である。

●盗掘

石灰岩地の植物群落には，分布域が限られた貴重な植物が多く見られ，山野草ブーム等の影響を受けて植物の盗掘が問題になっている。盗掘に対しての措置が講じられていない群落の生育地の公表は，現時点では控えられているものが多い。また，林道の延長によって登山が容易になったため

に盗掘や踏みつけが多くなったとの報告が北海道の崕山(きりぎし)から報告されており（1999年から5年間，崕山は高山植物群落保護のため入山規制を行なったが，群落の回復が見込めず，2004年からも入山規制を実施している），林道開設や登山道の設置等も，間接的にこうした群落へのインパクトを強めることになる。

　蛇紋岩やかんらん岩等の超塩基性岩地に発達する植物群落にも，石灰岩地の植物群落と同様に，分布が限定された園芸的な価値の高い植物が多く見られ，同様に盗掘による群落の崩壊が危惧されている（北海道アポイ岳，和歌山県黒沢山，徳島県大美谷等）。盗掘の危険性を回避するために，生育地の公表を控えた場所もかなりの数にのぼる。

〔島嶼〕
　日本は大小さまざまな島が数多く存在しており，特殊で貴重な植物群落が発達している。琉球列島では，種子島を北限とするマングローブ林等の熱帯性の植物群落が多く見られることも特徴となっている。
　島の固有植物群落や固有植物を多く含む群落としては，琉球列島沖縄島のスダジイ群落，奄美群島徳之島のオキナワウラジロガシ群落，小笠原諸島兄島の乾性植生群，南島の隆起サンゴ礁植生，硫黄島のチギ群落，伊豆諸島御蔵島の御山山頂植物群落，神津島のイズノシマホシクサ群落等があげられている。
　島は面積が小さいため，植物群落の広がりも小さく，開発によって絶滅の危機に瀕している植物群落も多い。空港の新設や滑走路の延長等の影響が危惧されているのも島嶼(とうしょ)での特徴である。YS-11の引退にともなう旅客機のジェット化による既存空港の滑走路の延長や空港の新設は，本土でも大きな問題となっているが，面積に余裕のない島では，特に重大な影響を及ぼしている。こうした例は伊豆諸島の大島や小笠原諸島の兄島（2001年空港建設計画は中止となった）等から報告されている。
　また，特殊な例であるが，沖大東島は射爆場として利用されることで植物群落が大きな影響を受けている。同様の例は小笠原諸島の硫黄島にも見られ，第2次世界大戦の砲撃の影響がいまでも残っている。
　一方で，各地に見られる小島にも，本土ではほとんど姿を消した自然林等の自然植生が残されていることも多い（高知県鹿島，愛知県佐久島，三重県大島，

図30 島嶼に該当する群落複合「島嶼植生」の分布

和歌山県の神島，衣奈黒島，通夜島，宮城県の弁天島，愛知県の沖島等）。これらの島では，観光客の立ち入り等による影響が危惧されるほか，ニホンジカやウサギ等の移入動物やマツノザイセンチュウの影響も報告されている。さらに，北海道渡島大島のイエウサギ，岩手県三貫島のオオミズナギドリ，小笠原諸島南島の野生化ヤギ，滋賀県竹生島のサギ類やカワウ等による影響等，もともと島にいなかった動物が導入されたことの影響が危惧されているのも島嶼の特徴といえるようである。

付録

『植物群落レッドデータ・ブック』本編資料
  植物群落 RDB 委員会及び本編目次
  各群系の保護・管理状態
  群落複合の保護・管理状態
  単一群落コード表
  群落複合コード表
  調査要項
  一次リスト

植物群落レッドデータ・ブック委員会組織図

我が国における保護上重要な植物種および植物群落研究委員会
（通称：レッドデータ・ブック植物委員会）　委員長：沼田　眞

植物種分科会　座長：岩槻邦男　　植物群落分科会　座長：沼田　眞

事務局
NACS-J研究部
WWF Japan
　自然保護室

検討委員会
委員長：沼田　眞

種担当委員（岩槻邦男）

地区担当委員
- 北海道（伊藤浩司）
- 東北（石塚和雄）
- 関東（奥富　清）
- 中部（和田　清）
- 近畿（菅沼孝之）
- 中国／四国（波田善夫）
- 九州（伊藤秀三）
- 沖縄（宮城康一）

作業委員会
大沢雅彦
尾崎煙雄
梶　幹男
中村　徹
中村俊彦
原　正利
星野義延

各都道府県調査員

本書の底本である『植物群落レッドデータ・ブック―わが国における緊急な保護を必要とする植物群落の現状と対策―』の目次

項目のあとの（　）内は担当者名

第一章　総論―植物群落レッドデータの調査と解析―
1. 群落レッドデータ調査の考え方と方法
　(1) 調査の考え方および選定の方針（大沢雅彦・原　正利）
　(2) 調査方法（尾崎煙雄・長池卓男）
　(3) 群落の類型区分―群落タイプ，群系，群系群，群落複合タイプ―（星野義延）
　(4) 集計方法（尾崎煙雄）
　(5) 調査群落の保護・管理状態，新たに必要な保護対策の緊急性等の評価（大沢雅彦）
2. 群落レッドデータのタイプと調査件数
　(1) 単一群落および群落複合の地域別調査件数（中井達郎・長池卓男）
　(2) 群系ごとの調査件数（星野義延）
　(3) 群落複合タイプごとの調査件数（星野義延）
3. 群落レッドデータの保護・管理状態とインパクト要因，周辺状況，法的規制
　(1) 保護・管理状態（中井達郎・長池卓男）
　(2) インパクト要因（中村俊彦）
　(3) 群落をとりまく周辺の状況（中村俊彦）
　(4) 植物群落に関する法的規制の状況（長池卓男）
4. 群落レッドデータの保護対策の緊急性―データの解析と評価―（中井達郎・長池卓男）
5. 生育立地の特性と保護・管理上の問題点（星野義延）
6. 地域ごとにみた植物群落の現状
　①北海道（伊藤浩司）　②東北（石塚和雄・星野義延）　③関東（奥富　清・星野義延）　④中部（和田　清）　⑤近畿（菅沼孝之・木下慶二）　⑥中国・四国（波田善夫）　⑦九州（伊藤秀三・岩村政浩・生野喜和人・河野耕三）　⑧沖縄（中井達郎・長池卓男）
7. 二次植生の現状とその保護（奥富　清　ほか）
8. わが国における植物群落の保護のためにとるべき対策（提言）

第二章　植物群落レッドデータ
＜単一群落＞群系リスト
＜単一群落＞群系名リスト
＜群落複合＞タイプリスト
1. 植物群落レッドデータ＜単一群落＞
2. 植物群落レッドデータ＜群落複合＞
3. 都道府県別レッドリスト

第三章　資料
　1. 参考資料調査要項
　2. 調査要項参考資料
　3. 調査研究組織・担当者リスト

索引

関連する出版物

財団法人日本自然保護協会　1998　環境影響評価技術指針にもりこむべき重要な植物群落　～保護上の危機の視点から選んだ第1次リスト～

財団法人日本自然保護協会　2001　NACS-J自然保護セミナー植物群落の生態学的管理　～フィールドでの生物多様性保全～

財団法人日本自然保護協会編　2001　生態学から見た身近な植物群落の保護　講談社　大沢雅彦監修

群系の保護・管理状態

各群系名の前についた数字は群系コードである。各群系ごとに含まれる群落タイプ数、調査件数、概況をまとめた。

01：マングローブ林

01001 オヒルギ群落（撮影／中村俊彦）

分布：熱帯・亜熱帯の汽水域
群落タイプ数：6
調査群落数：17
保護・管理状態：よい群落は少ない
保護対策の必要性：保護・管理の必要なものが高率を占める
特に重要な群落：鹿児島県喜入町や屋久島などのメヒルギ群落（マングローブ林の北限群落の一型として）
主なインパクト要因：人為要因（護岸工事・道路工事に伴う地下水位の変化・防潮堤建設など）、自然災害（台風・洪水）

02：亜熱帯海岸林

02001 アダン群落（撮影／尾崎煙雄）

分布：亜熱帯〜熱帯の海岸
群落タイプ数：10
調査群落数：28
保護・管理状態：防風・防潮保安林として保護された、「比較的良好」なものもあるが、これらの中にも開発等により「破壊の危惧」があるものも多い
保護対策の必要性：「ランク2」のものが多い。他種の侵入が問題になる群落がある

03：常緑広葉高木林

03032 スダジイ（イタジイ）群落（撮影／大野啓一）

分布：西南日本一帯
群落タイプ数：64
調査群落数：1,437
保護・管理状態：保護・管理状態が「不良」以下の群落が全体の約2割を占める
緊急に対策が必要な群落：愛媛県富郷町のウラジロガシ群落、宮崎県小吹毛井町のシナクスモドキ群落、スダジイ林としては鹿児島県東市来町のスダジイ林、大分県桜八幡のスダジイ林、山口県平尾町のスダジイ群落、静岡県法多山のスダジイ林、静岡県白川学術参考

保存林のスダジイ群落，東京都大島町のスダジイ群落，東京都大島町のスダジイ林，茨城県小山寺富谷観音のスダジイ林，鹿児島県多賀山のキイレツチトリモチ自生地，滋賀県犬上河畔のタブノキ林，山形県遊佐町のタブノキ林，愛媛県のツゲ群落

主なインパクト要因：

● 暖温帯の照葉樹林
　人為要因（人の踏みつけ，森林伐採，ゴミ・廃棄物の投棄，下草刈り，住宅地開発，大気汚染，盗伐・盗掘），自然要因（台風，塩風害，放置にともなう植物の侵入）

● 亜熱帯の常緑高木林
　人為要因（リゾート開発，空港・道路の拡張・新設，移入生物の侵入）

04：常緑低木林

04011 タコノキ群落（撮影／朱宮文晴）

分布：亜熱帯域島嶼，温帯域
群落タイプ数：17
調査群落数：61
保護・管理状態：保護管理状態のよいものが多い
主なインパクト要因：将来，観光開発，伐採の影響を受けるおそれがある
保護対策の必要性：緊急度の高いものは少ないが，亜熱帯域のものは群落の消失が種の絶滅につながる可能性が高い

05：温帯針葉高木林

05021 モミ群落（撮影／中村俊彦）

分布：暖温帯〜冷温帯
群落タイプ数：23
調査群落数：659
保護・管理状態：良好なものが多い。
緊急に対策が必要な群落：鹿児島県大浪池斜面のツガ林，宮崎県日之影町のヒノキ群落，宮崎県相見谷のモミ・ツガ群落，山口県平郡島のイワシデ群落，山口県油谷町のハマボウ群落，滋賀県佐波江町のクロマツーハマゴウ群落，静岡県湯が島町の浄蓮学術参考保護林，山梨県のオオクボシダ群落，山梨県山中湖村のハリモミ群落，長野県植村のヤシャイノデ群落，埼玉県秩父盆地のモミ林，石川県大泊八幡神社のクロマツ群落，宮城県大瀬内谷のコウヤマキ群落，岩手県早池峰山のアスナロヒノキ林
主なインパクト要因：人の踏みつけ，オートバイ・自動車等の侵入，ゴミ・廃棄物の投棄，盗伐・盗掘，農林業開発。将来的に，観光開発
保護対策の必要性：群落地をただちに消滅させてしまうインパクトは少ないが，群落の維持を阻害するおそれがあり，長期の監視が必要

06：冷温帯落葉広葉高木林

06047 ブナ群落（撮影／中村俊彦）

分布：北海道〜九州
群落タイプ数：60
調査群落数：1,003
保護・管理状態：保護・管理状態「良」・「やや良」の群落が比較的多い。
緊急に対策が必要な群落：愛媛県伊予三島市のイヌシデーカタクリ群落，兵庫県のブナ群落，兵庫県のヘラノキ群落，滋賀県のブナ群落，滋賀県彦根市大堀のケヤキ林，岐阜県のブナ群落，岐阜県平湯のシラカンバ群落，福井県のブナーチシマザサーシラネワラビ群落，石川県のカシワ群落，石川県のブナ群落，埼玉県荒川村の早春植物群落，新潟県のカツラ群落，新潟県のブナ群落，新潟県鳴海山のブナ林，宮城県船形山北麓のブナ林，岩手県のイヌブナ群落（分布北限域），岩手県のブナ群落，岩手県のブナ・ミズナラーユキツバキ群落，岩手県中沢峠のブナ林，岩手県胆沢川源流地域のブナ林，北海道のミズナラ群落．林床の希少種を含むものとして，徳島県野鹿池山のシャクナゲ群落，広島県男鹿山のスズラン，静岡県天城のアマギツツジ群落，東京都府中浅間神社のムサシノキスゲ群落，山梨県釜無川のトダイアカバナ群落，埼玉県吉田町のセツブンソウ群落，長野県のエンビセンノウ群落，青森県のオオサクラソウ群落．
主なインパクト要因：伐採，農林業開発，人の立ち入り，自然災害，道路開発，生物被害，観光開発，住宅地開発，水際開発，汚染物質の投棄・排出，その他の開発，放置に伴う植物の侵入
保護対策の必要性：緊急の対策を要する群落は少ないが，破壊のおそれのあるものも多く，継続的な注意が必要

07：河畔林
群落タイプ数：12
調査群落数：38

07005 ケショウヤナギ群落（撮影／星野義延）

07012 ネコヤナギ群落（撮影／星野義延）

保護・管理状態：全体的に保護・管理状態は非常に悪い
緊急に対策が必要な群落：山形県朝日村のシロヤナギ群落
主なインパクト要因：農林業開発，水際

開発（堰堤建設），自然災害（洪水）

08：渓流辺低木林
　群落タイプ数：4
　調査群落数：13
　保護・管理状態：「壊滅」状態のものが比較的多いが，「劣悪」のものはない
　緊急に対策が必要な群落：徳島県東祖谷のイヤギボウシ群生地
　主なインパクト要因：人の立ち入り（人の踏みつけ），自然災害（洪水），汚染物質の投棄・排出（ゴミ投棄）などが多い

09：沼沢林
　群落タイプ数：5
　調査群落数：90
　保護・管理状態：「不良」のもの14.8%
　保護対策の必要性：「ランク3」以上が40％に達する
　緊急に対策が必要な群落：山梨県のリュウキンカ群落，滋賀県のカザグルマ群落，大分県武蔵町のハンノキ群落
　主なインパクト要因：人の立ち入り（人の踏みつけ，盗伐・盗掘），農林業開発（伐採）。将来，宅地開発等（住宅地開発），汚染物質の投棄・排出（生活排水の流入）などの影響を受けるおそれがある

10：湿原縁低木林
　群落タイプ数：10
　調査群落数：27
　保護・管理状態：非常に悪い
　保護対策の必要性：新たな保護対策の必要な群落が全体の41％におよぶ
　緊急に対策が必要な群落：愛知県才原湿原のヤチヤナギーヌマガヤ群落

10005　ハイイヌツゲ群落（撮影／吉川正人）

　主なインパクト要因：これまでに人の立ち入り（盗伐・盗掘），農林業開発（伐採）により影響を受けてきたが，今後も人の立ち入り（盗伐・盗掘），生物被害（放置に伴う植物の侵入）による影響を受けるおそれがある

11：亜高山針葉樹高木林
　群落タイプ数：8
　調査群落数：123

11006　シラビソ群落（撮影／中村俊彦）

　保護・管理状態：比較的良好だが，継続した注意が必要な群落が多い
　緊急に対策が必要な群落：山形県蔵王山鳥兜山のコメツガ群落，北海道のエゾマツ・トドマツ群落。静岡県のカモメラン群落，山梨県のキバナノアツモリソウ群落，山梨県のオニク群落
　主なインパクト要因：これまでに人の立ち入り（人の踏みつけ），農林業開発（伐採），自然災害などがの影響を受けてき

たが、今後は人の立ち入り（人の踏みつけ）、観光開発（スキー場開発、ロープウェイ等の建設）の影響を受ける可能性が高い

12：温帯性先駆性木本群落

12009　タマアジサイ群落（撮影／平田和弘）

群落タイプ数：18
調査群落数：60
保護・管理状態：悪い
保護対策の必要性：新たな保護対策が必要な群落が39％に達する
緊急に対策が必要な群落：いずれも下層に生育する希少種の保護が問題で、静岡県高草山のキスミレおよびヤマタバコ群生地、茨城県のコハマギク南限地
主なインパクト要因：人の立ち入り、観光開発の影響が強いが、今後も観光開発の影響を受ける可能性が高い

13：暖地性先駆木本群落

群落タイプ数：21
調査群落数：51
保護・管理状態：「壊滅」ランクのものが多い
保護対策の必要性：新たに保護対策の必要な群落が約3分の1を占める
緊急に対策が必要な群落：静岡県白浜神社のアオギリ群落、福岡県能古島のキビヒトリシズカを含む草地、青森県のモクゲンジ群落（北限）
主なインパクト要因：人の立ち入り（人の踏みつけ、盗伐・盗掘）、農林業開発（伐採、植林化）、生物被害（放置に伴う植物の侵入）

14：ササ草原・竹林

14011　チシマザサ群落（撮影／中村俊彦）

群落タイプ数：25
調査群落数：67
保護・管理状態：比較的良好

15：木生シダ群落

ヒカゲヘゴ群落（撮影／尾崎煙雄）

群落タイプ数：3
調査群落数：5
保護・管理状態：「壊滅」、「劣悪」のものはない

保護対策の必要性：何らかの対策が必要なものが 100 % を占める
緊急に対策が必要な群落：
主なインパクト要因：過去に農林業開発（植林化）があったが，現在，未来は不明

16：岩角地・風衝低木林

16040　ツゲ群落（撮影／星野義延）

群落タイプ数：55
調査群落数：144
保護・管理状態：非常に悪い。アズマシャクナゲ群落などでなど「壊滅」4.1 %，ツクシドウダン群落など「劣悪」6.8 %
保護対策の必要性：「ランク 3」以上 28.7 %
主なインパクト要因：過去，現在，未来とも人の立ち入り（盗伐・盗掘，人の踏みつけ），農林業開発（伐採），生物被害（放置に伴う植物の侵入）

17：海岸低木林

群落タイプ数：22
調査群落数：192
保護・管理状態：悪い。「壊滅」は少ないものの，ハイネズ群落などで「劣悪」8.5 %，ハマナス群落などで「不良」15.4 %
緊急に対策が必要な群落：「ランク 3」以上 27.6 %

17013　ハマナス群落（撮影／中村俊彦）

主なインパクト要因：過去，現在，未来とも，人の立ち入り（盗伐，盗掘，人の踏みつけ），水際開発（護岸工事，埋め立て），自然災害（土砂崩れ，崩壊）

18：隆起サンゴ礁低木林

群落タイプ数：6
調査群落数：10
保護・管理状態：比較的良い
保護対策の必要性：「ランク 3」以上 25 %，「破壊の危惧」50 %
主なインパクト要因：農林業開発（畑化）

19：林縁性低木・つる植物群落

群落タイプ数：37
調査群落数：60
保護・管理状態：非常に悪い。ノリウツギ群落などで「壊滅」10.3 %，「劣悪」17.2 %，「不良」17.2 %
保護対策の必要性：タイヨウフウトウカズラ群落，サクララン群落など「ランク 3」以上 44.8 %
主なインパクト要因：は過去，現在，未来とも人の立ち入り（盗伐・盗掘），農林業開発（伐採）

20：高山・亜高山低木林

群落タイプ数：21
調査群落数：148

20012　ハイマツ群落（撮影／大野啓一）

保護・管理状態：取り立てて悪いというほどではない

保護対策の必要性：「ランク3」以上 4.5％

主なインパクト要因：過去，現在，未来とも人の立ち入り（盗伐・盗掘，人の踏みつけ）。未来には農林業開発のインパクトも懸念される農林業開発のインパクトも懸念される

21：高山風衝わい生低木群落
群落タイプ数：9
調査群落数：52
保護・管理状態：「劣悪」8.3％
保護対策の必要性：「ランク3」以上 8.3％
主なインパクト要因：過去，現在，未来とも人の立ち入り（盗伐・盗掘，人の踏みつけ）

22：高山風衝草原
群落タイプ数：27
調査群落数：40
保護・管理状態：取り立てて悪いというほどではない
保護対策の必要性：「ランク3」以上 20％
主なインパクト要因：過去，現在，未来とも人の立ち入り（盗伐・盗掘，人の踏みつけ）

22027　レブンソウ群落（撮影／尾崎煙雄）

23：高山荒原

タカネスミレ群落（撮影／星野義延）

群落タイプ数：32
調査群落数：62
保護・管理状態：リシリヒナゲシ群落などで「劣悪」3.2％，「不良」6.5％
保護対策の必要性：「ランク3」以上 16.1％
主なインパクト要因：過去，現在，未来とも人の立ち入り（盗伐・盗掘，人の踏みつけ

24：雪田植物群落
群落タイプ数：17
調査群落数：75
保護・管理状態：取り立てて悪いというほどではない
保護対策の必要性：「ランク3」以上 15％

24004 エゾノツガザクラ群落（撮影／星野義延）

　主なインパクト要因：人の踏みつけ，盗伐・盗掘

25：亜高山高茎草原

25008 コバイケイソウ群落（撮影／平田和弘）

　群落タイプ数：26
　調査群落数：50
　保護・管理状態：悪い。イワノガリヤス群落など「劣悪」35.7％
　保護対策の必要性：「ランク3」以上 35.7％
　主なインパクト要因：過去，現在，未来とも人の立ち入り（盗伐・盗堀，人の踏みつけ）

26：山地高茎草原

　群落タイプ数：30
　調査群落数：37
　保護・管理状態：比較的良い

ヒメヤナギラン群落（撮影／中村俊彦）

　保護対策の必要性：「ランク3」以上 25％
　主なインパクト要因：過去，現在，未来とも人の立ち入り（盗伐・盗堀，オートバイ・自動車等の侵入）

尾瀬ヶ原（撮影／尾崎煙雄）

27：高層湿原（ハンモック）

　群落タイプ数：19
　調査群落数：53
　保護・管理状態：比較的良い
　保護対策の必要性：「対策必要」16.7％
　主なインパクト要因：不明

28：高層湿原（ホロー）

　群落タイプ数：8
　調査群落数：75
　保護・管理状態：比較的良い
　保護対策の必要性：「破壊の危惧」37.5％
　主なインパクト要因：不明

29：湿原踏跡草本群落

　群落タイプ数：1

調査群落数：2
保護・管理状態：不明
保護対策の必要性：不明
緊急に対策が必要な群落：不明

30：中間湿原
　群落タイプ数：11
　調査群落数：109

30003　ゼンテイカ群落（撮影／中村俊彦）

　保護対策の必要性：「ランク4」7.1％,「ランク3」14.3％,「ランク2」28.6％
　主なインパクト要因：人の立ち入りに伴う踏みつけ，スキー場開発

31：貧栄養湿原
　群落タイプ数：27
　調査群落数：104

31026　モウセンゴケ群落（撮影／中村俊彦）

　立地：貧栄養な湿地に成立
　保護対策の必要性：植物種の保護の観点から，最も緊急な保護対策が必要とされる植物群系の1つ

　主なインパクト要因：人の立ち入りに伴う踏みつけ，山野草の盗掘，立ち入りに伴う植物の侵入。観光を開発，水田開発の影響もある

32：低層湿原・挺水植物群落
　群落タイプ数：94
　調査群落数：94

32021　カキツバタ群落（撮影／尾崎煙雄）

　立地：富栄養な湿地および湖沼や河川の岸辺
　保護・管理状態：「やや良」36％,「壊滅」9％,「劣悪」16.9％,「不良」5.6％
　保護対策の必要性：「ランク4」14.4％,「ランク3」14.4％
　主なインパクト要因：人の立ち入りに伴う踏みつけや盗掘，放置に伴う植物の侵入やゴミ等の投棄，水辺工事（護岸工事等），宅地開発・観光開発などに伴う埋め立て，地下水位変化や水質悪化

33：浮葉植物群落
　群落タイプ数：17
　調査群落数：24
　保護・管理状態：ヒルムシロ群落などで「壊滅」15.8％,オニバス群落などで「劣悪」18.4％,「不良」13.2％
　保護対策の必要性：「ランク4」23.1％,「ランク3」15.4％
　緊急に対策が必要な群落：

33011 ヒツジグサ群落（撮影／尾崎煙雄）

主なインパクト要因：水質悪化

34：沈水植物群落
　群落タイプ数：20
　調査群落数：31

34011 バイカモ群落林（撮影／平田和弘）

保護・管理状態：ヒメバイカモ群落などで「壊滅」29.4％，「不良」17.6％
保護対策の必要性：ランク4」7.1％，「ランク3」28.6％
主なインパクト要因：排水の流入やゴミ・廃棄物等の投棄・排出，観光開発

35：浮水植物群落
　群落タイプ数：4
　調査群落数：4
　立地：
　保護・管理状態：「壊滅」1件
　保護対策の必要性：「ランク4」1件

35001 サンショウモ群落（撮影／平田和弘）

36：塩生湿地植物群落
　群落タイプ数：23
　調査群落数：80

36002 アッケシソウ群落（撮影／中村俊彦）

立地：海岸線・海岸近くの河川沿いの塩湿地に成立
保護・管理状態：「劣悪」29％，ハマサジ群落などで「壊滅」8.2％
保護対策の必要性：「ランク4」26.1％，「ランク3」34.8％
主なインパクト要因：ゴミ・廃棄物の投棄，埋め立て，護岸工事，排水の流入，人の立ち入り

37：海草群落
　群落タイプ数：2
　調査群落数：7
　立地：海浜近くの浅い海中
　保護・管理状態：比較的良好なものが多い
　保護対策の必要性：「ランク3」33.3％

38：海浜草本群落

38007　グンバイヒルガオ群落（撮影／尾崎煙雄）

群落タイプ数：28
調査群落数：150
立地：海浜に成立
保護・管理状態：悪い。「壊滅」12.5％,「劣悪」28.1％
保護対策の必要性：「ランク4」18.8％,「ランク3」31.3％
主なインパクト要因：現在／人の踏みつけ，オートバイ・自動車等の侵入，台風；未来／キャンプ場建設，ゴミ・廃棄物の投棄，家畜による被害

39：海岸崖地草本群落

群落タイプ数：24
調査群落数：39
立地：海岸沿いの崖地に成立する

39017　ハチジョウススキ群落（撮影／星野義延）

保護・管理状態：比較的良い。「良好」46.7％，ゲンカイイワレンゲ群落などで「壊滅」20％

保護対策の必要性：「ランク4」20％,「ランク3」53.3％
主なインパクト要因：盗掘，人の踏みつけ，観光開発（キャンプ場，駐車場建設），護岸工事，埋め立て等

40：隆起サンゴ礁草本群落

群落タイプ数：6
調査群落数：13
立地：海岸近くの隆起サンゴ礁の露岩上に発達
保護・管理状態：不明
保護対策の必要性：不明
主なインパクト要因：不明

41：硫気孔・火山荒原

群落タイプ数：5
調査群落数：13
主なインパクト要因：不明

42：岩上・岩隙草本群落

群落タイプ数：105
調査群落数：172
立地：岸壁や岩峰などの露岩地

42014　イワタバコ群落（撮影／平田和弘）

主なインパクト要因：盗掘，土砂崩れ

43：渓流辺草本群落

43000 リュウキュウツワブキ群落（撮影／星野義延）

群落タイプ数：14
調査群落数：34
立地：渓流辺，流水辺
主なインパクト要因：人の立ち入り（踏みつけ），ダム建設，護岸工事

44：流水岩上着生植物群落

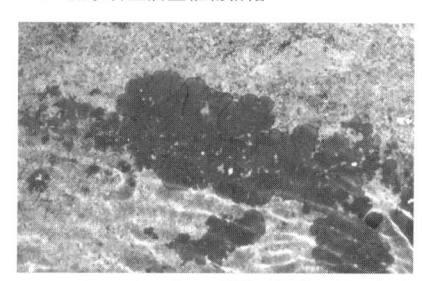

44003　カワゴロモ群落（撮影／大野啓一）

群落タイプ数：8
調査群落数：9
立地：流水中の岩上
主なインパクト要因：水質汚染。また将来的には河川改修（護岸工事），ダム建設

45：河川礫原草本群落

群落タイプ数：4
調査群落数：7
立地：川原の礫地

45002　カワラノギク群落（撮影／星野義延）

主なインパクト要因：河川改修，ダム建設，生物侵入

46：路傍・林縁草本群落

46016　フクジュソウ群落（撮影／平田和弘）

群落タイプ数：24
調査群落数：33
主なインパクト要因：遷移進行，盗掘

47：ススキ・シバ草原

群落タイプ数：16
調査群落数：88
主なインパクト要因：遷移進行，盗掘，踏みつけ
立地：主に採草地や牧草地として維持されてきた二次草原

48：シダ草原

群落タイプ数：10
調査群落数：11

47007　ススキ群落（撮影／大野啓一）

49：水辺短命草本群落

48000　ヤブレガサウラボシ群落（撮影／尾崎煙雄）
　群落タイプ数：6
　調査群落数：12
　主なインパクト要因：農林業開発，護岸工事

50：踏草本群落
　群落タイプ数：1
　調査群落数：1
　立地：きわめて人為的影響の強い，踏圧のかかる場所に成立する

51：水田雑草群落
　群落タイプ数：0
　調査群落数：0

52：畑地雑草群落
　群落タイプ数：1
　調査群落数：1

53：植林
　群落タイプ数：6
　調査群落数：130
　特徴：植林以前から生育していた希少植物が植林後も林床下に生育しているため保護を必要とする群落となっている場合

54：該当群系不明
　群落タイプ数：1
　調査群落数：57

群落複合の保護・管理状態

01：暖温帯森林植生
　概要：常緑広葉樹を主体とする森林植生。照葉樹林ともいわれる
　調査群落複合数：195
　調査群落複合の面積：0.1 ha（静岡）〜5,500 ha（三重）。規模の大きな群落複合は九州中南部に集中
　保護・管理状態：「劣悪」5％,「壊滅」6％
　保護対策の必要性：「ランク4」9.7％,「ランク3」18.9％
　主なインパクト要因：植林化のための伐採, 林道開発。また, 台風や強風による被害, 人の立ち入りによる踏みつけなど
　緊急に保護対策を要する群落複合：宮城県石巻市弁天島の自然植生, 千葉県千葉市の谷津田付近の落葉広葉樹林, 京都府南山城の更新統の丘陵地帯の植生, 和歌山県田辺湾神島天然林, 島根県伊奈西波岐神社の照葉樹林, 宮崎県東諸県郡高岡の暖帯性常緑広葉樹林域群落, 宮崎県児湯郡尾鈴山西麓の暖帯性常緑広葉樹林域群落, 宮崎県西都市国見山の暖帯性常緑広葉樹林域群落, 宮崎県東諸県郡多羅原国有林の暖帯性常緑広葉樹林域群落, 宮崎県南那珂郡小松山山系の暖帯性常緑広葉樹林域群落, 宮崎県西諸県郡西俣山の暖帯性常緑広葉樹林域群落, 宮崎県西諸県郡綾北ダム東側山地の暖帯性常緑広葉樹林域群落, 宮崎県西諸県郡切下谷流域の暖帯性常緑広葉樹林域群落, 宮崎県東諸県郡境川下流域の暖帯性常緑広葉樹林域群落, 宮崎県北諸県郡田辺の暖帯性常緑広葉樹林域群落, 宮崎県北諸県郡大古内川の暖帯性常緑広葉樹林域群落, 宮崎県北諸県郡柳岳の暖帯性常緑広葉樹林域群落, 宮崎県小林市ジョウゴ岳の暖帯性常緑広葉樹林域群落, 宮崎県北諸県郡長尾の暖帯性常緑広葉樹林域群落

02：冷・暖温帯移行部森林植生
　概要：冷温帯夏緑広葉樹林と暖温帯常緑広葉樹林との移行部を中心に発達する森林の複合体
　調査群落複合数：96
　調査群落複合の面積：0.3 ha（長野）〜3,390 ha（大分）
　保護・管理状態：「劣悪」2％,「壊滅」1％
　保護対策の必要性：「ランク4」4.1％,「ランク3」11.4％
　主なインパクト要因：植林化のための伐採, 林道開発。また, 公園化や観光開発による破壊が危惧される
　緊急に保護対策を要する群落複合：宮城県宮城町の西風蕃山の自然植生, 埼玉県両神村の両神山山足部の早春植物群落, 京都府西京区ポンポン山の落葉広葉樹林, 和歌山県中辺路町水上の天然林

03：冷温帯森林植生
　概要：夏緑広葉樹を主体とする森林植生
　調査群落複合数：131
　調査群落複合の面積：0.04 ha（群馬）〜50,000 ha（長野）
　保護・管理状態：「劣悪」9.9％,「壊滅」2.2％。比較的保存状態の良好なものが多い。

新たな保護対策の必要性：「ランク4」7.6％「ランク3」12％

主なインパクト要因：植林化のための伐採や林道開発。また、観光開発、植林や開発による野生動物による食害、盗掘など。近年では、酸性霧に起因すると推定される森林被害が、増加の兆しを見せている

緊急に保護対策を要する群落複合：北海道江別市、札幌市、札幌郡広島町にまたがる野幌の自然休養林、岩手県下閉伊郡シッピョウシ沢植物群落、奈良県吉野郡の大台ヶ原山原始林、徳島県美馬郡申太郎山のモミジカラマツ・レンゲショウマ群落（高茎植物群落）、熊本県のフクジュソウ自生地、宮崎県西臼杵郡祖母・傾山系の温帯性夏緑広葉樹林域群落、宮崎県児湯郡尾鈴山の温帯性夏緑広葉樹林域群落、宮崎県西臼杵郡および東臼杵郡白岩山の温帯性夏緑広葉樹林域群落、宮崎県東臼杵郡扇山の温帯性夏緑広葉樹林域群落、宮崎県東臼杵郡国見岳の温帯性夏緑広葉樹林域群落

04：多雪山地植生

概要：多雪地域の高山にみられる植物群落の総体

調査群落複合数：22

調査群落複合の面積：0.8 ha（群馬）〜38,506 ha（山形）

保護・管理状態：「劣悪」はないが、「壊滅」4.5％

保護対策の必要性：「ランク4」9％、「ランク3」9％

主なインパクト要因：森林伐採が最大の要因となっている

緊急に保護対策を要する群落複合：岩手県根田茂川源流地帯の植物群落、宮城県船形山の自然植生

05：風衝植生

調査群落複合数：40

調査群落複合の面積：0.02 ha（神奈川）〜1,030 ha（山形）

保護・管理状態：比較的良好な群落が多い

保護対策の必要性：「ランク4」なし、「ランク3」7.5％

主なインパクト要因：人による踏み付け

06：河辺植生

概要：河川の氾濫原に成立する植物群落

調査群落複合数：38

調査群落複合の面積：0.1 ha（静岡）〜840 ha

保護・管理状態：「劣悪」2.6％、「壊滅」2.6％

保護対策の必要性：「ランク4」2.6％、「ランク3」34％

主なインパクト要因：洪水、護岸工事、人の立ち入りなど

緊急に保護対策を要する群落複合：宮城県荒雄川の河辺植生

07：高山植生

概要：森林限界以高の高標高域において低木・草原群落の広がる地域の植生

調査群落複合数：59

調査群落複合の面積：0.3 ha（静岡）〜80,000 ha（長野）

保護・管理状態：「劣悪」1.6％、「壊滅」1.6％

保護対策の必要性：「ランク4」3.3％、「ランク3」18％

主なインパクト要因：人による踏みつけ、

盗掘
緊急に保護対策を要する群落複合：北海道夕張岳の高山植生，青森県八甲田大岳山頂の高山植物群落（消滅群落）

08：雪田植生
概要：残雪が遅くまで残る立地にみられる植生
調査群落複合数：18
調査群落複合の面積：0.04 ha（群馬）〜411 ha（山形）
保護・管理状態：「劣悪」5.5％，「壊滅」5.5％
保護対策の必要性：「ランク4」11％，「ランク3」28％
主なインパクト要因：人による踏みつけ
緊急に保護対策を要する群落複合：山形県月山姥ヶ岳雪田植物群落，山形県人形石雪田植物群落，新潟県巻機山の雪田草原

09：草原植生
概要：ほとんどが，放牧，火入れ，採草などの人為によって成立，維持されている
調査群落複合数：18
調査群落複合の面積：0.08 ha（佐賀）〜8930 ha（熊本）
保護・管理状態：「劣悪」はないが，「壊滅」16.6％
保護対策の必要性：「ランク3」38.8％
主なインパクト要因：盗掘，人の侵入（踏みつけなど），植林化，放牧地化，道路開発

10：高層湿原植生
概要：高層湿原および中間湿原の植生を主体とする群落複合
調査群落複合数：84
調査群落複合の面積：0.005 ha（青森）〜1,700 ha（北海道）
保護・管理状態：「劣悪」1％，「壊滅」11.9％
保護対策の必要性：「ランク4」14.2％，「ランク3」34.5％
主なインパクト要因：人による踏みつけ，登山道開発，盗掘，開発に伴う地下水位の変化。水質汚濁の影響も懸念される
緊急に保護対策を要する群落複合：北海道上川町浮島湿原の植生，北海道東川町天女ヶ原の湿原植生，北海道長万部町静狩湿原の植生，青森県車力村屏風山の高層湿原群落，青森県荒川町八甲田山地仙人岱（仙人田）の湿原植物群落，青森県屏風山の湿原，岩手県松尾村黒谷地湿原植物群落，岩手県雫石町栗木ヶ原湿原植物群落，山形県米沢市弥兵衛平・明星湖山地湿原植物群落，山形県米沢市西吾妻山の山地湿原植物群落，山形県朝日町鳥原山の山地貧養湿原植物群落，長野県長野市飯綱高原の湿性群落

11：中間・低層湿原植生
概要：低層湿原や中間湿原を主体とする群落複合
調査群落複合数：141
調査群落複合の面積：0.003 ha（滋賀）〜700 ha（北海道）
保護・管理状態：「劣悪」23.4％，「壊滅」7％
保護対策の必要性：「ランク4」20.5％，「ランク3」45％
主なインパクト要因：人の侵入（踏みつけ，盗掘），放置に伴う植物の侵入，開発

に伴う地下水位の変化，水質汚染，ゴミ等の投棄など

緊急に保護対策を要する群落複合：青森県木造町屏風山の海岸湿原群落，青森県ベンセ湿原のニッコウキスゲ群落，岩手県一関市名残ヶ原湿原植物群落，岩手県盛岡市雫石川の沼沢地植生，岩手県衣川村宝塔谷地の湿原植生，岩手県胆沢町平七沼の湿原植生，山形県平田町三千坊谷地低層湿原，新潟県豊浦町本田山の低層湿原，新潟県豊浦町福島潟の沼沢地植生，新潟県上川村栃堀タヌキモ群落，愛知県田原町低地中間湿原植物群落（黒川原湿原），滋賀県の湿原植物群落，滋賀県多賀町藤瀬の湿原植物群落，滋賀県湖東町祇園の湿原植物群落，滋賀県信楽町杉山の湿原植物群落，滋賀県氷河期遺存植物群落，滋賀県草津市西部丘陵の湿原，山口県阿知須町の湿地植物群落，徳島県池田町黒沢の湿原植物群落，徳島県井川町多美湿原（ヤマドリゼンマイーオオミズゴケ群落），徳島県西祖山町西祖谷山村水ノ口湿原（オタカラコウーオオミズゴケ群落），福岡県北九州市平尾台広谷の湿性植物群落，宮崎県川南町川南の中間湿原および貧養湿地わい生草本植物群落，宮崎県高鍋町高鍋鬼ヶ久保の湿原植物群落，宮崎県中部海岸段丘の湿地性植物群落，宮崎県中部の湿地性植物群落，宮崎県低層湿原および挺水植物群落，鹿児島県屋久町花之江河の湿原植生，沖縄県平良市亜熱帯湿地植生

12：水生植生

概要：池沼の水中に成立する沈水植物群落や浮葉植物群落，その周囲や浅い池沼に成立する抽水植物群落を主体とする群落複合

調査群落複合数：42

調査群落複合の面積：0.1 ha（岐阜）～ 6,320 ha（青森）

保護・管理状態：「劣悪」9.5 %，「壊滅」7.1 %

保護対策の必要性：「ランク4」16.6 %，「ランク3」40.4 %

主なインパクト要因：周辺地域の宅地化やその他の開発に伴う，水質の汚染やゴミ等の投棄，地下水位の変化等のインパクトを受けている例が多い

緊急に保護対策を要する群落複合：宮城県小野田町商人沼の沼沢地植生，茨城県土浦市宍塚大池の水生生物とその周辺の二次林，群馬県館林市水生植物群落（多々良沼干拓地），東京都東久留米市落合川の水生植物群落，新潟県神林村大池・中池の水生植物群落，三重県鈴鹿市金生水沼沢植物群落，宮崎県新富町一ツ瀬川下流の挺水植物群落

13：火山荒原植生

概要：火山の噴火によってもたらされた一次遷移初期の草本群落や低木群落からなる遷移初期の植生

調査群落複合数：17

調査群落複合の面積：0.2 ha（神奈川）～ 2000 ha（熊本）

保護・管理状態：「劣悪」17.6 %，「壊滅」なし

保護対策の必要性：「ランク4」5.8 %，「ランク3」35.2 %

主なインパクト要因：人の侵入（踏みつけ，車などの侵入），盗掘など

14：硫気孔荒原植生

概要：硫気, 土壌酸性化など, 硫気孔特
有の環境下に見られる草本・低木植物
群落。硫気孔からの距離によって生育
する群落がうつりかわる
調査群落複合数：9
調査群落複合の面積：0.06 ha（群馬）〜
120 ha（宮城）
保護・管理状態：「劣悪」11.1 %
保護対策の必要性：「ランク3」22.2 %
主なインパクト要因：人の立ち入り, 盗
掘など

15：石灰岩植生
概要：石灰岩地に特有な植物の群落
調査群落複合数：42
調査群落複合の面積：0.01 ha（富山）〜
1,000 ha（群馬）
保護・管理状態：「劣悪」16.6 %,「壊滅」
7.1 %
保護対策の必要性：「ランク4」16.6 %,「ラ
ンク3」28.5 %
主なインパクト要因：盗掘, 岩石の採取,
踏みつけなど
緊急に保護対策を要する群落複合：北海
道峨山の石灰岩植生, 岩手県安家石灰
岩地の植生, 群馬県多野郡の石灰岩地
群落（叶山）, 埼玉県武甲山石灰岩地
の森林, 長野県灰岩地植物群落, 滋賀
県霊仙岳の石灰岩性植物群落, 大阪府
高槻市北部野生モモ生育地

16：超塩基性岩植生
概要：蛇紋岩変性植物などの特殊な植物
群落
調査群落複合数：22
調査群落複合の面積：0.08 ha（熊本）〜
7,500 ha（岩手）
保護・管理状態：「劣悪」4.5 %,「壊滅」
4.5 %
保護対策の必要性：「ランク4」18.1 %,「ラ
ンク3」36.3 %
主なインパクト要因：人の踏みつけ, 盗掘。
道路開発などによる生育地の縮小も懸
念される
緊急に保護対策を要する群落複合：北海
道アポイ岳の超塩基性岩植生, 岩手県
早池峰・薬師岳地域の原生林, 岩手県
早池峰山の針葉樹林, 高知県大坂峠の
蛇紋岩地植生

17：岩隙植生
概要：草本植物を中心とした特異な植物
群落
調査群落複合数：51
調査群落複合の面積：0.01 ha（神奈川）
〜 850 ha（群馬）
保護・管理状態：「劣悪」15.6 %,「壊滅」
3.9 %
保護対策の必要性：「ランク4」3.9 %,「ラ
ンク3」23.5 %
主なインパクト要因：盗掘, 人の踏みつ
けなど
緊急に保護対策を要する群落複合：三重
県羽黒山の岩壁植物群落, 山口県大島
町・橘町源明山の集塊岩地植物群落

18：風穴植生
概要：風穴の周辺に局所的に成立した特
殊な群落複合。風穴からの冷気の影響
で年間を通じて周辺よりも低温になる
ため, その地域の気候条件よりも冷涼
な気候帯に分布の中心を持つ種が隔離
的に分布している
調査群落複合数：10
調査群落複合の面積：0.01 ha（新潟）〜
16 ha（宮城）

保護・管理状態：「劣悪」10％
保護対策の必要性：「ランク4」なし，「ランク3」20％

19：海崖植生
概要：海岸の崖地に成立する低木群落，草本群落からなる群落複合
調査群落複合数：24
調査群落複合の面積：0.2 ha（神奈川）～930 ha（大分）
保護・管理状態：「劣悪」4.1％，「壊滅」4.1％
保護対策の必要性：「ランク4」4.1％，「ランク3」20.8％
主なインパクト要因：道路開発，護岸工事，岩石採取，土砂崩れ・崩壊など
緊急に保護対策を要する群落複合：新潟県間瀬のツボクサ

20：砂浜植生
概要：全国各地の海岸に広く分布する群落複合。塩風の強さおよびそれに起因する土壌塩分濃度，風による砂の移動などの砂浜に特有の環境傾度に沿って，汀線から内陸に向かって帯状に群落が配列する
調査群落複合数：80
調査群落複合の面積：0.001 ha（青森）～1,300 ha（宮城）
保護・管理状態：「劣悪」17.5％，「壊滅」3.7％
保護対策の必要性：「ランク4」12.5％，「ランク3」35％
主なインパクト要因：人の侵入（踏みつけ，車等の侵入），盗掘，ゴミ等の投棄，防潮堤建設，護岸工事など
緊急に保護対策を要する群落複合：北海道トイキッキ浜の野生植物群落，北海道石狩海岸の砂丘植生，宮城県矢本の海浜植生，福島県新舞子浜の砂丘植物群落，茨城県勝田市の砂丘植生，新潟県塩谷の海浜植物群落，新潟県四ツ郷屋浜の砂丘植生，三重県チガヤ・カワラナデシコ群落他（砂浜海岸植物群落），滋賀県新海浜の海浜植物群落，愛媛県松前海岸の海浜植物群落

21：塩生湿地植生
概要：河口付近などの砂質の沿岸のうち，海水または汽水に浸る場所にみられる群落複合
調査群落複合数：36
調査群落複合の面積：0.02 ha（青森）～150 ha（沖縄）
保護・管理状態：「劣悪」25％，「壊滅」8％
保護対策の必要性：「ランク4」19.4％，「ランク3」30.5％
主なインパクト要因：釣り人などの踏みつけが多い。ゴミ・廃棄物の投棄には，川や潮流によって運ばれてくる漂着物が多く含まれている。河川改修や護岸工事のために生育地が消失した，あるいはその可能性が指摘されている場所が多いのが目立つ
緊急に保護対策を要する群落複合：新潟県橘の塩生植物群落，兵庫県成ヶ島の海岸植生，岡山県塩沼地植物群落，愛媛県国領川河口の塩生植物群落，福岡県大野島の塩沼地植物群落，宮崎県甫馬の塩沼地植生，沖縄県マングローブ林

22：島嶼植生
概要：四方を海に囲まれることにより，強風や雲霧といった影響を強く受け

るため，草原から森林を含めた多様な群落が一つの島内にコンパクトにみられ，さらに，常緑低木林など本土にはあまりみられない群落を含むことが多く，学術的に貴重

調査群落複合数：20
調査群落複合の面積：5 ha（青森）〜1970 ha（東京）
保護・管理状態：「劣悪」10 %，「壊滅」5 %
保護対策の必要性：「ランク 4」20 %，「ランク 3」5 %
主なインパクト要因：人の踏みつけ，盗掘・盗伐，台風など
緊急に保護対策を要する群落複合：北海道礼文島の北方植物群落，東京都小笠原村兄島の乾生植生群，沖縄県の池沼の湿地植生，沖縄県沖大東島の植生

23：隆起サンゴ礁植生
概要：南西諸島，小笠原諸島などの亜熱帯域の島嶼の海岸域の隆起サンゴ礁に成立する群落複合
調査群落複合数：16
調査群落複合の面積：2 ha（沖縄）〜64 ha（沖縄）
保護・管理状態：「劣悪」6.2 %，「壊滅」なし
保護対策の必要性：「ランク 4」なし，「ランク 3」3.7 %
主なインパクト要因：人の踏みつけ，塩風害など

単一群落コード表

生育立地と相観にもとづき，日本の植物群落を 52 の群系にまとめたもの。各群落のコード番号は上 2 桁が群系を，下 3 桁が植物群落タイプを示している。p.289 図 1 参照。

01 マングローブ林
01001 オヒルギ群落
01002 サガリバナ群落
01003 サキシマスオウノキ群落
01004 ニッパヤシ群落
01005 ハマジンチョウ群落
01006 メヒルギ群落

02 亜熱帯海岸林
02001 アダン群落
02002 オオハマボウ群落
02003 クサトベラ群落
02004 テリハボク群落
02005 デイゴ群落
02006 ハウチワノキ群落
02007 ハスノハギリ群落
02008 ハテルマギリ群落
02009 モクマオウ群落
02010 モンパノキ群落

03 常緑広葉高木林
03001 アカガシ群落
03002 アカギ群落
03003 アコウ群落
03004 アマミアラカシ群落
03005 アラカシ群落
03006 イジュ群落
03007 イスノキ群落
03008 イチイガシ群落
03009 イヌガシ群落
03010 ウドノキ群落
03011 ウラジロガシ群落
03012 オオツクバネガシ群落
03013 オガサワラビロウ群落
03014 オキナワウラジロガシ群落
03015 カゴノキ群落
03016 ガジュマル群落
03017 クスノキ群落
03018 クスノハカエデ群落
03019 クロガネモチ群落
03020 クロバイ群落
03021 クロボウモドキ群落
03022 クロヨナ群落
03023 コジイ群落
03024 コブガシ群落
03025 サカキ群落
03026 シナクスモドキ群落
03027 シマホルトノキ群落
03028 ショウベンノキ群落
03029 シラカシ群落
03030 シリブカガシ群落
03031 シロダモ群落
03032 スダジイ群落
03033 タブノキ群落
03034 ダイトウビロウ群落
03035 チギ群落
03036 ツクバネガシ群落
03037 ナタオレノキ群落
03038 ハナガガシ群落
03039 ハマイヌビワ群落
03040 バクチノキ群落
03041 バリバリノキ群落
03042 ヒメユズリハ群落
03043 ビロウ群落
03044 ビワ群落
03045 フカノキ群落
03046 フクギ群落
03047 ホソバタブ群落
03048 ホルトノキ群落
03049 マテバシイ群落
03050 ムニンヒメツバキ群落
03051 モクタチバナ群落
03052 モチノキ群落
03053 モッコク群落
03054 モンテンボク群落
03055 ヤエヤマシタン群落
03056 ヤエヤマヤシ群落
03057 ヤブツバキ群落
03058 ヤブニッケイ群落
03059 ヤマグルマ群落
03060 ヤマビワ群落
03061 ヤマモモ群落
03062 ユズリハ群落
03063 ユズ群落
03064 リュウキュウガキ群落

04 常緑低木林
04001 アオキ群落
04002 アカテツ群落
04003 アデク群落
04004 イトバショウ群落
04005 イヌツゲ群落
04006 サクラツツジ群落
04007 サザンカ群落
04008 シキミ群落
04009 シマイスノキ群落
04010 ソテツ群落
04011 タコノキ群落
04012 トゲイヌツゲ群落
04013 ハイノキ群落
04014 ヒサカキ群落
04015 ムニンヤツデ群落
04016 ユキツバキ群落
04017 ワダンノキ群落

05 温帯針葉高木林
05001 アカマツ群落
05002 アスナロ群落
05003 イチイ群落
05004 イヌマキ群落
05005 ウラジロモミ群落
05006 カヤ群落
05007 キタゴヨウ群落
05008 クロベ群落
05009 クロマツ群落

05010 コウヤマキ群落	06029 サワシバ群落	群落
05011 サワラ群落	06030 シオジ群落	07011 ドロノキ群落
05012 スギ群落	06031 シダレグリ群落	07012 ネコヤナギ群落
05013 ツガ群落	06032 シデコブシ群落	
05014 トガサワラ群落	06033 シナノキ群落	**08 渓流辺低木林**
05015 ナギ群落	06034 シラカンバ群落	08001 キシツツジ群落
05016 ネズ群落	06035 ダンコウバイ群落	08002 サツキ群落
05017 ハリモミ群落	06036 チチブミネバリ群落	08003 トサシモツケ群落
05018 ヒノキアスナロ群落	06037 テツカエデ群落	08004 ハドノキ群落
05019 ヒノキ群落	06038 トチノキ群落	
05020 ヒメコマツ群落	06039 ナツツバキ群落	**09 沼沢林**
05021 モミ群落	06040 ナナカマド群落	09001 ケハンノキ群落
05022 ヤクタネゴヨウ群落	06041 ナラガシワ群落	09002 サクラバハンノキ群落
05023 リュウキュウマツ群落	06042 ニセアカシア群落	09003 ハシドイ群落
	06043 ハウチワカエデ群落	09004 ハンノキ群落
06 冷温帯落葉広葉高木林	06044 ハナノキ群落	09005 ヤチダモ群落
06001 アオナシ群落	06045 ハルニレ群落	
06002 アカイタヤ群落	06046 ヒメシャラ群落	**10 湿原縁低木林**
06003 アカシデ群落	06047 ブナ群落	10001 ウメモドキ群落
06004 アサダ群落	06048 ヘラノキ群落	10002 カラフトイバラ群落
06005 アサノハカエデ群落	06049 マルバマンサク群落	10003 ズミ群落
06006 アベマキ群落	06050 マンサク群落	10004 ノカイドウ群落
06007 イソノキ群落	06051 マンシュウボダイジュ	10005 ハイイヌツゲ群落
06008 イタヤカエデ群落	群落	10006 ホザキシモツケ群落
06009 イヌシデ群落	06052 ミズキ群落	10007 ミヤマウメモドキ群落
06010 イヌブナ群落	06053 ミズナラ群落	10008 ヤチカンバ群落
06011 イロハモミジ群落	06054 ミズメ群落	10009 ヤチヤナギ群落
06012 エゾイタヤ群落	06055 モンゴリナラ群落	10010 レンゲツツジ群落
06013 オオイタヤメイゲツ群落	06056 ヤエガワカンバ群落	
	06057 ヤマザクラ群落	**11 亜高山針葉高木林**
06014 オオシマザクラ群落	06058 ヤマモミジ群落	11001 アカエゾマツ群落
06015 オオバボダイジュ群落	06059 ヨコグラノキ群落	11002 エゾマツ群落
06016 オオヤマザクラ群落	06060 リョウブ群落	11003 オオシラビソ群落
06017 オニグルミ群落		11004 カラマツ群落
06018 オノオレカンバ群落	**07 河畔林**	11005 コメツガ群落
06019 オヒョウ群落	07001 イヌコリヤナギ群落	11006 シラビソ群落
06020 カシワ群落	07002 オオバヤナギ群落	11007 トウヒ群落
06021 カツラ群落	07003 オノエヤナギ群落	11008 トドマツ群落
06022 カラコギカエデ群落	07004 カワラハンノキ群落	
06023 クヌギ群落	07005 ケショウヤナギ群落	**12 温帯性先駆木本群落**
06024 クマシデ群落	07006 コリヤナギ群落	12001 アキグミ群落
06025 クリ群落	07007 シロヤナギ群落	12002 エゾニワトコ群落
06026 ケヤキ群落	07008 ジャヤナギ群落	12003 オオバヤシャブシ群落
06027 コナラ群落	07009 タチヤナギ群落	12004 キツネヤナギ群落
06028 サワグルミ群落	07010 チョウセンネコヤナギ	12005 ケヤマハンノキ群落

12006 コウヤミズキ群落	14008 ケスズ群落	落
12007 シロモジ群落	14009 ゴキダケ群落	16017 ウラジロハナヒリノキ群落
12008 タニウツギ群落	14010 タイミンチク群落	
12009 タマアジサイ群落	14011 チシマザサ群落	16018 ウラジロヒカゲツツジ群落
12010 ニオイウツギ群落	14012 チマキザサ群落	
12011 ニシキウツギ群落	14013 トクガワザサ群落	16019 オオコメツツジ群落
12012 ヒメヤシャブシ群落	14014 ネザサ群落	16020 オオシマツツジ群落
12013 フサザクラ群落	14015 ハチク群落	16021 オオバスノキ群落
12014 マメザクラ群落	14016 ハチジョウスズタケ群落	16022 オンツツジ群落
12015 マルバノキ群落		16023 キイシモツケ群落
12016 ヤシャブシ群落	14017 マダケ群落	16024 クロソヨゴ群落
12017 ヤマウルシ群落	14018 ミカワザサ群落	16025 ゲンカイツツジ群落
12018 ヤマハンノキ群落	14019 ミクラザサ群落	16026 コバノミツバツツジ群落
	14020 ミヤコザサ群落	
13 暖地性先駆木本群落	14021 ミヤマクマザサ群落	16027 コミネカエデ群落
13001 アオギリ群落	14022 メダケ群落	16028 コメツツジ群落
13002 アオモジ群落	14023 モウソウチク群落	16029 サラサドウダン群落
13003 アカメガシワ群落	14024 ヤクザサ群落	16030 シラゲテンノウメ群落
13004 アキニレ群落	14025 リュウキュウチク群落	16031 シロヤシオ群落
13005 イイギリ群落		16032 ダイセンミツバツツジ群落
13006 エノキ群落	**15 木生シダ群落**	
13007 オオバネム群落	15001 エダウチヘゴ群落	16033 チョウジガマズミ群落
13008 オガサワラグワ群落	15002 ヘゴ群落	16034 チョウセンヤマツツジ群落
13009 カラスザンショウ群落	15003 マルハチ群落	
13010 ガクアジサイ群落		16035 ツガザクラ群落
13011 ギョボク群落	**16 岩角地・風衝低木林**	16036 ツクシアケボノツツジ群落
13012 サイカチ群落	16001 アカイシヒョウタンボク群落	
13013 センダン群落		16037 ツクシシャクナゲ群落
13014 タイワンエノキ群落	16002 アカミノイヌツゲ群落	16038 ツクシドウダン群落
13015 チャンチンモドキ群落	16003 アカモノ群落	16039 ツクバネ群落
13016 ヒトツバタゴ群落	16004 アカヤシオ群落	16040 ツゲ群落
13017 ムクノキ群落	16005 アケボノツツジ群落	16041 トウゴクミツバツツジ群落
13018 ムクロジ群落	16006 アシタカツツジ群落	
13019 モクゲンジ群落	16007 アズマシャクナゲ群落	16042 トゲイボタ群落
13020 ヤエヤマネム群落	16008 アセビ群落	16043 ハクサンシャクナゲ群落
13021 ヤマハゼ群落	16009 イシヅチザクラ群落	
	16010 イブキシモツケ群落	16044 ハコネコメツツジ群落
14 ササ草原・竹林	16011 イブキジャコウソウ群落	16045 ヒュウガミズキ群落
14001 アズマネザサ群落		16046 ベニドウダン群落
14002 イブキザサ群落	16012 イヨノミツバイワガサ群	16047 ホンシャクナゲ群落
14003 インヨウチク群落		16048 マルバイワシモツケ群落
14004 ウンゼンザサ群落	16013 イワガサ群落	
14005 エゾミヤコザサ群落	16014 イワシデ群落	16049 マルバサツキ群落
14006 オクヤマザサ群落	16015 イワシモツケ群落	16050 マルバシモツケ群落
14007 クマイザサ群落	16016 イワツクバネウツギ群落	16051 ミツバツツジ群落

16052 ミヤマキリシマ群落
16053 ミヤマホツツジ群落
16054 ヤクシマシャクナゲ群落
16055 ヤマツツジ群落

17 海岸低木林
17001 ウチワサボテン群落
17002 ウバメガシ群落
17003 エゾノコリンゴ群落
17004 オオシマハイネズ群落
17005 オキナワハイネズ群落
17006 コハマナス群落
17007 シャリンバイ群落
17008 トベラ群落
17009 ナハキハギ群落
17010 ハイネズ群落
17011 ハイビャクシン群落
17012 ハマゴウ群落
17013 ハマナス群落
17014 ハマナツメ群落
17015 ハマヒサカキ群落
17016 ハマビワ群落
17017 ハマボウ群落
17018 ビャクシン群落
17019 マサキ群落
17020 マルバシャリンバイ群落
17021 マルバチシャノキ群落
17022 マルバニッケイ群落

18 隆起サンゴ礁低木林
18001 アツバクコ群落
18002 クロイゲ群落
18003 コハマジンチョウ群落
18004 テンノウメ群落
18005 ミズガンピ群落
18006 モクビャクコウ群落

19 林縁性低木・つる植物群落
19001 アオツヅラフジ群落
19002 イタビカズラ群落
19003 ウドカズラ群落
19004 ウラジロマタタビ群落
19005 エゾノシロバナシモツケ群落
19006 オオタカネバラ群落
19007 オオバクロモジ群落
19008 カザグルマ群落
19009 カナウツギ群落
19010 クコ群落
19011 クズ群落
19012 コクサギ群落
19013 コマガタケスグリ群落
19014 サクララン群落
19015 サネカズラ群落
19016 スルガヒョウタンボク群落
19017 タイヨウフウトウカズラ群落
19018 ツガルフジ群落
19019 ツルダコ群落
19020 テイカカズラ群落
19021 ネナシカズラ群落
19022 ノアサガオ群落
19023 ノリウツギ群落
19024 ハカマカズラ群落
19025 ハギカズラ群落
19026 ハナヒョウタンボク群落
19027 バイカウツギ群落
19028 ヒメイタビ群落
19029 ヒロハヘビノボラズ群落
19030 フジイバラ群落
19031 ヘビノボラズ群落
19032 ベニバナイチゴ群落
19033 ミヤマイボタ群落
19034 ミヤマウラジロイチゴ群落
19035 ミヤママタタビ群落
19036 モダマ群落

20 高山・亜高山低木林
20001 アカカンバ群落
20002 アポイカンバ群落
20003 イソツツジ群落
20004 ウコンウツギ群落
20005 キャラボク群落
20006 キンロバイ群落
20007 クロウスゴ群落
20008 タカネザクラ群落
20009 タカネバラ群落
20010 ダケカンバ群落
20011 チシマヒョウタンボク群落
20012 ハイマツ群落
20013 ハッコウダゴヨウ群落
20014 ミネカエデ群落
20015 ミネヤナギ群落
20016 ミヤマナラ群落
20017 ミヤマネズ群落
20018 ミヤマハンノキ群落
20019 ミヤマビャクシン群落
20020 ヤハズハンノキ群落
20021 レンゲイワヤナギ群落

21 高山風衝わい生低木群落
21001 イワウメ群落
21002 ウラシマツツジ群落
21003 エゾツツジ群落
21004 ガンコウラン群落
21005 クロマメノキ群落
21006 コケモモ群落
21007 コメバツガザクラ群落
21008 ヒメイソツツジ群落
21009 ミネズオウ群落

22 高山風衝草原
22001 エゾコウボウ群落
22002 エゾノクモマグサ群落
22003 エゾルリソウ群落
22004 オオヒラウスユキソウ群落
22005 オヤマノエンドウ群落
22006 キタダケソウ群落
22007 キバナノコマノツメ群落
22008 コウスユキソウ群落
22009 タカネクロスゲ群落
22010 タカネヒメスゲ群落
22011 タカネマツムシソウ群落
22012 タテヤマキンバイ群落

22013 チシマアマナ群落	23026 ナンブイヌナズナ群落	25014 チシマノキンバイソウ群落
22014 チョウノスケソウ群落	23027 ホソバツメクサ群落	
22015 ツクモグサ群落	23028 ミヤマキンバイ群落	25015 チシマフウロ群落
22016 ハクサンチドリ群落	23029 ミヤマタネツケバナ群落	25016 トウゲブキ群落
22017 ハクサンボウフウ群落		25017 ナガバキタアザミ群落
22018 ハゴロモグサ群落	23030 ミヤマムラサキ群落	25018 ナンブトウウチソウ群落
22019 ヒダカゲンゲ群落	23031 ユキバヒゴタイ群落	
22020 フタマタタンポポ群落	23032 リシリヒナゲシ群落	25019 ヒゲノガリヤス群落
22021 マシケゲンゲ群落		25020 マルバヒレアザミ群落
22022 ミヤマウスユキソウ群落	**24 雪田植物群落**	25021 ミヤマキンポウゲ群落
	24001 アオノツガザクラ群落	25022 ミヤマヤマブキショウマ群落
22023 ミヤマオダマキ群落	24002 イトキンスゲ群落	
22024 ムカゴトラノオ群落	24003 イワイチョウ群落	25023 ムツノガリヤス群落
22025 ヨツバシオガマ群落	24004 エゾツガザクラ群落	25024 モミジカラマツ群落
22026 リシリゲンゲ群落	24005 カニツリノガリヤス群落	25025 ヤハズトウヒレン群落
22027 レブンソウ群落	24006 ガッサンクロゴケ群落	25026 レブントウヒレン群落
	24007 ショウジョウスゲ群落	
23 高山荒原	24008 ジムカデ群落	**26 山地高茎草原**
23001 アポイツメクサ群落	24009 チシマツガザクラ群落	26001 アカソ群落
23002 イワオウギ群落	24010 チングルマ群落	26002 アマニュウ群落
23003 イワキキョウ群落	24011 ハクサンイチゲ群落	26003 イタドリ群落
23004 イワブクロ群落	24012 ハクサンオオバコ群落	26004 エゾニュウ群落
23005 ウラジロタデ群落	24013 ハクサンコザクラ群落	26005 エゾヒナノウスツボ群落
23006 ウルップソウ群落		
23007 エゾコウゾリナ群落	24014 ヒナザクラ群落	26006 オオイタドリ群落
23008 エゾミヤマトラノオ群落	24015 ミチノクコザクラ群落	26007 オオカサモチ群落
	24016 ミヤマイ群落	26008 オオバギボウシ群落
23009 オヤマソバ群落	24017 ユウバリコザクラ群落	26009 オニシモツケ群落
23010 オンタデ群落		26010 カワラナデシコ群落
23011 カトウハコベ群落	**25 亜高山高茎草原**	26011 キレンゲショウマ群落
23012 キリギシソウ群落	25001 アヤメ群落	26012 キンバイソウ群落
23013 クモマグサ群落	25002 イワノガリヤス群落	26013 シモツケソウ群落
23014 クモマニガナ群落	25003 ウバタケニンジン群落	26014 シュロソウ群落
23015 クモマミミナグサ群落	25004 エゾノトウウチソウ群落	26015 テンニンソウ群落
23016 コマクサ群落		26016 ナガエノアザミ群落
23017 コメススキ群落	25005 エゾハナシノブ群落	26017 ハンゴンソウ群落
23018 サマニヨモギ群落	25006 オクヤマワラビ群落	26018 ヒメイズイ群落
23019 シコタンソウ群落	25007 オニゼンマイ群落	26019 ビッチュウフウロ群落
23020 シソバキスミレ群落	25008 コバイケイソウ群落	26020 フジアザミ群落
23021 シレトコスミレ群落	25009 シナノキンバイ群落	26021 マツムシソウ群落
23022 シロバナミヤマムラサキ群落	25010 シロウマアサツキ群落	26022 マルバダケブキ群落
	25011 シロバナトウウチソウ群落	26023 ミヤコアザミ群落
23023 タカネグンバイ群落		26024 ムラサキセンブリ群落
23024 タカネビランジ群落	25012 タテヤマアザミ群落	26025 ヤナギラン群落
23025 チシマギキョウ群落	25013 タテヤマスゲ群落	26026 ヤブヨモギ群落

26027 ヤマブキショウマ群落
26028 ヤマラッキョウ群落
26029 ユウスゲ群落
26030 レンゲショウマ群落

27 高層湿原（ハンモック）
27001 アオモリミズゴケ群落
27002 イッポンスゲ群落
27003 イボミズゴケ群落
27004 キダチミズゴケ群落
27005 キンコウカ群落
27006 スギバミズゴケ群落
27007 チャミズゴケ群落
27008 ツルコケモモ群落
27009 ヒメシャクナゲ群落
27010 ヒメミズゴケ群落
27011 ヒメワタスゲ群落
27012 ホソミズゴケ群落
27013 ホロムイイチゴ群落
27014 ムラサキミズゴケ群落
27015 ヤチスギラン群落
27016 ヤリスゲ群落
27017 ワタスゲ群落
27018 ワタミズゴケ群落
27019 ワラミズゴケ群落

28 高層湿原（ホロー）
28001 ウツクシミズゴケ群落
28002 ダケスゲ群落
28003 ホロムイソウ群落
28004 ミカヅキグサ群落
28005 ミヤマイヌノハナヒゲ群落
28006 ミヤマホソコウガイゼキショウ群落
28007 ムセンスゲ群落
28008 ヤチスゲ群落

29 湿原踏跡草本植物群落
29001 カワズスゲ群落

30 中間湿原
30001 キタアゼスゲ群落
30002 コアナミズゴケ群落
30003 ゼンテイカ群落
30004 トキソウ群落
30005 ヌマガヤ群落
30006 ハリミズゴケ群落
30007 ヒオウギアヤメ群落
30008 ホロムイスゲ群落
30009 ミズギク群落
30010 ヤチカワズスゲ群落
30011 ヤマドリゼンマイ群落

31 貧栄養湿原
31001 アリノトウグサ群落
31002 イズノシマホシクサ群落
31003 イトイヌノハナヒゲ群落
31004 イトイヌノヒゲ群落
31005 イヌノハナヒゲ群落
31006 エゾホシクサ群落
31007 オオイヌノハナヒゲ群落
31008 オオミズゴケ群落
31009 カリマタガヤ群落
31010 キタミソウ群落
31011 コイヌノハナヒゲ群落
31012 コモウセンゴケ群落
31013 コモチゼキショウ群落
31014 シラタマホシクサ群落
31015 シロイヌノヒゲ群落
31016 シロバナナガバノイシモチソウ群落
31017 スイラン群落
31018 チャボカワズスゲ群落
31019 チョウセンスイラン群落
31020 ノソリホシクサ群落
31021 ヒゲシバ群落
31022 ヒュウガホシクサ群落
31023 ミミカキグサ群落
31024 ムシトリスミレ群落
31025 ムラサキミミカキグサ群落
31026 モウセンゴケ群落
31027 ヤクシマホシクサ群落

32 低層湿原・挺水植物群落
32001 アオモリカギハイゴケ群落
32002 アシカキ群落
32003 アゼスゲ群落
32004 アブラガヤ群落
32005 アンペライ群落
32006 イヌセンブリ群落
32007 イヌノヒゲ群落
32008 イ群落
32009 ウキヤガラ群落
32010 エゾノミズタデ群落
32011 エゾホソイ群落
32012 エゾミソハギ群落
32013 エヒメアヤメ群落
32014 オオアゼスゲ群落
32015 オオカサスゲ群落
32016 オギ群落
32017 オグラセンノウ群落
32018 オタルスゲ群落
32019 オニスゲ群落
32020 オニナルコスゲ群落
32021 カキツバタ群落
32022 カキラン群落
32023 カサスゲ群落
32024 カモノハシ群落
32025 カンガレイ群落
32026 ガマ群落
32027 キシュウスズメノヒエ群落
32028 クサヨシ群落
32029 クロマハリイ群落
32030 コシンジュガヤ群落
32031 ゴウソ群落
32032 サギスゲ群落
32033 サギソウ群落
32034 サクラソウ群落
32035 サヤヌカグサ群落
32036 サワギキョウ群落
32037 サワヒヨドリ群落
32038 サンカクイ群落
32039 ザゼンソウ群落
32040 シカクイ群落
32041 シラカワスゲ群落

32042	シラヒゲソウ群落	32084	ミズオトギリ群落	34014	ヒロハノススキゴケ群落
32043	セイタカヨシ群落	32085	ミズガヤツリ群落	34015	フジマリモ群落
32044	タコノアシ群落	32086	ミツガシワ群落	34016	ホソバヒルムシロ群落
32045	タチアザミ群落	32087	ミミモチシダ群落	34017	ミズオオバコ群落
32046	タチコウガイゼキショウ群落	32088	ミヤマシラスゲ群落	34018	ミズニラ群落
32047	タチスミレ群落	32089	ミヤマホタルイ群落	34019	ミズヒキモ群落
32048	タヌキアヤメ群落	32090	ムジナスゲ群落	34020	ヤナギモ群落
32049	チゴザサ群落	32091	ヤナギトラノオ群落		
32050	チダケサシ群落	32092	ヤマアゼスゲ群落	**35 浮水植物群落**	
32051	チョウジソウ群落	32093	ヤマトミクリ群落	35001	サンショウモ群落
32052	ツクシオオガヤツリ群落	32094	ヨシ群落	35002	タヌキモ群落
				35003	ノタヌキモ群落
32053	ツクシガヤ群落	**33 浮葉植物群落**		35004	ヒンジモ群落
32054	ツルスゲ群落	33001	アサザ群落		
32055	ツルヨシ群落	33002	エゾノヒツジグサ群落	**36 塩生湿地植物群落**	
32056	テツホシダ群落	33003	オニバス群落	36001	アイアシ群落
32057	ナガエミクリ群落	33004	オヒルムシロ群落	36002	アッケシソウ群落
32058	ナスヒオウギアヤメ群落	33005	ガガブタ群落	36003	イソホウキギ群落
		33006	コウホネ群落	36004	ウシオスゲ群落
32059	ヌマアゼスゲ群落	33007	コバノヒルムシロ群落	36005	ウミミドリ群落
32060	ヌマトラノオ群落	33008	ジュンサイ群落	36006	ウラギク群落
32061	ノテンツキ群落	33009	デンジソウ群落	36007	エゾウキヤガラ群落
32062	ノハナショウブ群落	33010	ヒシ群落	36008	エゾツルキンバイ群落
32063	ハイチゴザサ群落	33011	ヒツジグサ群落	36009	オオクグ群落
32064	ハス群落	33012	ヒメコウホネ群落	36010	シオクグ群落
32065	ハナムグラ群落	33013	ヒメシロアサザ群落	36011	シチメンソウ群落
32066	ヒトモトススキ群落	33014	ヒルムシロ群落	36012	シバナ群落
32067	ヒメカイウ群落	33015	フトヒルムシロ群落	36013	タイワンハマサジ群落
32068	ヒメガマ群落	33016	ホソバウキミクリ群落	36014	チシマドジョウツナギ群落
32069	ヒメゴウソ群落	33017	マルバオモダカ群落		
32070	ヒメシダ群落	**34 沈水植物群落**		36015	ドロイ群落
32071	ヒメシロネ群落	34001	ウカミカマゴケ群落	36016	ナガミノオニシバ群落
32072	ヒメミクリ群落	34002	エビモ群落	36017	ハマサジ群落
32073	フトイ群落	34003	オグラノフサモ群落	36018	ハママツナ群落
32074	ホソバオグルマ群落	34004	クロモ群落	36019	ヒメキンポウゲ群落
32075	ホソバタマミクリ群落	34005	コカナダモ群落	36020	ヒライ群落
32076	ホソバノシバナ群落	34006	ササバモ群落	36021	ヒロハマツナ群落
32077	ホタルイ群落	34007	シャジクモ群落	36022	フクド群落
32078	マアザミ群落	34008	スギナモ群落	36023	ホコガタアカザ群落
32079	マコモ群落	34009	セキショウモ群落		
32080	マシカクイ群落	34010	ナミガタスジゴケ群落	**37 海草群落**	
32081	ミギワガラシ群落	34011	バイカモ群落	37001	アマモ群落
32082	ミクリガヤ群落	34012	ヒメバイカモ群落	37002	カワツルモ群落
32083	ミクリ群落	34013	ヒメミズニラ群落		

38 海浜草本群落
- 38001 イソスミレ群落
- 38002 ウンラン群落
- 38003 エゾスカシユリ群落
- 38004 オオハマグルマ群落
- 38005 オカヒジキ群落
- 38006 オニシバ群落
- 38007 グンバイヒルガオ群落
- 38008 ケカモノハシ群落
- 38009 コウボウシバ群落
- 38010 コウボウムギ群落
- 38011 スナヅル群落
- 38012 タイワンカモノハシ群落
- 38013 タチスズシロソウ群落
- 38014 ツキイゲ群落
- 38015 ネコノシタ群落
- 38016 ハマウド群落
- 38017 ハマエンドウ群落
- 38018 ハマオモト群落
- 38019 ハマタマボウキ群落
- 38020 ハマダイコン群落
- 38021 ハマニガナ群落
- 38022 ハマニンニク群落
- 38023 ハマハコベ群落
- 38024 ハマヒルガオ群落
- 38025 ハマビシ群落
- 38026 ハマベンケイソウ群落
- 38027 ハマボウフウ群落
- 38028 ホソバノハマアカザ群落

39 海岸崖地草本群落
- 39001 イワタイゲキ群落
- 39002 エチゴトラノオ群落
- 39003 オガサワラアザミ群落
- 39004 オガサワラススキ群落
- 39005 カショウアブラススキ群落
- 39006 ゲンカイイワレンゲ群落
- 39007 コハマギク群落
- 39008 コモチレンゲ群落
- 39009 シオギク群落
- 39010 シコタンスゲ群落
- 39011 ダルマギク群落
- 39012 ダンギク群落
- 39013 トウテイラン群落
- 39014 トガヒゴタイ群落
- 39015 ノジギク群落
- 39016 ハクウンキスゲ群落
- 39017 ハチジョウススキ群落
- 39018 ハマギク群落
- 39019 ヒゲスゲ群落
- 39020 ヘンリーメヒシバ群落
- 39021 ホソバワダン群落
- 39022 ボタンボウフウ群落
- 39023 ラセイタソウ群落
- 39024 ワスレグサ群落

40 隆起サンゴ礁草本群落
- 40001 イソフサギ群落
- 40002 イソマツ群落
- 40003 オキナワマツバボタン群落
- 40004 キバナイソマツ群落
- 40005 コウライシバ群落
- 40006 ミルスベリヒユ群落

41 硫気孔・火山荒原
- 41001 ハチジョウイタドリ群落
- 41002 ヒメスゲ群落
- 41003 ミズスギ群落
- 41004 メイゲツソウ群落
- 41005 ヤマタヌキラン群落

42 岩上・岩隙草本群落
- 42001 アオウシノケグサ群落
- 42002 アオガネシダ群落
- 42003 アオチャセンシダ群落
- 42004 アオモリマンテマ群落
- 42005 アサギリソウ群落
- 42006 イズノシマダイモンジソウ群落
- 42007 イチョウシダ群落
- 42008 イワウラジロ群落
- 42009 イワカガミ群落
- 42010 イワカンスゲ群落
- 42011 イワキンバイ群落
- 42012 イワギク群落
- 42013 イワギリソウ群落
- 42014 イワタバコ群落
- 42015 イワヒバ群落
- 42016 イワユキノシタ群落
- 42017 ウサギシダ群落
- 42018 ウチョウラン群落
- 42019 ウラハグサ群落
- 42020 エゾチョウチンゴケ群落
- 42021 エチゼンダイモンジソウ群落
- 42022 オオイワインチン群落
- 42023 オオエゾデンダ群落
- 42024 オオシノブゴケ群落
- 42025 オオビランジ群落
- 42026 オガイチゴツナギ群落
- 42027 オトメクジャク群落
- 42028 オトメシャジン群落
- 42029 カミガモシダ群落
- 42030 カンザシギボウシ群落
- 42031 キクバゴケ群落
- 42032 キヌヒツジゴケ群落
- 42033 キバナコウリンカ群落
- 42034 キリンソウ群落
- 42035 クモイコザクラ群落
- 42036 クモノスシダ群落
- 42037 クロミキゴケ群落
- 42038 コイワザクラ群落
- 42039 コウシュウヒゴタイ群落
- 42040 コウシンソウ群落
- 42041 コガネシダ群落
- 42042 コタニワタリ群落
- 42043 コタヌキラン群落
- 42044 コモチシダ群落
- 42045 サジラン群落
- 42046 シマイガクサ群落
- 42047 シマカモノハシ群落
- 42048 シマギョウギシバ群落
- 42049 シマノガリヤス群落
- 42050 シモフリゴケ群落
- 42051 シラオイハコベ群落
- 42052 シリベシナズナ群落

42053 シロヤマゼンマイ群落	42091 ミヤマウラジロ群落	44008 ヤクシマカワゴロモ群落
42054 スジヒトツバ群落	42092 ミヤマウラボシ群落	
42055 スルガジョウロウホトトギス群落	42093 ミヤママンネングサ群落	**45 河川礫原草本群落**
42056 セトウチギボウシ群落	42094 ミヤマワラビ群落	45001 オオフタバムグラ群落
42057 センダイソウ群落	42095 ミョウギイワザクラ群落	45002 カワラノギク群落
42058 ダイモンジソウ群落		45003 カワラヨモギ群落
42059 チチブホラゴケ群落	42096 ミョウギシダ群落	45004 スナゴケ群落
42060 チャボカラマツ群落	42097 ムカデラン群落	
42061 チョウセンノギク群落	42098 ムギラン群落	**46 路傍・林縁草本群落**
42062 ツガルミセバヤ群落	42099 ムニンタイトゴメ群落	46001 アマナ群落
42063 ツメレンゲ群落	42100 メノマンネングサ群落	46002 イチリンソウ群落
42064 ツルデンダ群落	42101 モイワシャジン群落	46003 エゾオケマン群落
42065 トガリバトサカゴケ群落	42102 モイワナズナ群落	46004 キクザキイチゲ群落
42066 ナナツガママンネングサ群落	42103 ユウバリミセバヤ群落	46005 キツネノボタン群落
	42104 ユキワリコザクラ群落	46006 コヒロハハナヤスリ群落
42067 ナメラダイモンジソウ群落	42105 ユキワリソウ群落	46007 コマツヨイグサ群落
42068 ナンブソウ群落	**43 渓流辺草本群落**	46008 シャク群落
42069 ニオイシダ群落	43001 オクヤマガラシ群落	46009 シラン群落
42070 ハイゴケ群落	43002 オタカラコウ群落	46010 スズメノチャヒキ群落
42071 ハナゼキショウ群落	43003 オランダガラシ群落	46011 セイタカアワダチソウ群落
42072 ヒジキゴケ群落	43004 タニガワスゲ群落	
42073 ヒトツバ群落	43005 タヌキラン群落	46012 ツキヌソウ群落
42074 ヒメシャガ群落	43006 ツルカメバソウ群落	46013 ドクダミ群落
42075 ヒメニワタリ群落	43007 ツルネコノメソウ群落	46014 ニリンソウ群落
42076 ヒモカズラ群落	43008 ビャッコイ群落	46015 ヒメザゼンソウ群落
42077 ビロードシダ群落	43009 フキユキノシタ群落	46016 フクジュソウ群落
42078 ビロードトラノオ群落	43010 フサナキリスゲ群落	46017 ベニバナイチヤクソウ群落
42079 フクロシダ群落	43011 ミズバショウ群落	
42080 フクロダガヤ群落	43012 ヤシャゼンマイ群落	46018 ホザキツキヌキソウ群落
42081 ヘビノネゴザ群落	43013 リュウキュウアイ群落	
42082 ホウオウシャジン群落	43014 リュウキンカ群落	46019 マイヅルソウ群落
42083 ホウビシダ群落		46020 ミスミソウ群落
42084 ホウライクジャク群落	**44 流水岩上着生植物群落**	46021 ヤマブキソウ群落
42085 ホウライシダ群落	44001 ウスカワゴロモ群落	46022 ユキワリイチゲ群落
42086 マツバシバ群落	44002 カワゴケソウ群落	46023 ヨメナ群落
42087 マツバラン群落	44003 カワゴロモ群落	46024 ヨモギ群落
42088 ミチノククワガタ群落	44004 カワノリ群落	
42089 ミチノクコゴメグサ群落	44005 チスジノリ群落	**47 ススキ・シバ草原**
	44006 トキワカワゴケソウ群落	47001 イトススキ群落
42090 ミヤマアブラススキ群落	44007 マノセカワゴケソウ群落	47002 オオヒゲナガカリヤスモドキ群落
		47003 オキナワミチシバ群落

47004 カリヤスモドキ群落	48004 シノブカグマ群落	51 水田雑草群落
47005 カリヤス群落	48005 シロヤマシダ群落	
47006 シバ群落	48006 タマシダ群落	52 畑地雑草群落
47007 ススキ群落	48007 テバコワラビ群落	52001 メヒシバ群落
47008 ダンチク群落	48008 ナチシダ群落	
47009 チガヤ群落	48009 ホソイノデ群落	53 植林
47010 トダシバ群落	48010 ワラビ群落	53001 エドヒガン植林
47011 ナンヨウカモジグサ群落		53002 カラマツ植林
	49 水辺短命草本群落	53003 クロマツ植林
47012 ヒメアブラススキ群落	49001 アオテンツキ群落	53004 スギ植林
47013 ヒメノガリヤス群落	49002 クサネム群落	53005 ドイツトウヒ植林
47014 ホッスガヤ群落	49003 ノウルシ群落	53006 ヒノキ植林
47015 メガルカヤ群落	49004 ヒロハイヌノヒゲ群落	
47016 ヤマアワ群落	49005 ミゾソバ群落	54 該当群系不明
	49006 ヤナギタデ群落	54000 該当群系不明
48 シダ草原		
48001 ウラジロ群落	50 踏跡草本群落	
48002 オシダ群落	50001 ミノボロスゲ群落	
48003 カネコシダ群落		

群落複合コード表

　成立環境，群落の動態などから見て，個々の植物群落が相互に関連しあっている場合，いくつかの植物群落の規則的な配列に価値がある場合などは，群落複合というカテゴリーを設けた。群落複合の類型化は，調査票をもとに作業委員会で行った。p.293 参照。

01	暖温帯森林植生	13	火山荒原植生
02	冷・暖温帯移行部森林植生	14	硫気孔荒原植生
03	冷温帯森林植生	15	石灰岩植生
04	多雪山地植生	16	超塩基性岩植生
05	風衝植生	17	岩隙植生
06	河辺植生	18	風穴植生
07	高山植生	19	海崖植生
08	雪田植生	20	砂浜植生
09	草原植生	21	塩生湿地植生
10	高層湿原植生	22	島嶼植生
11	中間・低層湿原植生	23	隆起サンゴ礁植生
12	水生植生		

我が国における保護上重要な植物種および植物群落研究委員会
植物群落分科会調査要項

1990年4月
(1990年6月改訂)

植物群落分科会要領

1. 名称

　この委員会は我が国における保護上重要な植物種および植物群落研究委員会植物群落分科会といい，通称レッドデータ・ブック植物群落委員会と呼ぶ。

2. 目的

　この委員会は，レッドデータ・ブック植物群落編の作成を目的とする。

3. 事業主体

　この委員会は，(財)日本自然保護協会と(財)世界自然保護基金日本委員会を事業主体とする。両会は，この目的のために，事務局を設置し，予算の執行と報告書作成のための事務にあたる。

4. 事業内容

　この委員会は次の事業を行う。日本国内における学術的に貴重で消滅の危機にある植物群落および貴重種をふくむ植物群落などの実態を明らかにし，その結果を報告書に取りまとめる。また，あわせて保護対策について検討し，提言を行う。

5. 組織

　(1) 検討委員会

　　　調査にあたっての企画・取りまとめを担当し，報告書を作成する。委員は学識経験者をもってこれにあてる。なお，検討委員の中で，国内各地の地区担当委員と作業委員を設ける。

　　a. 地区担当委員

　　　日本全国を北海道，東北，関東，中部・北陸，近畿，中国・四国，九州，沖縄に区分し，

各地区に担当委員をおく。地区担当委員は，各地区の調査実施に関して調整，とりまとめを行う。
  b. 作業委員
    東京近郊在住の委員によって作業委員会を構成する。調査要項の起案や取りまとめにあたっての作業を行うものとする。

(2) 事務局
    事務局を（財）日本自然保護協会内に設置する。事務局員は，（財）日本自然保護協会と（財）世界自然保護基金日本委員会の事務局員があたる。

6. 調査内容

(1) 調査対象
a. 天然記念物，原生自然環境保全地域，自然環境保全地域などに指定され，すでに学術的に貴重であることが認定された植物群落。
b. 上記のものからは外れるが，学術的に貴重あるいは保護上重要と判断される植物群落。
c. 植物種分科会によってリストアップされた保護上重要な植物種を含む植物群落。

(2) 調査方法
    地区担当委員およびその協力者は既存文献や調査者がすでに入手している資料・情報を中心に整理し，必要に応じ補足的に現地調査を行う。その結果を一覧表またはチェックシートに記載する。作業委員会と事務局はそれを集計し，検討資料を作成する。
    検討委員会でその資料の分析，取りまとめを行う。

調査用紙記入マニュアル

調査は，調査対象により，単一群落と群落複合にわけて調査して頂きます。

単一群落：調査対象が単一の優占群落と見なせる場合
群落複合：調査対象が複数の優占群落からなる場合

調査用紙は，単一群落，群落複合のそれぞれについて，一覧表およびチェックシートの2種類があります。

1. チェックシートおよび一覧表記入要項

(1) 一覧表の目的

　　本レッドデータ・ブック植物群落調査は，「危機に瀕している植物群落」または「学術的に貴重な植物群落」をすべて記載し，それらの植物群落の保護の緊急性について評価を行うことを目的としている。しかし，それらの植物群落すべてをチェックシートに記載をするのは数量的・時間的に困難である。そこで一覧表とチェックシートの2本立てで調査を実施することとする。

　　それによって，レッドデータ・ブック報告書から「保護上重要な植物群落」がもれないようにする。

　　なお，「危機に瀕している植物群落」は，必ずしも全国レベルに限定せず，各県レベルで判断される「危機に瀕している植物群落」も含めるものとする。

(2) 一覧表とチェックシートの記載基準
  a. 一覧表に記載するものは，「保護対策の必要性・緊急性」（チェックシート潜）がランク2のもの。原則として，環境庁の「特定植物群落」に記載のあるものは，網羅する。
  b. チェックシートに記載するものは，「危機に瀕している植物群落」であり，原則として，「保護対策の必要性・緊急性」（チェックシート潜）がランク2以上のものとする。
  c. 一覧表，チェックシートともに環境庁の「特定植物群落」に記載されていないものも含める。

2. チェックシート記入マニュアル

A. 単一群落として記入する場合
【表側】

① NO.
　この欄は，事務局の整理番号用ですので記入しないで下さい。

＜群落名，位置，選定理由等＞（②〜④）
　ここでは，群落名，位置，選定理由について記入していただきます。

②群落名
　上段には，原則として優占種に基づいた群落名を記入して下さい。なお付表１（p. 380〜389）に参考としてこれまでに報告されたことのある優占種名をあげました。ただしこの群落名はあくまでも目安であり，選定対象を示すものではありません。また当然のことながら，複数の優占種で表示すべきものもあると思います。その場合はスダジイ・タブノキ群落などとして下さい。また可能であれば下段に植物社会学上の群集名も記入して下さい。

③位置
　行政表示をできるだけ詳しく記入して下さい。また，通称の呼び名があればあわせて記入して下さい。地名，通称名にはふりがなをつけて下さい。経緯度は地図から読み取って記入して下さい。経緯度は，大面積の群落の場合はほぼ中心にあたる場所のものを記入して下さい。また，標高に幅がある場合は下限と上限の標高を記入して下さい。

④選定理由（参考文献）
　この群落を調査対象に選んだ理由を文章で記入して下さい。
　既存資料によって記入した場合はその資料全部，そうでない場合でもその群落に関する文献をできるだけ多く記入して下さい。
　また，対象とした群落が環境庁が行った第３回自然環境保全基礎調査（緑の国勢調査）特定植物群落調査報告書に掲載されているものである場合，その県名と対照番号を「みどりの国勢調査コードNO.」としたカッコ内に，例えば「東京－12」というように記入して下さい。

＜群落の現状・保護対策＞（⑤〜⑨）
　この部分は，群落の置かれている状態，未来の予測等の情報を記入していただきます。

⑤群落に対するインパクト
　過去，現在，未来のそれぞれについて付表２（p. 401）の中から当てはまるものを全部選び，コード番号で記入し，必要な場合はその具体的な内容を文章で記入して下さい。

ただし過去及び未来についてはわかる範囲で記入して下さい。

存在する場所等をマル秘扱いにすべき群落は備考欄に賣を記入して下さい。

注：（＊）となっている欄は，マニュアルに従って表の中から該当する項目を選びそのコード番号を記入して下さい。以下同様。

⑥ 法的規制・所有等

群落に適用されている法的規制措置などがあれば，付表3（p. 402）から該当するものを全部選びコード番号を記入して下さい。表中に該当するものがない場合には，21.（その他）とした上で余白に具体的に記入して下さい。なお，保護上の地域区分がなされている場合には，それも付表の中から選びコード番号を記入して下さい。また，わかる範囲で所有関係を記入して下さい（例えば，国有林，県有林，民有林，社寺林等）。

⑦ 保護・管理状態

群落が現実にどのような保護・管理状態にあるかを判断し，以下の1〜5の中から選び，コード番号を記入して下さい。なお，余白に具体的な状態を文章で記入して下さい。

5：全体的に良く保護されている
4：全体的に良く保護されているが，一部良くないところがある
3：全体的に保護状態は良くないが，一部良いところもある
2：全体的に保護状態は悪い
1：全体的に壊滅状態にある

⑧ 周辺状況

対象とする群落を囲んでいる植生・土地利用を以下の中から選び，コード番号で記入して下さい。複数ある場合には，全部記入して下さい。なお，「14. その他」を選んだ場合には余白に具体的に記入して下さい。

1：極相林（それに近いもの）		2：二次林
3：植林	4：自然草地	5：半自然草地
6：人工草地	7：水田	8：畑
9：果樹園等	10：市街地・集落	11：開水面
12：裸地	13：伐採地	14：その他

⑨ 新たな保護対策の必要性・緊急性

具体的手段，法的規制の必要性などとその緊急性を文章で記入して下さい。また，緊急性に関しては，以下の中から選んでコード番号を記入して下さい。

4：緊急に対策を講じなければ群落が壊滅する

3：対策を講じなければ，群落の状態が徐々に悪化する
2：現在の保護状態は良いが，対策を講じなければ将来破壊される恐れが大きい
1：当面，新たな保護対策は必要ない

【裏側】
　　＜生育立地・群落の概要＞（⑩～　）
　　この部分は，生育立地の特徴，群落の構造・組成についての情報を記入していただきます。既存資料による記入の場合で不明の項目がある場合は空欄のままで結構です。

⑩ 地形
　　該当するものを丸で囲んで下さい。複数ある場合にはそのすべてを丸で囲んで下さい。尾根，斜面に関しては方位，傾斜も記入して下さい。ここでは尾根の方位，傾斜は尾根を下る方向のものとします。選択肢に適当なものが無い場合は位置図の欄に適当な言葉で記入してください。

⑪ 土壌および特殊立地
　　土壌については母材，堆積様式，土性，乾湿，土壌分類の各項目について該当する項目を丸で囲んでください。(参考：ペドロジスト懇談会編，土壌調査ハンドブック，博友社刊)。また，付表4 (p. 402) にあるような特殊な立地に該当する場合は，そのコード番号，そして備考欄に立地名を記入して下さい。該当するものはなくとも，特殊な立地であると考えられるものについては，24.（その他）とした上で備考欄に具体的に記入して下さい。

⑫ 面積
　　対象群落の広がりを地形図などから読み取って，ha 単位で記入して下さい。面積が正確にわからない場合は，「約 15 ha」のように，また 1 ha に満たない場合には，「0.3 ha」のように記入して下さい。

⑬ 位置図
　　およその広さ，形，位置がわかるように描画して下さい。地形図のコピーを貼り付けて下さっても結構です。スケールと方位を忘れずに記入して下さい。

⑭ 階層
　　群落の状況に応じて層別を行い，上の階層から順に「第1層」，「第2層」として下さい。それぞれの欄のカッコ内には，例えば「高木層」，「草本層」のように生活型による階

層名を記入して下さい。

⑮ 高さ

各階層の上限と，下限（わかる場合）の高さを記入して下さい。

⑯ 植被率

各階層の植被率を地表面積に対するパーセントで記入して下さい。

⑰ 優占種

各階層の優占種を優占度の高い順に記入して下さい。

⑱ 遷移段階

群落の遷移段階について，初期相，途中相，極相のいずれかを選び丸で囲んで下さい。なお，特殊な極相（例，土壌極相，地形極相，生物極相，人為極相など）と判断できる場合には，カッコ内に具体的に記入して下さい。

⑲ 最大 DBH

群落の中で最大の DBH（胸高直径）を持つ個体の DBH と，その種名を記入して下さい。

⑳ 最高樹齢

もし可能であれば，群落の中で最高の樹齢である（と考えられる）個体の樹齢と，その種名を記入して下さい。わからない場合には記入しなくて結構です。

㉑ 注目すべき種

群落内でとくに注目すべき種について，その種名，理由，生育状況を記入して下さい。注目すべき理由としては，例えば：

分布北限　北限に近い　分布南限　南限に近い
分布標高上限　分布標高下限　隔離分布　稀産　比較的珍しい

などを記入してください。また，レッドデータ・ブック委員会種分科会の報告に挙げられている種に関しては，その評価段階を次のような略号で理由の欄に記入して下さい。

絶滅種（extinct）　………………………　EX
絶滅危惧種（endangered）　……………　EN

危急種（vulnerable）・・・・・・・・・・・・・・・・・・・・　VU
　　稀少種（rare）・・・・・・・・・・・・・・・・・・・・・・・・・・・・　RA
　　現状不明種（unknown）・・・・・・・・・・・・・・・・・・　UN

生育状況については，次の中から選び数字で記入して下さい。

　1：良好
　2：不良
　3：消滅寸前

㉒ 調査方法
　　このチェックシートの記入の際に参考にした情報の入手方法を2つの中から選んで丸で囲んで下さい。両方行った場合には両方に丸をして下さい。現地調査を行った場合のみ，カッコ内に，その日付を記入して下さい。調査が数日にわたった場合は，その最後の日の日付として下さい。

㉓ 記載者氏名
　　このチェックシートの記載を実際に行った人の氏名を記入して下さい。

㉔ 記載年月日
　　このチェックシートの記載を実際に行った日付を記入して下さい。

B. 群落複合として記入する場合

　この調査の目的は，植物群落チェックシートが単一の優占群落を対象とするのに対して，複数の優占群落がさまざまなパターン（モザイク的，傾度的）で複合していて個別に記入することが難しい場合，あるいは個別の群落としては希少性は少ないが異質の群落が複合することによって保護の重要さが増す群落などについて記入することにあります。このようなものとしては，例えば，高山植物群落，高層湿原，植生帯移行部，海岸植生，湖岸植生，崖地植生などが考えられます。このような群落複合の場合，その成立立地は面的というよりは線的，ないし点的であり生育地としても保護上の重要性が高いと考えられます。
　ここでは複数の群落によって構成されるパターン全体を「群落複合」，群落複合を構成する個々の群落を「単位群落」，また個別の群落として記入するものは「単一群落」と呼びます。
　群落複合用チェックシートに記入した後，とくに重要な群落がある場合には必要に応じ

て単位群落について群落記入用チェックシートに記入したものを添付しホッチキス等で留めて下さい。

〈群落複合用チェックシートの記入〉
　単一群落の場合と異なるものだけについて以下に説明します。これ以外については単一群落の場合と同様に記入して下さい。

② 群落複合名
　ここは群落複合名として，群落複合全体をよく表わす名称を記入して下さい。地名などにはふりがなをつけて下さい。
　　例「白馬岳の高山植物群落」
　　　「富士山の植生垂直分布帯」
　　　「房総丘陵の地形的群落」
　　　「千葉県富津岬の海浜群落」

＜群落複合の現状・保護対策＞
　単一群落の場合と同じように記入して下さい。

＜生育立地・群落複合の概要＞
　群落複合に固有の内容について以下に述べます。

㉕ 概念図
　群落の配列や立地との対応がわかるような簡単なスケッチを描いて下さい。断面図や平面図など，表現方法は適宜選択して下さい。単位群落は項目㉘の記号を用いて示して下さい。

㉖ 支配要因
　群落の空間的配列パターンを決定している（と考えられる）環境要因があればそれを具体的に記入して下さい。とくになければ記入しなくて結構です。
　　例「卓越風向，積雪分布」
　　　「標高」
　　　「尾根－谷地形傾度」
　　　「塩風，砂丘の安定度」

㉗ 単位群落名
　群落複合を構成する単位となる群落名を可能な範囲で全部記入して下さい。また，

わかる範囲で植物社会学的な群集名もかっこをつけて記入して下さい。

＜単位群落の記入＞
　　単位群落については，単一群落記入用チェックシートの項目②，⑩〜⑫，⑭〜㉑を記入して下さい。また＜群落の現状・保護対策＞の部分（⑤〜⑨）については他の単位群落と異なる場合のみ記入して下さい。記入方法は，単一群落として記入する場合と同じです。

3. 一覧表記入マニュアル

a. 単一群落と群落複合の区別
　　表題部分を○で囲む。

b. 都道府県名・一覧表番号
　　右上に記入。一覧表番号は単一群落と群落複合で別々にうつこと。

c. 記入者名
　　右下に記入。

　以下，表中左から順に説明を行う。

d. 群落番号（群落複合番号）
　　単一群落と群落複合，それぞれの一連番号を記入する。

e. 群落名（群落複合名）
　　地域名と併せて記入する。
例：カワゴロモ群落（岩瀬川）
　　スダジイ群落（串本町・通夜島）
　　なお，必ずしも「特定植物群落」の群落名,地域名でなくともよい。必要に応じて「特定植物群落」に選定されている１地域をいくつかに分けてもよい。

f. 特定植物群落番号
　　環境庁の「特定植物群落」に記載のある場合は，その対照番号を記入する。

g. 現状⑦

チェックシート⑦の「保護・管理状態」について番号で記入する。

h. 緊急性潜

チェックシート⑨の「新たな保護対策の必要性・緊急性」について番号で記入する。

i. 備考

植物群落の特徴，位置，周辺の状況等を記入する。特に「特定植物群落」に記載のないものについては，必ず記入のこと。

付表1
主な単一群落名リスト

省略（p.380～389に単一群落コード表としてあげた）

付表2
群落に対するインパクト

1：人の立ち入り
　11：　人の踏みつけ
　12：　オートバイ，自動車等の侵入
　13：　下草刈
　14：　盗伐・盗掘
　15：　その他

2：農林業開発
　21：　植林化
　22：　水田化
　23：　畑化
　24：　伐採
　25：　放牧地化
　26：　農林業開発に伴う地下水位の変化
　27：　その他

3：観光開発
　31：　ゴルフ場建設
　32：　スキー場開発
　33：　ロープウェイ等の建設
　34：　キャンプ場建設
　35：　遊園地等の建設
　36：　観光開発に伴う地下水位の変化
　37：　その他

4：道路開発
　41：　一般道路開発
　42：　林道開発
　43：　登山道開発
　44：　駐車場建設
　45：　道路開発に伴う地下水位の変化
　46：　その他

5：住宅地開発等
　51：　住宅地開発
　52：　グラウンド・野球場等の建設
　53：　公園化
　54：　住宅地開発に伴う地下水位の変化
　55：　その他

6：水際開発
　61：　護岸工事
　62：　埋め立て
　63：　堰堤建設・河川底改修
　64：　防潮堤建設
　65：　排水工事
　66：　ダム建設
　67：　その他

7：その他の開発
　71：　工場建設
　72：　発電所建設
　73：　岩石・土砂等の採取
　74：　岩石・土砂等の投棄
　75：　その他

8：汚染物質の投棄・排出
　81：　生活排水の流入
　82：　工場排水の流入
　83：　家畜糞尿等の流入
　84：　ゴミ・廃棄物の投棄
　85：　大気汚染
　86：　その他

9：自然災害
　91：　台風
　92：　塩風害
　93：　強風
　94：　洪水
　95：　雪害
　96：　土砂崩れ・崩壊
　97：　山火事
　98：　乾燥化
　99：　その他

0：生物被害
　01：　放置に伴う植物の侵入
　02：　家畜による被害
　03：　野生動物による被害

X：その他

付表3
法的規制・所有等

- 1a. 原生自然環境保全地域
- 2a. 自然環境保全地域
- 2b. 都道府県自然環境保全地域
- 3a. 国立公園
- 4a. 国定公園
- 5b. 都道府県立自然公園
- 6a. 天然記念物（国）
- 6b. 天然記念物（都道府県）
- 6c. 天然記念物（市町村）
- 7a. 特別天然記念物（国）
- 7b. 特別天然記念物（都道府県）
- 7c. 特別天然記念物（市町村）
- 8a. 鳥獣保護区（国）
- 8b. 鳥獣保護区（都道府県）
- 9a. 保安林（国）
- 9b. 保安林（都道府県）
- 9c. 保安林（市町村）
- 10a. 森林生態系保護地域
- 11a. 森林生物遺伝資源保存林
- 11b. 林木遺伝資源保存林（都道府県）
- 12a. 植物群落保護林
- 13a. 特定動物生息地保護林
- 14a. 特定地理等保護林
- 15c. 郷土の森（市町村）
- 16b. 緑地保全地区（都道府県）
- 17b. 近郊緑地保全地域（都道府県）
- 18b. 近郊緑地特別保存地域（都道府県）
- 19a. 歴史的風土保存地区（国）
- 19b. 歴史的風土保存地区（都道府県）
- 19c. 歴史的風土保存地区（市町村）
- 20a. 歴史的風土特別保存地区（国）
- 20b. 歴史的風土特別保存地区（都道府県）
- 20c. 歴史的風土特別保存地区（市町村）
- 21. その他（制度名・設置者が国か都道府県か市町村かの別を記入する）

保護上の地域区分

- ア．特別保護地区
- イ．特別地区
- ウ．海中特別地区
- エ．海公園地区
- オ．普通地区
- カ．保存地区
- キ．保全利用地区
- ク．その他（具体的に記入）

付表4
特殊な立地

- 1：急崖地
- 2：岩壁
- 3：岩礫地
- 4：崩壊地
- 5：砂浜
- 6：磯浜
- 7：河原
- 8：渓谷壁
- 9：流水
- 10：湿地
- 11：湧水地
- 12：塩湿地
- 13：湖沼
- 14：雪田
- 15：風衝地
- 16：磯
- 17：硫気荒原
- 18：溶岩地
- 19：スコリア堆積地
- 20：石灰岩地
- 21：超塩基性岩地
- 22：隆起珊瑚礁
- 23：風穴
- 24：その他

環境影響評価技術指針にもりこむべき重要な植物群落
～保護上の危機の視点から選んだ第1次リスト～

1998年6月
(財) 日本自然保護協会

　1997年6月に環境影響評価法が成立して以来，環境庁が定めた「環境影響評価にもりこむべき基本的事項」に基づき，各事業官庁において「環境影響評価技術指針」の検討が進められ，6月12日に省令として告示された。

　日本自然保護協会 (NACS-J) は，1996年4月「わが国における緊急な保護を必要とする植物群落の現状と対策 (植物群落レッドデータブック)」を発表し，全国から7492件の群落地をリストアップするとともに，各々の群落の保護管理の現状と対策の必要性を調査した (日本自然保護協会・世界自然保護基金日本委員会1996)。昨年度，日本自然保護協会は，植物群落の位置情報および群落情報を GIS (地理情報システム) に表示させるための独自のシステムを開発し，また個々の植物群落の保護管理と対策必要性の評価をもとに，植物群落の保護上の危機に関する評価を行うことを試みた。

　その結果，貧栄養湿原・浮水植物群落など24の植物群系 (植物群落のグループ) が，「とくに危機に瀕している」あるいは「危機に瀕している」と判断されたため，これを第1次リストとして公表し，各事業官庁が「環境影響評価技術指針」に基づき，重要な植物群落を選定する際に，ガイドラインとするよう求めるものである。

I. NACS-J の植物群落レッドデータブックの環境影響評価への活用

　各事業官庁が「環境影響評価にもりこむべき基本的事項」に基づき検討してきた「環境影響評価技術指針」では，「生物の多様性の確保及び自然環境の体系的保全」の中の「重要な植物種及び植物群落」は，学術上または希少性の観点から選定することとされている。

　これまで公表されている学術上重要な植物群落の評価基準としては，環境庁の植生自然度，特定植物群落，すぐれた自然，文化庁の天然記念物などが上げられる。このうち植生自然度は，自然草原 (自然度10)，森林 (自然度6-9)，二次草原 (自然度4-5)，農耕地 (自然度2-3)，市街地 (自然度1-2) など，植生を相観レベルでとらえているため，希少種を含む二次草原が，植林地より低く評価されるなどの問題があった (沼田他1998)。また，特定植物群落，すぐれた自然，天然記念物は，具体的な群落地を選定・指定したものであり，それと同等の重要性をもった群落地であっても，たまたま選定・指定からもれている場合もあり，不当に低い評価を下してしまうおそれがあった。

■植生自然度区分基準 (環境庁，1988)

植生自然度	区分基準
10	自然草地：高山ハイデ，風衝草原，自然草原等，自然植生のうち単層の植物社会を形成する地区
9	自然林：エゾマツ-トドマツ群集，ブナ群集等，自然植生のうち多層の植物社会を形成する地区
8	二次林 (自然林に近いもの)：ブナ-ミズナラ再生林，シイ・カシ萌芽林等，代償植生

        であっても特に自然植生に近い地区
    7　二次林：クリーミズナラ群落，クヌギーコナラ群落等，一般には二次林と呼ばれる代償植生地区
    6　植林地：常緑針葉樹，落葉針葉樹，常緑広葉樹等の植林地
    5　二次草原（背の高い草原）：ササ群落，ススキ群落等の背丈の高い草原
    4　二次草原（背の低い草原）：シバ群落等の背丈の低い草原
    3　農耕地（樹園地）：果樹園，桑畑，茶畑，苗圃等の樹園地
    2　農耕地（水田・畑）・緑の多い住宅地等：畑地，水田等の耕作地，緑の多い住宅地
    1　市街地・造成地等：市街地，造成地等の植生のほとんど存在しない地区

■特定植物群落選定基準（環境庁，1988）
    A　原生林もしくはそれに近い自然林（とくに照葉樹林についてはもれのないように注意すること）
    B　国内若干地域に分布するが，極めて稀な植物群落または個体群
    C　比較的普通に見られるものであっても，南限，北限，隔離分布等分布限界になる産地に見られる植物群落または個体群
    D　砂丘，断崖地，塩沼地，湖沼，河川，湿地，高山，石灰岩地等の特殊な立地に特有な植物群落または個体群で，その群落の特徴が典型的なもの（とくに湿原についてはもれのないように注意すること）
    E　郷土景観を代表する植物群落で，特にその群落の特徴が典型的なもの（武蔵野の雑木林，社寺林等）
    F　過去において人工的に植栽されたことが明らかな森林であっても，長期にわたって伐採等の手が入っていないもの
    G　乱獲その他人為の影響によって，当該都道府県内で極端に少なくなるおそれのある植物群落または個体群
    H　その他，学術上重要な植物群落または個体群

　植物群落の希少性の観点からは，米国の自然保護団体のネイチャーコンサーバンシーが，全米の植物群落について，文献および空中写真等から，現存の群落数と面積を推定し，それに基づく希少性の評価を行っている（The Nature Conservancy 1994）。しかし，わが国には残念ながら，日本のすべての植物群落について，群落数や面積を調査したデータは存在しない。

■植物群落の希少性の判定基準（The Nature Conservancy 1994）
    　　全米における　　　　　　全米における推定群落面積（エーカー）
推定群落数　　0　A(<2,000)　B(2,000-10,000)　C(10,000-50,000)　　　D(>50,000)
    　　0　　GX
A (1-5)　　　　　　G1　　　G1　　　　G1　　　G1
B (6-20)　　　　　G1 (G2)　　　G2 (G1)　　　　G2 (G1)　　　　G2 (G1,

				G3)
C (21-100)	G2 (G1)	G2 (G1, G3)	G3 (G2)	G3 (G2, G4)
D (>100)	G2 (G1)	G2 (G1, G3)	G3 (G2, G4)	G4 (G3, G5)

　日本自然保護協会の植物群落レッドデータブックは，生態学的価値，学術的希少価値，遺伝子資源価値などの観点から，自然保護上の危機にある植物群落を選定し，保護管理対策の提言を行っている．

1) 全国の植物群落のうち，緊急な保護を必要とする7492件（単一群落6259件，群落複合1233件）の群落地をリストアップし，それぞれの保護管理状態，新たな保護対策の必要性（以下，対策必要性）を評価した．

■保護管理状態・対策必要性の評価基準（NACS-J，1996）

保護管理状態	1	壊滅	：全体的に壊滅状態にある
	2	劣悪	：全体的に保護状態は悪い
	3	不良	：全体的に保護状態は良くないが，一部良いところもある
	4	やや良	：全体的に良く保護されているが，一部良くないところもある
	5	良好	：全体的に良く保護されている
対策必要性	4	緊急に対策必要	：緊急に対策を講じなければ群落が壊滅する
	3	対策必要	：対策を講じなければ，群落の状態が徐々に悪化する
	2	破壊の危惧	：現在の保護状態は良いが，対策を講じなければ，将来破壊されるおそれが大きい
	1	要注意	：当面，新たな保護対策は必要ない

2) 日本の植物群落を，54の植物群系（単一群落のグループ），1452の単一群落，および23の群落複合タイプに分類し，それぞれの保護管理状態，対策必要性，インパクト要因，周辺状況，法的規制などを解析し，群系・群落，群落複合タイプごとに解説した．

　一方で，このレッドデータブックは，緊急な保護を必要とする植物群落地をリストアップすることを目的としているため，レッドデータブックに記載された段階ですでに評価が加えられており，日本の植物群落すべてを自然保護上の危機という観点からランク付けするには，今後，さらに補足調査が必要になる．

　しかし，レッドデータブックに掲載された植物群落のうちでも，とくに危機的な植物群落をリストアップし，これを環境影響評価に反映させるという利用の方法は，現状でも十分に可能であると考えられる．そこで，以下のような方法で，「危機に瀕した植物群落」を抽出した．

II 保護管理状態と対策必要性に基づく植物群落の保護上の危機の評価

NACS-J の植物群落レッドデータブックに記載された群系・群落について，以下のような手順で，保護管理状態が悪く，対策必要性の高い群系・群落の抽出を行った。

1) NACS-J の植物群落レッドデータブックに記載されたすべての群系・群落について，保護管理状態が悪い（「壊滅」，「劣悪」，「不良」）群落地数の比率（a），対策が必要な（「緊急対策必要」，「対策必要」）群落地数の比率（b），を群系・群落別に集計した。

■保護管理状態の悪い群落の比率（a），対策が必要が必要な群落の比率（b）の計算例

保護管理状態の悪い群落の比率　　（a）＝ (1 + 2 + 3) / (1 + 2 + 3 + 4 + 5) × 100
対策が必要な群落の比率　　　　　（b）＝ (4 + 3) / (4 + 3 + 2 + 1) × 100

【群落別の計算例】シラタマホシクサ群落

	保護管理状態					対策必要性			
	1	2	3	4	5	4	3	2	1
愛知県 A 群落地		1					1		
愛知県 B 群落地		1	1				1		
三重県 C 群落地				1		1			
群落合計	0	0	2	1	0	1	2	0	0

a ＝ (0 + 0 + 2) / (0 + 0 + 2 + 1 + 0) × 100 ＝ 66.6%
b ＝ (1 + 2)/(1 + 2 + 0 + 0) × 100 ＝ 100%

【群系別の計算例】高層湿原（ホロー）群系

	保護管理状態					対策必要性			
	1	2	3	4	5	4	3	2	1
ウツクシミズゴケ群落	0	0	0	2	0	0	1	1	0
ダケスゲ群落	0	0	0	0	1	0	0	1	0
ホロムイソウ群落	0	2	3	2	0	3	4	0	0
ミカヅキグサ群落	0	2	5	18	2	8	12	5	2
ミヤマイヌノハナヒゲ群落	1	3	3	12	3	7	9	5	1
ミヤマホソコウガイゼキショウ群落	1	0	0	0	0	1	0	0	0
ムセンスゲ群落	0	0	0	1	0	0	1	0	0
ヤチスゲ群落	1	2	3	6	2	4	6	2	2
高層湿原（ホロー）群系合計	3	9	14	41	8	23	33	13	6

a ＝ (3+9+14) / (3+9+14+41+8) × 100 ＝ 34.67%
b ＝ (23+33) / (23+33+13+6) × 100 　＝ 74.67%

2) 保護管理状態が悪い群落地数の比率（a），対策な必要な群落地数の比率（b），により，54 の植物群系を，下記の 3 つのランクに分類した。

■植物群系の評価基準および結果（NACS-J 1998）

A+ランク ：とくに危機に瀕している群系（6 群系）
　　　　　 a，b のいずれも，50% 以上の群系
A ランク 　：危機に瀕している群系（18 群系）
　　　　　 a，b のいずれも，33.3% 以上の群系
B ランク 　：危機のおそれがある群系（11 群系）
　　　　　 a，b のいずれかが，33.3% 以上の群系
C ランク 　：それ以外の群系（13 群系）
　　　　　 a，b のいずれも，33.3% 未満の群系
＊その他 　：データ不足のために評価できない群系（6 群系）

3) 保護管理状態が悪い群落地数の比率（a），対策が必要性な群落地数の比率（b），によって，「植物群落」をいくつかのランクに分類することは，群落によってサンプル（群落地数）の多少があり不確実性が高いため，とくに危機的な群落を，「危機に瀕した群落の例」として抽出するにとどめた。なお，「危機に瀕した群落」の評価基準は，植物群系の評価基準（Aランク）を準用した。この基準をあてはめた結果，1452 の単一群落のうち 405 群落が危機に瀕した群落と評価された。

以上の方法により抽出された，危機に瀕した植物群落を第 1 次リストとして添付した。今後，さらに補足調査を行い，第 2 次以後のリストを作成すべきであると考えているが，詳細については次項で述べる。

III 「保護管理状態と対策必要性に基づく植物群落の保護上の危機の評価」の活用方法

「保護管理状態と対策必要性に基づく植物群落の保護上の危機の評価」は，学術上の重要性，希少性などを包含し，かつ植物群落を自然保護上の危機の視点から評価する方法であり，環境影響評価における植物群落の評価方法として活用されることが望まれる。この評価方法は，環境影響評価における活用の可能性を持つと同時に，より完全なリスト作成をめざして調査を継続すべき課題を有しているため，その可能性と課題を以下に述べる。

1. 可能性
1)「保護管理状態と対策必要性に基づく植物群落の保護上の危機の評価」は，環境影響評価の項目のうち，「生物の多様性の確保及び自然環境の体系的保全」の「植物」の指標となりうる。植物種に関しては，現在のところ，1989 年に日本自然保護協会と世界自然保護基金日本委員会が発表した「わが国における保護上重要な植物種の現状」，1997 年に環境庁が発表した「植物種のレッドリスト」があるが，植物群落に関しては全国に汎用できる基準は確立していない。今後の環境影響評価においては，「危機に瀕した植物群落」の存在の有無，植物群落への影響予測，影響回避の方法について，必ず調査検討すべきである。
2)「保護管理状態と対策必要性に基づく植物群系の保護上の危機の評価」は，環境影響評価の項目のうち，「生物の多様性の確保及び自然環境の体系的保全」の「生態系」の指標となりうる。生態系については，環境庁の「生物多様性保全国土区分（環境庁

1997)」の典型的生態系の抽出事例があるが，評価基準にはまとめられていない。植物群系は，いわば植物群落をハビタート別に分類したものなので，植物群系の危機の評価は，まさに生態系の評価基準になりうる。計画地に危機に瀕した植物群系が含まれる場合は，そのハビタートに対する影響予測，影響回避の方法について，必ず調査し検討すべきである。

2. 課題
1)「保護管理状態と対策必要性に基づく植物群落の保護上の危機の評価」をさらに客観的なものにするためには，さらに追加的な調査が必要である。とくに第1次リストでは，里山の植物群落や水田雑草群落などの二次的自然の調査データが不足しているので，今後，里地を中心とした補足調査が必要である。
2)「保護管理状態と対策必要性に基づく植物群落の保護上の危機の評価」では，今回は全国レベルでの分析を行ったが，全国で実施される個別の環境影響評価に対応するためには，都道府県レベル・地域レベルでの分析が不可欠である。たとえば，ほとんどの高木林は，危機に瀕した群落（Aランク）には分類されていないが，地域的に分析すればAランクに分類しなければならない群落もみうけられる。これに対処するためには，今後GISによる位置情報の表示を合わせた上で，地域別の分析を行い，その結果を環境影響評価に活用できる体制の整備を急ぎたい。

【参考文献】

環境庁（1988）第3回自然環境保全基礎調査　植生調査報告書

環境庁（1988）第3回自然環境保全基礎調査　特定植物群落調査報告書

日本自然保護協会・世界自然保護基金日本委員会（1989）わが国における保護上重要な植物種の現状（植物種レッドデータブック）

日本自然保護協会・世界自然保護基金日本委員会（1996）わが国における緊急な保護を必要とする植物群落の現状と対策（植物群落レッドデータブック）

環境庁（1997）生物多様性保全のための国土区分（試案）及び区域ごとの重要地域情報（試案）について

沼田真他（1998）自然保護ハンドブック　朝倉書店

The Nature Conservancy（1994）Rare Plant Communities of the Conterminous United States

＊ここに紹介した「環境影響評価技術指針にもりこむべき重要な植物群落〜保護上の危機の視点から選んだ第1次リスト（1998）」は，植物群落レッドデータブック（1996）の元データをもとに，日本自然保護協会保護研究部が分析を行い，植物群落レッドデータブック作業委員会における検討を経て，公表したものである。

わが国において危機に瀕した植物群落（第1次リスト）
1998年6月
（財）日本自然保護協会

◆A＋ランク‥とくに危機に瀕している植物群系（6群系）
■貧栄養湿原

　貧養な湿地に成立する群落のうち，主にミズゴケ類を伴わないタイプのもので，ホシクサ科のホシクサ属，カヤツリグサ科のミカヅキゼニ属，食虫植物のモウセンゴケ属などの小型の草本が優占するもの。人間の居住空間からやや離れた山間にあり，比較的小規模な湿地に成立している場合が多い。周伊勢湾地域，宮崎県低地部に多く分布する。

　インパクトとしては，人の立ち入りによる踏みつけ，山野草の盗掘，立ち入りに伴う植物の侵入が問題。開発としては，観光開発，水田開発などが影響する。植物種のレッドリストに掲載された種を多く含むため，緊急な保護を必要とする群落が多い。

　【危機に瀕した植物群落の例】
　アリノトウグサ群落，イズノシマホシクサ群落，イトイヌノハナヒゲ群落，イヌノハナヒゲ群落，オオイヌノハナヒゲ群落，オオミズゴケ群落，カリマタガヤ群落，キタミソウ群落，コイヌノハナヒゲ群落，コモウセンゴケ群落，コモチゼキショウ群落，シラタマホシクサ群落，シロイヌノヒゲ群落，スイラン群落，チャボカワズスゲ群落，チョウセンスイラン群落，ヒュウガホシクサ群落，ミミカキグサ群落，ムラサキミミカキグサ群落，モウセンゴケ群落，ヤクシマホシクサ群落

■浮水植物群落

　植物体全体を水上に浮かべて生活するウキクサなどの浮葉植物が優占する植物群落。
　かつては水田やため池などに広く分布していたが，水質の悪化や農薬の使用などによって危機に瀕している。

　【危機に瀕した植物群落の例】
　ノタヌキモ群落，ヒンジモ群落

■塩生湿地植物群落

　海岸や海岸近くの河川沿いの塩湿地にみられる，1年草および多年草の草本が優占する植物群落。

　インパクトとしては，ゴミ・廃棄物の投棄，埋め立て，護岸工事，排水の流入，人の立ち入りなど。新たな対策が必要な群落では，埋め立て，護岸工事が問題となっている例が多い。

　【危機に瀕した植物群落の例】
　アイアシ群落，アッケシソウ群落，イソホウキギ群落，ウミミドリ群落，ウラギク群落，エゾウキヤガラ群落，エゾツルキンバイ群落，オオクグ群落，シオクグ群落，シチメンソウ群落，シバナ群落，ドロイ群落，ナガミノオニシバ群落，ハマサジ群落，ハママツナ群落，ヒメキンポウゲ群落，ヒロハマツナ群落，フクド群落

■海浜草本群落

　海岸に成立する1年生および多年生の草本植物群落。
　インパクトは，人の踏みつけ，オートバイ・自動車等の侵入，が最も多い。キャンプ場建設，

ゴミ・廃棄物の投棄，家畜による被害も懸念されている。
　　【危機に瀕した植物群落の例】
　　ウンラン群落，エゾスカシユリ群落，オオハマグルマ群落，オカヒジキ群落，オニシバ群落，グンバイヒルガオ群落，ケカモノハシ群落，コウボウムギ群落，スナヅル群落，タチスズシロソウ群落，ツキイゲ群落，ネコノシタ群落，ハマエンドウ群落，ハマタマボウキ群落，ハマニガナ群落，ハマニンニク群落，ハマハコベ群落，ハマヒルガオ群落，ハマビシ群落，ハマボウフウ群落，ホソバノハマアカザ群落

■流水岩上着生植物群落
　鹿児島県などの急流河川の岩上に付着して生活する特殊な植物の群落。
　インパクトとしては，生活排水，家畜屎尿，工場排水などの水質汚染。護岸工事，ダム建設による生育地の破壊も懸念されている。
　　【危機に瀕した植物群落の例】
　　ウスカワゴロモ群落，カワゴケソウ群落，カワゴロモ群落，カワノリ群落，チスジノリ群落，トキワカワゴケソウ群落，マノセカワゴケソウ群落

■河川礫原草本群落
　カワラノギク，カワラヨモギなどに代表される河原の礫地に生育する植物の群落。河川の改修工事やダム建設によってかつての河原の植物群落は減少傾向にある。水質汚染，帰化植物や牧草類の野生化も群落の成立にマイナス要因となっている。
　　【危機に瀕した植物群落の例】
　　カワラノギク群落，カワラヨモギ群落

◆Aランク‥危機に瀕している植物群系（18群系）
■マングローブ林
　熱帯・亜熱帯の汽水域に発達する樹高5メートル前後の低木林。特殊な形の支持根や呼吸根を発達させるものが多く，また果実の中で発芽するいわゆる胎生種子を持つものが多い。
　インパクトとしては，台風・洪水などの自然災害の他，護岸工事，道路工事に伴う地下水位の変化，防潮堤建設などがあげられる。
　　【危機に瀕した植物群落の例】
　　ニッパヤシ群落，メヒルギ群落（とくに鹿児島県）

■河畔林
　河川に沿った氾濫原に成立する木本群落。全国的に保護・管理状態は悪く，インパクトは，農林業開発，水際の開発，自然災害などとなっている。
　　【危機に瀕した植物群落の例】
　　イヌコリヤナギ群落，オノエヤナギ群落，カワラハンノキ群落，ケショウヤナギ群落，シロヤナギ群落，ジャヤナギ群落

■沼沢林
　低湿地に成立する木本群落。全国的に新たな保護対策が必要とされるものが多く，インパクトは，人の踏みつけ，盗伐・盗掘，農林業開発であり，将来的には宅地開発，水質汚染などが懸念されている。
　　【危機に瀕した植物群落の例】

ケハンノキ群落，サクラバハンノキ群落，ハンノキ群落，ヤチダモ群落

■湿原縁低木林

　湿原周辺の湿地に成立する木本群落。保護・管理状態は非常に悪く，新たな保護対策が必要な群落も多い。インパクトは，盗伐・盗掘のほか，放置による他の植物の侵入もあげられている。

　【危機に瀕した植物群落の例】

　　ウメモドキ群落，ホザキシモツケ群落，ミヤマウメモドキ群落，ヤチヤナギ群落，レンゲツツジ群落

■温帯性先駆木本群落

　温帯において，植物遷移の早い段階に出現する樹木からなる植物群落。草本層に，絶滅のおそれのある植物種を含むものが多い。保護・管理状態は悪く，新たな保護対策を必要とするものも多い。インパクトとしては，人の立ち入りと観光開発があげられている。

　【危機に瀕した植物群落の例】

　　アキグミ群落，オオバヤシャブシ群落，キツネヤナギ群落，ケヤマハンノキ群落，シロモジ群落，タニウツギ群落，タマアジサイ群落，ヒメヤシャブシ群落，フサザクラ群落，マメザクラ群落，マルバノキ群落

■木生シダ群落

　暖地に成立する木生シダの群落。ほとんどが新たな保護対策を必要としている。インパクトしては，農林業開発によるものが多かった。

　【危機に瀕した植物群落の例】

　　ヘゴ群落（とくに九州）

■海岸低木林

　海岸に成立する低木林。保護・管理状態は悪く，新たな保護対策を必要とするものもやや多い。インパクトとしては，盗伐・盗掘，人の踏みつけ，護岸工事，埋め立て，自然災害が多い。

　【危機に瀕した植物群落の例】

　　ウチワサボテン群落，ウバメガシ群落（和歌山県），エゾノコリンゴ群落，オキナワハイネズ群落，トベラ群落，ハイネズ群落，ハマゴウ群落，ハマナス群落，ハマナツメ群落，ハマボウ群落，マルバニッケイ群落

■高山風衝草原

　高山の風衝地に成立する草本群落。高山植物を多く含み，新たな保護対策が必要とされるものが多い。インパクトは，人の立ち入りによる，盗掘，踏みつけなど。

　【危機に瀕した植物群落の例】

　　エゾコウボウ群落，エゾノクモマグサ群落，オオヒラウスユキソウ群落，キバナノコマノツメ群落，コウスユキソウ群落，タカネヒメスゲ群落，タカネマツムシソウ群落，フタマタタンポポ群落，リシリゲンゲ群落，レブンソウ群落

■亜高山高茎草原

　亜高山帯に成立する草本群落。保護・管理状態は悪く，新たな保護対策を必要とするものも多い。インパクトは，人の立ち入りによる，盗掘，踏みつけ。

　【危機に瀕した植物群落の例】

アヤメ群落，イワノガリヤス群落，ウバタケニンジン群落，チシマフウロ群落，トウゲブキ群落，ナガバキタアザミ群落，ヒゲノガリヤス群落，マルバヒレアザミ群落，ムツノガリヤス群落，モミジカラマツ群落，レブントウヒレン群落

■高層湿原（ハンモック）
　高層湿原のなかでも，周囲に比べ生長が早く，比較的乾燥した場所に成立する植物群落。ブルトとも呼ばれる。保護・管理状態はよいが，新たな保護対策が必要なものが，やや多い。
　【危機に瀕した植物群落の例】
　　アオモリミズゴケ群落，イッポンスゲ群落，イボミズゴケ群落，キンコウカ群落，スギバミズゴケ群落，ツルコケモモ群落，ヒメワタスゲ群落，ホソミズゴケ群落，ホロムイイチゴ群落，ムラサキミズゴケ群落，ワタスゲ群落，ワラミズゴケ群落

■高層湿原（ホロー）
　高層湿原のうち，周囲に比べ生長が遅く，停水につかる植物群落。シュレンケとも呼ばれる。保護・管理状態はよいが，新たな保護対策が必要とされるものが多い。
　【危機に瀕した植物群落の例】
　　ホロムイソウ群落，ミカヅキグサ群落，ミヤマイヌノハナヒゲ群落，ミヤマホソコウガイゼキショウ群落，ヤチスゲ群落

■中間湿原
　ミズゴケの発達の程度が，高層湿原と低層湿原の中間程度である湿原に成立する植物群落。インパクトとしては，人の立ち入りに伴う踏みつけ，スキー場開発などが問題。
　【危機に瀕した植物群落の例】
　　キタアゼスゲ群落，ゼンテイカ群落，ヌマガヤ群落，ハリミズゴケ群落，ホロムイスゲ群落，ヤチカワズスゲ群落，ヤマドリゼンマイ群落

■低層湿原・挺水植物群落
　富養な湿地および湖沼や河川の岸辺に成立する大型の多年生草本群落。沖積地に立地することが多く，人の居住空間と隣接するため，開発がすすんでいる。
　インパクトとしては，人の立ち入りによる盗掘や踏みつけ，放置による植物の侵入やごみの投棄，護岸工事などによる縁辺部の改変，住宅地化や観光・スポーツ施設建設を目的とした埋め立て，周辺の開発に伴う地下水位の変化などがあげられている。
　【危機に瀕した植物群落の例】
　　アシカキ群落，アゼスゲ群落，アブラガヤ群落，アンペライ群落，イ群落，イヌノヒゲ群落，エゾホソイ群落，エヒメアヤメ群落，オオアゼスゲ群落，オオカサスゲ群落，オニスゲ群落，オニナルコスゲ群落，カキツバタ群落，カキラン群落，カサスゲ群落，カモノハシ群落，カンガレイ群落，ゴウソ群落，サギスゲ群落，サギソウ群落，サクラソウ群落，サンカクイ群落，シカクイ群落，シラカワスゲ群落，セイコノヨシ（セイタカヨシ）群落，ツクシガヤ群落，ツルヨシ群落，ナガエミクリ群落，マアザミ群落，ヌマトラノオ群落，ノハナショウブ群落，ハイチゴザサ群落，ハス群落，ヒメカイウ群落，ヒメガマ群落，ヒメシロネ群落，ヒメミクリ群落，ホタルイ群落，マコモ群落，ミクリ群落，ミクリガヤ群落，ミズガヤツリ群落，ミツガシワ群落，ミヤマシラスゲ群落，ミズオトギリ群落，ミヤマホタルイ群落，ヤマトミクリ群落，ヨシ群落

■浮葉植物群落

　根系は地下にあるが，葉は水面上に展開している浮葉植物を優占種とする植物群落。沖積地に立地するため，水田や市街地に隣接することが多い。インパクトとしては，周辺からの排水の流入，ゴミ・廃棄物の投棄，水質の悪化のほか，周辺の開発に伴う水位の変化や，池周辺の護岸工事，土砂採取も大きな問題である。ゴルフ場開発などによる破壊も懸念される。

　【危機に瀕した植物群落の例】

　アサザ群落，エゾノヒツジグサ群落，オニバス群落，オヒルムシロ群落，ガガブタ群落，コウホネ群落，ジュンサイ群落，デンジソウ群落，ヒシ群落，ヒツジグサ群落，ヒメコウホネ群落，ヒメシロアサザ群落，ヒルムシロ群落，フトヒルムシロ群落

■沈水植物群落

　湖沼や河川の水中に生育する沈水植物を優占種とする植物群落。浮葉植物群落よりも，さらに水質悪化の影響をうけやすい絶滅危惧種や危急種を多く含む。インパクトとしては，周辺からの排水の流入，廃棄物の投棄，水質の悪化が問題。ゴルフ場開発，観光開発による破壊が懸念される。

　【危機に瀕した植物群落の例】

　オグラノフサモ群落，クロモ群落，セキショウモ群落，ヒロハノススキゴケ群落，ミズオオバコ群落，ミズニラ群落

■岩上・岩隙草本群落

　石灰岩や蛇紋岩などの特殊立地はもちろん，岩壁・岩峰にみられる草本植物群落。インパクトとしては，盗掘が最大の問題。

　【危機に瀕した植物群落の例】

　アオチャセンシダ群落，イチョウシダ群落，イワウラジロ群落，イワカンスゲ群落，イワギク群落，イワギリソウ群落，イワタバコ群落，イワヒバ群落，ウラハグサ群落，エチゼンダイモンジソウ群落，オオエゾデンダ群落，オオビランジ群落，オトメクジャク群落，オトメシャジン群落，カミガモシダ群落，キクバゴケ群落，キバナコウリンカ群落，クモイコザクラ群落，クモノスシダ群落，クロミキゴケ群落，コウシュウヒゴタイ群落，コガネシダ群落，コタヌキラン群落，セトウチギボウシ群落，センダイソウ群落，シモフリゴケ群落，ダイモンジソウ群落，ツメレンゲ群落，ツルデンダ群落，ナナツガママンネングサ群落，ニオイシダ群落，ハイゴケ群落，ハナゼキショウ群落，ヒジキゴケ群落，ヒトツバ群落，ヒメシャガ群落，ヒメタニワタリ群落，フクロシダ群落，マツバシバ群落，ムカデラン群落，ユキワリソウ群落

■路傍・林縁草本群落

　路傍や林縁に成立する草本植物群落。春植物群落も含んでいる。崩壊斜面などの特殊立地に生育しているものを除くと，遷移の進行に伴って姿を消す植物群落も多く，人為的影響下で成立している植物群落も多い。インパクトとしては，盗掘があげられる。

　【危機に瀕した植物群落の例】

　イチリンソウ群落，キクザキイチゲ群落，コマツヨイグサ群落，スズメノチャヒキ群落，ニリンソウ群落，ツキヌキソウ群落，フクジュソウ群落，ホザキツキヌキソウ群落，ミスミソウ群落，ユキワリイチゲ群落

413

群系・群落・群落複合索引

群落のうち、「危機に瀕した植物群落」として第1次リストで抽出されたものについては、名称の後の（ ）内に1996年版『植物群落レッドデータブック』の掲載ページを示した。

■群系

亜高山高茎草原　219, 222, 228, 367, 384
亜高山針葉高木林　306, 310, 332, 333, 340, 363, 381
亜熱帯海岸林　35, 360, 380
海草群落　51, 55, 89, 369, 386
塩性湿地植物群落　264, 265, 283, 369, 386
温帯針葉高木林　300, 306, 310, 312, 314, 324, 331-333, 343, 361, 380
温帯性先駆木本群落　364, 381
海岸崖地草本群落　370, 387
海岸低木林　283, 300, 306, 310, 312, 329, 331-333, 350, 351, 365, 383
海浜草本群落　92, 283, 307, 309, 311, 312, 314, 332, 333, 350, 370, 387
河川礫原草本群落　371, 388
河畔林　306, 310, 332, 333, 342, 348, 362, 381
岩角地・風衝低木林　92, 331, 365, 382
岩上・岩隙草本群落　222, 228, 307, 311, 312, 329, 332, 333, 340, 342, 352, 370, 387
渓流辺草本群落　370, 388
渓流辺低木林　92, 363, 381
高山・亜高山低木林　92, 306, 310, 332, 333, 365, 383
高山荒原　219, 222, 231, 306, 310, 314, 332, 333, 366, 384
高山風衝草原　219, 222, 228, 231, 306, 310, 312, 314, 339, 366, 383
高山風衝わい性低木群落　219, 366, 383

高層湿原（ハンモック）　367, 385
高層湿原（ホロー）　367, 385
ササ草原・竹林　364, 382
山地高茎草原　367, 384
シダ草原　371, 389
湿原踏跡草本群落　301, 306, 309, 310, 367, 385
湿原縁低木林　362
沼沢林　92, 306, 310, 329, 331, 333, 363, 381
常緑広葉高木林　300, 306, 309, 310, 325, 331-333, 341, 343, 360, 380
常緑低木林　361, 380
植林　372, 389
水田雑草群落　372, 389
ススキ・シバ草原　307, 311, 331-333, 371, 388
雪田植物群落　366, 384
暖地性先駆木本群落　306, 310, 331, 333, 364, 382
中間湿原　79, 191, 368, 385
沈水植物群落　92, 369, 386
低層湿原・挺水植物群落　92, 97, 301, 307, 311, 312, 314, 329, 331-333, 368, 385
畑地雑草群落　307, 309, 311, 333, 344, 345, 372, 389
貧栄養湿原　92, 97, 368, 385
浮水植物群落　110, 300, 369, 369, 386
踏跡草本群落　306, 307, 309, 310, 311, 333, 344, 345, 372, 389
浮葉植物群落　307, 311, 332, 333, 348, 368, 386
マングローブ林　283, 360, 380
水辺短命草本群落　300, 372, 389
木性シダ群落　364, 382

硫気孔・火山荒原　301, 308, 309, 313, 332, 370, 387
隆起サンゴ礁草本群落　370, 387
隆起サンゴ礁低木林　365, 383
流水岩上着生植物群落　300, 307, 311, 312, 333, 368, 371, 388
林縁性低木・つる植物群落　306, 310, 331, 333, 365, 383
冷温帯落葉広葉高木林　306, 310, 312, 314, 324, 331-333, 340, 341, 362, 381
路傍・林縁草本群落　300, 371, 388

■群落

アイアシ群落（7）　68, 386
アオウシノケグサ群落　387
アオガネシダ群落　387
アオギリ群落　382
アオキ群落　66, 380
アオチャセンシダ群落（12）　387
アオツヅラフジ群落　383
アオテンツキ群落　389
アオナシ群落　381
アオノツガザクラ群落　384
アオモジ群落　40, 66, 69, 72, 73, 382
アオモリカギハイゴケ群落　385
アオモリマンテマ群落　387
アオモリミズゴケ群落（10）　385
アカイシヒョウタンボク　382
アカイタヤ群落　381
アカエゾマツ群落　381
アカガシ群落　119, 380
アカカンバ群落　383
アカギ群落　65, 380

アカシデ群落 381
アカソ群落 384
アカテツ群落 66, 380
アカマツ群落 343, 344, 380
アカミノイヌツゲ群落 382
アカメガシワ群落 382
アカモノ群落 382
アカヤシオ群落 382
アキグミ群落（9）381
アキニレ群落 382
アケボノツツジ群落 382
アコウ群落 380
アサギリソウ群落 387
アサザ群落（11）381
アサダ群落 381
アサノハカエデ群落 381
アシカキ群落（11）385
アシタカツツジ群落 382
アスナロ群落 380
アズマシャクナゲ群落 382
アズマネザサ群落 382
アゼスゲ群落（11）67, 98, 385
アセビ群落 382
アダン群落 65, 380
アッケシソウ群落（7）389
アツバクコ群落 153, 154, 155, 383
アデク群落 380
アブラガヤ群落（11）385
アベマキ群落 381
アポイカンバ群落 383
アポイツメクサ群落 231, 384
アマナ群落 388
アマニュウ群落 384
アマミアラカシ群落 65, 380
アマモ群落 56, 386
アヤメ群落（10）384
アラカシ群落 343, 380
アリノトウグサ群落（7）385
アンペライ群落（11）385
イイギリ群落 382
イシヅチザクラ群落 382
イジュ群落 380
イスノキ群落 341, 343, 380
イズノシマダイモンジソウ群落 387
イズノシマホシクサ群落（7）385

イソスミレ群落 387
イソツツジ群落 383
イソノキ群落 381
イソフサギ群落 68, 387
イソホウキギ群落（7）386
イソマツ群落 153, 154, 155, 387
イタドリ群落 67, 384
イタビカズラ群落 383
イタヤカエデ群落 381
イチイガシ群落 65, 343, 380
イチイ群落 380
イチョウシダ群落（12）387
イチリンソウ群落（12）388
イッポンスゲ群落（10）385
イトイヌノハナヒゲ群落（7）98, 385
イトイヌノヒゲ群落 385
イトキンスゲ群落 384
イトススキ群落（12）388
イトバショウ群落 66, 380
イヌガシ群落 119, 380
イヌコリヤナギ群落（9）381
イヌシデ群落 381
イヌセンブリ群落 385
イヌツゲ群落 380
イヌノハナヒゲ群落（7）385
イヌノヒゲ群落（11）385
イヌブナ群落 381
イヌマキ群落 66, 380
イブキザサ群落 382
イブキシモツケ群落 382
イブキジャコウソウ群落 382
イボミズゴケ群落（10）67, 225, 385
イヨノミツバイワガサ群 382
イロハモミジ群落 381
イワイチョウ群落 384
イワウメ群落 383
イワウラジロ群落（12）387
イワオウギ群落 228, 384
イワカガミ群落 387
イワガサ群落 382
イワカンスゲ群落（12）387
イワキキョウ群落 384
イワギク群落（12）387
イワギリソウ群落（12）387
イワキンバイ群落 387
イワシデ群落 382

イワシモツケ群落 382
イワタイゲキ群落 387
イワタバコ群落（12）312, 387
イワツクバネウツギ群落 382
イワノガリヤス群落（10）384
イワヒバ群落（12）387
イワブクロ群落 384
イワユキノシタ群落 387
インヨウチク群落 382
イ群落（11）385
ウカミカマゴケ群落 386
ウキヤガラ群落 385
ウコンウツギ群落 383
ウサギシダ群落 387
ウシオスゲ群落 388
ウスカワゴロモ群落（8）388
ウチョウラン群落 387
ウチワサボテン群落（9）383
ウツクシミズゴケ群落 385
ウドカズラ群落 383
ウドノキ群落 380
ウバタケニンジン群落（10）384
ウバメガシ群落（9）67, 174, 383
ウミミドリ群落（7）386
ウメモドキ群落（9）381
ウラギク群落（7）79, 383
ウラシマツツジ群落 383
ウラジロガシ群落 380
ウラジロタデ群落 384
ウラジロハナヒリノキ群落 382
ウラジロヒカゲツツジ群落 382
ウラジロマタタビ群落 383
ウラジロモミ群落 380
ウラジロ群落 389
ウラハグサ群落（12）387
ウンゼンザサ群落 384
ウンラン群落（8）387
エゾイタヤ群落 381
エゾウキヤガラ群落（7）386
エゾオケマン群落 388
エゾコウゾリナ群落 231, 232, 384
エゾコウボウ群落（10）222,

索引 415

383
エゾスカシユリ群落（8） 387
エゾチョウチンゴケ群落 387
エゾツツジ群落 383
エゾツルキンバイ群落（7） 386
エゾニュウ群落 384
エゾニワトコ群落 381
エゾノクモマグサ群落（10） 222, 383
エゾノコリンゴ群落（9） 383
エゾノシロバナシモツケ群落 383
エゾノツガザクラ群落 384
エゾノトウウチソウ群落 384
エゾノヒツジグサ群落（11） 386
エゾノミズタデ群落 385
エゾハナシノブ群落 384
エゾヒナノウスツボ群落 384
エゾホシクサ群落 385
エゾホソイ群落（11） 385
エゾマツ群落 215, 217, 218, 381
エゾミソハギ群落 385
エゾミヤコザサ群落 382
エゾミヤマトラノオ群落 384
エゾルリソウ群落 383
エダウチヘゴ群落 382
エチゴトラノオ群落 387
エチゼンダイモンジソウ群落（12） 387
エドヒガン植林 389
エノキ群落 66, 382
エヒメアヤメ群落（11） 385
エビモ群落 386
オオアゼスゲ群落（11） 385
オオイタドリ群落 384
オオイタヤメイゲツ群落 381
オオイヌノハナヒゲ群落（7） 385
オオイワインチン群落 387
オオエゾデンダ群落（12） 387
オオカサスゲ群落（11） 385
オオカサモチ群落 384
オオクグ群落（7） 87, 88, 89, 90, 386
オオコメツツジ群落 382

オオシノブゴケ群落 387
オオシマザクラ群落 381
オオシマツツジ群落 382
オオシマハイネズ群落 383
オオシラビソ群落 381
オオタカネバラ群落 383
オオツクバネガシ群落 380
オオバギボウシ群落 384
オオバクロモジ群落 383
オオバスノキ群落 382
オオバネム群落 382
オオバボダイジュ群落 381
オオハマグルマ群落（8） 387
オオハマボウ群落 65, 67, 380
オオバヤシャブシ群落（9） 381
オオバヤナギ群落 381
オオヒゲナガカリヤスモドキ群落（12） 388
オオヒラウスユキソウ群落（10） 228, 229, 230, 231, 383
オオビランジ群落（12） 387
オオフタバムグラ群落 388
オオミズゴケ群落（7） 385
オオヤマザクラ群落 381
オガイチゴツナギ群落 387
オガサワラアザミ群落 153, 154, 155, 387
オガサワラグワ群落 382
オガサワラススキ群落 387
オガサワラビロウ群落 380
オカヒジキ群落（8） 80, 387
オキナワウラジロガシ群落 65, 380
オキナワハイネズ群落（9） 67, 383
オキナワマツバボタン群落 68, 387
オキナワミチシバ群落（12） 388
オギ群落 67, 385
オクヤマガラシ群落 388
オクヤマザサ群落 382
オクヤマワラビ群落 384
オグラセンノウ群落 385
オグラノフサモ群落（11）

386
オシダ群落 389
オタカラコウ群落 388
オタルスゲ群落 385
オトメクジャク群落（12） 387
オトメシャジン群落（12） 387
オニグルミ群落 381
オニシバ群落（8） 387
オニシモツケ群落 384
オニスゲ群落（11） 385
オニゼンマイ群落 384
オニナルコスゲ群落（11） 385
オニバス群落（11） 68, 110-112, 166, 169, 386
オノエヤナギ群落（9） 381
オノオレカンバ群落 381
オヒョウ群落 381
オヒル群落 65, 380
オヒルムシロ群落（11） 386
オヤマソバ群落 384
オヤマノエンドウ群落 383
オランダガラシ群落 388
オンタデ群落 384
オンツツジ群落 382
ガガブタ群落（11） 110, 112, 386
カキツバタ群落（11） 385
カキラン群落（11） 385
ガクアジサイ群落 382
カゴノキ群落 380
カザグルマ群落 383
カサスゲ群落（11） 67, 98, 99, 100, 385
ガジュマル群落 65, 380
カショウアブラススキ群落 387
カシワ群落 381
ガッサンクロゴケ群落 384
カツラ群落 381
カトウハコベ群落 384
カナウツギ群落 383
カニツリノガリヤス群落 384
カネコシダ群落 389
ガマ群落 385
カミガモシダ群落（12） 387
カモノハシ群落（11） 385

カヤ群落　380
カラコギカエデ群落　381
カラスザンショウ群落　382
カラフトイバラ群落　381
カラマツ群落　381
カラマツ植林　389
カリマタガヤ群落（7）385
カリヤスモドキ群落　389
カリヤス群落　145, 389
カワゴケソウ群落（8）388
カワゴロモ群落（8）388
カワズスゲ群落　388
カワツルモ群落　87, 89, 90, 386
カワノリ群落（8）388
カワラナデシコ群落　384
カワラノギク群落（8）388
カワラハンノキ群落（9）381
カワラヨモギ群落（8）388
カンガレイ群落（11）67, 385
ガンコウラン群落　222, 383
カンザシギボウシ群落　387
キイシモツケ群落　382
キクザキイチゲ群落（12）388
キクバゴケ群落（12）387
キシツツジ群落　381
キシュウスズメノヒエ群落　67, 385
キタアゼスゲ群落（10）312, 385
キタゴヨウ群落　380
キダチハマグルマ群落　67, 383
キダチミズゴケ群落　385
キタミソウ群落（7）385
キツネノボタン群落　388
キツネヤナギ群落（9）381
キヌヒツジゴケ群落　387
キバナイソマツ群落　387
キバナコウリンカ群落（12）387
キバナノコマノツメ群落（10）383
キャラボク群落　383
ギョボク群落　382
キリギシソウ群落　228, 229, 230, 384
キリンソウ群落　387

キレンゲショウマ群落　384
キンコウカ群落（10）385
キンバイソウ群落　384
キンロバイ群落　383
クコ群落　383
クサトベラ群落　65, 152, 154, 380
クサネム群落　389
クサヨシ群落　385
クスノキ群落　65, 380
クスノハカエデ群落　380
クズ群落　67, 383
クヌギ群落　381
クマイザサ群落　382
クマシデ群落　381
クモイコザクラ群落（12）387
クモノスシダ群落（12）228, 387
クモマグサ群落　384
クモマニガナ群落　384
クモマミミナグサ群落　384
クリ群落　381
クロイゲ群落　383
クロウスゴ群落　383
クロガネモチ群落　380
クロソヨゴ群落　382
クロヌマハリイ群落　385
クロバイ群落　380
クロベ群落　380
クロボウモドキ群落　380
クロマツ群落　66, 380
クロマツ植林　389
クロマメノキ群落　383
クロミキゴケ群落（12）387
クロモ群落（11）110, 386
クロヨナ群落　380
グンバイヒルガオ群落（8）68, 387
ケカモノハシ群落（8）387
ケショウヤナギ群落（9）381
ケズズ群落　382
ケハンノキ群落（9）381
ケヤキ群落　66, 381
ケヤマハンノキ群落（9）381
ゲンカイイワレンゲ群落　387
ゲンカイツツジ群落　382
コアナミズゴケ群落　385
コイヌノハナヒゲ群落（7）

385
コイワザクラ群落　387
コウシュウヒゴタイ群落（12）338, 387
コウシンソウ群落　387
コウスユキソウ群落（10）383
ゴウソ群落（11）385
コウボウシバ群落　387
コウボウムギ群落（8）387
コウホネ群落（11）386
コウヤマキ群落　312, 381
コウヤミズキ群落　382
コウライシバ群落　68, 153, 154, 387
コカナダモ群落　386
コガネシダ群落（12）387
ゴキダケ群落　382
コクサギ群落　383
コケモモ群落　383
コジイ群落　65, 119, 120, 121, 122, 312, 343, 380
コシンジュガヤ群落　385
コタニワタリ群落　387
コタヌキラン群落（12）387
コナラ群落　66, 343, 344, 349, 381
コバイケイソウ群落　384
コバノヒルムシロ群落　386
コバノミツバツツジ群落　382
コハマギク群落　387
コハマジンチョウ群落　153, 154, 155, 383
コハマナス群落　383
コヒロハハナヤスリ群落　388
コブガシ群落　380
コマガタケスグリ群落　383
コマクサ群落　384
コマツヨイグサ群落（12）388
コミネカエデ群落　382
コメススキ群落　384
コメツガ群落　381
コメツツジ群落　382
コメバツガザクラ群落　383
コモウセンゴケ群落（7）385
コモチシダ群落　387
コモチゼキショウ群落（7）67, 385

索引　417

コモチレンゲ群落 387
コリヤナギ群落 381
サイカチ群落 382
サカキ群落 380
サガリバナ群落 46, 65, 380
サキシマスオウノキ群落 46, 380
サギスゲ群落（11） 385
サギソウ群落（11） 385
サクラソウ群落（11） 385
サクラツツジ群落 66, 380
サクラバハンノキ群落（9） 381
サクララン群落 383
ササバモ群落 386
サザンカ群落 380
サジラン群落 387
ザゼンソウ群落 385
サツキ群落 381
サネカズラ群落 383
サマニヨモギ群落 384
サヤヌカグサ群落 385
サラサドウダン群落 382
サワギキョウ群落 385
サワグルミ群落 381
サワシバ群落 381
サワヒヨドリ群落 385
サワラ群落 381
サンカクイ群落（11） 385
サンショウモ群落 110, 386
シオギク群落 387
シオクグ群落（7） 68, 386
シオジ群落 381
シカクイ群落（11） 385
シキミ群落 66, 380
シコタンスゲ群落 387
シコタンソウ群落 384
シソバキスミレ群落 222, 384
シダレグリ群落 381
シチメンソウ群落（7） 44, 386
シデコブシ群落 381
シナクスモドキ群落 380
シナノキンバイ群落 384
シナノキ群落 381
シノブカグマ群落 389
シバナ群落（7） 79, 386
シバ群落（12） 389
シマイガクサ群落 387

シマイスノキ群落 380
シマカモノハシ群落 387
シマギョウギシバ群落 387
シマノガリヤス群落 387
シマホルトノキ群落 380
ジムカデ群落 384
シモツケソウ群落 384
シモフリゴケ群落（12） 387
シャク群落 388
シャジクモ群落 386
ジャヤナギ群落（9） 381
シャリンバイ群落 383
シュロソウ群落 384
ジュンサイ群落（11） 68, 110, 113, 386
ショウジョウスゲ群落 384
ショウベンノキ群落 380
シラオイハコベ群落 387
シラカシ群落 343, 345, 380
シラカワスゲ群落（11） 385
シラカンバ群落 381
シラゲテンノウメ群落 382
シラタマホシクサ群落（7） 385
シラヒゲソウ群落 386
シラビソ群落 381
シラン群落 388
シリブカガシ群落 380
シリベシナズナ群落 228, 231, 387
シレトコスミレ群落 219, 384
シロイヌノヒゲ群落（7） 385
シロウマアサツキ群落 384
シロダモ群落 380
シロバナトウウチソウ群落 384
シロバナナガバノイシモチソウ群落 385
シロバナミヤマムラサキ群落 384
シロモジ群落（9） 382
シロヤシオ群落 382
シロヤナギ群落（9） 381
シロヤマシダ群落 389
シロヤマゼンマイ群落 388
スイラン群落（7） 79, 110, 385
スギナモ群落 386
スギバミズゴケ群落（10） 385

スギ群落 66, 381
スギ植林 312, 389
スジヒトツバ群落 388
ススキ群落（12） 67, 68, 312, 343, 344, 353, 389
スズメノチャヒキ群落（12） 388
スダジイ群落 61, 64, 65, 280, 299, 312, 341, 343, 344, 345, 346, 354, 380
スナゴケ群落 388
スナヅル群落（8） 387
ズミ群落 381
スルガヒョウタンボク群落 388
セイコノヨシ群落 67, 383
セイタカアワダチソウ群落 388
セイタカヨシ群落 67, 386
セキショウモ群落（11） 110, 113, 386
セトウチギボウシ群落（12） 388
センダイソウ群落（12） 388
センダン群落 66, 382
ゼンテイカ群落（10） 385
ソテツ群落 66, 380
ダイセンミツバツツジ群落 382
ダイトウビロウ群落 380
タイミンチク群落 382
ダイモンジソウ群落（12） 388
タイヨウフウトウカズラ群落 383
タイワンエノキ群落 382
タイワンカモノハシ群落 387
タイワンハマサジ群落 386
タカネクロスゲ群落 383
タカネグンバイ群落 219, 384
タカネザクラ群落 383
タカネバラ群落 383
タカネヒメスゲ群落（10） 222, 383
タカネビランジ群落 384
タカネマツムシソウ群落（10） 383
ダケカンバ群落 215, 217,

418 索引

383
ダケスゲ群落 385
タコノアシ群落 79, 386
タコノキ群落 380
タチアザミ群落 386
タチコウガイゼキショウ群落 386
タチスズシロソウ群落（8）387
タチスミレ群落 386
タチヤナギ群落 381
タテヤマアザミ群落 384
タテヤマキンバイ群落 383
タテヤマスゲ群落 384
タニウツギ群落（9）382
タニガワスゲ群落 388
タヌキアヤメ群落 67, 386
タヌキモ群落 386
タヌキラン群落 388
タブノキ群落 65, 380
タマアジサイ群落（9）382
タマシダ群落 389
ダルマギク群落 387
ダンギク群落 387
ダンコウバイ群落 381
ダンチク群落 389
チガヤ群落（12）389
チギ群落 380
チゴザサ群落 67, 386
チシマアマナ群落 384
チシマギキョウ群落 384
チシマザサ群落 382
チシマツガザクラ群落 219, 384
チシマドジョウツナギ群落 386
チシマノキンバイソウ群落 384
チシマヒョウタンボク群落 383
チシマフウロ群落（10）384
チスジノリ群落（8）68, 388
チダケサシ群落 386
チチブホラゴケ群落 388
チチブミネバリ群落 381
チマキザサ群落 145, 382
チャボカラマツ群落 388
チャボカワズスゲ群落（7）385

チャミズゴケ群落 385
チャンチンモドキ群落 38, 66, 382
チョウジガマズミ群落 382
チョウジソウ群落 386
チョウセンスイラン群落（7）385
チョウセンネコヤナギ群落 381
チョウセンノギク群落 388
チョウセンヤマツツジ群落 382
チョウノスケソウ群落 384
チングルマ群落 384
ツガザクラ群落 382
ツガルフジ群落 383
ツガルミセバヤ群落 388
ツガ群落 66, 312, 341, 381
ツキイゲ群落（8）68, 387
ツキヌキソウ群落（12）312, 388
ツクシアケボノツツジ群落 382
ツクシオオガヤツリ群落 386
ツクシガヤ群落（11）386
ツクシシャクナゲ群落 382
ツクシドウダン群落 382
ツクバネガシ群落 380
ツクバネ群落 382
ツクモグサ群落 384
ツゲ群落 382
ツメレンゲ群落（12）388
ツルカメバソウ群落 388
ツルコケモモ群落（10）385
ツルスゲ群落 386
ツルダコ群落 383
ツルデンダ群落（12）388
ツルネコノメソウ群落 388
ツルヨシ群落（11）67, 386
テイカカズラ群落 383
デイゴ群落 65, 380
ツツカエデ群落 381
テツホシダ群落 79, 386
テバコワラビ群落 389
テリハボク群落 380
デンジソウ群落（11）386
テンニンソウ群落 384
テンノウメ群落 67, 383
ドイツトウヒ植林 389

トウゲブキ群落（10）384
トウゴクミツバツツジ群落 382
トウテイラン群落 387
トウヒ群落 381
トガサワラ群落 381
トガヒゴタイ群落 387
トガリバトサカゴケ群落 388
トキソウ群落 110, 385
トキワカワゴケソウ群落（8）388
トクガワザサ群落 382
ドクダミ群落 388
トゲイヌツゲ群落 380
トゲイボタ群落 382
トサシモツケ群落 381
トダシバ群落（12）389
トチノキ群落 381
トドマツ群落 215, 217, 381
トベラ群落（9）65, 67, 383
ドロイ群落（7）386
ドロノキ群落 381
ナガエノアザミ群落 384
ナガエミクリ群落（11）386
ナガバキタアザミ群落（10）384
ナガミノオニシバ群落（7）68, 386
ナギ群落 120, 123, 135, 136, 381
ナスヒオウギアヤメ群落 386
ナタオレノキ群落 380
ナチシダ群落 389
ナツツバキ群落 381
ナナカマド群落 381
ナナツガママンネングサ群落（12）388
ナハキハギ群落 383
ナミガタスジゴケ群落 386
ナメラダイモンジソウ群落 388
ナラガシワ群落 381
ナンブイヌナズナ群落 222, 384
ナンブソウ群落 388
ナンブトウウチソウ群落 384
ナンヨウカモジグサ群落 389
ニオイウツギ群落 382
ニオイシダ群落（12）388

索　引　419

ニシキウツギ群落　382
ニセアカシア群落　381
ニッパヤシ群落（8）　44, 46, 380
ニリンソウ群落（12）　388
ヌマアゼスゲ群落　386
ヌマガヤ群落（10）　110, 385
ヌマトラノオ群落（11）　386
ネコノシタ群落（8）　387
ネコヤナギ群落　381
ネザサ群落　382
ネズ群落　381
ネナシカズラ群落　383
ノアサガオ群落　67, 383
ノウルシ群落　389
ノカイドウ群落　381
ノジギク群落　387
ノソリホシクサ群落　385
ノタヌキモ群落（7）　110, 386
ノテンツキ群落　386
ノハナショウブ群落（11）　67, 386
ノリウツギ群落　383
ハイイヌツゲ群落　381
バイカウツギ群落　383
バイカモ群落　386
ハイゴケ群落（12）　388
ハイチゴザサ群落（11）　386
ハイネズ群落（10）　67, 383
ハイノキ群落　380
ハイビャクシン群落　82, 383
ハイマツ群落　383
ハウチワカエデ群落　381
ハウチワノキ群落　380
ハカマカズラ群落　383
ハギカズラ群落　383
ハクウンキスゲ群落　387
ハクサンイチゲ群落　384
ハクサンオオバコ群落　384
ハクサンコザクラ群落　384
ハクサンシャクナゲ群落　382
ハクサンチドリ群落　384
ハクサンボウフウ群落　384
バクチノキ群落　380
ハコネコメツツジ群落　382
ハゴロモグサ群落　384
ハシドイ群落　381
ハスノハギリ群落　65, 380
ハス群落（11）　67, 386

ハチク群落　382
ハチジョウイタドリ群落　387
ハチジョウススキ群落　312, 387
ハチジョウスズタケ群落　382
ハッコウダゴヨウ群落　383
ハテルマギリ群落　380
ハドノキ群落　381
ハナガガシ群落　65, 380
ハナゼキショウ群落（12）　388
ハナノキ群落　381
ハナヒョウタンボク群落　383
ハナムグラ群落　386
ハマイヌビワ群落　65, 380
ハマウド群落　387
ハマエンドウ群落（8）　387
ハマオモト群落　387
ハマギク群落　387
ハマゴウ群落（10）　67, 152, 154, 383
ハマサジ群落（7）　386
ハマジンチョウ群落　65, 380
ハマダイコン群落　387
ハマタマボウキ群落（8）　387
ハマナス群落（10）　383
ハマナツメ群落（10）　67, 383
ハマニガナ群落（8）　387
ハマニンニク群落（8）　82, 387
ハマハコベ群落（8）　387
ハマヒサカキ群落　383
ハマビシ群落（8）　387
ハマヒルガオ群落（8）　387
ハマビワ群落　67, 383
ハマベンケイソウ群落　387
ハマボウフウ群落（8）　387
ハマボウ群落（10）　65, 67, 383
ハママツナ群落（7）　386
バリバリノキ群落　65, 380
ハリミズゴケ群落（10）　385
ハリモミ群落　66, 381
ハルニレ群落　312, 381
ハンゴンソウ群落　384
ハンノキ群落（9）　381
ヒオウギアヤメ群落　385
ヒゲシバ群落　385
ヒゲスゲ群落　387

ヒゲノガリヤス群落（10）　384
ヒサカキ群落　380
ヒジキゴケ群落（12）　388
ヒシ群落（11）　68, 113, 386
ヒダカゲンゲ群落　384
ヒツジグサ群落（11）　98, 110, 113, 386
ビッチュウフウロ群落　384
ヒトツバタゴ群落　382
ヒトツバ群落（12）　388
ヒトモトススキ群落　67, 386
ヒナザクラ群落　384
ヒノキアスナロ群落　381
ヒノキ群落　381
ヒノキ植林　389
ヒメアブラススキ群落（12）　389
ヒメイズイ群落　384
ヒメイソツツジ群落　383
ヒメイタビ群落　383
ヒメカイウ群落（11）　384
ヒメガマ群落（11）　386
ヒメキンポウゲ群落（7）　386
ヒメゴウソ群落　386
ヒメコウホネ群落（11）　386
ヒメコマツ群落　381
ヒメザゼンソウ群落　312, 388
ヒメシダ群落　386
ヒメシャガ群落（12）　388
ヒメシャクナゲ群落　385
ヒメシャラ群落　66, 381
ヒメシロアサザ群落（11）　386
ヒメシロネ群落（11）　386
ヒメスゲ群落　387
ヒメタニワタリ群落（12）　388
ヒメノガリヤス群落（12）　389
ヒメバイカモ群落　386
ヒメミクリ群落（11）　386
ヒメミズゴケ群落　385
ヒメミズニラ群落　386
ヒメヤシャブシ群落（9）　382
ヒメユズリハ群落　312, 380
ヒメワタスゲ群落（10）　385
ヒモカズラ群落　388
ビャクシン群落　383

420　索　引

ビャッコイ群落 388
ヒュウガホシクサ群落（7） 385
ヒュウガミズキ群落 382
ヒライ群落 386
ヒルムシロ群落（11） 386
ビロウ群落 66, 380
ビロードシダ群落 388
ビロードトラノオ群落 388
ヒロハイヌノヒゲ群落 389
ヒロハノススキゴケ群落（11） 386
ヒロハヘビノボラズ群落 383
ヒロハマツナ群落（7） 386
ビワ群落 380
ヒンジモ群落（7） 386
フカノキ群落 380
フキユキノシタ群落 388
フクギ群落 380
フクジュソウ群落（12） 388
フクド群落 386
フクロシダ群落（12） 388
フクロダガヤ群落 388
フサザクラ群落（9） 382
フサナキリスゲ群落 388
フジアザミ群落 384
フジイバラ群落 383
フジマリモ群落 386
フタマタタンポポ群落（10） 222, 384
フトイ群落 67, 386
フトヒルムシロ群落（11） 110, 113, 386
ブナ群落 66, 125, 126 290, 292, 299, 381
ヘゴ群落（9） 67, 382
ベニドウダン群落 382
ベニバナイチゴ群落 383
ベニバナイチヤクソウ群落 388
ヘビノネゴザ群落 388
ヘビノボラズ群落 383
ヘラノキ群落 381
ヘンリーメヒシバ群落 387
ホウオウシャジン群落 388
ホウビシダ群落 388
ホウライクジャク群落 388
ホウライシダ群落 388
ホコガタアカザ群落 386

ホザキシモツケ群落（9） 19, 381
ホザキツキヌキソウ群落（12） 388
ホソイノデ群落 389
ホソバウキミクリ群落 386
ホソバオグルマ群落 386
ホソバタブ群落 66, 380
ホソバタマミクリ群落 386
ホソバツメクサ群落 384
ホソバノシバナ群落 386
ホソバノハマアカザ群落（8） 387
ホソバヒルムシロ群落 386
ホソバウダン群落 387
ホソミズゴケ群落（10） 385
ホタルイ群落（11） 386
ボタンボウフウ群落 387
ホッスガヤ群落 389
ホルトノキ群落 343, 380
ホロムイイチゴ群落（10） 385
ホロムイスゲ群落（10） 385
ホロムイソウ群落（10） 385
ホンシャクナゲ群落 382
マアザミ群落（11） 386
マイヅルソウ群落 388
マコモ群落（11） 67, 386
マサキ群落 383
マシカクイ群落 386
マシケゲンゲ群落 219, 384
マダケ群落 382
マツバシバ群落（12） 388
マツバラン群落 388
マツムシソウ群落 384
マテバシイ群落 66, 380
マノセカワゴケソウ群落（8） 388
マメザクラ群落（9） 382
マルバイワシモツケ群落 382
マルバオモダカ群落 110, 386
マルバサツキ群落 382
マルバシモツケ群落 382
マルバシャリンバイ群落 383
マルバダケブキ群落 384
マルバチシャノキ群落 383
マルハチ群落 382
マルバニッケイ群落（10） 67, 383

マルバノキ群落（9） 382
マルバヒレアザミ群落（10） 384
マルバマンサク群落 381
マンサク群落 381
マンシュウボダイジュ群落 381
ミカヅキギクサ群落（10） 385
ミカワザサ群落 382
ミギワガラシ群落 386
ミクラザサ群落 382
ミクリガヤ群落（11） 386
ミクリ群落（11） 386
ミズオオバコ群落（11） 110, 113, 386
ミズオトギリ群落（11） 386
ミズガヤツリ群落（11） 386
ミズガンピ群落 46, 383
ミズギク群落 385
ミズキ群落 381
ミズスギ群落 387
ミズナラ群落 66, 338, 381
ミズニラ群落（11） 386
ミズバショウ群落 388
ミズヒキモ群落 386
ミスミソウ群落（12） 388
ミズメ群落 381
ミゾソバ群落 389
ミチノククワガタ群落 388
ミチノクコゴメグサ群落 388
ミチノクコザクラ群落 384
ミツガシワ群落（11） 103, 386
ミツバツツジ群落 382
ミネカエデ群落 383
ミネズオウ群落 383
ミネヤナギ群落 383
ミノボロスゲ群落 389
ミミカキグサ群落（7） 110, 385
ミミモチシダ群落 386
ミヤコアザミ群落 384
ミヤコザサ群落 382
ミヤマアブラススキ群落 388
ミヤマイヌノハナヒゲ群落（10） 385
ミヤマイボタ群落 383
ミヤマイ群落 384
ミヤマウスユキソウ群落 384

ミヤマウメモドキ群落（9） 381
ミヤマウラジロイチゴ群落 383
ミヤマウラジロ群落 388
ミヤマウラボシ群落 388
ミヤマオダマキ群落 384
ミヤマキリシマ群落 383
ミヤマキンバイ群落 384
ミヤマキンポウゲ群落 384
ミヤマクマザサ群落 382
ミヤマシラスゲ群落（11） 386
ミヤマタネツケバナ群落 384
ミヤマナラ群落 145, 383
ミヤマネズ群落 383
ミヤマハンノキ群落 383
ミヤマビャクシン群落 67, 228, 383
ミヤマホソコウガイゼキショウ群落 385
ミヤマホタルイ群落（11） 386
ミヤマホツツジ群落 383
ミヤママタタビ群落 383
ミヤママンネングサ群落 388
ミヤマムラサキ群落 384
ミヤマヤブキショウマ群落 384
ミヤマワラビ群落 388
ミョウギイワザクラ群落 388
ミョウギシダ群落 388
ミルスベリヒユ群落 68, 387
ムカゴトラノオ群落 384
ムカデラン群落（12） 388
ムギラン群落 388
ムクノキ群落 382
ムクロジ群落 382
ムシトリスミレ群落 385
ムジナスゲ群落 386
ムセンスゲ群落 385
ムツノガリヤス群落（10） 384
ムニンタイトゴメ群落 388
ムニンヒメツバキ群落 380
ムニンヤツデ群落 380
ムラサキセンブリ群落 384
ムラサキミズゴケ群落（10） 385

ムラサキミミカキグサ群落（7） 385
メイゲツソウ群落 387
メガルカヤ群落（12） 389
メダケ群落 382
メノマンネングサ群落 388
メヒシバ群落 389
メヒルギ群落（8） 65, 380
モイワシャジン群落 388
モイワナズナ群落 388
モウセンゴケ群落（7） 385
モウソウチク群落 382
モクゲンジ群落 382
モクタチバナ群落 66, 380
モクビャッコウ群落 67, 68, 383
モクマオウ群落 380
モダマ群落 67, 383
モチノキ群落 380
モッコク群落 380
モミジカラマツ群落（10） 384
モミ群落 38, 66, 119, 341, 343, 381
モンゴリナラ群落 381
モンテンボク群落 380
モンパノキ群落 380
ヤエガワカンバ群落 381
ヤエヤマシタン群落 380
ヤエヤマネム群落 382
ヤエヤマヤシ群落 380
ヤクザサ群落 382
ヤクシマカワゴロモ群落 388
ヤクシマシャクナゲ群落 66, 383
ヤクシマホシクサ群落（7） 67, 385
ヤクタネゴヨウ群落 66, 381
ヤシャゼンマイ群落 388
ヤシャブシ群落 382
ヤチカワズスゲ群落（10） 385
ヤチカンバ群落 381
ヤチスギラン群落 385
ヤチスゲ群落（10） 385
ヤチダモ群落（9） 381
ヤチヤナギ群落（9） 381
ヤナギタデ群落 312, 389
ヤナギトラノオ群落 386

ヤナギモ群落 386
ヤナギラン群落 384
ヤハズトウヒレン群落 384
ヤハズハンノキ群落 383
ヤブツバキ群落 66, 380
ヤブニッケイ群落 380
ヤブヨモギ群落 384
ヤマアゼスゲ群落 386
ヤマアワ群落 389
ヤマウルシ群落 382
ヤマグルマ群落 66, 380
ヤマザクラ群落 381
ヤマタヌキラン群落 387
ヤマツツジ群落 383
ヤマトミクリ群落（11） 386
ヤマドリゼンマイ群落（11） 385
ヤマハゼ群落 382
ヤマハンノキ群落 382
ヤマビワ群落 380
ヤマブキショウマ群落 385
ヤマブキソウ群落 388
ヤマモミジ群落 381
ヤマモモ群落 380
ヤマラッキョウ群落 385
ヤリスゲ群落 385
ユウスゲ群落 385
ユウバリコザクラ群落 222, 384
ユウバリミセバヤ群落 222, 388
ユキツバキ群落 380
ユキバヒゴタイ群落 221, 222, 384
ユキワリイチゲ群落（12） 388
ユキワリコザクラ群落 388
ユキワリソウ群落（12） 388
ユズリハ群落 380
ユズ群落 380
ヨコグラノキ群落 381
ヨシ群落（11） 67, 98, 191, 290, 386
ヨツバシオガマ群落 384
ヨメナ群落 388
ヨモギ群落 388
ラセイタソウ群落 387
リシリゲンゲ群落（10） 219, 384

リシリヒナゲシ群落 219, 384
リュウキュウアイ群落 388
リュウキュウガキ群落 380
リュウキュウチク群落 382
リュウキュウマツ群落 66, 381
リュウキンカ群落 388
リョウブ群落 381
レブンソウ群落（10） 219, 384
レブントウヒレン群落（10） 219, 384
レンゲイワヤナギ群落 383
レンゲショウマ群落 385
レンゲツツジ群落（9） 381
ワスレグサ群落 387
ワタスゲ群落（10） 385
ワタミズゴケ群落 285
ワダンノキ群落 380
ワラビ群落 389
ワラミズゴケ群落（10） 226, 385

■群落複合

塩性湿地植生 378, 389

海崖植生 300, 301, 302, 308, 313, 351, 378, 389
火山荒原植生 300, 301, 308, 313, 376, 389
河辺植生 301, 302, 308, 313, 314, 332, 349, 374, 389
岩隙植生 300-302, 308, 313, 314, 332, 341, 377, 389
高山植生 301, 302, 308, 324, 332, 340, 374, 389
高層湿原植生 301, 308, 313, 325, 332, 347, 375, 389
砂浜植生 92, 301, 308, 313, 314, 332, 351, 378, 389
水生植生 301, 308, 313, 314, 332, 349, 375, 389
石灰岩植生 228, 300-302, 308, 313, 314, 332, 352, 377, 389
雪田植生 300, 301, 308, 313, 314, 332, 375, 389
草原植生 301, 302, 308, 313, 325, 332, 375, 389
多雪山地植生 300, 301, 302, 308, 313, 314, 324, 325,

374, 389
暖温帯森林植生 300-302, 308, 309, 313, 314, 324, 325, 332, 333, 373, 389
中間・低層湿原植生 92, 97, 301, 308, 313, 314, 324, 331, 332, 338, 347, 375, 389
超塩基性岩植生 300, 301, 302, 308, 313, 325, 332, 352, 377, 389
島嶼植生 219, 300-302, 308, 313, 323, 324, 355, 378, 389
風穴植生 300, 301, 308, 313, 377, 389
風衝植生 92, 389
硫気孔荒原植性 309, 376, 389
隆起サンゴ礁植生 301, 302, 308, 313, 314, 332, 354, 378, 389
冷・暖温帯移行部森林植生 301, 308, 313, 324, 331, 341, 373, 389

事項索引

■英字

Brachland 16
GAP分析 92
GISソフト 237 →調査法
GPS 238 →調査法
neglected sites 16
Seagrass Net 55
wasteland 16
ZM方式→植物社会学的群落分類

■ア行

アウフナーメ 247
赤土の流出 152
亜高山帯 139
字 22
亜熱帯植生 65
アフブアア 22
アマモ場 51, 55

綾北ダム 83, 84
暗渠 148
――排水 43
生け垣 16
移行帯 43
移行域生態系 44
移植 10
一次遷移 162
遺伝子汚染 155, 164
遺伝子撹乱 41
遺伝資源保存林
　越後山脈森林生物―― 128
　大久蔵トチノキ林木―― 128
移入植物 236
猪垣 22
入会地（共有地）16 244
インパクト要因 295, 315
　汚染物質の投棄・排出 315, 317, 318, 320322, 325,

329
観光開発 315, 318, 320, 321, 323, 324
スキー場開発 125
リゾート開発 339, 340, 342
自然災害 315, 317-318, 320-322, 325, 329
水際開発
ダム建設 116
港湾整備 48
住宅地開発等 320, 325
その他
管理放棄 342
道路開発 315, 317, 318, 319, 321, 323, 325, 329
農林業開発 315, 316, 317, 318, 320, 321, 323, 324, 329,
伐採 312, 314, 315, 317,

索引 423

324, 330, 333, 341, 342, 343
人の立ち入り 315, 316, 318, 320, 321, 323, 329, 342, 344, 346, 347, 348, 351
　盗掘 38, 41, 75, 219, 220, 228, 230, 339
　踏みつけ 40, 228, 339
　水際開発 315, 318, 319, 323, 325, 329
　治山・砂防工事 342
海草 51
海砂採り 80
雲霧帯 22
雲霧林 38, 59
衛星写真 161
栄養繁殖 112
エコツアー 44
エコトーン 57
エコミュージアム 56
塩生沼地 80
塩生植物 258
堰堤 105
塩田 258
塩類汚染 224
大字 22
オーバーユース 147
大森岳林道 84
奥地林開発 16
奥山 12, 24
落ち葉かき 40
帯状分布 95→ゾーネーション
温暖化 57

■カ行

海岸
　――崖地 266
　――植生 44, 180, 257
　――植物群落 283
　――法 283
　――保全基本計画 284
　――保全区域 283
　一般公共――区域 283
　埋立地 259
　塩性湿地 80, 257, 258
海崖 220, 257
河川区域 283

岩石―― 257
漁港区域 283
港湾区域 283
砂浜 257, 259
自然―― 51, 282
人工―― 259
親水海岸づくり 80
礫浜 259
隆起サンゴ礁 152, 257
改修工事 110
海食崖 172, 173
海進 175
海草場 53
海藻場 53
海中草原 51
海中林 51
ガイド 44
皆伐母樹保残法 39, 126
海浜植物群落 264
海浜砂地 65
外来種 37, 41, 43, 152, 178
外来樹種 157
過栄養化 111
河岸侵食 48
拡大造林 37, 85
　拡大造林―― 16
隔離分布 134, 199
過去の慣行 243
火山草原群落 162
春日大社 119→春日山原始林
寡雪地 129
学会
　日本植物分類―― 274
　日本鱗翅―― 274
河畔林 134
茅場 29
刈上場 14
刈り取り 37
環境
　――影響評価 44
　――傾度 270
　――指標 26
　――修復 87
　潜在的――収容力 193
　――変遷 27
環境省 8, 17, 19, 21
環境庁 274
観光客 48
観光資源 41

観光道路
　戦場ヶ原縦断道路 192
　ビーナスライン 142
観光遊覧船 48→曳き波
乾燥化 42, 192, 208
干拓・淡水化事業 87
乾田化 42, 78
橄欖岩 143→特殊岩地
管理計画 244
帰化植物 13, 25, 152, 194
帰化率 25
危急種 64
偽高山帯 92
木地師 125, 201
稀少種 41
　特定稀少種 220
稀少性 292
汽水 257
　――域 87
　――湖 87
休耕田 178
競合種 244
胸高断面積合計 172, 242
胸高直径 59
行政の対応 37
共有地→入会地
極相 15
久住草原 76
クレスト 206
クローン苗 220
群系 293
　――群 293
群度 240
群落
　――変化 36
　――再生 30
　　浮葉植物―― 111
　　水辺―― 79
群落高 246
群落構造 39
群落測度 250
現存量 250
積算優占度 (SDR) 250
相対積算優占度 (SDR) 251
被度 250
被度百分率 250
密度 250
群落タイプ 300

群落複合　291
景観　21, 24
　──景観　31
景相単位　177
結実率　199
堅果　125
原植生　158
原生自然　32
原石採掘　41 →特殊岩地
コアエリア　37, 213
後継樹　122, 132
孔隙率　207
耕作放棄湿田　97
高山植物　144, 146
洪積台地　175
荒地　15
　未利用──　16
　利用──　16
公有地化　58
護岸　110
　──工事　43, 87, 184, 194
国交省中国地方整備局　89
国定公園　39, 45, 337
　沖縄海岸──　58
　九州中央山地──　83
国立公園　64, 337
　──特別保護地区
　　小笠原──　152
　　日光──区　191
　　山陰海岸──　95
　　大雪山──　215, 217, 219
国有林　16, 21, 27, 39
　大杉大小屋──　114
　黒蔵谷──　114
　中尾──　83
枯死　204
コスモポリタン　13
枯損量　216
個体群　253
　──動態調査　254
固有種　41, 60
　準──　60
固有変種　164
個体群が孤立化　40
コリドー　14, 18, 63
根系の裸出　48
根圏　205

■サ行

最終氷期　106
採食　122, 223 →食圧
　シカの──　122 →天然記念
　　物（奈良のシカ）
　シカの食害　193
　嗜好性植物　193
　樹皮剥ぎ　122
　非嗜好性樹種　39
　不嗜好性植物　122
　防護柵　194
　シカ──　195
採草地　140 →草原
砂丘　259
さく葉標本　247
ササ草原　141
砂洲　182
里やま　12, 14, 24
砂礫堆　134
酸性雨　204
残存芽　201
残存植物群　13 →植生（残存植生）
残存林　13
山腹緑化　164
産卵場所　50
シードソース（種子供給源）
　123, 255
しいな　132
シカ食害→採食
識別種　252
試験井　207
自生種　39
自生植物　164
自然攪乱　217
自然環境研究所　274, 277
自然環境の完結性　22
自然環境保全地域　18, 215, 228, 232
　十勝川源流部原生──　215
全一性　22
自然観察　56
　──指導員　260
自然群落　10
自然公園
　狩場茂津多北海道立──　228
　富良野芦別北海道立──　228
自然再生推進法　32
即席の自然再生　27
自然資源利用　15
自然村（ムラ）　22
自然利用　31
　持続的利用　63
自然林　29 →二次林
下刈り　189
湿原　37, 42, 191
　高層──　191
　　ハンモック　206
　　ホロー　206
　　ラグ　206
　　ランド　206
　──植生　224
　中間──　42, 191
　低層──　42, 79, 191
　　ミズゴケ──　224
　　レイズド──　206
実験的保護策　38
湿性林　148
湿田　97, 98, 175 →泥田
指標群落　27
指標種　27
死亡率　242
島　23
調査の手引き　285
調査シート　284
調査要項　284
市民参加　284
社寺林　37
社寺林　115, 116
蛇紋岩　41, 106, 143 →特殊岩地
　──植生　145
　──植物　144
ジャンガラ　32
ジャングル　16, 32
種位置指数　269
樹雨　59
集水域　24
　──単位　63
周辺環境　330
樹冠構成種　115
樹冠投影図　121, 240
樹高　59
　──階分布　242
種子供給源→シードソース

索引　425

種子散布 72
　風散布 250
　人為散布 154
　鳥散布 72, 74
種子繁殖 220
種数－面積曲線 247
主成分分析 269
種組成 189
種多様性 236
種の保存法 220
狩猟圧 193
樹林化 141
順応的管理 159
常在度 229
照葉樹林 21, 39, 83, 114
常緑広葉樹林 39
食圧 152
食害 44
植栽導入 13
植生
　――区分 237
　――図 98, 237
　――帯 92
　――の退行 28
　――パターン 154
　――評価 271
　――復元運動 94
　海岸―― 44, 180, 257
　海浜―― 80, 291, 300
　下層―― 240
　畦畔―― 14
　砂丘―― 92
　残存―― 13
　相観―― 245
　湿地―― 97
　二次―― 30
　半自然―― 27, 37
　林床―― 199
　路傍―― 14
植物群落タイプリスト 292
植物群落レッドデータ・ブック
　（植物群落 RDB） 8, 9, 36
植物誌 261 →植物相
植物社会学的群落分類（ZM 方式） 252
植物相（フロラ） 261 →植物誌
地割り区分 63
人為影響 215, 243

人工植物群 13
人工繁殖 41
人工林 13, 18, 29
侵食 80
　――谷 269
薪炭用樹種 157
薪炭林 15, 29, 40, 185
浸透係数 207
侵入植物群 13
新葉条 201
森林 236
　――管理 27
　――生態学 236
　――生態系保護地域 18
　――動態 215
水位 99
　――維持 43
　――変動 104, 209
水源涵養林 148
水源林 18
水質 88
　――悪化 43
水生植物 90
垂直分布 92
水路の下刻 42
ススキ草原 77
スタンド位置指数 269
生息域内保全 220
生育形 248
　偽ロゼット形 249
　叢生形 249
　直立形 248
　つる形 249
　刺形 249
　部分ロゼット 249
　分枝形 249
　匍匐形 249
　ロゼット形 249
生育地の攪乱 25
生育立地 339
　高山 339
　山地 340
生活型 248
　一年生植物 248
　水湿植物 248
　――スペクトル→生活型組成
　――組成（生活型スペクトル） 248
　多肉植物 248

地上植物 248
地中植物 248
地表植物 248
着生植物 248
二年生植物 248
半地中植物 248
生活環 245
生活環境保全林整備事業 108
生活排水 87
生態機能 32
生態系の再生 10
成帯構造 →帯状分布, ゾーネーション
生態的特性 271
成長率 242
生物圏保存地域 18
生物指標 13
生物多様性 16
生物多様性国家戦略 18
　新・―― 19
生物多様性条約 220
世界自然遺産 18
世界文化遺産 119
石灰岩 41 →特殊岩地
　――植生 228
　隆起―― 65
絶滅危惧種 43
絶滅種 64
遷移 28, 177
　――診断 251
　――度（SD） 252
　――途中相 37
　自然―― 15
　進行―― 29
　退行―― 28, 29
　二次―― 30
　偏向―― 15, 30
浅海域 51, 52
先駆種 40
先駆樹種 134
選択的除去 189
相観 189
草原 75, 243
　――維持 42
　採草 42, 77
　野焼き 41, 42, 75
　火入れ 75
　防火帯 42, 76
　放牧 42

――圧　140
牧畜　42
輪地切り　42, 76
輪地焼き　42, 76
――管理　77
――景観　42, 75
自然――　243
草原――　75
ススキ――　255
半自然――　41, 42, 243
――モニタリング調査→モニタリング
保護増殖事業　220
造成放棄地　62
草地→草原
人工――　76, 139, 243
――化　139
半自然――　76
野草地　139
送粉者競合　155
ゾーネーション　95 →帯状分布
杣山　22
ソルト・スプレー　258

■タ行

耐陰性　72
大径木　203
――化　116
台風　157
太平洋型気候　129
他花受粉　199
択伐率　217
択伐林　29
多雪環境　129
多雪地　114
立入禁止区域　153
立ち枯れ　242
多年生草本　255
多変量解析　253
ため池　97, 104, 110
単一群落　291
タンポポ調査　25
地位指数　26
地下水位　101, 207, 268
――の低下　101
竹林の拡大　95, 236
地形・土壌的極相　201
池溏　102

着生型　59
中国新聞社　274
沖積低地　175
超塩基性岩　106 →蛇紋岩, 特殊岩地
潮下帯　53
調査法
永久ベルトトランセクト　268
永久方形区　268
魚眼レンズ　241 →全天写真
グリッド　239
航空写真　102
個体マーキング――　254
コドラート　253
永久――　120
植物社会学的な――　238
全天写真　241
デジタルカメラ　238
ベルトトランセクト法　261
毎木――　238
潮止堰　266
鳥獣保護区　193
直径階分布　121, 242
地理情報　96
沈水カルスト地形　152
沈水ドリーネ　154
追加指定　58
角とぎ　→採食（シカによる採食）
ツル植物　116
庭園植物　117
汀線　183
泥炭　105, 224
――層　206
――ドーム　206
伝統的農業管理　177
伝統的農林業　42
天然記念物　18, 336
国指定――　14
太東海浜植物群落　180
生島樹林　117
富良野芦別道立自然公園　221
都道府県指定――　203
富津州海浜植物群落　180
大山祇神社社叢　203
隠津島神社社叢　203
奈良のシカ　123

特別――　50
春日山原始林　119, 121-12
天然保護区域　58
天然林　84
踏圧　94, 154 →インパクト要因（踏みつけ）
同定　247
倒伏　242
特殊岩地　41 →石灰岩, 蛇紋岩, 原石採取
特定植物群落　19, 83
登山道（登山路）　145, 219 →インパクト要因（踏みつけ）
自然観察路　154
八方尾根自然研究路　146
都市　12, 24
――化　110
――公園　183
土砂流出防止　194
土壌
――侵食　94, 152
――堆積　46
――断面　205
――流出　145
土地利用　22
やんばる型――　22, 63
土嚢　101
泥田　175 →湿田

■ナ行

南方系植物　74
二次林　27 →自然林
日本海型気候　129
日本海型ブナ林　129
ニホンジカ　343, 355
『日本植生誌』　292
日本の重要な植物群落　162
入山自粛措置　221, 230
人間と生物圏計画（MAB）　18
根返り倒木　60
根雪　133
農業資源　41
農業用水　192
農耕地域　14
農耕文化　42
農用林　14, 15, 185

■ハ行

パイオニア 122
排水溝 192
排水調節堰 192
排水路 227
橋の架け替え工事 48
パターンとプロセス概念 27
パッチ動態 27
バッファーゾーン 37, 213
半自然 29
　——林 13, 29, 40
繁殖型 248, 249
散布器官型（D 型）249, 250
　栄養繁殖 250
　風散布型 250
　自動散布型 250
　重力散布型 250
　動物散布型 250
　水散布型 250
　地下器官型（R 型）249
反復平均法 270
氾濫原 134, 191
干潟 53, 258
曳き波 48
植被率 246
ヒマラヤ山地民 31
標徴種 64, 252
肥料藻 91
ファイトメーター（植物計）25
不安定立地 37
風衝斜面 171
ブータン 23
風倒木 60
風媒 199
　——花 132
富栄養化 42, 111
攪乱と再生のプロセス 236
分散構造 242
保安林 183, 265
萌芽更新 189
萌芽枝 60
放棄水田 98
豊作年 132
崩積土 203
防潮林 65
放置林 189
法的規制 331
法的担保 93
牧草 140

保護・管理状態 295, 303
保護区 36
　——のネットワーク 62
保護対策 295
保護地域指定 37
補充率 242
圃場整備 42, 178
保全生態学 112
保全目標 156
北海道森林管理局 228
ホットスポット 61
ボランティア 77
埋土種子 73

■マ行

巻き枯らし 159
町づくり 86
マングローブ林 48
三重自然誌の会 274
幹折れ 242
実生 204
水草 51
緑のダム 23
未利用地 16
民有林 58
武蔵野 13
村山野 16
木道 42
モク採り 56
モザイク的配置 177
モトクロスバイク 75
モニタリング 38, 234
　——システム 235
　——調査 200
　群落—— 27
　広域的—— 195
　市民参加型の植物群落—— 235
　草原——調査 243

■ヤ行

焼畑 63
野生絶滅 221
野生動物 39
谷地（谷戸，谷津）175 0, 208
　——田 175, 176
山火事 101
融雪剤 224

湧水湿地 98, 99
優占度 240, 291
ユネスコ（UNESCO）18
ヨシ帯 90
4 輪駆動車 75

■ラ行

裸地 259
　——化 40, 156
ランドスケープ・エコロジー 213
リゾートホテル 50
リゾート法 51
リター被覆 189
立地荒廃 43
リモートセンシング 38 → 調査法
立木密度 127
流路改変 227
林冠 60
　——構造 240
　——木 116, 204
林種転換 189
林床管理 37
林道
　大国林道 61, 62
　奥与那林道 61
　峰越林道 127
林分 84
林分構造 127, 189
林野庁 16, 17, 213
レキ地 94
レッドデータ・ブック 8, 234, 274
　——近畿研究会 274
レッドリスト 8
レフュージア 156
ローレル林 23
矮生低木林 212
ワンド 90

地名索引

■北海道
北海道　36, 40, 41, 53, 79,
　　208, 215, 219-222, 224,
　　228, 230, 232, 296, 297,
　　304-307, 309-314, 319,
　　320, 331, 339, 342, 343,
　　346-348, 352, 354, 355
　アポイ岳　231, 232
　歌才湿原　224, 225, 227
　ウトナイ湖　225, 227
　ウトナイ湿原　225, 227
　ウトナイネイチャーセンター
　　225
　大平山　228, 230, 231, 232
　キウシト湿原　226
　崋山　221, 228-232
　黒松内町　224
　静狩湿原　224
　暑寒別岳　219, 339
　知床半島　219
　平山　339, 342
　武華山　339
　苫小牧市　225
　トムラウシ山　219
　ニペソツ山　219
　日高山脈　219, 231
　美々川　225
　風蓮川湿原　227
　富良野西岳　339
　武利岳　339
　ペンケヌシ岳　219
　幌尻岳　219, 231, 232
　若山町　226
　夕張岳　221-223, 339
　勇払川　225
　余市岳　339
　利尻岳　339
　利尻島　219
　礼文島　219, 221, 223
■東北　305, 309, 314, 319,
　339
　阿武隈山地　197, 198, 201
　飯豊連峰　339
　奥羽山地　201
　奥羽山脈　211
　北上山地　197

　栗駒山　213
　白神山地　213
　玉川源流部　213
青森県　212
　恐山山地　213
　下北半島　212
　津軽地方　212
　津軽半島　212
　八甲田山　339, 347
岩手県　341, 347, 348, 352,
　355
　葛根田川　213
　早池峰山　213
宮城県　274, 297, 331, 341,
　342, 352, 355
　手倉山　198
秋田県
　白神山地世界遺産センター
　　214
　栃ケ森山　213
山形県　212, 274
　朝日連峰　339
　月山自然博物館　214
福島県　40, 43, 44, 127, 131,
　200, 201, 203, 206
　赤井川　208
　赤井谷地　206-210
　吾妻山　213
　飯豊山　213
　猪苗代湖　201, 203, 205,
　　206
　大滝根山　197
　強清水　208
　新四郎堀　208, 210
　中ノ沢温泉　201
　日隠山　198
　日山　197
　三森山　198
　蓬田岳　197
■関東　314, 320, 331
　花瓶山　198
東京都　40, 41, 45, 131, 155,
　156, 163, 164, 175, 185,
　292, 297, 331, 343-345,
　348, 350
　伊豆諸島　162, 164

　小笠原諸島　40, 152, 155,
　　164
　小笠原村　152, 155
　父島列島　152
　父島　152, 154, 156, 157,
　　158
　南島　152, 153, 154, 155,
　　156
　桑ノ木山　157
　母島　155, 157, 158, 159
　石門　155, 157
　長浜　157
　扇池　154, 155
　陰陽池　154, 155
　鮫池　154, 155
　東京湾　265, 266, 279, 280
　三宅島　41, 162, 163, 164,
　　165
　雄山　162
神奈川県　171, 175, 185, 274,
　275, 343
　鎌倉市　238
　鶴岡八幡宮　238
　相模湾　162
　丹沢　38
　三浦半島　171
埼玉県　185
　新座市　14
　平林寺境内林　14
千葉県　37, 42, 43, 45, 166,
　167, 169, 171, 180, 182,
　185, 274, 297, 331, 343,
　345, 348, 352
　夷隅川　180
　印旛郡　166
　　印旛村　166
　　本埜村　166
　　　太左衛門堀　166, 167
　江戸川　169
　大須賀山　281
　勝浦市　171
　　岩井袋　37, 171, 172,
　　　173, 174
　　清澄山　172
　　鋸南町　171, 172
　　八幡岬　171

索引　429

香取郡　168
　　神崎町　168, 169
　こうざき天の川公園　169
　下総台地　175
　太東　184
　太東崎　180
　千葉市　176, 177, 178, 238,
　　279-282
　　花見川区　281
　東京大学千葉演習林　14
　成東・東金食虫植物群落
　　43
　鋸山　172, 173
　富津州　180, 182, 183
　房総半島　171- 173, 175,
　　182
　松戸市　169
茨城県　198
　加波山　198
　北茨城市　198
　久慈山地　198
　堅破山　197
　筑波山　198
　花園山　198
　八溝山　197, 198, 200
　八溝山地　197, 198, 200
　吾国山　198
栃木県　43, 44, 185, 191,
　　193-195, 200, 274
　赤沼茶屋　192
　荒川　198
　雨巻山　198
　大真名子山　191
　奥日光　193
　尾瀬ヶ原　44
　笠間市　198
　河合八幡山　198
　小真名子山　191
　逆川　191, 192, 194
　佐白山　198
　山王帽子山　191
　白根山　193
　戦場ヶ原　36, 43
　高館山　198
　太郎山　191
　中禅寺湖　193
　男体山　191, 192, 198
　難台山　198
　西高太石山　197

日光市　191
　戦場ヶ原　191, 192, 193,
　　194, 195
　益子町　198
　御留　192
　南那須町　198
　茂木町　198
　湯川　192
■　中　部　305, 314, 321, 331,
　　339
　北岳（北アルプス）　339
　仙丈ヶ岳　339
新潟県　125, 126, 127, 341,
　　342, 350, 351
　岩船郡　125
　　朝日村　125
　東蒲原郡　125
　　上川村　125, 126, 128
　　日尊倉山　126, 128
長野県　40, 41, 43, 130, 133,
　　139, 141-143, 145-148,
　　150, 151, 275, 276, 278
　梓川　37, 134, 135, 137
　四阿山　148
　兎平　143
　牛伏山　139
　美ヶ原　139-142
　　美ヶ原――　41, 139
　王ヶ頭　139
　大松山　148
　上高地　134, 135, 137
　唐松岳　143
　霧ヶ峰高原　142
　真田町　148
　菅平湿原　148, 150, 151
　大正池　134
　茶臼山　139
　徳沢　135, 136, 137
　根子岳　148
　白馬村　143, 147
　八方池　143, 144, 146
　八方尾根　143-145, 147
　松本市　139
　明神　135, 136, 137
　横尾　134
石川県　274, 297, 331, 341,
　　342, 351, 352
福井県　331, 341, 342
愛知県　297, 331, 343, 344,

　　346, 348, 350, 353, 355
　小牧大山　343
　大興寺　343
静岡県
　伊豆半島　74, 172
三重県　343, 353, 355
　大杉谷　343
　高倉神社　343
■近畿　305, 314, 321,331
大阪府　297, 331, 343, 350,
　　352
兵庫県　39, 43, 95, 110, 113,
　　115-117, 274, 276, 277
　赤穂市　117
　淡路島　110
　　南淡町　117
　大歳神社　116
　福崎町　116
　神戸市　111, 112, 116, 117
　東播磨地方　110, 111, 113
京都府　274
滋賀県　117, 297, 331, 342,
　　343, 350, 352, 355
　竹生島　117
奈良県　39, 343
　大台が原　343
　春日山　115, 119, 120, 121,
　　122, 123, 124
　奈良公園　119, 123
　吉野町　116
　妹山　116
　　――樹叢　116
和歌山県　114, 117, 274, 297,
　　331, 348, 350, 352, 354,
　　355
　紀伊半島　74
　田辺市　117
　南部町　117
■中国・四国　305, 321, 331
　瀬戸内海　52
鳥取県　39-41, 45, 87, 92, 93,
　　95, 96
　金山神社社叢　95
　倉田八幡宮社叢　95
　西伯町　95
　佐治村　95
　大山　40, 92, 94, 96, 343
　鳥取砂丘　95
　鳥取市　95

長田神社社叢　95
氷ノ山　92
中海　88, 89, 91
米子水鳥公園　90
島根県　87-91
　揖屋干拓地　90
　大橋川　87-89
　加賀の海岸　90
　島根半島　90, 95
　宍道湖　87, 88, 90, 91
　宍道町　87
　　来待　87
　中海　87, 90
　彦名干拓地　90
　新庄町　87
　松江市　87, 89
　新庄町　89
　野原町　90
　福富町　87
　美保関町　87
　安来干拓地　90
　安来地内　87
岡山県　43, 44, 69, 74,
　　101-103, 269, 271, 272,
　　274, 276
　蛇ヶ乢湿原　102
　吉備高原　103
　鯉ヶ窪湿原　103, 104
　総社市　269, 271, 272
　　ヒイゴ谷湿原　269, 272
　細池湿原　102
　六本杉湿原　103
広島県　44, 97, 99, 100, 274,
　　276
　奥田大池　99
　鏡山公園　99, 100
　賀茂台地　99
　口の池　97-100
　西条盆地　97, 99
　東広島市　97, 99
　御園宇大池湿原　97-99
山口県　69, 74, 343, 350
　白滝山　343
　油谷　69
愛媛県　342, 352
　赤石山　339
高知県　41, 106, 108, 109
　円行寺　107, 108
　鏡村　108

高知市　107, 108
大坂山　108
土佐山田町　108
油石　108
錦山　108
日高村　107, 108
横山　107, 108
万太郎山　197
香川県　297, 331, 342, 352
　琴平山　342
■ **九州**　305, 314, 323, 331,
　341, 343
　有明海　52
　久住火山群　343
　祖母・傾山山系　341
福岡県　69, 80, 274
佐賀県　69, 72, 74, 80
　伊万里　69, 70, 72
　鹿島　69
　加部島　69
　唐津　69, 70, 80
　玄海　69
　神六山　69
　背振山　69
　多久　69
　武雄　69
　太良　69
　唐泉山　70
　山内　69
　呼子　69, 70
長崎県　39, 44, 69-74, 79-82
　青方　70
　猪掛峠　70
　壱岐　70, 82
　生月島　70
　諫早　70
　　――湾　44
　　長崎県――干拓事業　79
　今里峠　70
　伊万里湾　70
　上の濁　70
　宇久島　70
　雲仙　70, 73, 79, 80
　大村　70-73
　　――湾　70, 71, 73
　小値賀島　70
　上五島　70
　上対馬町　82
　北松浦半島　70

桐古里　70
原生沼　70
五島列島　65, 70, 74
佐世保　70, 71
地獄　70
島原半島　70, 71
諏訪の池　70
鷹島　70
多良山　70
男女群島　70
対馬　70, 73, 80, 82
中通島　70
西彼杵半島　70
野母半島　70
東彼杵地方　70
平戸口（田平）　70
平戸島　70, 74
広河原　70
福江島　70
福島　70, 72
眉山　70
龍観山　70
若松島　70
熊本県　69, 74, 77, 114, 342
　天草　65, 69
　市房山　114
　水俣　52, 69
大分県　41
　久住高原　41, 75, 77, 78
宮崎県　10, 19, 21, 33, 37,
　38, 39, 83, 114, 274, 341,
　348, 350-352
　尾鈴山　341
　鉄山川　341
　綾（町）　10, 37, 39, 83, 84,
　　86
　綾北川　84, 85
　綾南川　83-85, 114
　猪八重渓谷　19
　大森岳　83-85
　輝嶺峠　84
　高岡　341
　都農町　10
　須木村　83-85
　　曽見（相見）谷　83
　鷲巣　85
鹿児島県　10, 38, 45, 64, 65,
　66, 68, 69, 82, 114
　悪石島　65

阿久根 65, 69	住用村 65	内離島 44
奄美大島 64, 65, 67, 69, 114	川内川 67	沖縄島 46, 58, 62, 63
奄美諸島 64-66	高隈山 66	奥間川 58
出水地方 69	宝島 65	クイラ川 48
藺牟田池 67	種子島 65-69	後良川 48
大隈半島 38, 66, 67, 69	トカラ列島 65, 69	トゥドゥマリ浜（月が浜） 50
沖永良部 65, 67	徳之島 65, 114	仲間川 46-48
鹿児島湾 65	春田浜 67	仲良川 48
笠利町 65	菱刈町 67	名蔵川 48
上甑島 69	枇榔島 67	西船付川 48
喜入町 65	南種子町 66	比川 58, 59, 63
喜界 65	屋久島 38, 40, 65, -69, 114	船浦湾 44, 46, 48
霧島 66, 68	■沖縄 305, 309	辺野古 52
草垣島 69	沖縄県 38, 59, 63, 69, 296, 297, 305-313, 341, 342, 352	前良川 48
口永良部 65		屋我地島 69
口之島 65	安波川 58	ヤシ川 46
栗野岳 114	泡瀬 37, 44, 52	由布島 48
甑島 66, 67, 69	泡瀬干潟 51, 53	与那覇岳 38, 58-61, 63, 341
桜島 66, 67	石垣島 44, 48	与論 65, 67
薩摩川内市 67	伊野田 48	琉球諸島 46
薩摩半島 69	伊湯岳 341	
紫尾山 66	西表島 44, 46, 48, 50, 114	
志布志湾 66	浦内川 46-48, 50	

植物群落モニタリングのすすめ
自然保護に活かす『植物群落レッドデータ・ブック』

2005年7月31日　初版第1刷発行

編集　財団法人日本自然保護協会
監修　大澤 雅彦

©The Nature Conservation Society of Japan & Masahiko Ohsawa 2005

装丁　ブリッツ

組版・製作　太田桂子　木村衣里

発行人　斉藤　博
発行所　株式会社　文一総合出版
〒162-0812　東京都新宿区西五軒町2-5
Tel: 03-3235-7341　Fax: 03-3269-1402　URL: http://www.bun-ichi.co.jp
郵便振替　00120-5-42149

印刷・製本　モリモト印刷株式会社

定価はカバーに表示してあります。
乱丁、落丁はお取り替えいたします。
ISBN4-8299-1064-X　Printed in Japan